U0122024

中文版 Photoshop 从零开始完全精通

柏松 主编

随书赠送DVD-ROM1张

上海科学普及出版社

图书在版编目（CIP）数据

中文版Photoshop从零开始完全精通 / 柏松主编.
—上海：上海科学普及出版社，2013.4
（从零开始完全精通）
ISBN 978-7-5427-5673-2

Ⅰ.①中…　Ⅱ.①柏…　Ⅲ.①图像处理软件—教材
Ⅳ.①TP391.41

中国版本图书馆CIP数据核字（2013）第036121号

责任编辑　徐丽萍

中文版Photoshop从零开始完全精通
柏松　主编
上海科学普及出版社出版发行
（上海中山北路832号　邮政编码200070）
http://www.pspsh.com

各地新华书店经销　北京市蓝迪彩色印务有限公司印刷
开本787×1092　1/16　印张26.5　字数442000
2013年4月第1版　2013年4月第1次印刷

ISBN 978-7-5427-5673-2　定价：85.00元
ISBN 978-7-900518-77-4（附赠多媒体光盘1张）

内 容 提 要

本书是一本中文版 Photoshop 从零开始完全精通宝典，书中讲解了 Photoshop 软件的各项核心技术与精髓内容，为读者奉献了 140 多个典型技能案例、190 多个应用技巧点拨、440 多分钟语音教学视频、近 1700 张图片全程图解，帮助读者从零开始精通软件，从新手快速成为 Photoshop 设计高手。

本书共分为五篇：软件入门篇、进阶提高篇、核心攻略篇、高手精通篇和案例实战篇，内容包括：从零开始学 Photoshop CS6、图像环境基本操作、软件视图常用操作、管理与变换图像素材、创建与编辑选区对象、调整图像色彩与色调、修复与调色图像效果、运用画笔修饰图像、创建与编辑文字对象、创建与应用图层样式、创建与编辑路径对象、创建与编辑通道蒙版、应用特殊滤镜效果、制作与渲染 3D 图像、创建与编辑视频对象、创建网页动画特效、运用动作处理图像、打印与输出图像文件、照片处理案例实战、报纸广告案例实战、POP 海报案例实战以及平面包装案例实战等内容。读者学完以后，可以融会贯通、举一反三，制作出更多精彩、漂亮的平面效果。

本书结构清楚、语言简洁、实例丰富、版式精美，适合于 Photoshop 的初、中级读者使用，包括平面设计人员、图像处理类人员、广告设计人员等阅读，同时也可以作为各类计算机培训中心、中职中专、高职高专等院校相关专业的辅导教材。

前言

软件简介

Photoshop CS6 是 Adobe 公司最新推出的一款图形图像处理软件，是目前世界上最优秀的平面设计软件之一，被广泛应用于图像处理、图像制作、广告设计、影楼摄影等行业。本书立足于这款软件的实际操作及行业应用，完全从一个初学者的角度出发，循序渐进地讲解核心知识点，并通过大量实例演练，让读者在最短的时间内成为 Photoshop 高手。

本书特色

特色	特色说明
22 大 核心技术讲解	本书体系结构完整，由浅入深地对管理图像素材、创建文字对象、创建图层样式、创建与编辑路径对象、创建与编辑通道蒙版以及应用滤镜效果等内容进行了全面细致的讲解，帮助读者从零开始，快速掌握 Photoshop 软件的使用方法
140 多个 典型技能案例	本书是一本操作性很强的技能实例手册，读者可以通过新手练兵逐步掌握 Photoshop 软件的核心技能与操作技巧，从新手快速成为 Photoshop 设计高手
190 多个 应用技巧点拨	作者在编写时，将平时工作中总结的各方面的 Photoshop 实战技巧、心得体会与设计经验等毫无保留地奉献给读者，不仅大大丰富和提高了本书的含金量，更便于读者提升自己的实战技巧与经验，从而提高学习与工作效率，学有所成
440 多 分钟视频演示	本书的技能实例全部录制成了带语音讲解的演示视频，重现书中所有技能实例的操作，读者既可以结合本书，也可以独立观看视频演示，就像看电影一样进行学习，既轻松又高效
1700 张 图片全程图解	本书采用近 1700 张图片，对软件的技术与实例的讲解进行了全程式的图解，通过这些辅助图片，让实例的操作变得更加通俗易懂，读者可以快速领会，大大提高学习的效率

内容编排

本书共分为 5 篇：软件入门篇、进阶提高篇、核心攻略篇、高手精通篇、案例实战篇，具体章节内容如下：

篇　章	主　要　内　容
软件入门篇	第 1～3 章，专业地讲解了从零开始学 Photoshop CS6、图像环境的基本操作以及 Photoshop CS6 软件视图操作等内容，完全从入门起步，新手可在没有任何基础的情况下，初步了解 Photoshop 的基础知识，为后面的学习奠定良好的基础
进阶提高篇	第 4～8 章，专业地讲解了管理与变换图像素材、裁剪图像、创建与编辑选区对象、修改与应用选区、转换图像颜色模式、调整图像色彩与色调、修复和修补图像、调整图像色调以及运用画笔工具修饰图像等内容，提高读者调色能力
核心攻略篇	第 9～15 章，专业地讲解了创建与编辑文字对象、转换文字、创建与应用图层样式、创建与编辑路径对象、创建与编辑通道蒙版、应用特殊滤镜效果、制作与渲染 3D 图像以及创建与编辑视频对象等内容，让读者进一步提升设计能力

续表

篇　章	主　要　内　容
高手精通篇	第 16 ～ 18 章，专业地讲解了优化网络图像、动作的概念、制作动态图像、编辑与管理切片、创建与编辑动作、运用动作制作特效、批量自动处理图像、设置输出属性以及图像印前处理的准备工作等内容，让读者成为 Photoshop 高手
案例实战篇	第 19 ～ 22 章，专业地讲解了绚丽妆容、儿童照片、数码报纸广告、通信报纸广告、促销 POP、展板 POP、饮料包装以及手提袋案例效果，帮助读者快速成为图像处理与平面设计高手

作者信息

本书由柏松主编，参与编写的人员有谭贤、刘嫔、杨闰艳、张真珍、苏高、宋金梅、刘东姣、曾杰、周旭阳、袁舒敏、谭俊杰、徐茜、杨端阳、谭中阳、郭领艳等，在此对他们的辛勤劳动深表感谢。由于编写时间仓促，书中难免有错误和疏漏之处，恳请广大读者来信咨询指正，联系网址：http://www.china-ebooks.com。

版权声明

本书及光盘中所采用的图片、模型、音频、视频和赠品等素材，均为所属公司、网站或个人所有，本书引用为说明（教学）之用，特此声明。

编　者

目录

■软件入门篇■

■进阶提高篇■

目录

第01章 从零开始学Photoshop CS6

学前提示

Photoshop CS6 是 Adobe 公司推出的 Photoshop 软件的最新版本，它是目前世界上最优秀的平面设计软件之一，被广泛应用于广告设计、包装设计、网页设计、插画绘制、艺术文字、影像创意以及效果图后期处理等领域，其简洁的工作界面以及强大的功能深得广大用户的青睐。本章主要介绍 Photoshop CS6 的基础知识，包括 Photoshop 应用领域、新增功能、工作界面以及管理图像文件等内容。

本章知识重点

- 了解 Photoshop 应用领域
- Photoshop CS6 新增功能
- Photoshop CS6 工作界面
- 管理图像文件

学完本章后应该掌握的内容

- 了解 Photoshop 应用领域，如广告设计、包装设计、网页设计等
- 了解 Photoshop CS6 新增功能，如全新的启动界面、智能裁剪工具等
- 了解 Photoshop CS6 工作界面，如标题栏、菜单栏、状态栏等
- 掌握管理图像文件的方法，如创建图像文件、打开图像文件、保存图像文件等

1.1 Photoshop应用领域

Photoshop的应用领域非常广泛，无论是在平面广告设计、网页设计、包装设计，还是在装潢设计、印刷制版、游戏、动漫形象以及影视制作等领域，Photoshop都起着举足轻重的作用。本节先介绍一些运用Photoshop创作的作品。

1.1.1 广告设计

广告设计是Photoshop应用最为广泛的领域，无论是书籍的封面，还是大街上随处可见的招贴、海报，基本上都需要使用Photoshop对其中的图像进行合成、处理，如图1-1所示。

图1-1 广告设计作品

1.1.2 包装设计

包装是商品的外观或装饰，形象鲜明、外观精美的包装更能吸引消费者的眼球，提高产品的知名度，达到提升销售额的效果，如图1-2所示。

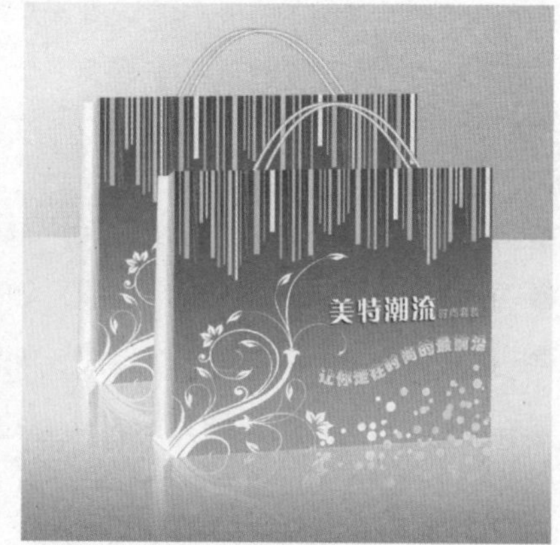

图1-2 包装设计作品

1.1.3 影像创意

借助Photoshop CS6强大的颜色处理和图像合成功能，可以将原本不相干的对象天衣无缝地拼合在一起。需要注意的是，通常这类创意图像的最低要求就是看起来逼真，需要使用扎实的Photoshop功底，才能制作出满意的效果，如图1-3所示。

图 1-3 影像创意作品

1.1.4 插画绘制

插画近年来逐渐走向成熟，随着出版及商业设计领域工作的逐渐细分，Photoshop 在绘画方面的功能也越来越强大。广告插画、卡通漫画插画、影视游戏插画、出版物插画等都属于商业插画。图 1-4 所示为使用 Photoshop 设计的插画作品。

图 1-4 插画设计作品

1.1.5 艺术文字

伴随着行业竞争的加剧和企业自身发展的需要，文字效果的设计也成为向外传递产品信息和企业宣传自己的一种重要手段。图 1-5 所示为艺术字特效。

图 1-5 艺术字特效

1.1.6 网页设计

网页设计是一个比较成熟的行业，网络中每天诞生上百万个网页，这些网页都是使用与图形处理技术密切相关的网页设计与制作软件完成的。Photoshop CS6 的图像设计功能非常强大，使用其中的绘图工具、文字工具、调色命令和图层样式等能够制作出精美、大气的网页。图 1-6 所示为使用 Photoshop CS6 设计的网页作品。

图 1-6 网页设计作品

1.1.7 室内装饰后期处理

在 3ds Max 中完成建筑模型的效果图制作后，一般在 Photoshop 中对输出的装修设计图像进行视觉效果和内容细节的优化，如改善室内灯光、场景以及添加适当的饰物等，更逼真地模拟装修设计的实际效果，提供给用户更全面的设计结果。图 1-7 所示为建模后的室内原图与使用 Photoshop 处理后的效果图对比。

图 1-7 建模后的室内原图与使用 Photoshop 处理后的效果图对比

1.2 Photoshop CS6 新增功能

Photoshop CS6 为了满足广大用户的设计需求，不论在界面风格还是设计功能操作上，提供了更广阔的使用平台以及设计空间，通过合理有序的分布将各种新增功能扩展并融合于工具箱和菜单命令中，大大提高了软件本身的图像处理能力，也使得图像的处理与编辑更加便捷。

1.2.1 全新的启动界面

Photoshop CS6 软件的启动界面与以往的 Photoshop CS5 的启动界面有很大的变化，Photoshop CS6 的启动界面更加晶莹剔透，有一种精致的美感，启动界面如图 1-8 所示。

1.2.2 黑色工作界面

与以往不同的是，Photoshop CS6 是全黑的工作界面，深色的工作界面是为了让用户更加专注于图片处理，而不是交互界面上。另外，深色的工作界面可以更加凸显图片的色彩等效果，给用户以完全不同的视觉体验，如图 1-9 所示。

图 1-8 启动界面

图 1-9 全新的工作界面

高手指引

单击“编辑”|“首选项”|“界面”命令，在弹出的“首选项”对话框中，用户可以根据自己的喜好调整工作面板的深浅，在这里为了本书讲解图片内容更清晰，后面统一改为颜色较浅的灰白色。

1.2.3 智能裁剪工具

Photoshop 裁剪工具在之前的版本中对图片进行裁剪以后，若对其不满意，需要撤销之前的操作才能恢复，但在 Photoshop CS6 版本中，只需要再次选择裁剪工具（C）即可。同时，裁剪工具还增加了一项 Perspective Crop Tool（透视裁剪工具），如图 1-10 所示。

1.2.4 更加全面的 3D 制作功能

Photoshop CS6 的 3D 功能的增强，是 Photoshop 的最大看点，也是该功能自 Photoshop CS5

引入以来的又一次变动。例如，工具箱中新增 3D Material Eyedropper Tool（3D 材质吸管工具），如图 1-11 所示。

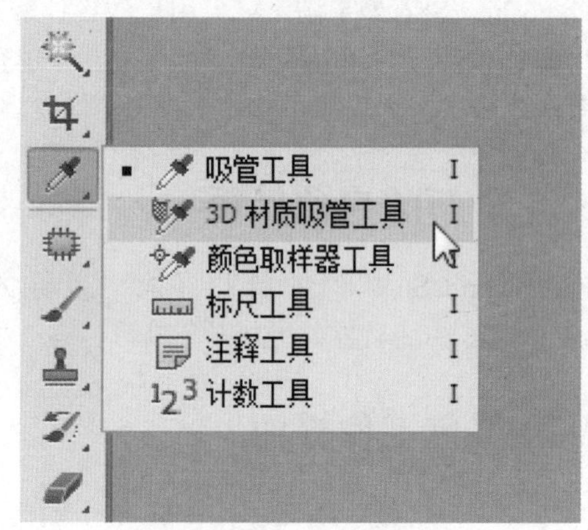

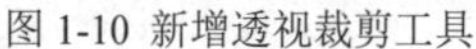

图 1-10 新增透视裁剪工具　　图 1-11 新增 3D 功能

1.2.5 修补工具（内容感知移动工具）

Photoshop CS6 的修补工具箱里增加了一个内容感知移动工具。内容感知移动工具的运用是指用其他区域中的像素或图案来修补或替换选中的图像区域，在修复的同时仍保留了原来的纹理、亮度和层次，只对图像的某一块区域进行整体修复，如图 1-12 所示。

图 1-12 新增“内容感知移动”工具

1.2.6 参数设置列表

在 Photoshop CS6 的参数设置面板中，新增了许多 3D 元素，例如在“首选项”对话框中的“常规”选项卡、“界面”选项卡以及“文件处理”选项卡中，分别新增了 3D 选项交互式渲染、交互式阴影质量、负光标以及坐标轴控制等。

与之前的 Photoshop CS5 版本相比，Photoshop CS6 删除了两个项目：显示亚洲字体选项和字体预览大小。图 1-13 所示为相应参数面板中新增的各种功能。

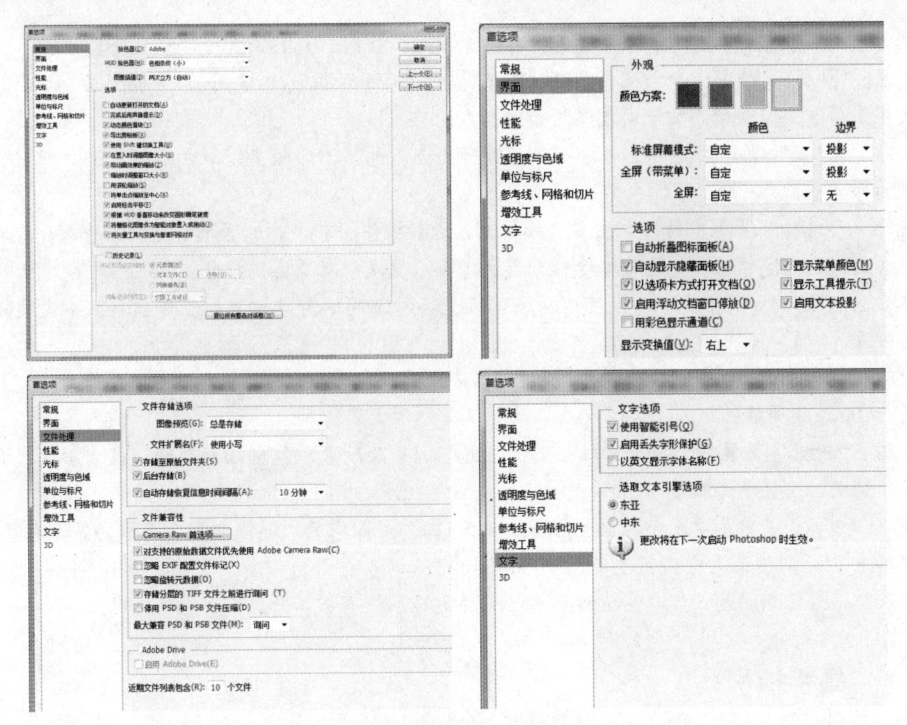

图 1-13 参数设置面板

1.3 Photoshop CS6 工作界面

Photoshop CS6 的工作界面在原有基础上进行了创新，许多功能更加界面化、按钮化。Photoshop CS6 的工作界面主要由标题栏、菜单栏、工具栏、工具属性栏、图像编辑窗口、状态栏和浮动控制面板等 7 个部分组成。

1.3.1 菜单栏

菜单栏位于整个窗口的顶端，由“文件”、“编辑”、“图像”、“图层”、“选择”、“滤镜”、“分析”、3D、“视图”、“窗口”和“帮助”11 个菜单命令组成，如图 1-14 所示。

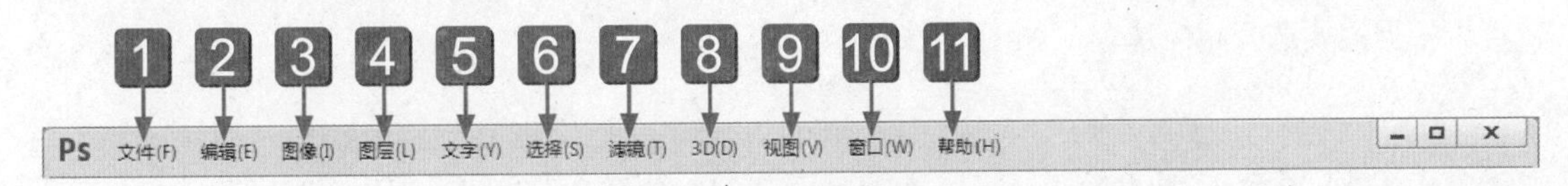

图 1-14 菜单栏

单击任意一个菜单项都会弹出其包含的命令，Photoshop CS6 中的绝大部分功能都可以利用菜单栏中的命令来实现。菜单栏的右侧还显示了控制文件窗口显示大小的最小化、窗口最大化（还原窗口）、关闭窗口等几个快捷按钮。

1 文件：单击“文件”菜单可以在弹出的下级菜单中执行新建、打开、存储、关闭、置入以及打印等一系列针对文件的命令。

2 编辑：“编辑”菜单中的各种命令是用于对图像进行编辑的命令，包括还原、剪切、拷贝、粘贴、填充、变换以及定义图案等命令。

3 图像："图像"菜单中的命令主要是针对图像模式、颜色、大小等进行调整及设置。

4 图层："图层"菜单中的命令主要是针对图层进行相应的操作，如新建图层、复制图层、蒙版图层、文字图层等，这些命令便于对图层进行运用和管理。

5 文字："文字"菜单主要用于对输入文字进行处理，包括消除锯齿、取向、创建工作路径、转换为形状等。

6 选择："选择"菜单中的命令主要是针对选区进行操作，可以对选区进行反向、修改、变换、扩大、载入选区等操作，这些命令结合选区工具，更便于对选区的操作。

7 滤镜："滤镜"菜单中的命令可以为图像设置各种不同的特殊效果，在制作特效方面更是功不可没。

8 3D：3D 菜单针对 3D 图像执行操作，通过这些命令可以打开 3D 文件、将 2D 图像创建为 3D 图形、进行 3D 渲染等操作。

9 视图："视图"菜单中的命令可对整个视图进行调整及设置，包括缩放视图、改变屏幕模式、显示标尺、设置参考线等。

10 窗口："窗口"菜单主要用于控制 Photoshop CS6 工作界面中的工具箱和各个面板的显示和隐藏。

11 帮助："帮助"菜单中提供了使用 Photoshop CS6 的各种帮助信息。在使用 Photoshop CS6 的过程中，若遇到问题，可以查看该菜单，及时了解各种命令、工具和功能的使用。

高手指引

Photoshop CS6 的菜单栏相对于以前版本的菜单栏，变化比较大，现在的 Photoshop CS6 标题栏和菜单栏是合并在一起的。另外，如果菜单中的命令呈现灰色，则表示该命令在当前编辑状态下不可用；如果菜单命令右侧有一个三角形符号，则表示此菜单包含有子菜单，将鼠标指针移动到该菜单上，即可打开其子菜单；如果菜单命令右侧有省略号"…"，则执行此菜单命令时将会弹出与之有关的对话框。

1.3.2 状态栏

状态栏位于图像编辑窗口的底部，主要用于显示当前所编辑图像的显示参数值及当前文档图像的相关信息，主要由显示比例、文件信息和提示信息 3 部分组成。

状态栏左侧的数值框用于设置图像编辑窗口的显示比例，在该数值框中输入图像显示比例的数值后，按【Enter】键，当前图像即可按照设置的比例显示。

状态栏的右侧显示的是图像文件信息，单击文件信息右侧的三角形按钮，即会弹出菜单，用户可以根据需要选择相应选项，如图 1-15 所示。

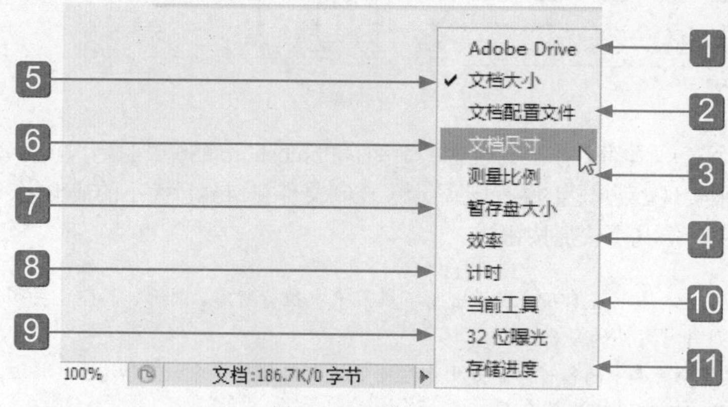

图 1-15 状态栏

1. Adobe Drive：显示文档的 VersionCue 工作组状态。Adobe Drive 可以帮助用户链接到 VersionCue CS6 服务器，链接成功后，可以在 Windows 资源管理器或 Mac OS Finder 中查看服务器的项目文件。
2. 文档配置文件：显示图像所有使用的颜色配置文件的名称。
3. 测量比例：查看文档的比例。
4. 效率：查看执行操作实际花费的时间百分比，当效率为 100 时，表示当前处理的图像在内存中生成；如果低于 100，则表示 Photoshop 正在使用暂存盘，操作速度也会变慢。
5. 文档大小：显示有关图像中的数据量的信息。选择该选项后，状态栏中会出现两组数字，左边的数字显示了拼合图层并存储文件后的大小，右边的数字显示了包括图层和通道的近似大小。
6. 文档尺寸：查看图像的尺寸。
7. 暂存盘大小：查看关于处理图像的内存和 Photoshop 暂存盘的信息，选择该选项后，状态栏中会出现两组数字，左边的数字表示程序用来显示所有打开图像的内存量，右边的数字表示用于处理图像的总内存量。
8. 计时：查看完成上一次操作所用的时间。
9. 32 位曝光：调整预览图像，以便在计算机显示器上查看 32 位/通道高动态范围图像的选项。只有文档窗口显示 HDR 图像时，该选项才可以用。
10. 当前工具：查看当前使用的工具名称。
11. 存储进度：读取当前文档的保存进度。

1.3.3 工具箱

工具箱位于工作界面的左侧，共有 50 多个工具，如图 1-16 所示。要使用工具箱中的工具，只要单击工具按钮即可在图像编辑窗口中使用。

若在工具按钮的右下角有一个小三角形，表示该工具按钮还有其他工具，在工具按钮上单击鼠标右键，即会弹出所隐藏的工具选项，如图 1-17 所示。

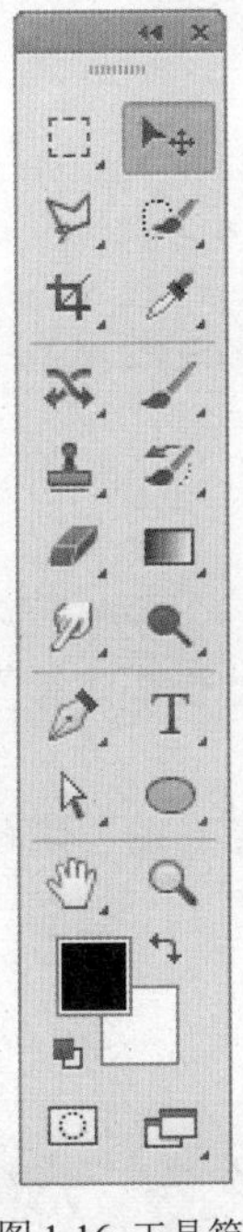

图 1-16 工具箱

图 1-17 显示隐藏的工具箱

1.3.4 工具属性栏

工具属性栏一般位于菜单栏的下方，主要用于对所选择工具的属性进行设置，它提供了控制工具属性的选项，其显示的内容会根据所选工具的不同而发生变化。在工具箱中选择相应的工具后，工具属性栏将随之显示该工具可使用的功能，例如选取工具箱中的画笔工具，属性栏中就会出现与画笔相关的参数设置，如图 1-18 所示。

图 1-18 画笔工具的工具属性栏

1.3.5 图像编辑窗口

在 Photoshop CS6 工具界面的中间，呈灰色区域显示的即为图像编辑工作区。当打开一个文档时，工作区中将显示该文档的图像窗口，图像窗口是编辑的主要工作区域，图形的绘制或图像的编辑都在此区域中进行。

在图像编辑窗口中可以实现所有 Photoshop CS6 中的功能，也可以对图像窗口进行多种操作，如改变窗口大小和位置等。当新建或打开多个文件时，图像标题栏的显示呈灰白色时，即为当前编辑窗口，如图 1-19 所示，此时所有操作将只针对该图像编辑窗口；若想对其他图像编辑窗口进行编辑，单击鼠标左键选择需要编辑的图像窗口即可。

图 1-19 打开多个图像编辑窗口

1.3.6 浮动面板

浮动控制面板主要用于对当前图像的颜色、图层、样式及相关的操作进行设置。面板位于工作界面的右侧，用户可以进行分离、移动和组合等操作。

用户若要选择某个浮动面板，可单击浮动面板窗口中相应的标签；若要隐藏某个浮动面板，可单击“窗口”菜单中带标记的命令，如图 1-20 所示。

技巧发送

按【Tab】键可以隐藏工具箱和所有的浮动面板；按【Shift + Tab】组合键可以隐藏所有浮动面板，并保留工具箱的显示。

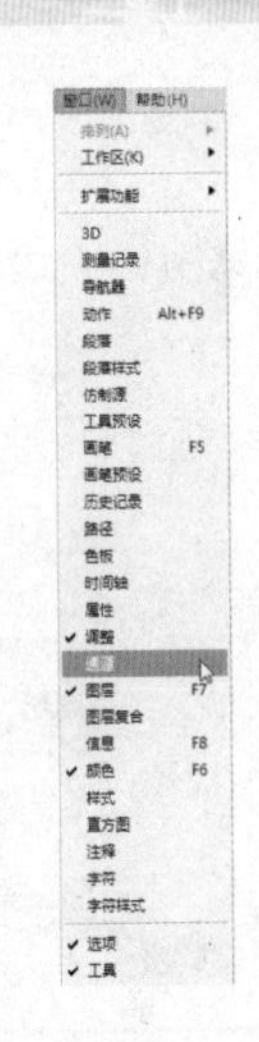

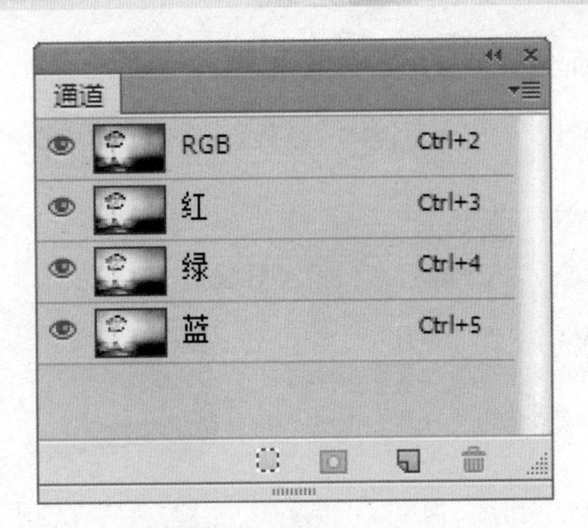

图 1-20 显示浮动面板

知识链接

默认情况下，浮动面板分为 6 种：“图层”、“通道”、“路径”、“创建”、“颜色”和“属性”。用户可根据需要对它们进行任意分离、移动和组合。例如，要将“颜色”浮动面板脱离原来的组合面板窗口，使其成为独立的面板，可在“颜色”标签上按住鼠标左键并将其拖曳至其他位置即可；若要使面板复位，只需要将其拖回原来的面板控制窗口内即可。

1.4 管理图像文件

文件的新建、打开和保存是处理图像文件最基本的操作，本节主要介绍在 Photoshop CS6 中创建、打开、保存和关闭图像文件的操作方法。

1.4.1 新手练兵——创建图像文件

启动 Photoshop CS6 程序后，首先需要创建一个图像文件（此时图像编辑窗口内没有任何图像），才能进行绘图和编辑操作。

Step 01 单击“文件”|“新建”命令，**1** 在弹出的“新建”对话框中，**2** 设置各选项，如图 1-21 所示。

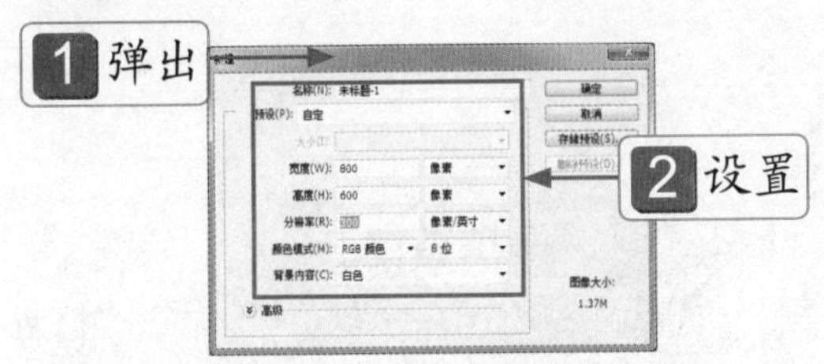

图 1-21 “新建”对话框

Step 02 执行操作后，单击“确定”按钮，即可新建一个空白的图像文件，效果如图 1-22 所示。

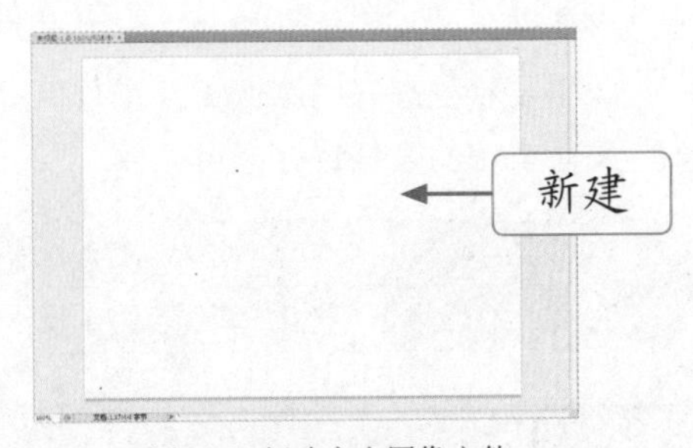

图 1-22 新建空白图像文件

技巧发送

除了运用命令创建图像以外，也可以按【Ctrl + N】组合键，创建图像文件。

1.4.2 新手练兵——打开图像文件

在 Photoshop CS6 中经常需要打开一个或多个图像文件进行编辑和修改，它可以打开多种文件格式，也可以同时打开多个文件。

实例文件	光盘 \ 实例 \ 第 1 章 \ 无
所用素材	光盘 \ 素材 \ 第 1 章 \ 城市倒影

Step 01 单击"文件" | "打开"命令，1 在弹出"打开"对话框中，2 选择需要打开的图像文件，3 单击"打开"按钮，如图 1-23 所示。

Step 02 执行操作后，即可打开选择的图像文件，如图 1-24 所示。

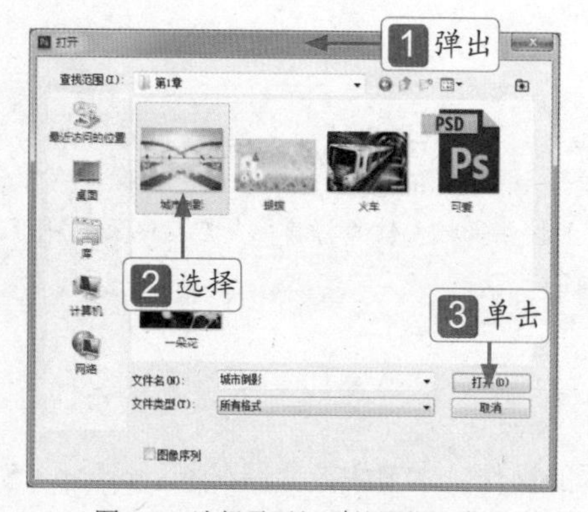

图 1-23 选择需要打开的图像文件

图 1-24 打开的图像文件

技巧发送

如果要打开一组不连续的文件，可以在选择第一个图像文件后，按住【Ctrl】键的同时，选择其他的图像文件，然后再单击"打开"按钮。

1.4.3 新手练兵——保存图像文件

用户可以保存当前编辑的图像文件，以便在日后的工作中对该文件进行修改、编辑或输出操作。

1. 通过"存储为"命令保存文件

如果需要将处理好的图像文件进行保存，只要单击"文件" | "存储为"命令，在弹出的"存储为"对话框中将文件保存即可。

实例文件	光盘 \ 实例 \ 第 1 章 \ 火车 .jpg
所用素材	光盘 \ 素材 \ 第 1 章 \ 火车 .jpg

Step 01 单击"文件" | "打开"命令，打开一幅素材图像，如图 1-25 所示。

Step 02 单击"文件" | "存储为"命令，1 弹出"存储为"对话框，2 设置文件名称与保存路径，如图 1-26 所示，3 单击"保存"按钮，即可保存图像。

技巧发送

除了运用上述方法会弹出"存储为"对话框外，还有以下两种方法。

- 快捷键 1：按【Ctrl + S】组合键。
- 快捷键 2：按【Ctrl + Shift + S】组合键。

图 1-25 素材图像

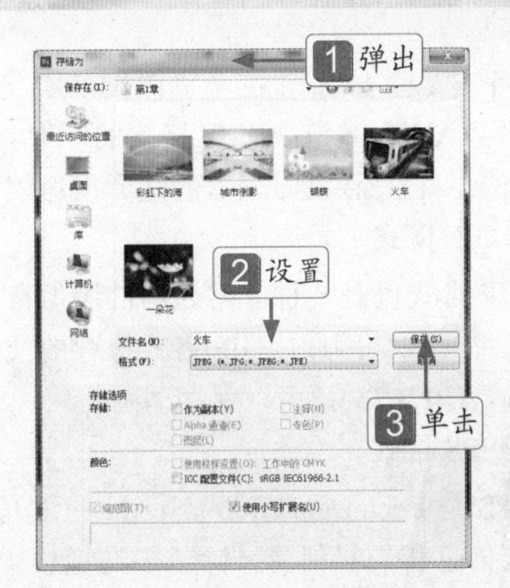

图 1-26 设置文件名称与保存路径

- 保存在：用户保存图层文件的位置。
- 文件名 / 格式：用户可以输入文件名，并根据不同的需要选择文件的保存格式。
- 作为副本：选中该复选框，可以另存一个副本，并且与源文件保存的位置一致。
- 注释：用户自由选择是否存储注释。
- Alpha 通道 / 图层 / 专色：用来选择是否存储 Alpha 通道、图层和专色。
- 使用校样设置：当文件的保存格式为 EPS 或 PDF 时，才可选中该复选框，用于保存打印用的校样设置。
- ICC 配置文件：用于保存嵌入文档中的 ICC 配置文件。
- 缩览图：创建图像缩览图，以便以后在“打开”对话框中的底部显示预览图。
- 使用小写扩展名：使文件扩展名显示为小写。

2. 文件的保存格式

Photoshop CS6 所支持的图像格式有 20 多种，因此它可以作为一个转换图像格式的工具来使用。在其他软件中导入图像，可能会受到图像格式的限制而不能导入，此时用户可以使用 Photoshop CS6 将图像格式转为软件所支持的格式。

- PSD 文件格式

PSD 格式是 Photoshop 软件的默认格式，也是唯一支持所有图像模式的文件格式。

- JPEG 格式

JPEG 是一种高压缩率、有损压缩真彩色的图像文件格式，但在压缩文件时可以通过控制压缩范围，来决定图像的最终质量。它主要用于图像预览和制作 HTML 网页。

- TIFF 格式

TIFF 格式用于在不同的应用程序和不同的计算机平台之间交换文件。TIFF 格式是一种通用的位图文件格式，几乎所有的绘画、图像编辑和页面版式应用程序均支持该文件格式。

- AI 格式

AI 格式是 Illustrstor 软件所特有的矢量图形存储格式。若在 Photoshop 软件中将存有路径的图像文件输出为 AI 格式，则可以在 Illustrstor 和 CorelDRAW 等矢量图形软件中直接打开，并可以对其进行任意修改和处理。

- BMP 格式

BMP 格式是 DOS 和 Windows 平台上的标准图像格式，是英文 Bitmap（位图）的简写。

BMP 格式支持 1～24 位颜色深度，所支持的颜色模式有 RGB、索引颜色、灰度和位图等，但不能保存 Alpha 通道。BMP 格式的图像具有极其丰富的色彩，同时可以使用 1600 万种色彩进行图像渲染，它在存储时采取的是无损压缩。

❁ GIF 格式

GIF 格式也是一种非常通用的图像格式，由于最多只能保存 256 种颜色，且使用 LZW 压缩方式压缩文件。因此，GIF 格式保存的文件不会占用太多的磁盘空间，非常适合 Internet 上的图片传输，GIF 格式还可以保存动画。

❁ EPS 格式

EPS 是 Encapsulated PostScript 的缩写。EPS 可以说是一种通用的行业标准格式，可同时包含像素信息和矢量信息。除了多通道模式的图像之外，其他模式都可存储为 EPS 格式，但是它不支持 Alpha 通道。

❁ PNG 格式

PNG 格式常用于网络图像模式，与 GIF 格式的不同之处在于，GIF 只能保存 256 种色彩，而 PNG 格式可以保存图像的 24 位真彩色，且支持透明背景和消除锯齿边缘的功能，在不失真的情况下压缩保存图像。

1.4.4 新手练兵——关闭图像文件

运用 Photoshop 软件的过程中，当用户对图像文件编辑完成后，为了提高电脑运行速度，需要将一些不需要使用的图像文件关闭。

	实例文件	光盘 \ 实例 \ 第 1 章 \ 无
	所用素材	光盘 \ 素材 \ 第 1 章 \ 蝴蝶 .jpg

Step 01 单击“文件”|“关闭”命令，如图 1-27 所示。

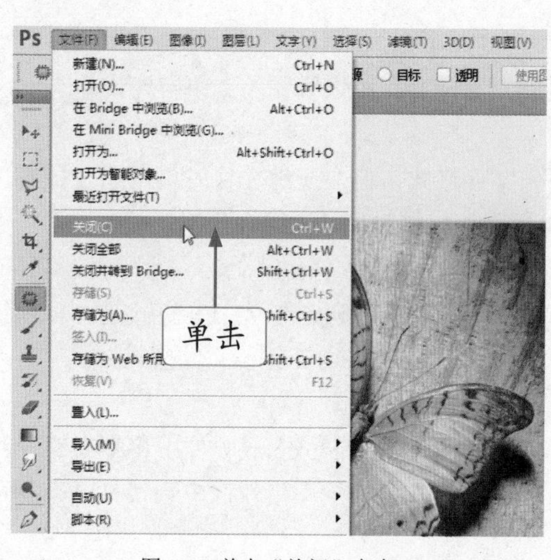

图 1-27 单击“关闭”命令

Step 02 执行操作后，即可关闭当前工作的图像文件，如图 1-28 所示。

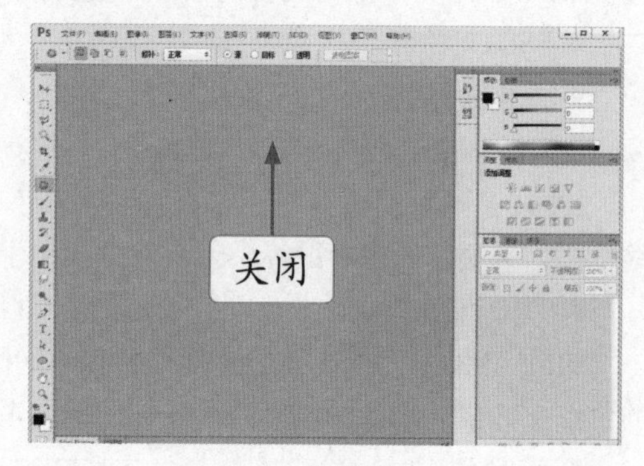

图 1-28 关闭文件

技巧发送

在 Photoshop CS6 中，按【Ctrl + W】组合键，也可以关闭图像文件。

1.4.5 新手练兵——置入图像文件

在 Photoshop 中置入图像文件，是指将所选择的文件置入到当前编辑窗口中，然后在 Photoshop 中进行编辑。

实例文件	光盘 \ 实例 \ 第 1 章 \ 蒲公英 .psd
所用素材	光盘 \ 素材 \ 第 1 章 \ 蒲公英 .jpg、可爱 .psd

Step 01 单击“文件”|“打开”命令，打开一幅素材图像，如图 1-29 所示。

图 1-29 素材图像

Step 02 单击“文件”|“置入”命令，如图 1-30 所示。

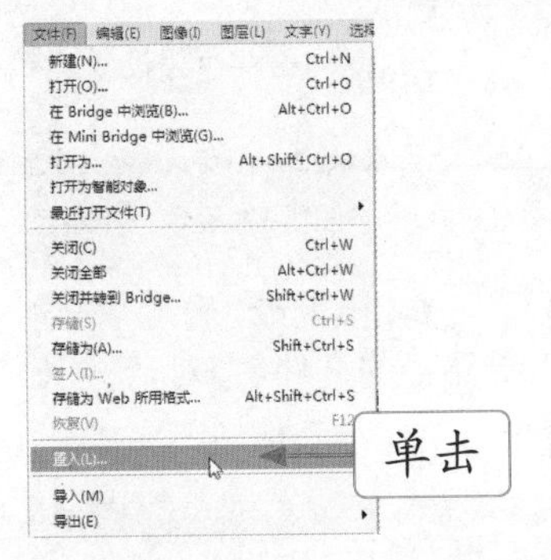

图 1-30 单击“置入”命令

Step 03 1 弹出“置入”对话框，2 选择置入文件，如图 1-31 所示，3 单击“置入”按钮。

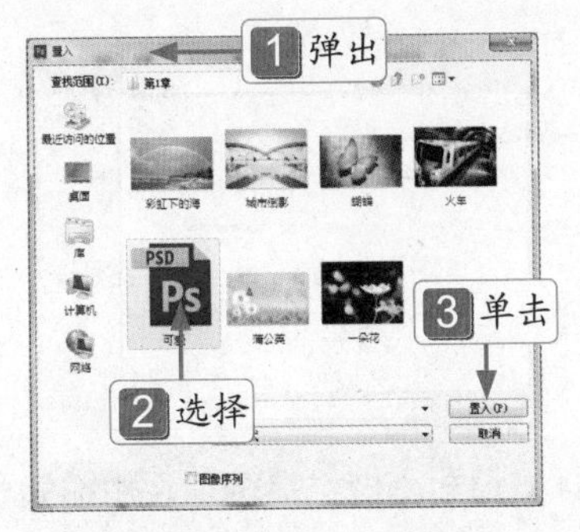

图 1-31 “置入”对话框

Step 04 执行操作后，即可置入图像文件，如图 1-32 所示。

图 1-32 置入图像文件

知识链接

运用“置入”命令，可以在图像中放置 EPS、AI、PDP 和 PDF 格式的图像文件，该命令主要用于将一个矢量图像文件转换为位图图像文件。

Step 05 将鼠标指针移至置入文件控制点上，按住【Alt + Shift】组合键的同时按住鼠标左键，等比例缩放图片，如图 1-33 所示。

图 1-33 等比例缩放图像

Step 06 执行上述操作后，按【Enter】键确认，得到最终效果，如图 1-34 所示。

图 1-34 调整图像大小

1.4.6 新手练兵——导出图像文件

如果在 Photoshop 中创建了路径后，需要进一步处理，可以将路径导出为 AI 格式，在 Illustrator 中可以继续对路径进行编辑。

实例文件	光盘 \ 实例 \ 第 1 章 \ 香槟 .Illustrator
所用素材	光盘 \ 素材 \ 第 1 章 \ 香槟 .psd

Step 01 单击“文件”|“打开”命令，打开一幅素材图像，此时图像编辑窗口中的显示效果，如图 1-35 所示。

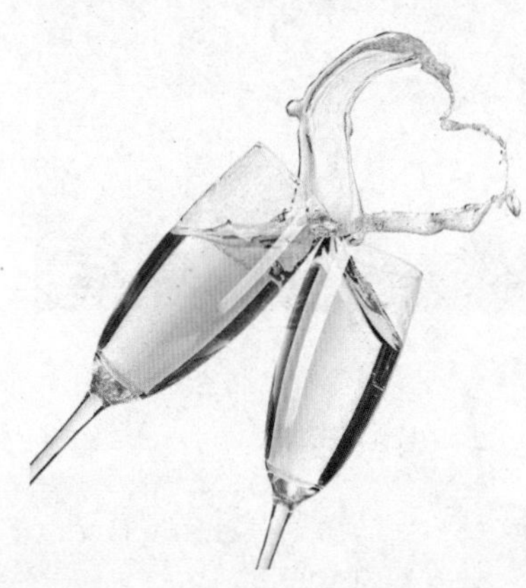

图 1-35 素材图像

Step 02 单击“窗口”|“路径”命令，展开“路径”面板，选择“工作路径”选项，图像中显示工作路径，如图 1-36 所示。

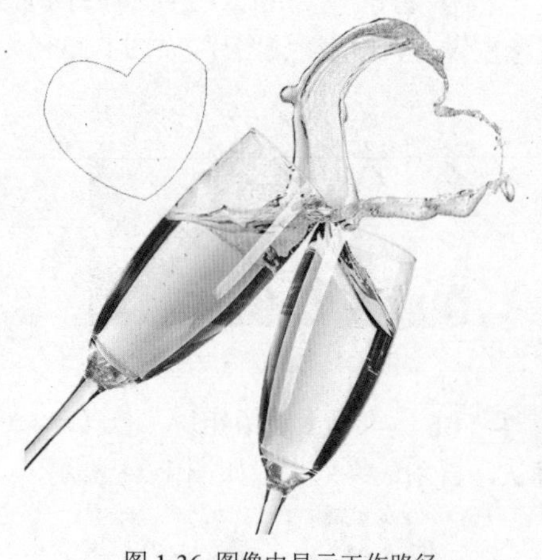

图 1-36 图像中显示工作路径

高手指引

单击“文件”|“脚本”|“将图层导出到文件”命令，在弹出的对话框的“目标”选项区中，单击“浏览”按钮，可以为导出的文件设置目标路径。

Step 03 单击“文件”|“导出”|“路径到 Illustrator”命令，**1** 弹出“导出路径到文件”对话框，**2** 在其中设置“路径”为“工作路径”，如图 1-37 所示。

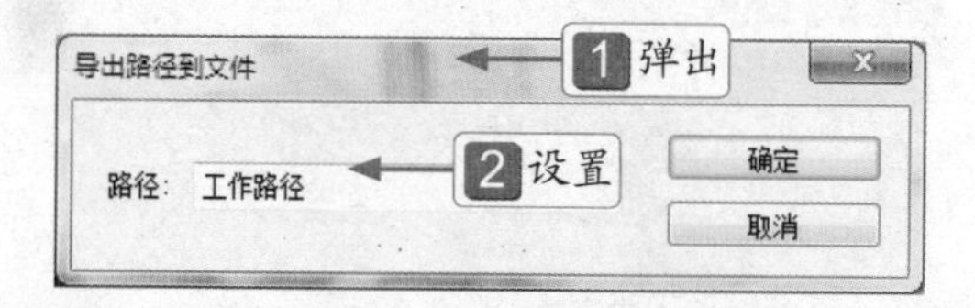

图 1-37 设置工作路径

Step 04 单击“确定”按钮，**1** 弹出“选择存储路径的文件名”对话框，如图 1-38 所示，**2** 单击“保存”按钮，完成导出操作。

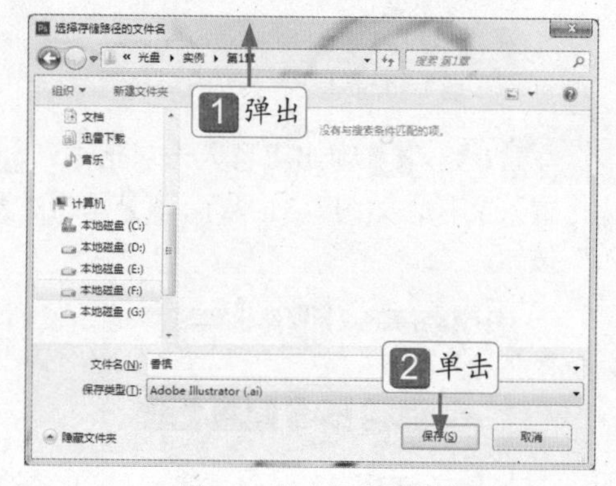

图 1-38 弹出相应对话框

1.4.7 新手练兵——撤销与重做图像文件

在处理图像的过程中，用户可以对已完成的操作进行撤销和重做，熟练地运用撤销和重做功能将会给工作带来极大的方便。

1. 使用菜单撤销图像操作

用户在进行图像处理时，如果需要恢复操作前的状态，就需要进行撤销操作。

实例文件	光盘 \ 实例 \ 第 1 章 \ 无
所用素材	光盘 \ 素材 \ 第 1 章 \ 向日葵 .jpg

Step 01 单击“文件”|“打开”命令，打开一幅素材图像，如图 1-39 所示。

图 1-39 素材图像

Step 02 选取工具箱中的椭圆选框工具，在图像上按住鼠标左键并拖曳鼠标，创建一个椭圆形选区，如图 1-40 所示。

图 1-40 创建椭圆形选区

Step 03 单击“编辑”|“还原椭圆选框”命令，即可撤销创椭圆形选区的操作，如图 1-41 所示。

图 1-41 撤销创建椭圆形选区

高手指引

“编辑”菜单中的“后退一步”命令，是指将当前图像文件中用户近期的操作进行逐步撤销，默认的最大撤销步骤数为 20 步。“编辑”菜单中的“还原”命令，是指将当前修改过的文件撤销用户最后一次执行的操作。这两个菜单命令的功能都非常强大，用户可以根据图像中的实际需要进行相应操作。

2. 使用“历史记录”面板撤销任意操作

在编辑图像时，每进行一步操作，Photoshop 都会将其记录在“历史记录”面板中，通过该面板可以将图像恢复到操作过程中的某一步状态，也可以再次回到当前的操作状态。

实例文件	光盘 \ 实例 \ 第 1 章 \ 无
所用素材	光盘 \ 素材 \ 第 1 章 \ 昆虫 .jpg

Step 01 单击“文件”|“打开”命令，打开一幅素材图像，如图 1-42 所示。

Step 02 选取工具箱中的矩形选框工具 ，在素材图像上创建一个矩形选区，如图 1-43 所示。

Step 03 单击“窗口”|“历史记录”命令，展开“历史记录”面板，如图 1-44 所示。

图 1-42 素材图像

图 1-43 创建矩形选区

图 1-44 展开“历史记录”面板

Step 04 单击“历史记录”面板右上角的小三角按钮，弹出“历史记录”面板菜单，选择“后退一步”选项，即可撤销矩形选区的操作，如图 1-45 所示。

图 1-45 撤销矩形选区的操作

高手指引

在默认情况下，“历史记录”面板中只能记录下 20 步操作步骤，当超过 20 步之后，20 步之前的操作步骤将会被自动删除。如要设置“历史记录”面板中记录的次数，可单击“编辑”|“首选项”|“性能”命令，弹出“首选项”对话框，在右侧的“历史记录状态”中，按住鼠标左键拖曳滑块，设置次数即可，其取值范围为 1 ~ 1000。

3. 从磁盘上恢复图像和清理内存

在 Photoshop 中处理图像时，软件会自动保存大量的中间数据，在这期间如果不定期处理，就会影响计算机的速度，使之变慢，如果用户定期对磁盘进行清理，能加快系统的处理速度，同时有助于在处理图像时速度的提升。

	实例文件	光盘\实例\第 1 章\无
	所用素材	光盘\素材\第 1 章\昆虫 .jpg

Step 01 单击“文件”|“打开”命令，打开一幅素材图像，如图 1-46 所示。

图 1-46 素材图像

Step 02 选取工具箱中的椭圆工具，设置前景色为黄色，单击工具属性栏中“形状”按钮，在图像上创建一个椭圆形状，如图 1-47 所示。

图 1-47 创建椭圆形状

Step 03 单击“文件”|“恢复”命令，即可让系统从磁盘上将图像恢复到当初保存的状态，如图 1-48 所示。

图 1-48 恢复图像

高手指引

在 Photoshop CS6 中，恢复失误的撤销操作还有以下两种方法。

- “重做”命令：用于执行当前图像文件中用户最后一次执行的被撤销操作。
- “前进一步”命令：用于执行对用户的撤销操作进行逐步返回。

Step 04 单击“编辑”|“清理”|“剪贴板”命令，如图 1-49 所示，清除剪贴板的内容。

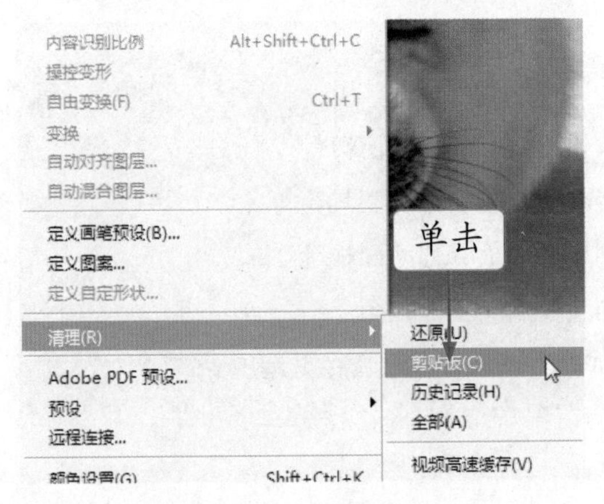

图 1-49 单击“剪贴板”命令

Step 05 单击“编辑”|“清理”|“历史记录”命令，如图 1-50 所示，即可清除历史记录的内容。

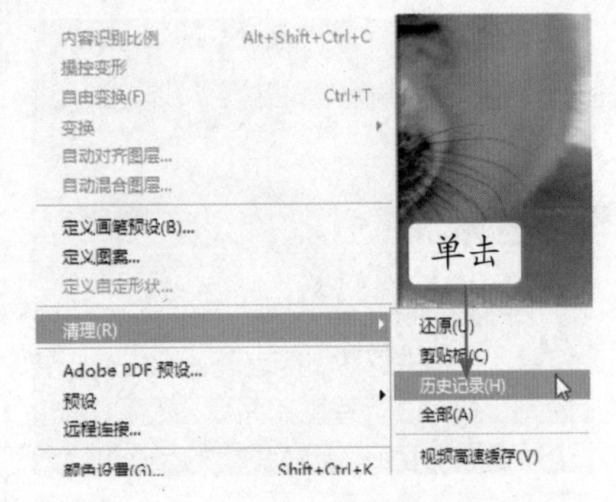

图 1-50 单击“历史记录”命令

Step 06 单击“编辑”|“清理”|“全部”命令，如图 1-51 所示，即可清除剪切板的全部内容。

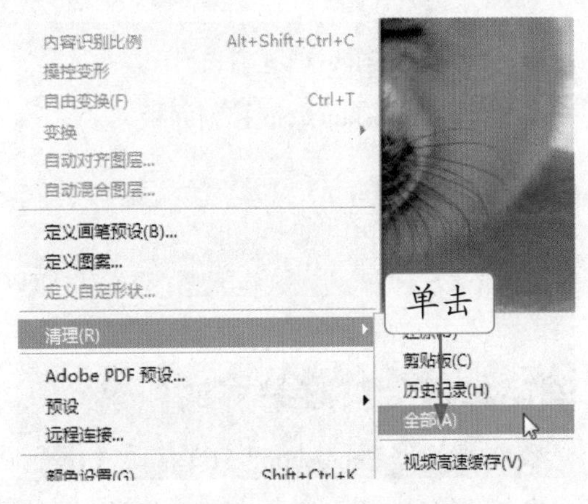

图 1-51 单击“全部”命令

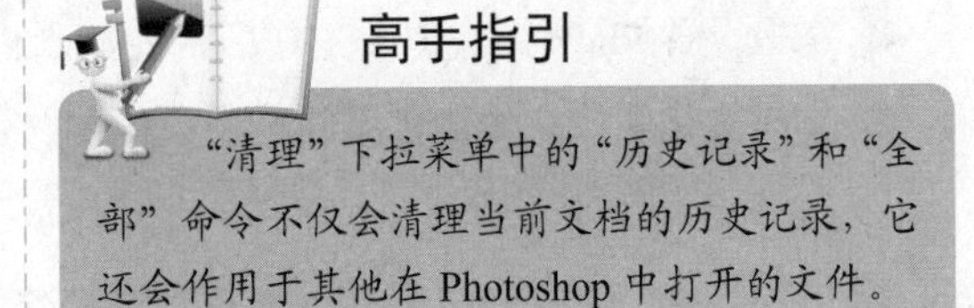

高手指引

“清理”下拉菜单中的“历史记录”和“全部”命令不仅会清理当前文档的历史记录，它还会作用于其他在 Photoshop 中打开的文件。

第02章 图像环境基本操作

学前提示

Photoshop CS6 作为一款非常优秀的图像处理软件，绘图和图像处理是它的亮点和特点。在掌握这些技能之前，用户有必要学习 Photoshop CS6 的图像环境基本操作，如控制工具箱、管理控制面板、设置工作区、优化系统参数等内容。本章针对这些内容进行详细的介绍，目的就是为了让读者熟悉 Photoshop CS6 新的工作环境，以提高工作效率。

本章知识重点

- 管理 Photoshop CS6 窗口
- 控制 Photoshop CS6 工具箱
- 管理 Photoshop CS6 控制面板
- 设置 Photoshop CS6 工作区
- 优化系统

学完本章后应该掌握的内容

- 掌握管理 Photoshop CS6 窗口，如设置最大化窗口、最小化窗口等
- 掌握控制 Photoshop CS6 工具箱，如控制展开工具箱、移动工具箱等
- 掌握管理 Photoshop CS6 控制面板，如控制展开面板、移动面板等
- 掌握设置 Photoshop CS6 工作区，如控制创建自定义工作区等
- 掌握优化系统，如优化界面选项、优化文件处理选项、优化暂存盘选项等

2.1 管理 Photoshop CS6 窗口

打开 Photoshop CS6 后，其自动在桌面上创建一个 Photoshop CS6 的窗口，用户可以根据工作需要，调整窗口的大小与位置。

2.1.1 最小化窗口

用户在 Photoshop CS6 中编辑图像时，可以根据需要对 Photoshop CS6 的窗口进行最小化操作，单击 Photoshop CS6 标题栏的“最小化”按钮 即可，如图 2-1 所示，也可以移动鼠标指针至系统桌面的任务栏图标 上，单击鼠标左键，最小化工作窗口。

3D(D) 视图(V) 窗口(W) 帮助(H)

图 2-1 “最小化”按钮

技巧发送

除了运用上述方法可以最小化窗口外，还可以在电脑桌面的任务栏上的 Photoshop CS6 图标上单击鼠标右键，在弹出的快捷菜单中选择“最小化”选项。

2.1.2 最大化窗口

Photoshop CS6 程序窗口在默认情况下是最大化显示的，单击 Photoshop CS6 标题栏的“最大化”按钮 ，如图 2-2 所示，即可最大化窗口。

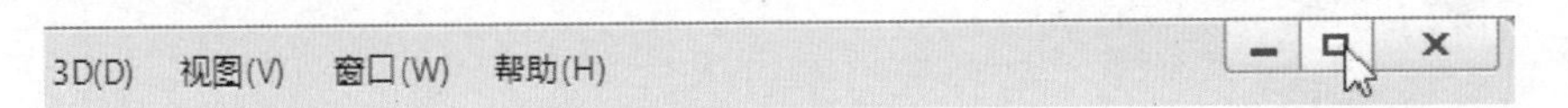

图 2-2 “最大化”按钮

在 Photoshop CS6 中，用户可以同时打开多个图像文件，因此程序窗口中就包含了多个图像窗口，可分别控制程序窗口和图像编辑窗口的状态，如最小化、最大化、还原窗口和关闭窗口。但由于程序窗口是父窗口，因此对图像窗口的调整受限于程序窗口。

2.1.3 还原窗口

用户编辑图像时，可以根据工作需要对 Photoshop CS6 窗口进行还原操作。单击 Photoshop CS6 标题栏的“向下还原”按钮 ，如图 2-3 所示，即可向下还原窗口。窗口未还原前，标题栏右上角的按钮呈“向下还原” 状态；当被向下还原后，按钮则转换成“最大化”按钮 状态。

3D(D) 视图(V) 窗口(W) 帮助(H)

图 2-3 单击“向下还原”窗口

2.2 控制 Photoshop CS6 工具箱

Photoshop CS6 的工具箱中包含了用于创建和编辑图像、图稿、页面元素的工具和按钮，单击工具箱顶部的双箭头，可以将工具箱切换为单排（或双排）显示，单排工具箱可以为文档窗口让出更多的空间。本节主要介绍控制 Photoshop 工具箱的操作方法。

2.2.1 新手练兵——展开工具箱

工具箱以单排或双排显示，用户可以单击工具箱上的双三角形按钮，进行单排或双排的切换操作。

Step 01 移动鼠标指针至工具箱上方的区域，如图 2-4 所示。

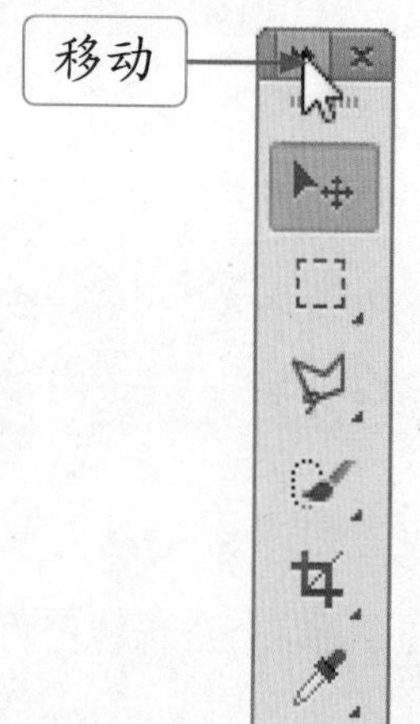

图 2-4 移动鼠标至上方区域

Step 02 单击鼠标左键，即可双排显示工具箱，如图 2-5 所示。

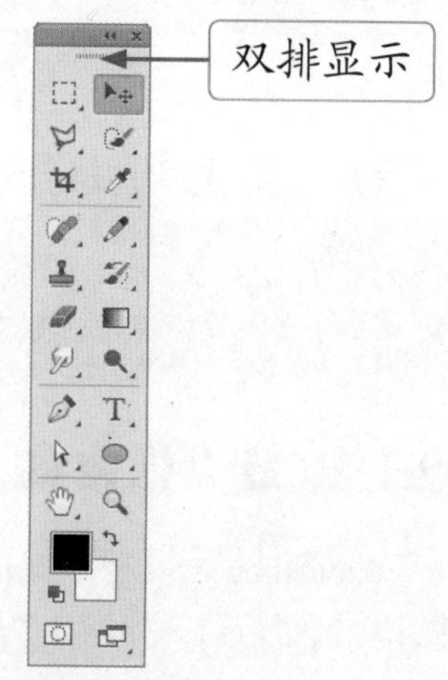

图 2-5 双排显示工具栏

高手指引

Photoshop CS6 工具箱有单列和双列两种显示模式，单击工具箱顶端的 ▶▶ 按钮，可以在单列和双列两种显示模式之间进行切换。当使用单列显示模式时，可以有效节省空间，使图像的显示区域更大，以便用户对图像进行操作。

2.2.2 新手练兵——移动工具箱

默认情况下，工具箱停放在窗口左侧。将光标放在工具箱顶部双箭头右侧，按住鼠标左键并向右侧拖曳鼠标，即可将工具箱拖出，放在窗口的任意位置。

	实例文件	光盘 \ 实例 \ 第 2 章 \ 无
	所用素材	光盘 \ 素材 \ 第 2 章 \ 黄昏美景 .jpg

Step 01 按【Ctrl ＋ O】组合键，打开一幅素材图像，此时图像编辑窗口中的显示效果，如图 2-6 所示。

Step 02 移动鼠标指针至工具箱上方的灰黑色区域，按住鼠标左键并拖曳至合适位置，释放鼠标，即可移动工具箱，如图 2-7 所示。

图 2-6 素材图像

图 2-7 移动工具箱

2.2.3 新手练兵——隐藏工具箱

隐藏工具箱可以扩大图像编辑窗口，让图像显示区域更广阔。

	实例文件	光盘 \ 实例 \ 第 2 章 \ 无
	所用素材	光盘 \ 素材 \ 第 2 章 \ 球 .jpg

Step 01 按【Ctrl + O】组合键，打开一幅素材图像，如图 2-8 所示。

Step 02 单击“窗口”|“工具”命令，即可隐藏工具箱，如图 2-9 所示。

图 2-8 素材图像

图 2-9 隐藏工具箱

高手指引

当工具箱呈被隐藏的状态时，在菜单栏的“窗口”|“工具”命令的左侧，不会显示“√”的标记。当用户要显示工具箱时，再次单击“工具”命令即可。

2.2.4 选取复合工具

在 Photoshop CS6 中，复合工具组包含了一个或多个工具，这些工具都是根据工具的性质进行整合的。在工具箱中的矩形选框工具上，单击鼠标右键，展开复合工具组，即可从中选取复合工具。图 2-10 所示为选取复合工具。

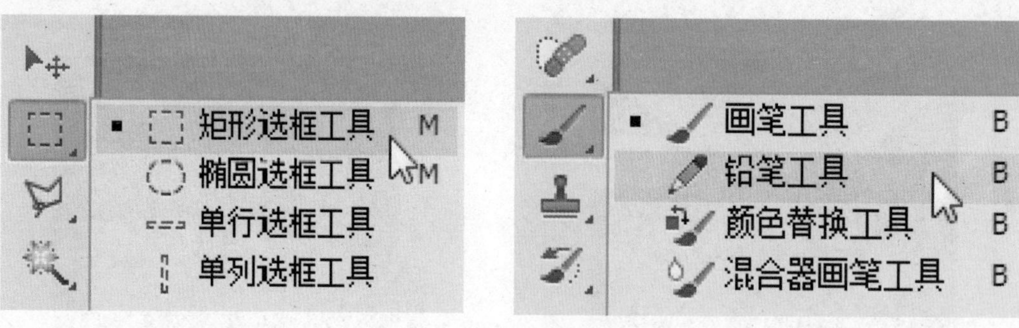

图 2-10 选取复合工具

技巧发送

除了运用上述方法可以选择复合工具外，还有以下两种方法。

- 鼠标：按住【Alt】键的同时，单击需要选取的复合工具组，每单击一次，即可切换一种工具，当需要选取的工具出现时，释放【Alt】键即可。
- 快捷键：按住【Shift】键的同时，依次按需要选取复合工具的快捷键即可。

2.3 管理 Photoshop CS6 控制面板

Photoshop CS6 面板汇集了图像操作中常用的选项和功能。在编辑图像时，选取工具箱中的工具或执行菜单栏中的命令后，使用面板可以进一步细致地调整各个选项，将面板上的功能应用到图像上。本节主要介绍管理 Photoshop 面板的操作方法。

2.3.1 新手练兵——展开面板

Photoshop CS6 中包含了多个面板，用户在“窗口”菜单中可以单击需要的面板命令，将该面板展开，然后对图像进行编辑。

实例文件	光盘 \ 实例 \ 第 2 章 \ 无
所用素材	光盘 \ 素材 \ 第 2 章 \ 悬崖 .jpg

Step 01 单击“文件”|“打开”命令，打开一幅素材图像，默认情况下的面板，如图 2-11 所示。

图 2-11 默认面板

Step 02 单击“窗口”|“画笔”命令，即可展开“画笔”面板，如图 2-12 所示。

图 2-12 “画笔”面板

2.3.2 新手练兵——移动面板

用户在 Photoshop CS6 中编辑图像时，可以根据自己的习惯将面板放在使用方便的位置。

实例文件	光盘 \ 实例 \ 第 2 章 \ 无
所用素材	光盘 \ 素材 \ 第 2 章 \ 花田 .jpg

Step 01 单击“文件”|“打开”命令，打开一幅素材图像，移动鼠标指针至控制面板上方的区域，如图 2-13 所示。

图 2-13 确定光标位置

Step 02 按住鼠标左键并拖曳至合适位置后释放鼠标左键，即可移动面板，如图 2-14 所示。

图 2-14 移动控制面板

2.3.3 隐藏面板

用户在 Photoshop CS6 中编辑图像时，可以隐藏不需要的面板，以提供更多的工作空间。单击面板右上角的“关闭”按钮，如图 2-15 所示，即可隐藏面板。

图 2-15 单击“关闭”按钮

高手指引

除了运用上述方法可以隐藏控制面板外，用户还可以按【Shift + Tab】组合键，即可在保留工具箱的情况下，隐藏所有的控制面板。Photoshop CS6 一共提供了 20 多种控制面板，其中最常用的面板是“图层”、“通道”和“路径”面板，运用这些面板对当前图像的图层、通道、路径以及色彩等进行相关的设置和控制，使用户在处理图像时更为方便、快捷。

2.4 设置 Photoshop CS6 工作区

在 Photoshop CS6 工作界面中，窗口、工具箱、菜单栏和面板的排列方式称为工作区，Photoshop 提供了不同的预设工作区，如进行文字输入时选择“文字”工作区，就会打开与文字相关的面板，同时也可以创建属于自己的工作区。

2.4.1 新手练兵——创建自定义工作区

用户创建自定义工作区时，可以将经常使用的面板组合在一起，简化工作界面，从而提高工作的效率。

实例文件	光盘 \ 实例 \ 第 2 章 \ 无
所用素材	光盘 \ 素材 \ 第 2 章 \ 彩桥横空 .jpg

Step 01 按【Ctrl + O】组合键，打开一幅素材图像，如图 2-16 所示。

图 2-16 素材图像

Step 02 单击“窗口”|“工作区”|“新建工作区”命令，如图 2-17 所示。

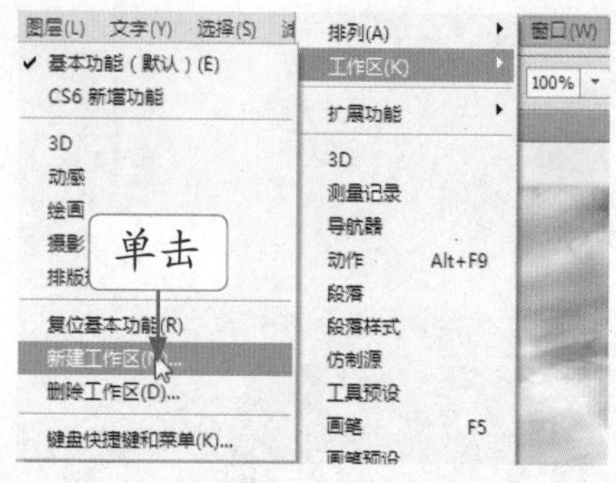

图 2-17 单击“新建工作区”命令

2.4.2 新手练兵——设置自定义菜单命令

在 Photoshop CS6 中，自定义快捷键可以将经常使用的工具定义为熟悉的快捷键。下面介绍设置自定义快捷键的操作步骤。

Step 01 单击“窗口”|“工作区”|“键盘快捷键和菜单”命令，如图 2-18 所示。

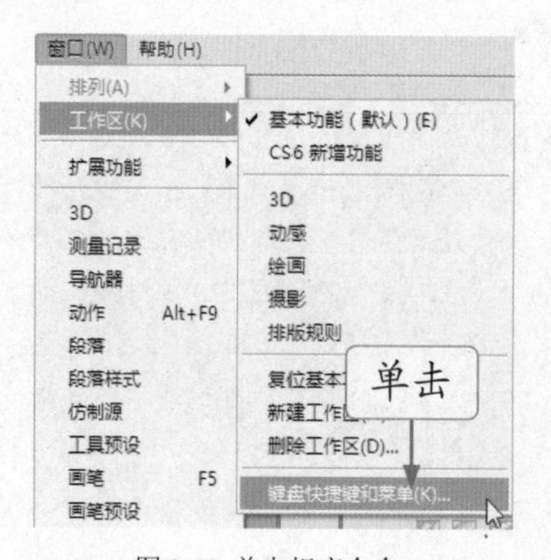

图 2-18 单击相应命令

Step 02 1 弹出“键盘快捷键和菜单”对话框，2 单击“快捷键用于”右侧的下拉按钮，3 在弹出的列表框中选择“工具”选项，如图 2-19 所示，用户根据需要自定义快捷键，4 单击“确定”按钮即可。

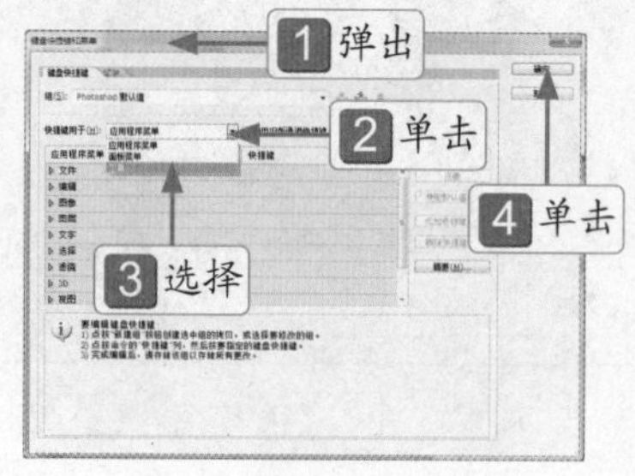

图 2-19 选择“工具”选项

2.4.3 新手练兵——设置彩色菜单

在 Photoshop CS6 中，用户可以将经常用到的某些菜单命令，设定为彩色，以便需要时可以快速找到相应菜单命令。下面详细介绍自定义彩色菜单命令的操作方法。

Step 01 单击“编辑”|“菜单”命令，如图2-20所示。

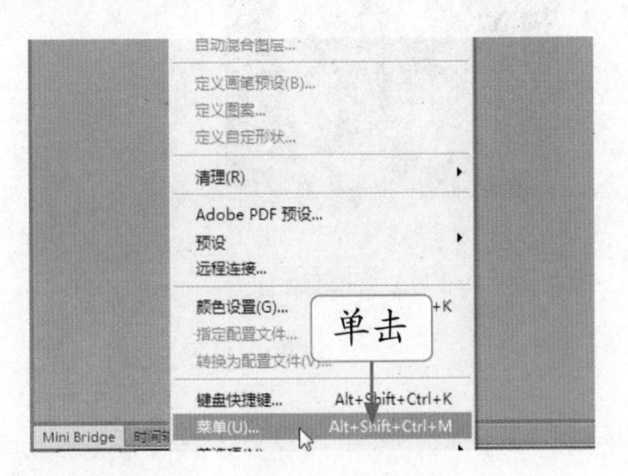

图2-20 单击“菜单”命令

Step 02 1 弹出“键盘快捷键和菜单”对话框，2 在“应用程序菜单命令”下拉列表框中单击“图像”左侧的三角形按钮，如图2-21所示。

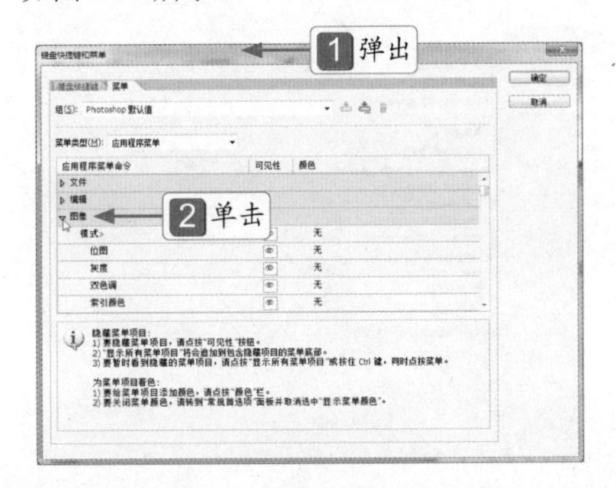

图2-21 单击三角形按钮

Step 03 1 单击“模式”右侧的下拉按钮，2 在弹出的列表框中选择“蓝色”选项，3 单击“确定”按钮，如图2-22所示。

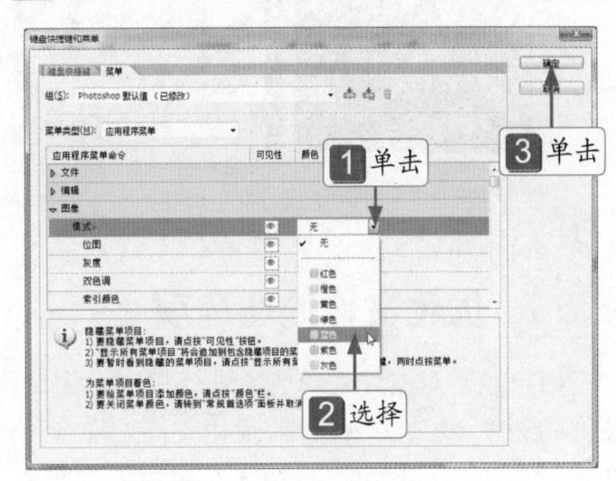

图2-22 单击“确定”按钮

Step 04 执行操作后，即可在“图像”菜单中查看到“模式”命令显示为蓝色，如图2-23所示。

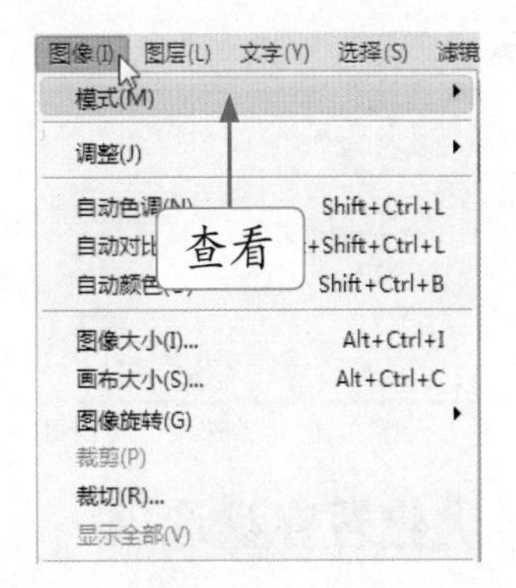

图2-23 显示蓝色

2.5 优化系统

使用Photoshop CS6的过程中，用户可以根据需要对Photoshop CS6的操作环境进行相应的优化设置，这样有助于提高工作效率。

2.5.1 优化界面选项

在Photoshop CS6中，用户可以根据需要优化操作界面，这样不仅可以美化图像编辑窗口，还可以在执行设计操作时更加得心应手。优化界面选项的方法很简单，用户只需单击“编辑”|“首选项”|“界面”命令，弹出“首选项”对话框，设置RGB参数值为210、250、255，如图2-24所示，单击“确定”按钮，返回“首选项”对话框，单击“确定”按钮，标准屏幕模式即可呈自定义颜色显示，如图2-25所示。

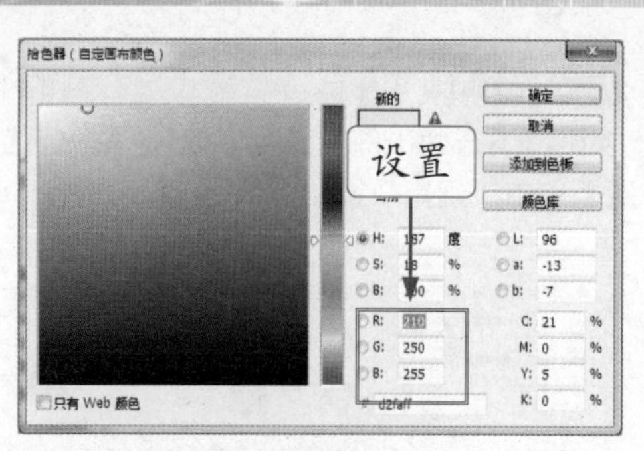

图 2-24 设置 RGB 参数值

图 2-25 自定义标准屏幕模式

2.5.2 优化文件处理选项

用户经常对文件处理选项进行相应优化设置，不仅不会占用计算机内存，而且还能加快浏览图像的速度，更加方便操作。优化文件处理选项的方法很简单，用户只需单击“编辑”|“首选项”|“文件处理”命令，弹出“首选项”对话框，如图 2-26 所示，单击“图像预览”右侧的下拉按钮，在弹出的列表框中选择“存储时询问”选项，如图 2-27 所示，单击“确定”按钮，即可优化文件处理。

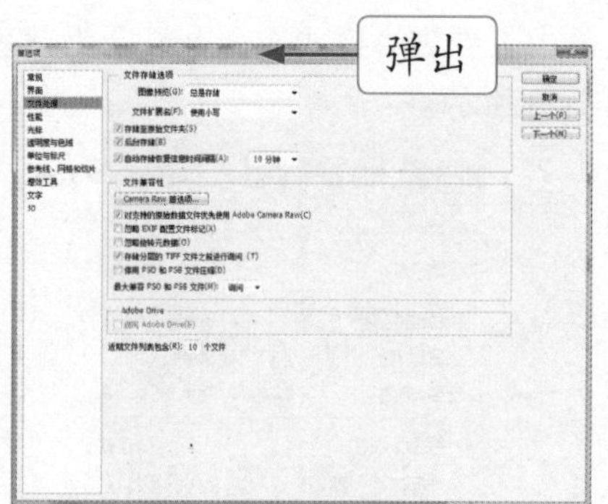

图 2-26 “首选项”对话框

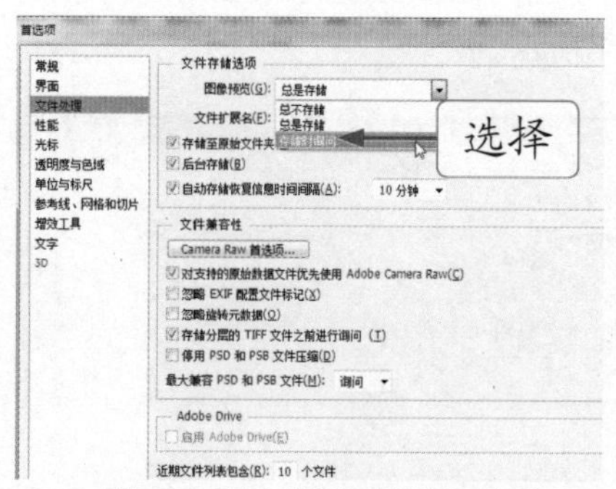

图 2-27 选择“存储时询问”选项

2.5.3 优化暂存盘选项

在 Photoshop CS6 中设置优化暂存盘可以让系统有足够的空间存放数据，防止空间不足，丢失文件数据。优化暂存盘的方法很简单，用户只需单击“编辑”|“首选项”|“性能”命令，弹出“首选项”对话框，如图 2-28 所示，在“暂存盘”选项区中，选中“D 驱动器”复选框，如图 2-29 所示，单击“确定”按钮，即可优化暂存盘。

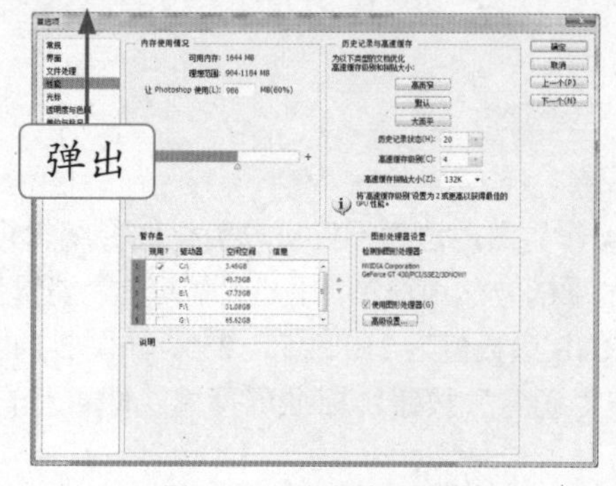

图 2-28 “首选项”对话框

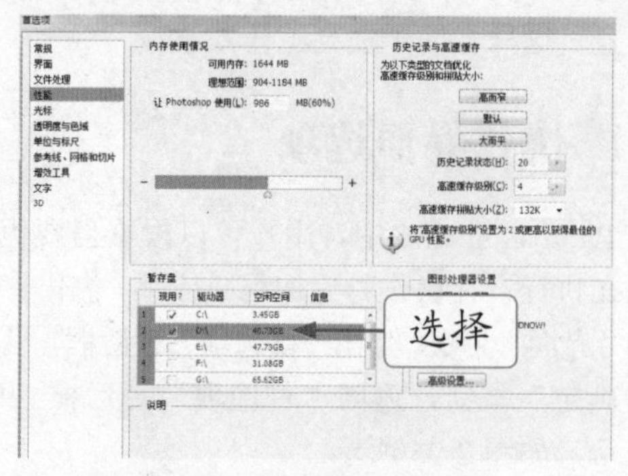

图 2-29 选中“D 驱动器”复选框

2.5.4 优化界面选项

在 Photoshop CS6 中，用户使用优化内存与图像高速缓存选项，可以改变系统处理图像文件的速度。优化内存与图像高速缓存选项的方法很简单，用户只需单击“编辑”|“首选项”|“性能”命令，弹出“首选项”对话框，在“内存使用情况”选项区中的“让 Photoshop 使用”数值框中输入 400，如图 2-30 所示，在“历史纪录与高速缓存”选项区中，分别设置“历史记录状态”为 40、“高速缓存级别”为 4，如图 2-31 所示，单击“确定”按钮，即可优化内存与图像高速缓存。

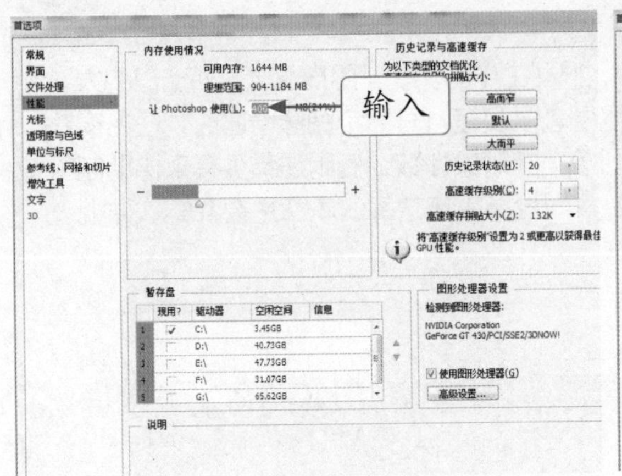

图 2-30 输入数值

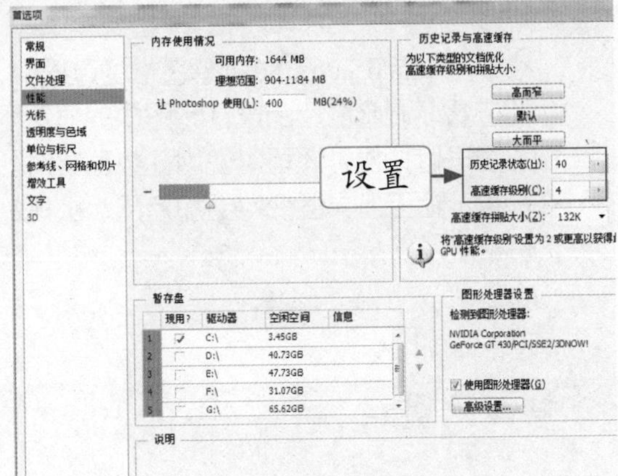

图 2-31 设置数值

高手指引

在“首选项”对话框中，设置“让 Photoshop 使用”的数值时，系统默认数值是 50%，适当提高这个百分比可以加快 Photoshop 处理图像文件的速度，在设置“高速缓存级别”数值时，用户可以根据自己计算机的内存配置与硬件水平进行数值设置。

第03章 软件视图常用操作

学前提示

使用 Photoshop CS6 处理图像的过程中，根据工作的需要，用户可以改变窗口的大小和位置、调整窗口的尺寸和图像的显示比例，以及在打开多个图像窗口时，在各窗口之间进行切换，还可以使用计数工具对图像中的对象计数，使用注释工具来协助制作图像，让工作界面变得更加方便、快捷，从而提高工作效率。本章主要介绍软件视图的常用操作方法。

本章知识重点

- 控制图像窗口
- 控制图像显示
- 控制图像画布
- 调整图像尺寸与分辨率
- 应用图像辅助工具

学完本章后应该掌握的内容

- 掌握控制图像窗口，如控制窗口位置与大小、窗口排列方式等
- 掌握控制图像显示，如控制缩放显示图像、按区域放大显示图像等
- 掌握控制图像画布，如控制旋转画布、翻转画布等
- 掌握调整图像尺寸与分辨率，如调整图像的尺寸、图像分辨率等
- 掌握应用图像辅助工具，如显示隐藏标尺、创建删除参考线等

3.1 控制图像窗口

在 Photoshop CS6 中，用户可以同时打开多个图像文件，其中当前图像编辑窗口将会显示在最前面，用户可以根据工作需要移动窗口位置、调整窗口大小、改变窗口排列方式或在各窗口之间切换，让工作变得更加方便。

3.1.1 调整窗口位置与大小

在处理图像的过程中，如果需要把一幅图像放在操作方便的位置，就需要调整图像编辑窗口的位置和大小。

1. 调整窗口位置

在处理图像的过程中，如果需要把一幅图像放在操作方便的位置，就需要调整图像编辑窗口的位置。调整窗口位置的方法很简单，用户只需将鼠标指针移至图像编辑窗口标题栏上，按住鼠标左键并拖曳至合适位置，即可移动窗口的位置。图 3-1 所示为调整窗口位置前后的效果对比。

图 3-1 调整窗口位置前后的效果对比

2. 调整窗口大小

当图像编辑窗口无法完整显示图像时，可拖曳图像编辑窗口的边框线，进行窗口的缩放。调整窗口大小的方法很简单，用户只需将鼠标指针移至图像编辑窗口的边框线上，按住鼠标左键并拖曳，即可改变窗口的大小。图 3-2 所示为调整窗口大小前后的效果对比。

图 3-2 调整窗口大小前后的效果对比

高手指引

在改变图像窗口大小时，拖曳鼠标指针至不同的位置，当指针呈各种 ↔ ↕ ⤡ 形状时，单击鼠标左键并拖曳，也可以改变图像窗口的大小。

3.1.2 调整窗口排列方式

在 Photoshop CS6 中，当打开多个图像文件时，每次只能显示一个图像编辑窗口内的图像，若用户需要对多个窗口中的内容进行比较，即可将各窗口以水平平铺、浮动、层叠和选项卡等方式进行排列。调整窗口排列方式的方法很简单，用户只需单击菜单栏中的“窗口”|“排列”|“平铺”命令，即可将各个窗口平铺排列。图 3-3 所示为调整窗口排列方式前后的效果对比。

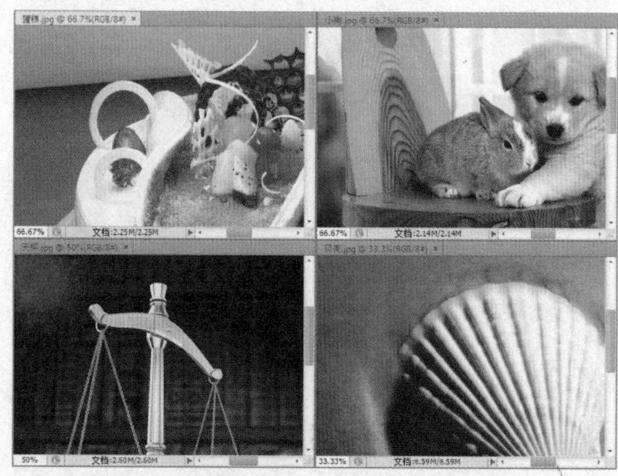

图 3-3 调整窗口排列方式前后的效果对比

3.1.3 切换当前窗口

当图像编辑窗口中同时打开多幅素材图像时，用户可运用鼠标选择需要编辑的窗口。切换当前窗口的方法很简单，用户只需移动鼠标指针至“彩虹桥”素材图像的图像编辑窗口上，单击鼠标左键，即可将“彩虹桥”素材图像置为当前窗口。图 3-4 所示为切换当前窗口前后的效果对比。

图 3-4 切换当前窗口前后的效果对比

技巧发送

除了运用上述方法可以切换图像编辑窗口外，还有以下 3 种方法。

- 快捷键 1：按【Ctrl + Tab】组合键。
- 快捷键 2：按【Ctrl + F6】组合键。
- 快捷菜单：单击“窗口”菜单，在弹出的菜单列表最下面的一个工作组中，会列出当前打开的所有素材图像名称，单击某一个图像名称，即可将其切换为当前图像窗口。

3.2 控制图像显示

在处理图像时，可以根据需要转换图像的显示模式。Photoshop CS6 为用户提供了多种屏幕显示模式，用户可根据标题栏上的“屏幕模式”按钮进行调整。

3.2.1 新手练兵——缩放显示图像

设计过程中需要查看图像精细部分，可运用缩放工具，随时对图像进行放大或缩小。

实例文件	光盘 \ 实例 \ 第 3 章 \ 无
所用素材	光盘 \ 素材 \ 第 3 章 \ 金鱼 .jpg

Step 01 按【Ctrl + O】组合键，打开一幅素材图像，如图 3-5 所示。

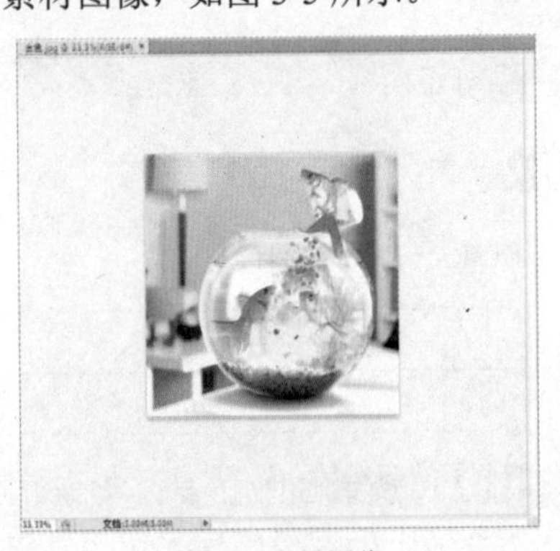

图 3-5 素材图像

Step 02 **1** 选取工具箱中的缩放工具，**2** 在工具属性栏中单击“放大”按钮，如图 3-6 所示。

Step 03 移动鼠标指针至图像编辑窗口中，此时鼠标指针呈带加号的放大镜形状，在图像编辑窗口中单击鼠标左键，即可将图像放大，如图 3-7 所示。

Step 04 选取工具箱中的缩放工具，在工具属性栏中单击“缩小”按钮，并移动鼠标指针至图像编辑窗口中，如图 3-8 所示。

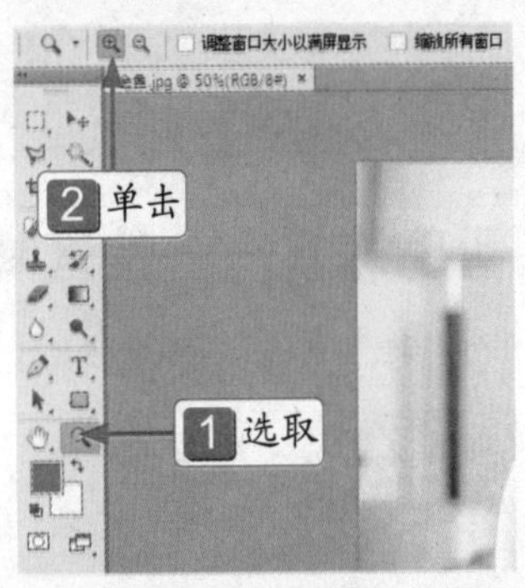

图 3-6 单击“放大”按钮

图 3-7 放大图像

图 3-8 移动鼠标指针至图像编辑窗口中

Step 05 单击鼠标左键，即可缩小图像，此时图像编辑窗口中的图像显示效果如图 3-9 所示。

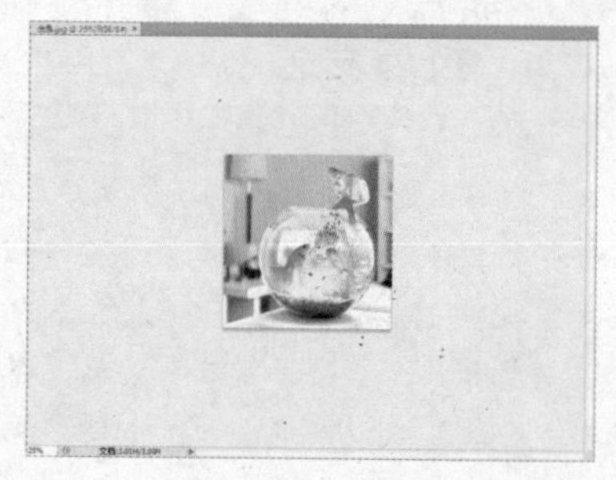

图 3-9 缩小图像

高手指引

每单击一次鼠标左键，图像就会放大一倍，如图像以 100% 的比例显示在屏幕上，选取放大工具后，在图像中单击鼠标左键，则图像将放大至原图像的 200%。

技巧发送

除了运用上述方法可以放大显示图像外，还有以下 3 种方法。

- 命令：单击“视图”|“放大”命令。
- 快捷键 1：按【Ctrl + +】组合键，可以逐级放大图像。
- 快捷键 2：按【Ctrl + 空格】组合键，当鼠标指针呈带加号的放大镜形状 时，单击鼠标左键，即可放大图像。

3.2.2 新手练兵——按区域放大显示图像

如果用户只要查看某个区域时，可以运用缩放工具，局部放大区域图像。

	实例文件	光盘 \ 实例 \ 第 3 章 \ 无
	所用素材	光盘 \ 素材 \ 第 3 章 \ 道路 .jpg

Step 01 按【Ctrl + O】组合键，打开一幅素材图像，此时图像编辑窗口中的显示效果如图 3-10 所示。

图 3-10 素材图像

Step 02 选取缩放工具，将鼠标指针定位在需要放大的图像区域，按住鼠标左键并拖曳，如图 3-11 所示。

图 3-11 单击鼠标左键

Step 03 释放鼠标左键，即可放大显示所需要的区域，此时图像编辑窗口中的图像效果，如图 3-12 所示。

图 3-12 按区域放大显示图像

Step 04 单击“窗口”|“导航器”命令，展开“导航器”面板，即可查看当前图像窗口显示的图像区域，如图 3-13 所示。

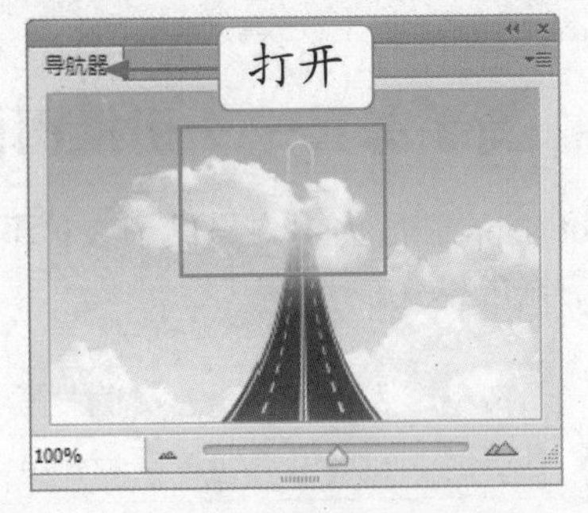

图 3-13 “导航器”面板

技巧发送

除了运用上述方法可以移动“导航器”中图像的显示区域，还有以下两种方法。

- 方法 1：按键盘中的【Home】键，可将“导航器”面板中的显示框移动到左上角。
- 方法 2：按【End】键，可将显示框移动到右下角。

3.2.3 新手练兵——移动图像窗口显示区域

当图像缩放后超出当前显示窗口的范围时，系统自动在图像编辑窗口的右侧和下方分别出现垂直滚动条和水平滚动条，用户可以拖动滚动条或者可以使用抓手工具移动图像窗口显示区域。

	实例文件	光盘 \ 实例 \ 第 3 章 \ 无
	所用素材	光盘 \ 素材 \ 第 3 章 \ 白荷 .jpg

Step 01 按【Ctrl + O】组合键，打开一幅素材图像，选取工具箱中的缩放工具，将素材图像放大，此时图像编辑窗口中的图像显示如图 3-14 所示。

图 3-14 放大后的图像

Step 02 在工具箱中选取抓手工具，移动鼠标指针至素材图像处，当指针呈抓手形状时，按住鼠标左键并拖曳，即可移动图像窗口的显示区域，效果如图 3-15 所示。

图 3-15 移动后的图像效果

技巧发送

当用户正在使用其他工具时，按住键盘中的空格键，可以切换到抓手工具的使用状态。

3.2.4 新手练兵——切换图像显示模式

Photoshop CS6 为用户提供了 3 种不同的屏幕显示模式，即标准屏幕模式、带有菜单栏的全屏模式和全屏模式。

实例文件	光盘 \ 实例 \ 第 3 章 \ 无
所用素材	光盘 \ 素材 \ 第 3 章 \ 世外桃源 .jpg

Step 01 按【Ctrl + O】组合键，打开一幅素材图像，此时屏幕显示为标准屏幕模式，如图 3-16 所示。

图 3-16 标准屏幕模式

Step 02 在工具箱下方的“更改屏幕模式”按钮上，1 单击鼠标右键，在弹出的快捷菜单中，2 选择“带有菜单栏的全屏模式”选项，如图 3-17 所示。

图 3-17 选择“带有菜单栏的全屏模式”选项

Step 03 执行操作后，屏幕即可呈带有菜单栏的全屏模式，此时图像编辑窗口中的显示如图 3-18 所示。

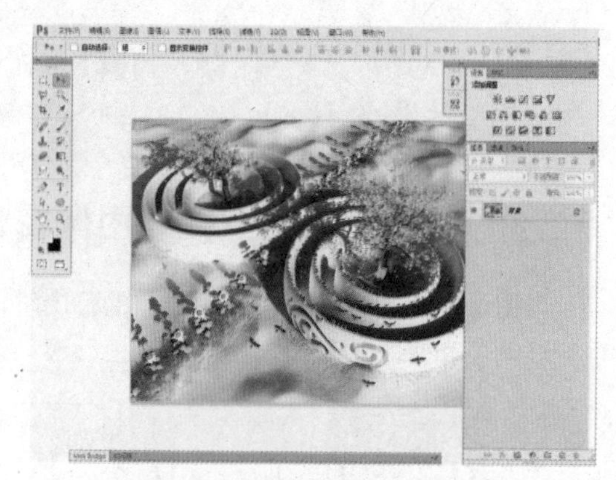

图 3-18 带有菜单栏的全屏模式

Step 04 在“屏幕模式”快捷菜单中，选择“全屏模式”选项，屏幕即可被切换成全屏模式，如图 3-19 所示。

图 3-19 全屏模式

技巧发送

除了运用上述方法切换图像显示以外，还有以下两种方法。

- 快捷键：按【F】键，可以在上述 3 种显示模式之间进行切换。
- 命令：单击“视图”|“屏幕模式”命令，在弹出的子菜单中可以选择需要的显示模式。

3.2.5 新手练兵——显示全部图像

当文档中置入一个较大的图像文件，或者使用移动工具将一个较大的图像拖入一个稍小的文档时，图像中一些内容就会位于画布之外，不会显示出来，用户可运用“显示全部”命令，显示全部图像。

	实例文件	光盘 \ 实例 \ 第 3 章 \ 无
	所用素材	光盘 \ 素材 \ 第 3 章 \ 沙漠和海 .jpg

Step 01 按【Ctrl + N】组合键，新建一个空白文档，按【Ctrl + O】组合键，打开一幅素材图像，将该素材拖曳至新建文档中，如图 3-20 所示。

图 3-20 将素材拖曳至新建文档中

Step 02 单击“图像”|“显示全部”命令，即可显示全部图像，效果如图 3-21 所示。

图 3-21 显示全部图像

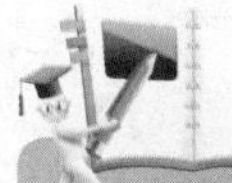

高手指引

有时图像的部分区域会处于画布的可见区域外，单击“显示全部”命令，可以扩大画面，从而使其处于画布可见区域外的图像完全显示出来。

3.3 控制图像画布

由于图片的角度不正，方向不太规范和准确，可以通过调整图像的画布来进行修正。本节主要介绍旋转、翻转画布的操作方法。

3.3.1 旋转画布

在 Photoshop CS6 中，有些素材图像出现了反向或倾斜情况，此时用户可以通过旋转画布对图像进行修正操作。旋转画布的操作方法很简单，用户只需单击菜单栏中的“图像”|“图像旋转”|“180 度”命令，即可 180 度旋转画布。图 3-22 所示为旋转画布前后的效果对比。

图 3-22 旋转画布前后的效果对比

3.3.2 翻转画布

在 Photoshop CS6 中，用户可以根据工作需要对画布进行翻转操作。翻转画布的操作方法很简单，用户只需单击“图像”|“图像旋转”|“水平翻转画布”命令，即可翻转画布。图 3-23 所示为翻转画布前后的效果对比。

图 3-23 翻转画布前后的效果对比

高手指引

用户还可以根据设计的需要，运用“垂直翻转画布”命令来翻转画布。

3.4 调整图像尺寸与分辨率

图像大小与图像像素、分辨率、实际打印尺寸之间有着密切的关系，它决定存储文件所需的硬盘空间大小和图像文件的清晰度。因此，调整图像的尺寸及分辨率也决定着整幅画面的大小。

3.4.1 新手练兵——调整图像的尺寸

在 Photoshop CS6 中，图像尺寸越大，所占的空间也越大。更改图像的尺寸，会直接影响图像的显示效果。

实例文件	光盘 \ 实例 \ 第 3 章 \ 单车 .jpg
所用素材	光盘 \ 素材 \ 第 3 章 \ 单车 .jpg

Step 01 按【Ctrl + O】组合键，打开一幅素材图像，如图 3-24 所示。

图 3-24 素材图像

Step 02 单击“图像”|“图像大小”命令，**1** 弹出“图像大小”对话框，**2** 设置文档大小的“宽度”为 15 厘米，如图 3-25 所示，**3** 单击“确定”按钮。

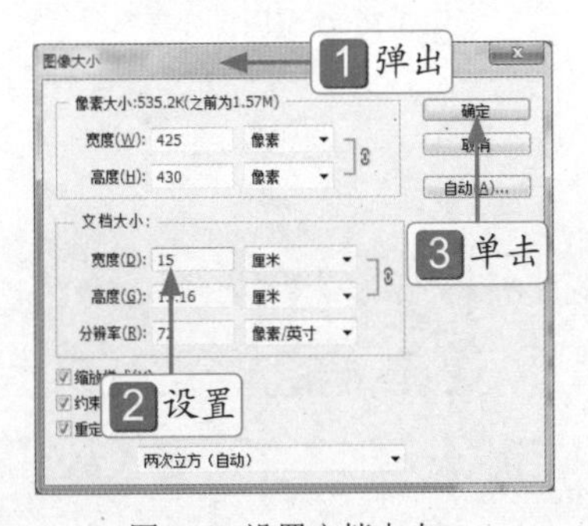

图 3-25 设置文档大小

Step 03 执行上述操作后，即可调整图像的尺寸，如图 3-26 所示。

图 3-26 调整图像尺寸

知识链接

在“图像大小”对话框中，各主要选项含义如下。

- 像素大小：通过改变该选项区中的“宽度”和“高度”数值，可以调整图像在屏幕上的显示大小，图像的尺寸也相应发生变化。
- 文档大小：通过改变该选项区中的“宽度”、“高度”和“分辨率”数值，可以调整图像的文件大小，图像的尺寸也相应发生变化。

3.4.2 新手练兵——调整图像分辨率

在 Photoshop 中，图像的品质取决于分辨率的大小，当分辨率数值越大时，图像就越清晰；反之，就越模糊。

实例文件	光盘 \ 实例 \ 第 3 章 \ 桥 .jpg
所用素材	光盘 \ 素材 \ 第 3 章 \ 桥 .jpg

Step 01 按【Ctrl + O】组合键，打开一幅素材图像，如图 3-27 所示。

图 3-27 素材图像

Step 02 单击"图像"|"图像大小"命令，弹出"图像大小"对话框，如图 3-28 所示。

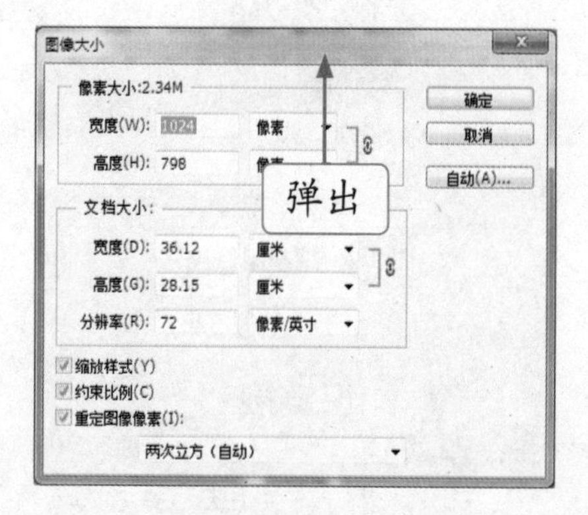

图 3-28 "图像大小"对话框

Step 03 在"文档大小"选项区中，**1** 设置"分辨率"为 96 像素/英寸，如图 3-29 所示，**2** 单击"确定"按钮。

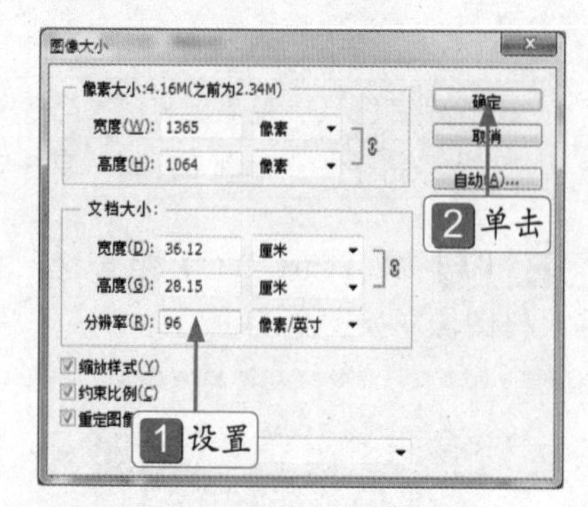

图 3-29 设置图像分辨率

Step 04 执行操作后，即可调整图像分辨率，如图 3-30 所示。

图 3-30 调整图像分辨率

知识链接

分辨率是用于描述图像文件信息量的术语，是指单位区域内包含的像素数量，通常用"像素/英寸"和"像素/厘米"表示。

3.5 应用图像辅助工具

用户在编辑和绘制图像时，灵活掌握标尺、参考线、网格、计数工具和注释工具等辅助工具的使用方法，可以在处理图像的过程中精确地对图像进行定位、对齐、测量等操作，以此更加准确有效地处理图像。

3.5.1 新手练兵——显示隐藏标尺

标尺显示了当前鼠标指针所在位置的坐标，应用标尺可以精确选取一定的范围和更准确地对齐对象。

实例文件	光盘 \ 实例 \ 第 3 章 \ 无
所用素材	光盘 \ 素材 \ 第 3 章 \ 向阳 .jpg

Step 01 按【Ctrl + O】组合键，打开一幅素材图像，如图 3-31 所示。

图 3-31 素材图像

Step 02 单击“视图”|“标尺”命令，即可显示标尺，如图 3-32 所示。

图 3-32 显示标尺

Step 03 将鼠标指针移至水平标尺与垂直标尺的相交处，按住鼠标左键并拖曳至图像编辑窗口中的合适位置，如图 3-33 所示。

图 3-33 按住鼠标左键并拖曳

Step 04 释放鼠标左键，即可更改标尺原点，此时图像编辑窗口中的图像显示效果如图 3-34 所示。

图 3-34 更改标尺原点

Step 05 移动鼠标指针至水平标尺和垂直标尺的相交处，双击鼠标左键，即可还原标尺位置，如图 3-35 所示。

图 3-35 还原标尺位置

Step 06 单击“视图”|“标尺”命令，即可隐藏标尺，此时图像编辑窗口中的图像显示如图 3-36 所示。

图 3-36 隐藏标尺

3.5.2 新手练兵——创建删除参考线

参考线是浮动在整个图像上却不被打印的直线，用户可以移动、删除或锁定参考线，参考线主要用来辅助对齐和定位图形对象。

实例文件	光盘 \ 实例 \ 第 3 章 \ 无
所用素材	光盘 \ 素材 \ 第 3 章 \ 心连心 .jpg

Step 01 按【Ctrl + O】组合键，打开一幅素材图像，此时图像编辑窗口中的图像显示如图 3-37 所示。

图 3-37 素材图像

Step 02 单击“视图”|“新建参考线”命令，1 弹出“新建参考线”对话框，2 设置各选项，如图 3-38 所示，3 单击“确定”按钮。

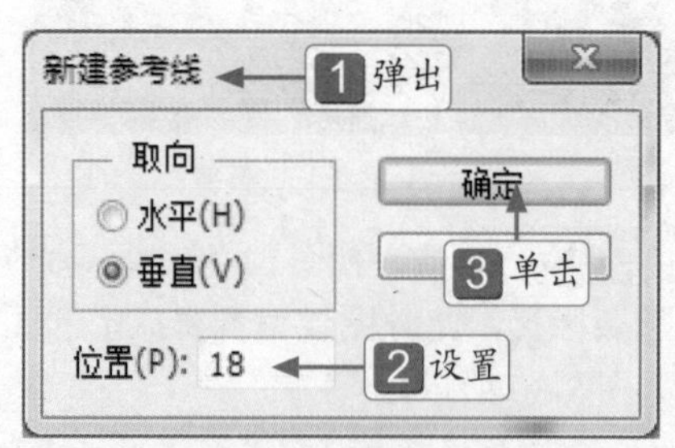

图 3-38 设置各选项

Step 03 执行操作后，即可创建垂直参考线，此时图像编辑窗口中的图像显示如图 3-39 所示。

Step 04 单击“视图”|“新建参考线”命令，1 弹出“新建参考线”对话框，2 设置各选项，如图 3-40 所示，3 单击“确定”按钮。

图 3-39 创建的垂直参考线

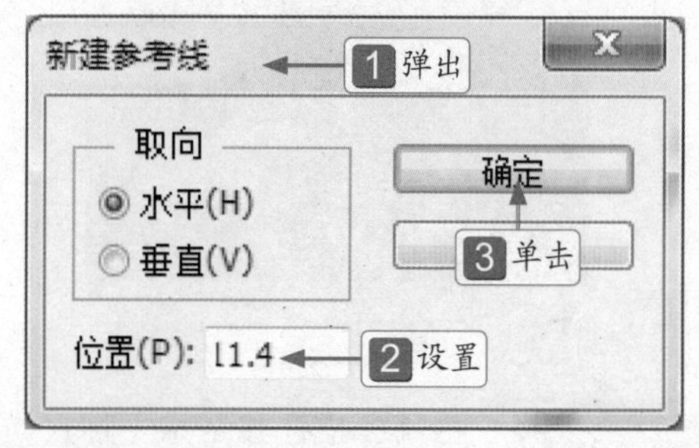

图 3-40 设置各选项

Step 05 执行操作后，即可创建水平参考线，此时图像编辑窗口中的图像显示如图 3-41 所示。

Step 06 单击“视图”|“标尺”命令，显示标尺，在水平标尺上按住鼠标左键的同时向下拖曳鼠标至图像编辑窗口中的合适位置，即可创建水平参考线，如图 3-42 所示。

Step 07 在垂直标尺上按住鼠标左键的同时，向右侧拖曳鼠标至图像编辑窗口中的合适位置，创建垂直参考线，如图 3-43 所示。

图 3-41 创建水平参考线

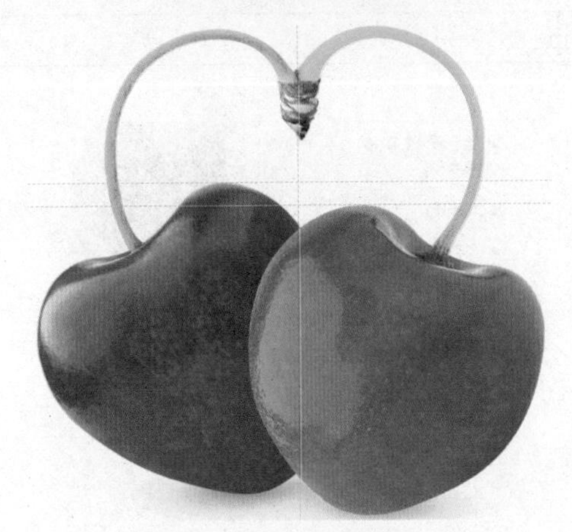

图 3-42 创建水平参考线

图 3-43 创建垂直参考线

Step 08 选取工具箱中的移动工具 ，拖曳鼠标至图像编辑窗口中的水平参考线上，鼠标指针呈双向箭头形状 ，此时图像编辑窗口中的显示如图 3-44 所示。

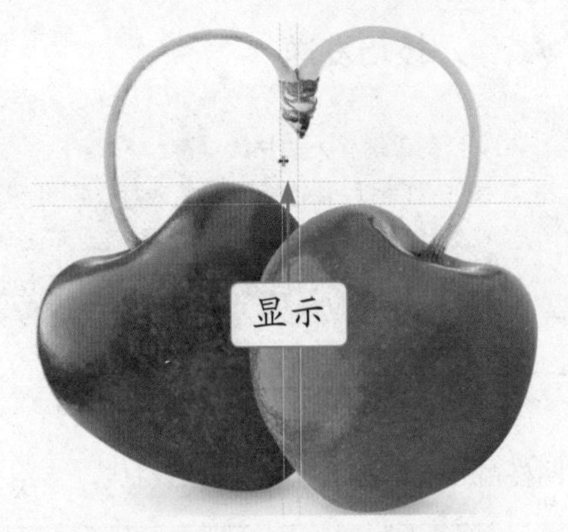

图 3-44 鼠标指针呈双向箭头形状

Step 09 按住鼠标左键并向下拖曳至合适位置，即可移动参考线，如图 3-45 所示。

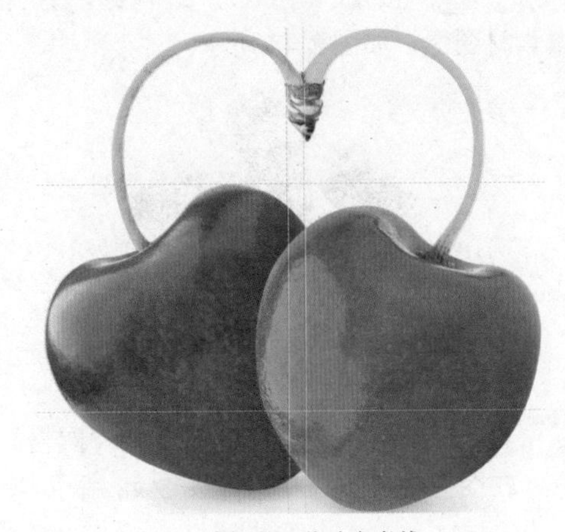

图 3-45 移动参考线

Step 10 单击“视图”|“清除参考线”命令，即可删除全部参考线，如图 3-46 所示。

图 3-46 删除全部参考线

技巧发送

与移动参考线有关的快捷键和技巧如下。

- 按住【Ctrl】键的同时拖曳鼠标，即可移动参考线。
- 按住【Shift】键的同时拖曳鼠标，可使参考线与标尺上的刻度对齐。
- 按住【Alt】键的同时拖曳参考线，可切换参考线水平和垂直的方向。

3.5.3 新手练兵——应用网格

网格由一连串的水平和垂直点组成，常用来辅助绘制图像时对齐窗口中的任意对象。

	实例文件	光盘 \ 实例 \ 第 3 章 \ 无
	所用素材	光盘 \ 素材 \ 第 3 章 \ 杯子 .jpg

Step 01 按【Ctrl + O】组合键，打开一幅素材图像，如图 3-47 所示。

图 3-47 素材图像

Step 02 单击"视图"|"显示"|"网格"命令，在图像中显示网格，如图 3-48 所示。

图 3-48 显示网格

Step 03 单击"视图"|"对齐到"|"网格"命令，可以看到在"网格"命令的左侧出现一个标志 √，如图 3-49 所示。

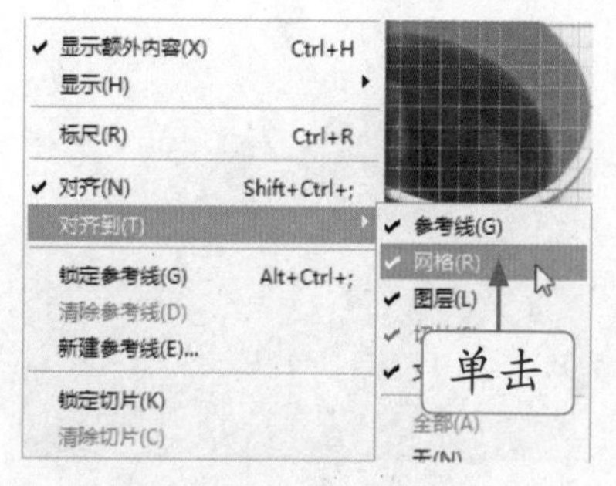

图 3-49 出现对号标志

Step 04 在工具箱中选取矩形选框工具，移动鼠标指针至图像编辑窗口中的红色杯子处，按住鼠标左键并拖曳，绘制矩形框时，会自动对齐到网格进行绘制，如图 3-50 所示。

图 3-50 创建选区

技巧发送

除了运用上述方法可以显示网格外，用户还可以按【Ctrl +'】组合键，在图像编辑窗口中隐藏或显示网格。

3.5.4 运用计数工具

在 Photoshop 中，用户可以使用计数工具对图像中的对象i
选定区域计数。运用计数工具的方法很简单，用户只需选取工具
针至图像编辑窗口中，此时鼠标指针呈 1+ 形状，单击鼠标左键，即
的方法，单击鼠标左键，依次创建多个计数。图 3-51 所示为运用计数工

图 3-51 运用计数工具后前后的效果对比

高手指引

单击工具属性栏中的"切换计数组的可见性"按钮，即可隐藏计数。

3.5.5 运用注释工具

注释工具是用来辅助制作图像的，当用户做好一部分的图像处理后，需要让其他用户帮忙处理另外一部分的工作时，在图像上需要处理的部分添加注释，内容即是用户所需要的处理效果。当其他用户打开图像时即可看到添加的注释，就知道该如何处理图像。运用注释工具的方法很简单，用户只需选取工具箱中的注释工具，移动鼠标指针至图像编辑窗口中，单击鼠标左键，弹出"注释"面板，在"注释"文本框中输入说明文字，即可创建注释，在素材图像中显示注释标记。图 3-52 所示为运用注释工具前后的效果对比。

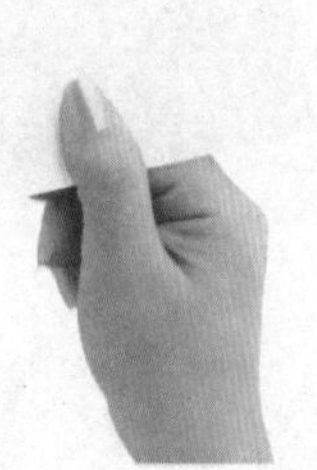

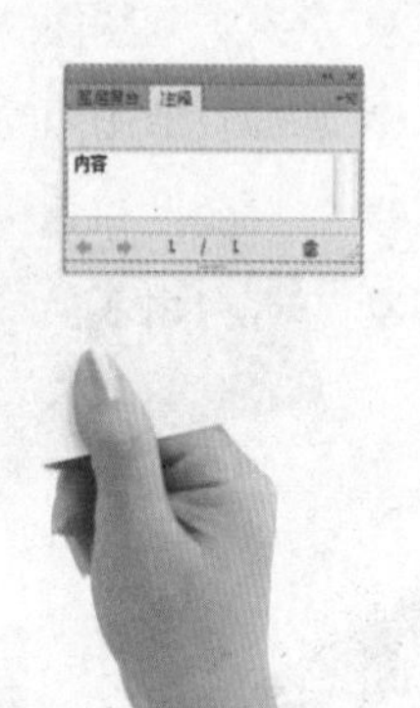

图 3-52 运用注释工具前后的效果对比

第04章 管理与变换图像素材

学前提示

Photoshop CS6是一个专门处理图像的软件，在绘图和图像处理方面有很强的功能，用户可以通过移动图像、删除图像、裁剪图像、变换和翻转图像、自由变换图像等操作，来调整与管理图像，并使平淡无奇的图像显示出独特视角，以此来优化图像的质量，设计出更好的作品。本章主要介绍管理与变换素材图像的操作方法。

本章知识重点

- 管理图像
- 裁剪图像
- 变换和翻转图像
- 自由变换图像

学完本章后应该掌握的内容

- 掌握管理图像的方法，如移动图像、删除图像等
- 掌握裁剪图像的方法，如运用裁剪工具裁剪图像、用“裁切”命令裁剪图像等
- 掌握变换和翻转图像的方法，如旋转/缩放图像、水平翻转图像等
- 掌握自由变换图像的方法，如斜切图像、扭曲图像等

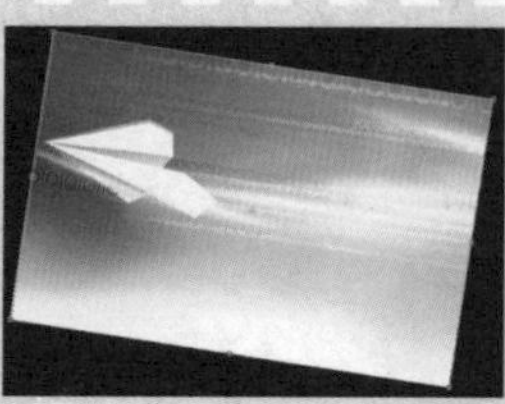

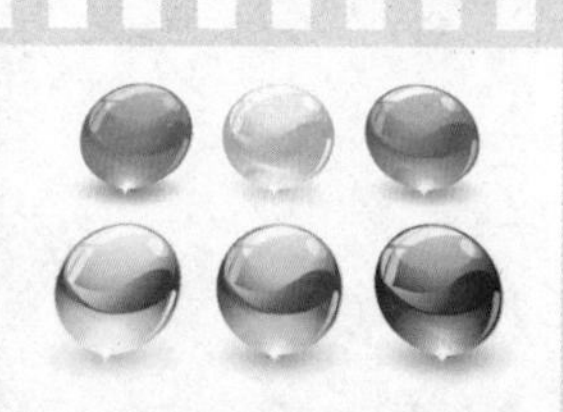

4.1 管理图像

在 Photoshop CS6 中，移动与删除图像是图像处理的基本方法。本节主要介绍移动和删除图像的基本操作。

4.1.1 移动图像

移动工具是最常用的工具之一，不论是在文档中移动图层、选区内的图像，还是将其他文档中的图像拖入当前文档，都需要使用移动工具。移动图像的方法很简单，用户只需选取工具箱中的移动工具 ，移动鼠标指针至编辑窗口中需要移动的图像上，按住鼠标左键并拖曳至合适的位置，释放鼠标左键，即可完成移动图像的操作。图 4-1 所示为移动图像前后的效果对比。

图 4-1 移动图像前后的效果对比

技巧发送

除了运用上述方法可以移动图像外，还有以下 4 种方法移动图像。

- 如果当前没有选择移动工具 可按住【Ctrl】键，当图像编辑窗口中的鼠标指针呈 形状时，按住鼠标左键并拖曳，即可移动图像。
- 按住【Alt】键的同时，在图像上按住鼠标左键并拖曳，即可移动图像。
- 按住【Shift】键的同时，可以将图像垂直或水平移动。
- 按方向键【↑】、【↓】、【←】、【→】方向键，使图像向上、下、左、右移动一个像素。

4.1.2 删除图像

用户在编辑图像过程中，可以对不需要的图像进行删除操作。删除图像的方法很简单，用户只需选取工具箱中的移动工具，移动鼠标指针至需要删除的图像上，单击鼠标右键，弹出快捷菜单，选择需要删除的图层所在的选项，按【Delete】键，即可删除图像。图 4-2 所示为删除图像前后的效果对比。

图 4-2 删除图像前后的效果对比

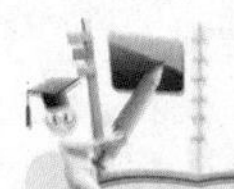

高手指引

如果在背景图层上清除图像，则清除的图像区域将填充为背景色，若是在其他图层上清除图像，则以透明区域显示。

4.2 裁剪图像

将图像扫描到计算机中，经常会遇到图像中多出一些不需要的部分，此时就需要对图像进行裁剪操作，遇到需要将倾斜的图像修剪整齐或将图像边缘多余的部分裁去，此时就会用到裁剪工具。本节主要介绍裁剪图像的操作方法。

4.2.1 新手练兵——运用裁剪工具裁剪图像

裁剪工具是应用非常灵活的图像截取工具，既可以通过设置其工具属性栏中的参数获得精确的裁剪设置，也可以通过手动自由控制裁剪图像的大小。

	实例文件	光盘 \ 实例 \ 第 4 章 \ 人物 .jpg
	所用素材	光盘 \ 素材 \ 第 4 章 \ 人物 .jpg

Step 01 按【Ctrl + O】组合键，打开一幅素材图像，如图 4-3 所示。

Step 02 选取工具箱中的裁剪工具，将鼠标指针移至裁剪边框上，按住鼠标左键并拖曳，调整裁剪边框的大小，如图 4-4 所示。

Step 03 在裁剪框内双击鼠标左键，确认裁剪，如图 4-5 所示。

图 4-3 素材图像

图 4-4 调整裁剪边框的大小

图 4-5 裁剪后的效果

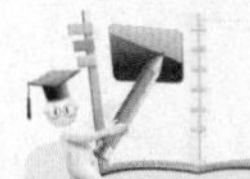

高手指引

在变换控制框中，可以对裁剪区域进行适当调整，将鼠标指针移至控制框四周的 8 个控制点上，当鼠标指针呈双向箭头形状 ↔ 时，按住鼠标左键并拖曳至合适位置，释放鼠标左键即可放大或缩小裁剪区域，将鼠标指针移至控制框外，当鼠标指针呈 ↻ 形状时，可以对裁剪区域进行旋转。

4.2.2 新手练兵——运用“裁切”命令裁剪图像

在 Photoshop CS6 中，，单击“图像”|“裁切”命令，弹出“裁切”对话框，在“基于”选项区中，用户可以根据需要选择不同的选项，进行裁剪操作。

	实例文件	光盘 \ 实例 \ 第 4 章 \ 亲吻 .jpg
	所用素材	光盘 \ 素材 \ 第 4 章 \ 亲吻 .jpg

Step 01 按【Ctrl + O】组合键，打开一幅素材图像，如图 4-6 所示。

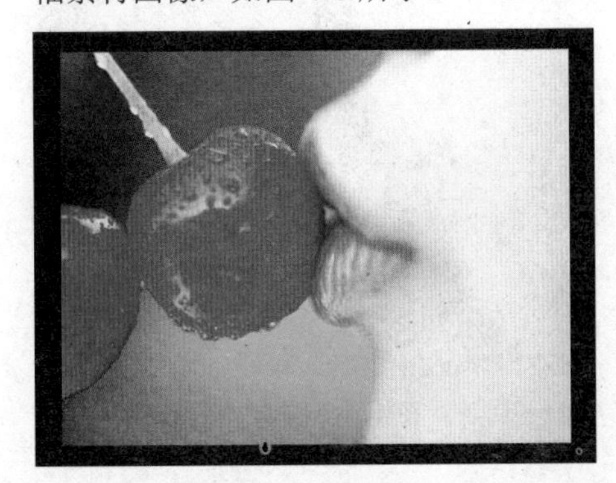

图 4-6 素材图像

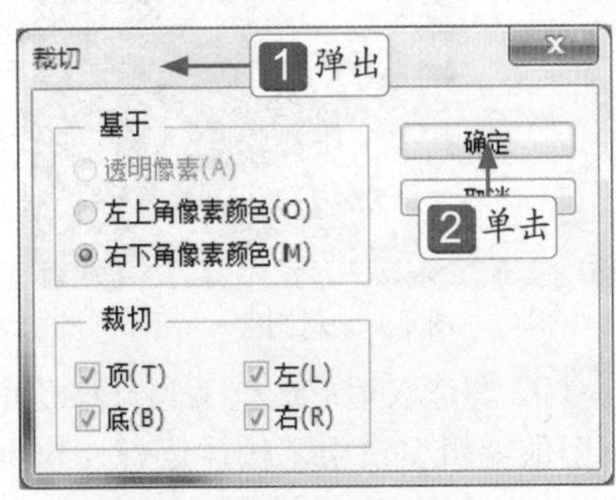

图 4-7 “裁切”对话框

Step 02 单击“图像”|“裁切”命令，1 弹出“裁切”对话框，保持默认设置，如图 4-7 所示，2 单击“确定”按钮。

Step 03 执行操作后，即可裁剪图像，如图 4-8 所示。

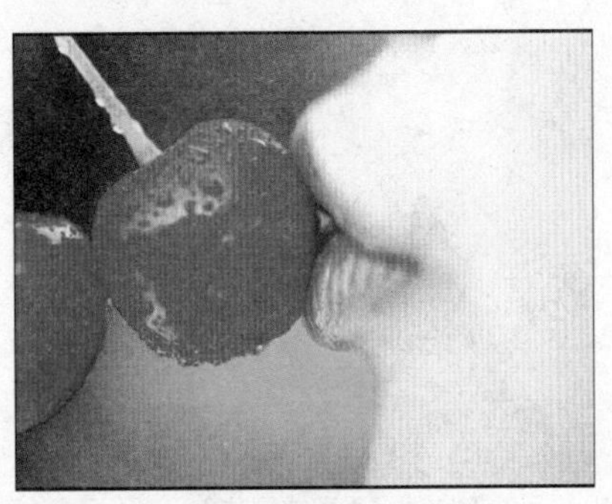

图 4-8 裁剪图像效果

知识链接

“裁切”对话框中各选项含义如下。

- “基于”：该选项区包含3种裁切方式，基于颜色进行裁切。选中“透明像素”单选按钮，则图像周围透明像素区域将会被裁切；选中“左上角像素颜色”单选按钮，则左上角像素颜色的区域将会被裁切；选中“右下角像素颜色”单选按钮，则右下角像素颜色的区域将会被裁切。
- “裁切掉”：用于确定裁切区域，该选项区中包括顶、左、底和右4个复选框，代表图像的四周，选中某个复选框，则相对应的空白区域将被裁切，若全部选中，则会裁切掉图像四周的空白区域。

4.2.3 新手练兵——精确裁剪图像

精确裁剪图像可运用到制作等分拼图上，在裁剪工具属性栏上设置固定的宽度、高度、分辨率等参数，即可裁剪同样大小的图像。

实例文件	光盘 \ 实例 \ 第 4 章 \ 人鱼 .jpg
所用素材	光盘 \ 素材 \ 第 4 章 \ 人鱼 .jpg

Step 01 按【Ctrl + O】组合键，打开一幅素材图像，如图 4-9 所示。

图 4-9 素材图像

Step 02 选取矩形选框工具，移动鼠标指针至图像编辑窗口中，按住鼠标左键并拖曳出需要裁剪的范围，如图 4-10 所示。

图 4-10 选择裁剪范围

Step 03 至合适位置后释放鼠标左键，单击“图像”|“裁剪”命令，即可裁剪图像，单击“选择”|“取消选择”命令，取消选区，如图 4-11 所示。

图 4-11 裁剪效果

知识链接

“裁切”命令主要用来匹配图像画布的尺寸与图像中对象的最大尺寸，而“裁剪”命令主要用来修剪图像画布的尺寸，其依据是选区的尺寸。

4.3 变换和翻转图像

当图像扫描到计算机中，会发现图像出现了颠倒或倾斜现象，此时需要对画布进行变换或旋转操作。

4.3.1 新手练兵——旋转 / 缩放图像

缩放或旋转图像，能使平面图像显示独特视角，同时也可以将倾斜的图像纠正。

	实例文件	光盘 \ 实例 \ 第 4 章 \ 翱翔 .psd
	所用素材	光盘 \ 素材 \ 第 4 章 \ 翱翔 .psd

Step 01 按【Ctrl + O】组合键，打开一幅素材图像，如图 4-12 所示。

图 4-12 素材图像

Step 02 选择“图层 1”图层，单击“编辑”|“变换”|“缩放”命令，即可调出变换控制框，如图 4-13 所示。

图 4-13 调出变换控制框

Step 03 移动鼠标指针至变换控制框右上方的控制柄上，鼠标指针呈双向箭头↗形状时，按住【Alt + Shift】组合键的同时，按住鼠标左键并向左下方拖曳，缩放至合适位置，如图 4-14 所示。

图 4-14 缩放后的图像

Step 04 在变换控制框中单击鼠标右键，在弹出的快捷菜单中选择“旋转”选项，如图 4-15 所示。

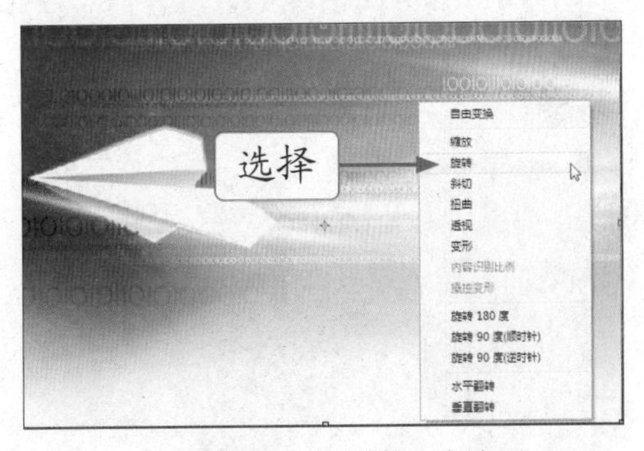

图 4-15 选择“旋转”选项

Step 05 移动鼠标指针至变换控制框右上方的控制柄处，当鼠标指针呈旋转形状时，按住鼠标左键并向右拖曳鼠标，旋转到合适位置，如图 4-16 所示。

Step 06 执行操作后，在图像内双击鼠标左键，即可旋转图像，此时图像编辑窗口中的显示效果如图 4-17 所示。

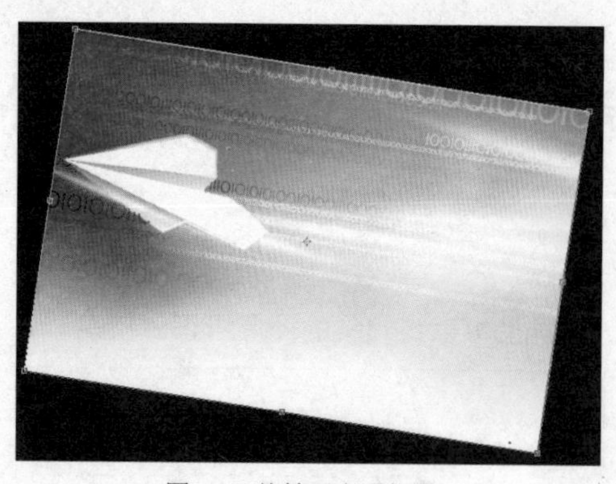

图 4-16 旋转至合适位置

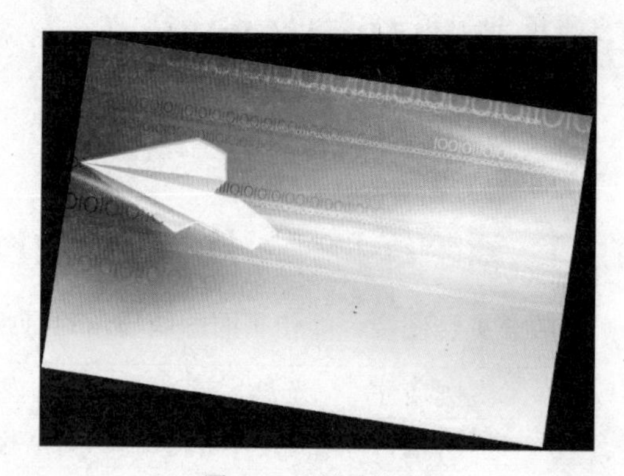

图 4-17 旋转后的效果

技巧发送

对图像进行缩放操作时，按住【Shift】键的同时，按住鼠标左键并拖曳，可等比例缩放图像。按住【Altj + Shift】组合键时，按住鼠标左键并拖曳，即可以中心比例缩放图像。

4.3.2 新手练兵——水平翻转图像

当打开的图像出现了水平方向的颠倒时，此时就需要对图像进行水平翻转操作。

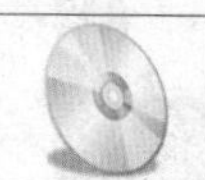

实例文件	光盘 \ 实例 \ 第 4 章 \ 人物素材 .psd
所用素材	光盘 \ 素材 \ 第 4 章 \ 人物素材 .psd

Step 01 按【Ctrl + O】组合键，打开一幅素材图像，如图 4-18 所示。

图 4-18 素材图像

Step 02 选择“图层 1”图层，单击“编辑”|“变换”|“水平翻转”命令，即可水平翻转图像，如图 4-19 所示。

图 4-19 水平翻转图像

知识链接

“水平翻转画布”命令和“水平翻转”命令的区别如下。

- 水平翻转画布：可将整个画布，即画布中的全部图层，水平翻转。
- 水平翻转：可将画布中的某个图像，即选中画布中的某个图层，水平翻转。

4.3.3 垂直翻转图像

当打开的图像出现了垂直方向的颠倒时，此时就需要对图像进行垂直翻转操作。垂直翻转图像的方法很简单，用户只需选择需要垂直翻转的图层，单击“编辑”|“变换”|“垂直翻转”命令，即可垂直翻转图像。图 4-20 所示为垂直翻转图像前后的效果对比。

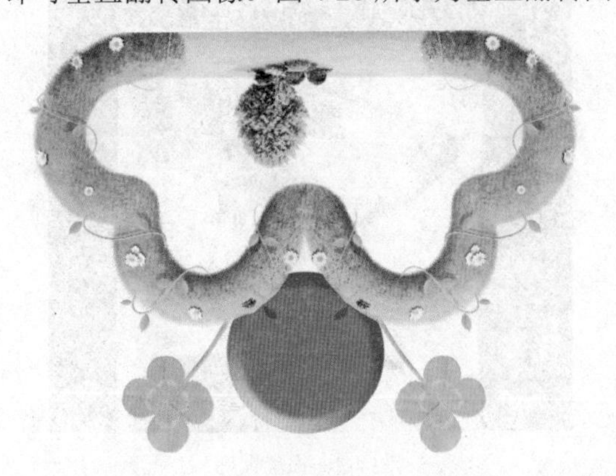

图 4-20 垂直翻转图像前后的效果对比

4.4 自由变换图像

在 Photoshop CS6 中，变换图像是非常有效的图像编辑手段，用户可以根据需要对图像进行斜切、扭曲、透视、变形、操控变形及重复上次变换等操作。

4.4.1 新手练兵——斜切图像

在 Photoshop CS6 中，用户可以运用“斜切”命令斜切图像，制作出逼真的倒影效果。下面详细介绍了斜切图像的操作方法。

	实例文件	光盘 \ 实例 \ 第 4 章 \ 酒杯 .psd
	所用素材	光盘 \ 素材 \ 第 4 章 \ 酒杯 .psd

Step 01 按【Ctrl + O】组合键，打开一幅素材图像，如图 4-21 所示。

图 4-21 素材图像

Step 02 1 展开“图层”面板，2 选择“图层 2”图层，如图 4-22 所示。

图 4-22 选择“图层 2”图层

Step 03 单击“编辑”|“变换”|“垂直翻转”命令，如图4-23所示，垂直翻转图像。

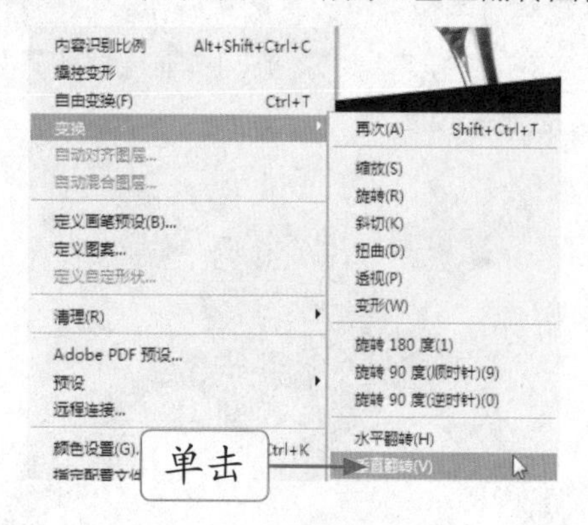

图 4-23 单击“垂直翻转”命令

Step 04 选取移动工具，移动图像至合适位置，如图 4-24 所示。

图 4-24 移动图像至合适位置

Step 05 单击“编辑”|“变换”|“斜切”命令，调出变换控制框，如图 4-25 所示。

图 4-25 调出变换控制框

Step 06 将鼠标指针移至变换控制框右侧上方的控制柄上，指针呈白色三角▷形状时，按住鼠标左键并向上拖曳，如图4-26所示。

图 4-26 拖曳鼠标

Step 07 按【Enter】键确认，设置“图层 2”图层的“不透明度”为 20%，如图 4-27 所示。

图 4-27 设置图层的不透明度

Step 08 执行上述操作后，得到最终效果，如图 4-28 所示。

图 4-28 最终效果

4.4.2 新手练兵——扭曲图像

执行“扭曲”命令时，拖动变换控制框上的任意控制柄，即可扭曲图像。

实例文件	光盘 \ 实例 \ 第 4 章 \ 塔 .psd
所用素材	光盘 \ 素材 \ 第 4 章 \ 塔 .psd

Step 01 按【Ctrl + O】组合键，打开一幅素材图像，如图 4-29 所示，选择“图层 1”图层。

图 4-29 素材图像

Step 02 单击“编辑”|“变换”|“扭曲”命令，如图 4-30 所示。

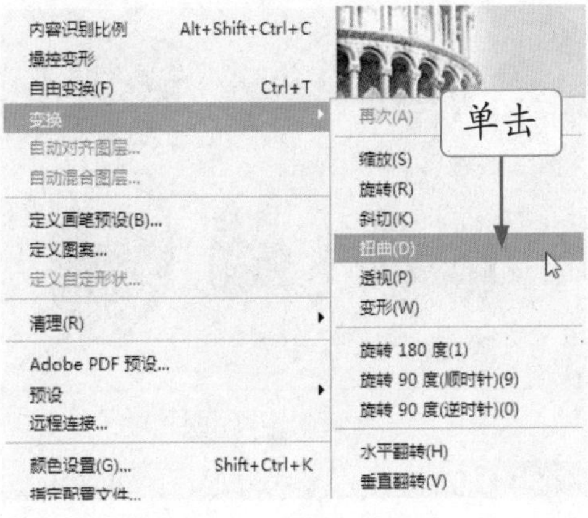

图 4-30 单击“扭曲”命令

Step 03 执行上述操作后，调出变换控制框，如图 4-31 所示。

图 4-31 调出变换控制框

Step 04 移动鼠标指针至变换控制框的控制柄上，指针呈白色三角 ▷ 形状时，按住鼠标左键的同时并拖曳，至合适位置释放鼠标左键，如图 4-32 所示。

图 4-32 拖曳至合适位置

Step 05 按【Enter】键确认，即可扭曲图像，如图 4-33 所示。

图 4-33 扭曲图像

高手指引

与斜切不同的是，执行扭曲操作时，控制点可以随意拖动，不受调整边框方向的限制，若在拖曳鼠标的同时按住【Alt】键，则可以制作出对称扭曲效果，而斜切则会受到调整边框的限制。

4.4.3 新手练兵——透视图像

在 Photoshop CS6 中进行图像处理时，如果需要将平面图变换为透视效果，就可以运用透视功能进行调节。单击“透视”命令，即会显示变换控制框，此时按住鼠标左键并拖动可以进行透视变换。下面详细介绍使用透视命令的操作方法。

实例文件	光盘 \ 实例 \ 第 4 章 \ 六彩球 .psd
所用素材	光盘 \ 素材 \ 第 4 章 \ 六彩球 .psd

Step 01 按【Ctrl + O】组合键，打开一幅素材图像，如图 4-34 所示。

图 4-34 素材图像

Step 02 单击“编辑”|“变换”|“透视”命令，如图 4-35 所示。

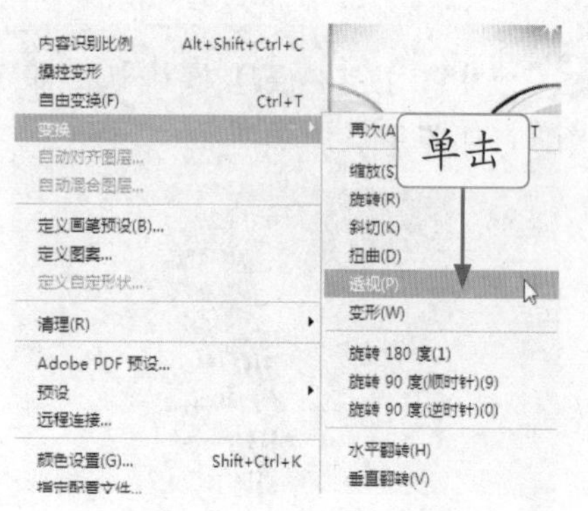

图 4-35 单击“透视”命令

Step 03 执行上述操作后，调出变换控制框，如图 4-36 所示。

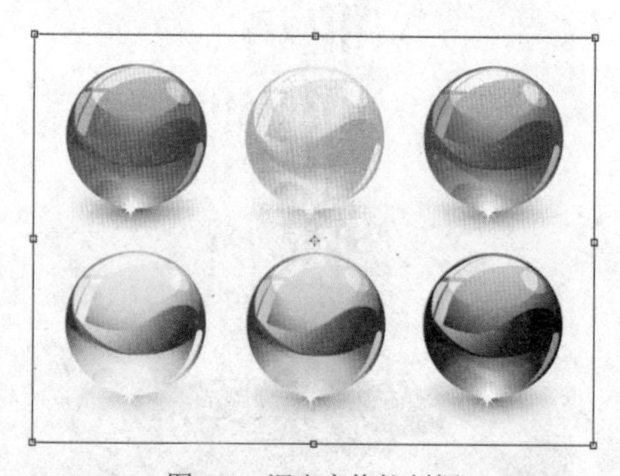

图 4-36 调出变换控制框

Step 04 将鼠标指针移至变换控制框右上方的控制柄上，鼠标指针呈白色▷角形状时，按住鼠标左键并拖曳，如图 4-37 所示。

图 4-37 拖曳鼠标

Step 05 执行上述操作后，再一次对图像进行微调，如图 4-38 所示。

Step 06 按【Enter】键确认，即可透视图像，如图 4-39 所示。

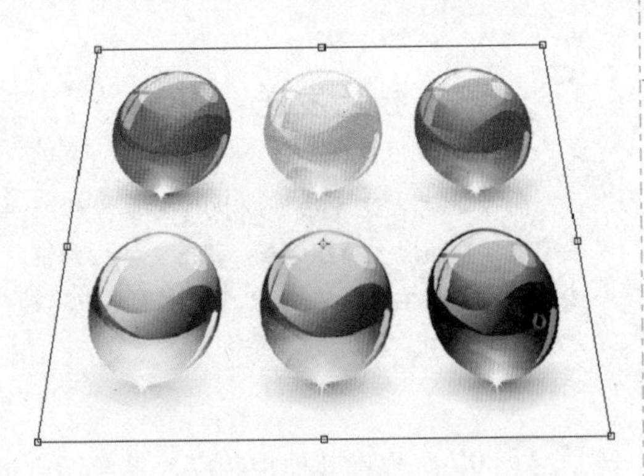

图 4-38 微调图像

图 4-39 透视图像

4.4.4 新手练兵——变形图像

用户在执行“变形”命令时，图像上会出现变形网格和锚点，拖曳这些锚点或调整锚点的方向线可以对图像进行更加自由和灵活的变形处理。

	实例文件	光盘 \ 实例 \ 第 4 章 \ 纸杯 .psd
	所用素材	光盘 \ 素材 \ 第 4 章 \ 纸杯 .jpg、花纹 .jpg

Step 01 按【Ctrl + O】组合键，打开两幅素材图像，如图 4-40 所示。

图 4-40 素材图像

图 4-41 移动图像

Step 02 选取工具箱中的移动工具，将鼠标指针移至花纹图像上，按住鼠标左键的同时并将其拖曳至纸杯图像上，如图 4-41 所示。

Step 03 单击“编辑”|“变换”|“缩放”命令，如图 4-42 所示。

Step 04 调出变换控制框，将鼠标指针移至变换控制框右上方的控制柄上，按住鼠标左键并拖曳，缩放至合适大小，如图 4-43 所示。

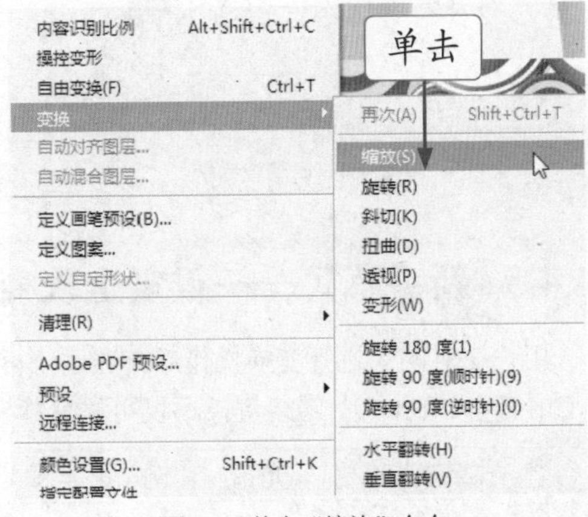

图 4-42 单击“缩放”命令

图 4-43 缩放至合适大小

Step 05 在变换控制框中单击鼠标右键，弹出快捷菜单，选择“变形”选项，如图 4-44 所示。

图 4-44 选择“变形”选项

Step 06 显示变形网格，调整 4 个角上的控制柄，如图 4-45 所示。

图 4-45 调整控制柄

技巧发送

除了运用上述方法可以执行变形操作外，还可以按【Ctrl + T】组合键，调出变换控制框，然后单击鼠标右键，在弹出的快捷菜单中选择“变形”选项，执行变形操作。

Step 07 拖曳其他控制柄，调整至合适位置，按【Enter】键确认，即可变形图像，如图 4-46 所示。

图 4-46 变形图像

Step 08 设置“图层 1”图层的“混合模式”为“正片叠底” 正片叠底 ，即可查看最终效果，如图 4-47 所示。

图 4-47 最终效果

4.4.5 新手练兵——重复上次变换

用户在对图像进行变换操作后，通过“再次”命令，可以重复上次变换操作。另外，按【Alt + Ctrl + Shift + T】组合键，不仅可以变换图像，还可复制出新的图像内容。

	实例文件	光盘 \ 实例 \ 第 4 章 \ 花瓣 .psd
	所用素材	光盘 \ 素材 \ 第 4 章 \ 花瓣 .psd

Step 01 按【Ctrl + O】组合键，打开一幅素材图像，如图 4-48 所示。

图 4-48 素材图像

Step 02 单击“图层”|“复制图层”命令，如图 4-49 所示。

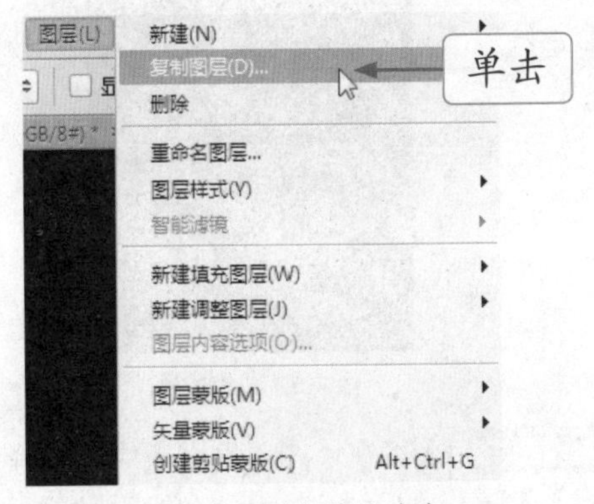

图 4-49 单击“复制图层”命令

Step 03 执行上述操作后，**1** 弹出“复制图层”对话框，保持默认设置，如图 4-50 所示，**2** 单击“确定”按钮。

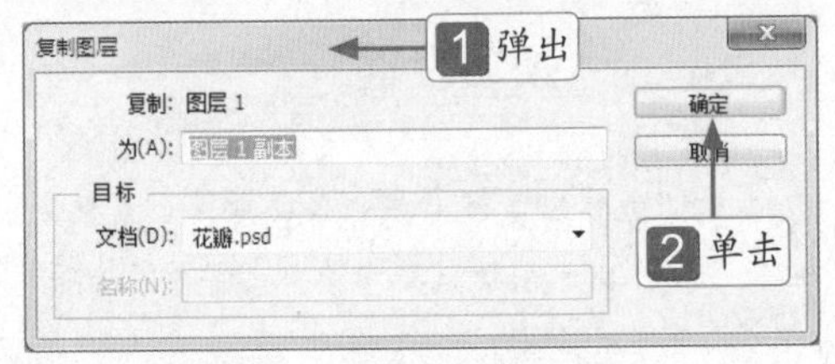

图 4-50 “复制图层”对话框

Step 04 单击“编辑”|“自由变换”命令，如图 5-51 所示。

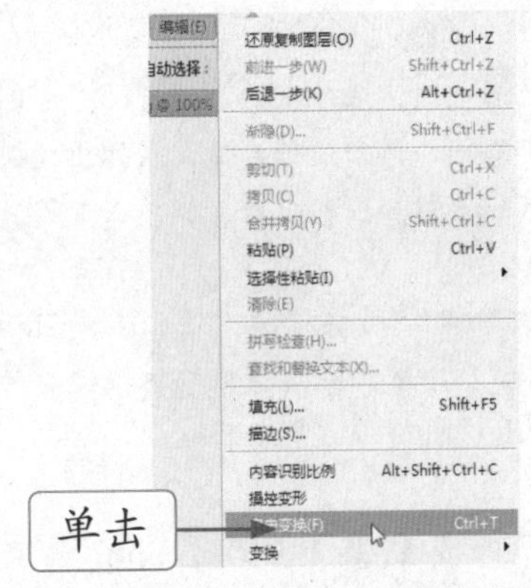

图 4-51 单击“自由变换“命令

Step 05 调出变换控制框，将鼠标指针移至变换框外侧，按住鼠标左键并拖曳至合适位置，旋转并缩小素材图像，如图 4-52 所示。

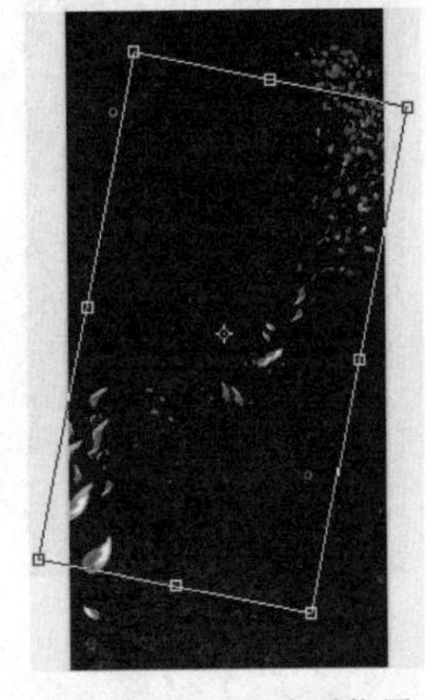

图 4-52 拖曳至合适位置

Step 06 执行上述操作后，按【Enter】键确认，即可旋转图像，如图 4-53 所示。

图 4-53 旋转图像

技巧发送

除了运用上述方法外，还可以按【Ctrl + T】调出自由变换框，单击鼠标右键，在弹出的快捷菜单中可以进行相应的旋转、扭曲、透视、变形等操作。

“再次”命令的快捷键为【Ctrl + Shift + T】组合键，重复上次变换操作的快捷键为【Alt + Ctrl + Shift + T】组合键。

Step 07 按【Alt + Ctrl + Shift + T】组合键，再次旋转图像，如图 4-54 所示。

图 4-54 再次旋转图像

Step 08 重复操作 20 次后，变换图像，如图 4-55 所示。

图 4-55 变换图像

Step 09 单击“图像”|“显示全部”命令，如图 4-56 所示。

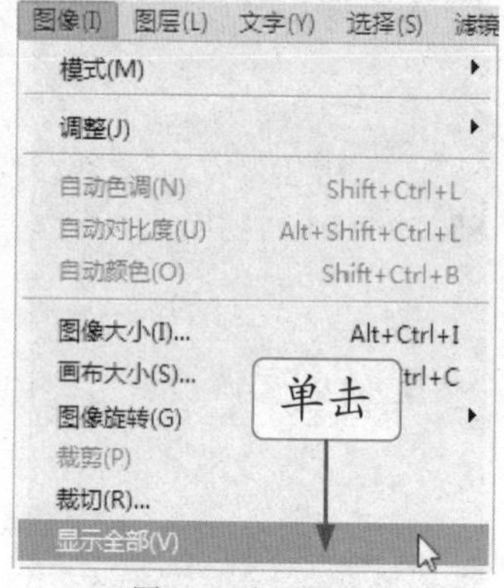

图 4-56 变形图像

Step 10 执行上述操作后，最终效果，如图 4-57 所示。

图 4-57 最终效果

Step 11 在“图层”面板中，选择“背景”图层，如图 4-58 所示，然后设置“前景色”为黑色■。

Step 12 按【Alt + Delete】组合键，将背景填充为黑色，最终效果，如图 4-59 所示。

技巧发送

在图像编辑窗口中的背景区域，单击鼠标右键，在弹出的快捷菜单中选择“背景”选项，即可选中背景图层。

图 4-58 选择“背景”图层

图 4-59 最终效果

4.4.6 操控变形图像

在 Photoshop CS6 中，操控变形功能比变形网格更强大，也更吸引人。

使用该功能时，用户可以在图像的关键点上放置图钉，然后通过拖曳图钉位置来对图像进行变形操作，灵活地运用“操控变形”命令可以设计出更有创意的图像。

操控变形图像的方法很简单，用户只需通过“操控变形”命令，在图像上添加图钉，将鼠标指针移至添加的图钉上，按住鼠标左键的同时并向下拖曳，即可变形图像。图 4-60 所示为操控变形图像前后的效果对比。

图 4-60 操控变形图像前后的效果对比

技巧发送

单击操控变形网格中的任意一个图钉，按【Delete】键可将其删除，或按住【Alt】键同时单击图钉也可以将其删除。

4.4.7 内容识别缩放图像

在 Photoshop CS6 中，内容识别比例是一项非常实用的缩放功能。普通的缩放在调整图像时会影响所有的像素，而内容识别缩放主要可保持人物或者建筑等不进行特大幅度形变。

运用内容识别缩放图像的方法很简单，用户只需通过“内容识别比例”命令，对图像进行缩放操作，然后单击工具属性栏中的“保护肤色”按钮 ，即可得到最终效果。图 4-61 所示为内容识别缩放图像前后的效果对比。

图 4-61 内容识别缩放图像前后的效果对比

第05章 创建与编辑选区对象

学前提示

在 Photoshop CS6 中，选区是指通过工具或者相应命令在图像上创建的选取范围。创建选区后，即可对选区内的图像区域进行分离，以便复制、移动、填充或校正图像的颜色。当图像中某区域被选定时，对该图层进行相应编辑时，被编辑的范围将会只局限于选区。本章介绍创建与编辑选区对象的操作方法，主要包括运用工具、命令以及按钮创建选区。

本章知识重点

- 运用工具创建规则选区
- 运用工具创建颜色选区
- 运用按钮创建选区
- 修改应用选区
- 运用工具创建不规则选区
- 运用命令创建随意选区
- 编辑选区对象

学完本章后应该掌握的内容

- 掌握创建规则选区的方法，如运用单行、单列以及矩形选框工具创建选区等
- 掌握创建不规则选区的方法，如运用磁性套索以及多边形套索工具创建选区等
- 掌握创建颜色选区的方法，如运用魔棒工具和快速选择工具创建选区等
- 掌握按钮创建选区的方法，如添加到选区以及从选区减去操作等
- 掌握编辑选区对象的方法，如移动选区、羽化选区以及变换选区等

5.1 运用工具创建规则选区

在 Photoshop CS6 中，提供了 4 个选框工具用于创建形状规则的选区，包括单行选框工具、单列选框工具、矩形选框工具以及椭圆选框工具，分别用于建立单行、单列、矩形以及椭圆选区。本节主要介绍运用工具创建规则选区的操作方法。

5.1.1 新手练兵——运用单行选框工具创建水平选区

在 Photoshop CS6 中，使用单行选框工具可以创建 1 个像素的单行选区。下面介绍运用单行选框工具创建水平选区的操作方法。

实例文件	光盘 \ 实例 \ 第 5 章 \ 相信真爱 .psd
所用素材	光盘 \ 素材 \ 第 5 章 \ 相信真爱 .jpg

Step 01 按【Ctrl + O】组合键，打开一幅素材图像，如图 5-1 所示。

图 5-1 打开素材图像

Step 02 单击“图层”|“新建”|“图层”命令，弹出“新建图层”对话框，单击“确定”按钮，即可新建“图层 1”图层，此时“图层”面板如图 5-2 所示。

图 5-2 新建“图层 1”图层

Step 03 选取工具箱中的单行选框工具，多次单击鼠标左键，创建水平选区，如图 5-3 所示。

图 5-3 创建水平选区

Step 04 单击“设置前景色”色块，1 弹出“拾色器（前景色）”对话框，2 设置颜色为白色，如图 5-4 所示，3 单击“确定”按钮。

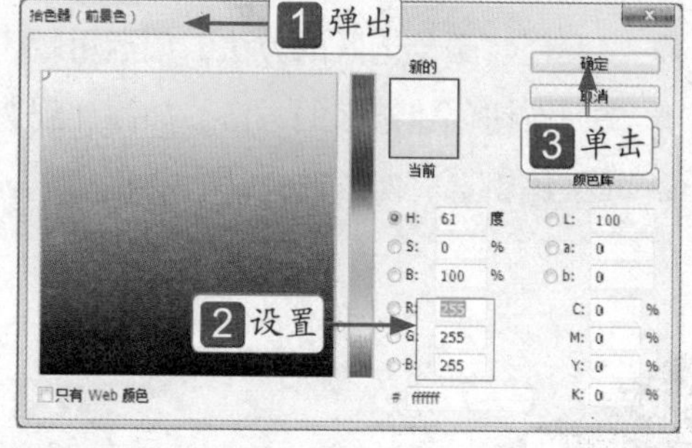

图 5-4 设置颜色为白色

Step 05 按【Alt + Delete】组合键，填充前景色，并取消选区，效果如图 5-5 所示。

图 5-5 填充前景色

Step 06 单击"编辑"|"变换"|"变形"命令，调出变换控制框，如图 5-6 所示。

图 5-6 调出变换控制框

Step 07 调整变换控制框上的各节点，如图 5-7 所示。

Step 08 按【Enter】键，确认变换操作，效果如图 5-8 所示。

图 5-7 调整各节点

图 5-8 确认变换操作

高手指引

确认需要变形图像的图层为当前图层，按【Ctrl + T】组合键，调出变换控制框，在控制框上单击鼠标右键，在弹出的快捷菜单中选择"变形"选项，也可以切换至"变形"编辑状态。

5.1.2 新手练兵——运用单列选框工具创建垂直选区

在 Photoshop CS6 中，使用单列选框工具可以创建 1 个像素的单列的选区，下面介绍运用单列选框工具创建垂直选区的操作方法。

实例文件	光盘 \ 实例 \ 第 5 章 \ 珍贵 .psd
所用素材	光盘 \ 素材 \ 第 5 章 \ 珍贵 .jpg

Step 01 按【Ctrl + O】组合键，打开一幅素材图像，如图 5-9 所示。

Step 02 单击"图层"|"新建"|"图层"命令，弹出"新建图层"对话框，单击"确定"按钮，即可新建"图层 1"图层，此时"图层"面板如图 5-10 所示。

技巧发送

用户还可以通过以下两种方法新建图层。

- 按钮：在"图层"面板中，单击底部的"新建图层"按钮 。
- 快捷键：按【Ctrl + Shift + N】组合键。

图 5-9 打开素材图像

图 5-10 新建“图层 1”图层

Step 03 选取工具箱中的单列选框工具 ，多次单击鼠标左键，创建垂直选区，如图 5-11 所示。

图 5-11 创建垂直选区

Step 04 单击“设置前景色”色块，**1** 弹出“拾色器（前景色）”对话框，**2** 设置颜色为白色，如图 5-12 所示，**3** 单击“确定”按钮。

Step 05 按【Alt + Delete】组合键，填充前景色，并取消选区，如图 5-13 所示。

Step 06 在“图层”面板中，设置图层“不透明度”为 30%，然后按【Ctrl + T】组合键，调出变换控制框，如图 5-14 所示。

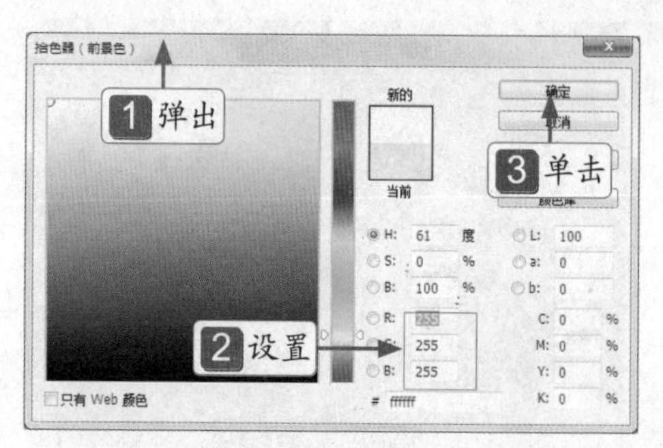

图 5-12 设置颜色为白色

图 5-13 填充前景色

图 5-14 调出变换控制框

Step 07 将鼠标指针移至图像右上角的控制柄上，按住鼠标左键并向下拖曳，至合适位置后释放鼠标左键，并按【Enter】键确认，调整图像形状，效果如图 5-15 所示。

图 5-15 调整图像形状

知识链接

调出变换控制框后，在控制框上单击鼠标右键，在弹出的快捷菜单中，各主要选项含义如下。

- 缩放：选择该选项，可以对图像的大小进行适当缩放操作。
- 旋转：选择该选项，可以对选择的图像进行任意旋转操作。
- 斜切：选择该选项，可以对选择的图像进行斜切操作。
- 扭曲：选择该选项，可以对选择的图像进行扭曲变形操作。
- 透视：选择该选项，可以对选择的图像进行透视变形操作。
- 旋转 180 度：选择该选项，可以对选择的图像旋转 180 度操作。
- 水平翻转：选择该选项，可以对选择的图像进行水平翻转操作。

5.1.3 新手练兵——运用矩形选框工具创建矩形选区

在 Photoshop CS6 中，使用矩形选框工具可以创建一个矩形选区。下面介绍运用矩形选框工具创建矩形选区的操作方法。

实例文件	光盘 \ 实例 \ 第 5 章 \ 佳期如梦 .psd
所用素材	光盘 \ 素材 \ 第 5 章 \ 佳期如梦 .jpg、清纯 .jpg

Step 01 按【Ctrl + O】组合键，打开两幅素材图像，如图 5-16 所示。

图 5-16 素材图像

Step 02 选取工具箱中的矩形选框工具，在人物素材图像上按住鼠标左键并拖曳至合适位置后释放鼠标左键，即可创建一个矩形选区，如图 5-17 所示。

图 5-17 创建一个矩形选区

Step 03 选取工具箱中的移动工具，如图 5-18 所示。

Step 04 移动鼠标指针至选区内，按住鼠标左键并拖曳至“佳期如梦”图像编辑窗口中的合适位置，按【Ctrl + T】组合键，缩放图像至合适的大小，并调整图像至合适的位置，按【Enter】键确认，效果如图 5-19 所示。

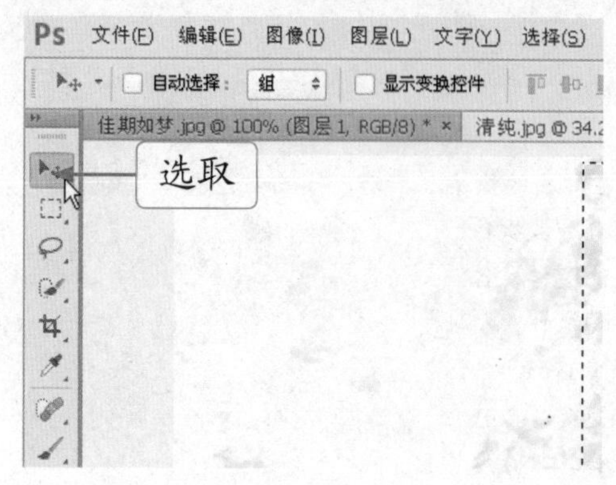

图 5-18 选取移动工具

图 5-19 调整图像至合适的位置

技巧发送

运用矩形选框工具创建选区时，可以使用以下 4 种常用的方法。

- 按【M】键，可快速选择矩形选框工具。
- 按住【Shift】键的同时拖曳鼠标左键，可创建正方形选区。
- 按住【Alt】键，可创建以鼠标指针起点为中心的矩形选区。
- 按住【Alt + Shift】组合键，可创建以鼠标指针起点为中心的正方形选区。

5.1.4 新手练兵——运用椭圆选框工具创建椭圆选区

在 Photoshop CS6 中，使用椭圆选框工具可以创建一个椭圆选区。下面介绍运用椭圆选框工具创建椭圆选区的操作方法。

	实例文件	光盘 \ 实例 \ 第 5 章 \ 因为你有 .psd
	所用素材	光盘 \ 素材 \ 第 5 章 \ 背景 .jpg、感恩节 .jpg

Step 01 按【Ctrl ＋ O】组合键，打开两幅素材图像，如图 5-20 所示。

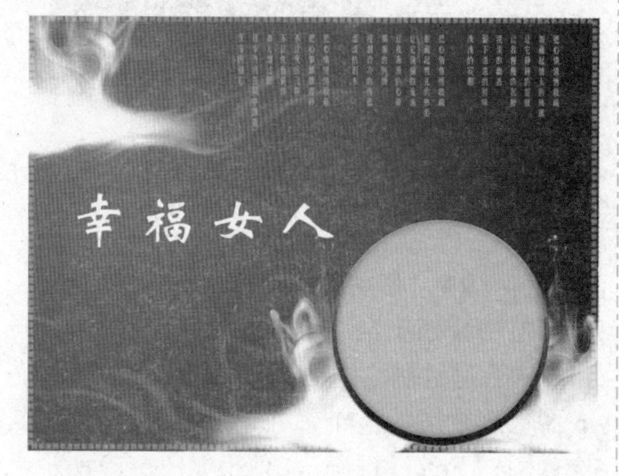

图 5-20 素材图像

Step 02 选取工具箱中的椭圆选框工具，在“感恩节”图像编辑窗口中的适当位置创建一个椭圆选区，如图 5-21 所示。

图 5-21 创建一个椭圆选区

Step 03 选取工具箱中的移动工具，将椭圆选区内的图像拖曳至"背景"图像编辑窗口中的合适位置，然后调整图像的大小，效果如图 5-22 所示。

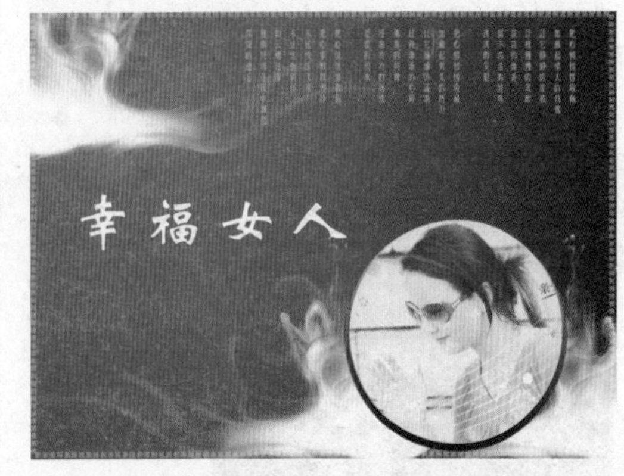

图 5-22 创建椭圆图像效果

5.2 运用工具创建不规则选区

Photoshop CS6 的工具箱中包含 3 种不同类型的套索工具，分别为套索工具、磁性套索工具和多边形套索工具。灵活运用这 3 种工具，可以创建不同的不规则选区。

5.2.1 新手练兵——运用套索工具创建不规则选区

套索工具也是一种通常用到的创建选区的工具，能够用来创建折线轮廓的选区和徒手绘画不规则的选区，轮廓套索工具主要用来选取对选取精度要求不高的区域，该工具的最大优势是选取区域的效率很高；用鼠标在图像中徒手描画，能创建出轮廓随意的选区，通常用它来勾勒一些形状不规则的图像边缘。

	实例文件	光盘 \ 实例 \ 第 5 章 \ 个性男人 .psd
	所用素材	光盘 \ 素材 \ 第 5 章 \ 个性男人 .psd

Step 01 按【Ctrl + O】组合键，打开一幅素材图像，如图 5-23 所示。

图 5-23 素材图像

Step 02 在工具箱中，选取套索工具，如图 5-24 所示。

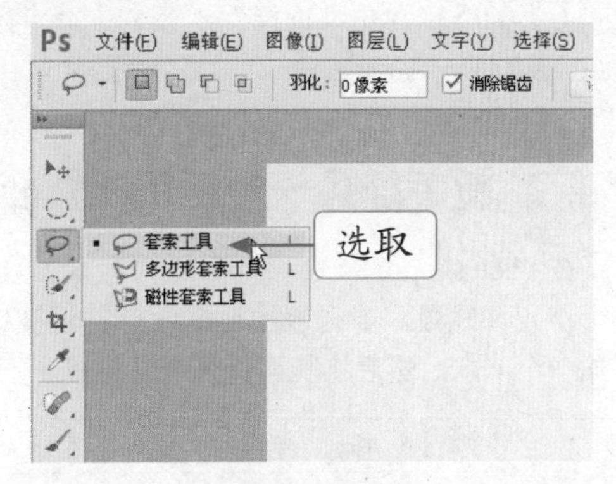

图 5-24 选取套索工具

Step 03 将鼠标指针移至图像编辑窗口中的适当位置，按住鼠标左键并拖曳，绘制选区，如图 5-25 所示。

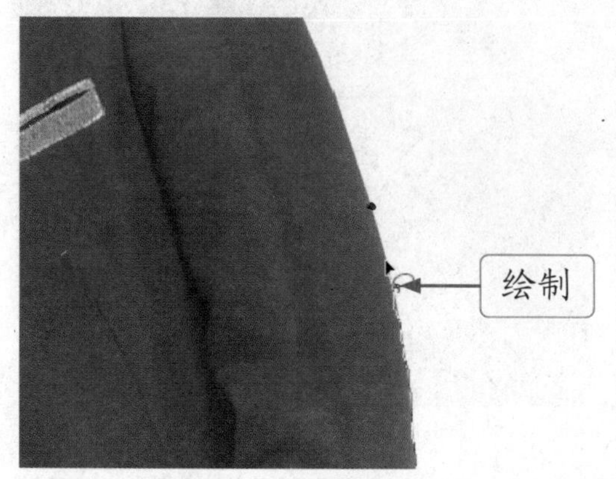

图 5-25 绘制选区

Step 04 用与上述相同的方法，沿着人物素材绘制一个不规则选区，将鼠标指针移至起始位置，单击鼠标左键，完成选区的创建，如图 5-26 所示。

图 5-26 完成选区的创建

Step 05 单击“选择”|“反向”命令，如图 5-27 所示。

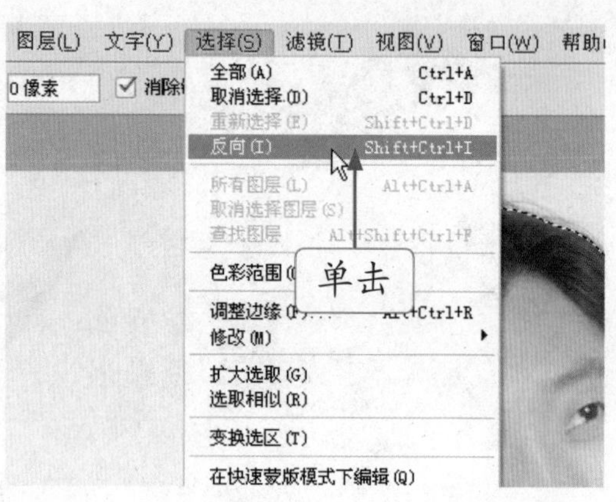

图 5-27 单击“反向”命令

Step 06 执行操作后，即可反选选区，按【Delete】键，即可清除选区内的图像，按【Ctrl + D】组合键，取消选区，效果如图 5-28 所示。

图 5-28 清除选区内的图像

技巧发送

在 Photoshop CS6 中，用户可以按键盘上的【L】键，快速从其他工具编辑状态切换至套索工具状态。

5.2.2 新手练兵——运用磁性套索工具创建选区

在 Photoshop CS6 中，运用磁性套索工具自动创建边界选区时，按【Delete】键可以删除上一个节点和线段。若选取的边框没有贴近被选图像的边缘，可以在选区上单击鼠标左键，手动添加一个节点，然后将其调整至合适位置。下面介绍运用磁性套索工具创建选区的操作方法。

	实例文件	光盘 \ 实例 \ 第 5 章 \ 高跟鞋 .psd
	所用素材	光盘 \ 素材 \ 第 5 章 \ 高跟鞋 .tif

Step 01 按【Ctrl + O】组合键，打开一幅素材图像，如图 5-29 所示。

图 5-29 素材图像

Step 02 在工具箱中，选取磁性套索工具，如图 5-30 所示。

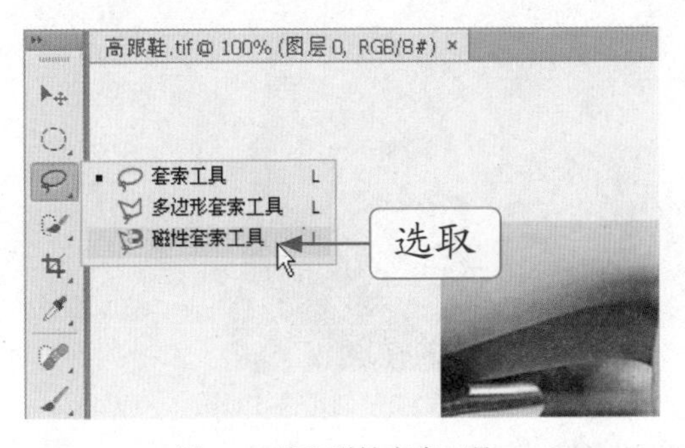

图 5-30 选取磁性套索工具

Step 03 将鼠标指针移至图像编辑窗口中的适当位置，单击鼠标左键并拖曳，创建选区，如图 5-31 所示。

图 5-31 创建选区

Step 04 用与上述相同的方法，沿着人物腿部创建一个选区，如图 5-32 所示。

图 5-32 创建一个选区

Step 05 按【Ctrl + Shift + I】组合键，反选选区，单击“图像”|“调整”|“去色”命令，如图 5-33 所示。

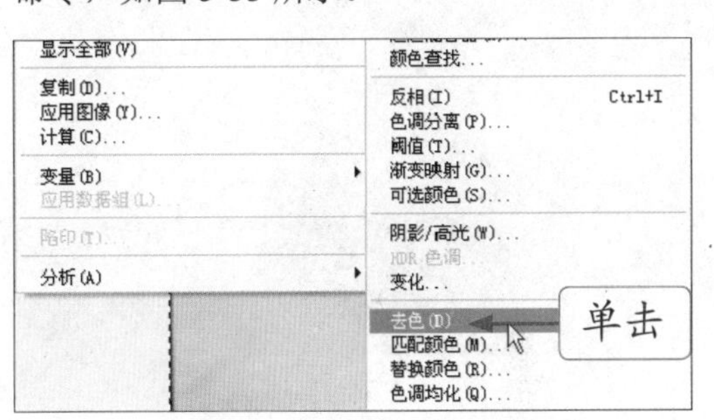

图 5-33 单击“去色”命令

Step 06 执行操作后，即可对图像进行去色操作，按【Ctrl + D】组合键，取消选区，效果如图 5-34 所示。

图 5-34 对图像去色

高手指引

使用磁性套索工具创建选区时，若需要临时切换至套索工具，可以按住【Alt】键；若按住【Alt】键的同时单击鼠标左键，则可以临时切换至多边形套索工具。

5.2.3 新手练兵——运用多边形套索工具创建选区

在 Photoshop CS6 中，运用多边形套索工具可以在图像编辑窗口中创建一个多边形选区。下面介绍运用多边形套索工具创建选区的操作方法。

	实例文件	光盘 \ 实例 \ 第 5 章 \ 高楼建筑 .jpg
	所用素材	光盘 \ 素材 \ 第 5 章 \ 高楼建筑 .jpg

Step 01 按【Ctrl + O】组合键，打开一幅素材图像，如图 5-35 所示。

图 5-35 素材图像

Step 02 在工具箱中，选取多边形套索工具，如图 5-36 所示。

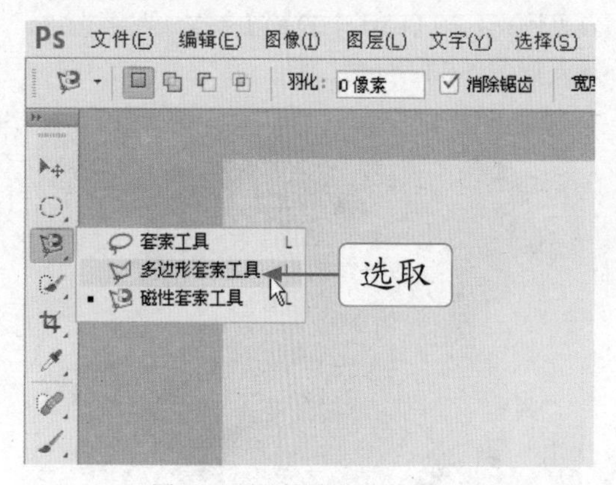

图 5-36 选取多边形套索工具

Step 03 在图像编辑窗口中，在建筑右下方单击鼠标左键，创建起始点，然后向上移动鼠标指针至第 2 点，单击鼠标左键创建第 2 点，如图 5-37 所示。

图 5-37 创建第 2 点

Step 04 用与上述相同的方法，沿着高楼建筑图像创建一个多边形选区，如图 5-38 所示。

图 5-38 创建多边形选区

Step 05 单击“图像”|“自动颜色”命令，如图 5-39 所示。

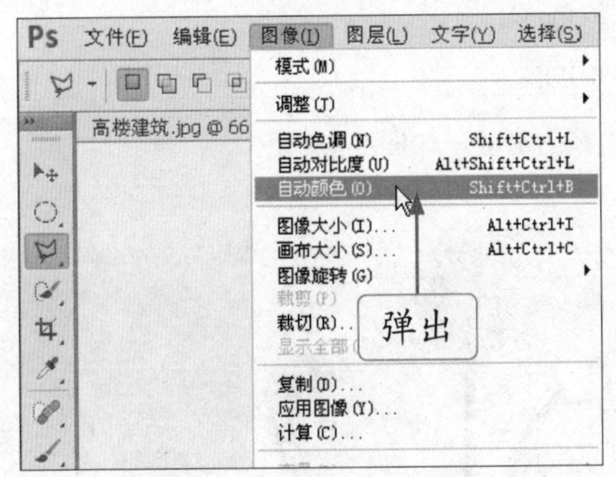

图 5-39 单击“自动颜色”命令

Step 06 执行操作后，即可调整图像自动颜色，按【Ctrl + D】组合键，取消选区，效果如图 5-40 所示。

图 5-40 设置图像颜色

技巧发送

用户在使用多边形套索工具创建选区时，按住【Shift】键的同时单击鼠标左键，可以沿水平、垂直或 45° 角方向绘制选区。

5.3 运用工具创建颜色选区

在 Photoshop CS6 中，运用某些工具可以快速在图像中创建颜色选区，比如魔棒工具和快速选择工具等。本节主要介绍运用工具创建颜色选区的操作方法。

5.3.1 新手练兵——运用魔棒工具创建颜色相近选区

魔棒工具是用来在图像中创建与点击处颜色相近或相同的像素选区，在所需颜色相近的图像上单击鼠标左键，即可选取到相近颜色范围。选择魔棒工具后，其属性栏的变化如图 5-41 所示。

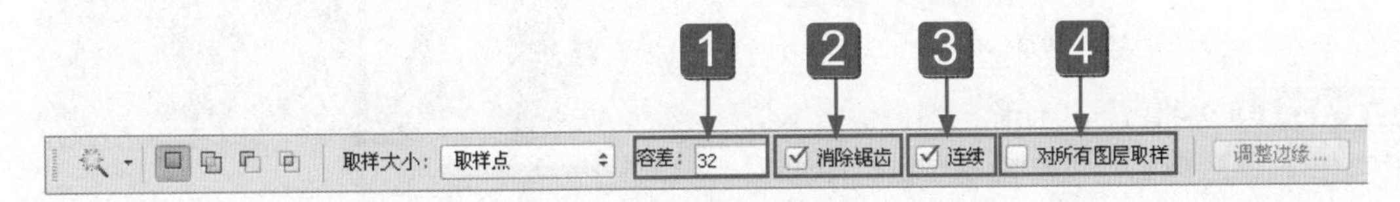

图 5-41 魔棒工具属性栏

在魔棒工具属性栏中，各主要选项含义如下。

1 容差：用来控制创建选区范围的大小，数值越小，所要求的颜色越相近；数值越大，则颜色相差越大。

2 消除锯齿：用来模糊羽化边缘的像素，使其与背景像素产生颜色的过渡，从而消除边缘明显的锯齿。

3 连续：选中该复选框后，只选取与鼠标单击处相连接的相近颜色。

4 对所有图层取样：用于有多个图层的文件，选中该复选框后，能选取文件中所有图层中相近颜色的区域，不选中时，只选取当前图层中相近颜色的区域。

	实例文件	光盘 \ 实例 \ 第 5 章 \ 郁金香 .jpg
	所用素材	光盘 \ 素材 \ 第 5 章 \ 郁金香 .jpg

Step 01 按【Ctrl + O】组合键，打开一幅素材图像，如图 5-42 所示。

图 5-42 素材图像

Step 02 在工具箱中，选取魔棒工具，如图 5-43 所示。

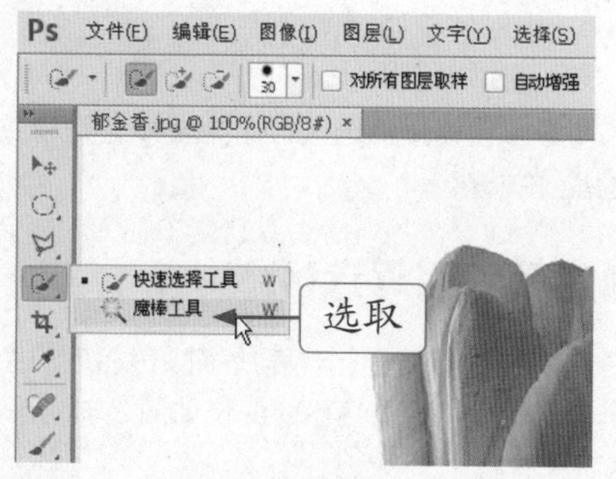

图 5-43 选取魔棒工具

Step 03 将鼠标指针移至图像编辑窗口中，在白色区域上，单击鼠标左键，即可创建颜色选区，如图 5-44 所示。

图 5-44 创建颜色选区

Step 04 设置前景色为绿色（RGB 参数值分别为 148、245、212），然后按【Alt + Delete】组合键，填充前景色，按【Ctrl + D】组合键，取消选区，效果如图 5-45 所示。

图 5-45 填充前景色

知识链接

魔棒工具属性栏中“容差”选项的含义：在其右侧的文本框中可以设置 0 ~ 255 之间的数值，其主要用于确定选择范围的容差，默认值为 32。设置的数值越小，选择的颜色范围越相近，选择的范围也就越小。

5.3.2 新手练兵——运用快速选择工具创建选区

在 Photoshop CS6 中，快速选择工具是用来选择颜色的工具，在拖曳鼠标的过程中，它能够快速选择多个颜色相似的区域，相当于按住【Shift】键或【Alt】键不断使用魔棒工具单击鼠标左键。

实例文件	光盘 \ 实例 \ 第 5 章 \ 水果 .jpg
所用素材	光盘 \ 素材 \ 第 5 章 \ 水果 .jpg

Step 01 按【Ctrl + O】组合键，打开一幅素材图像，如图 5-46 所示。

图 5-46 素材图像

Step 02 选取工具箱中的快速选择工具，将鼠标指针移至图像编辑窗口中，单击鼠标左键，即可创建选区，如图 5-47 所示。

图 5-47 创建选区

Step 03 单击“图像”|“调整”|“色相 / 饱和度”命令，1 弹出“色相 / 饱和度”对话框，2 在其中设置各参数，如图 5-48 所示，3 单击“确定”按钮。

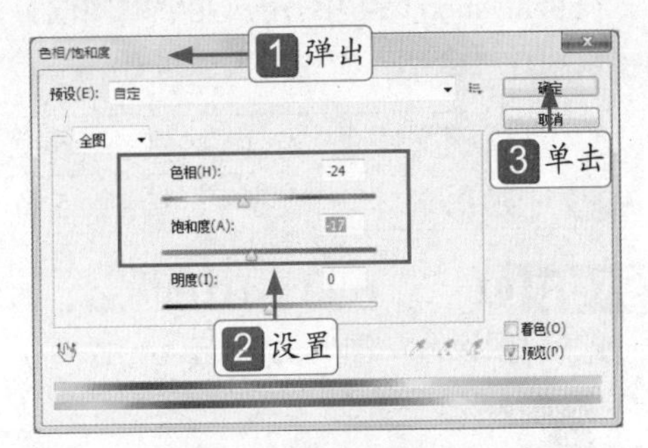

图 5-48 设置各参数

Step 04 执行操作后，即可设置图像色相 / 饱和度效果，按【Ctrl + D】组合键，取消选区，效果如图 5-49 所示。

图 5-49 设置图像色相 / 饱和度

知识链接

快速选择工具默认选择光标周围与光标范围内的颜色类似且连续的图像区域，因此光标的大小决定着选取的范围。选取快速选择工具后，工具属性栏中出现一排选区运算按钮，这些运算按钮的含义分别如下。

- “新选区”按钮：可以创建一个新的选区。
- “添加到选区”按钮：可在原选区的基础上添加新的选区。
- “从选区减去”按钮：可在原选区的基础上减去当前绘制的选区。

5.4 运用命令创建随意选区

在 Photoshop CS6 中，运用某些命令可以在图像中创建随意选区，比如“全部”命令、“扩大选取”命令、“选取相似”命令以及“色彩范围”命令等。本节主要介绍运用命令创建随意选区的操作方法。

5.4.1 新手练兵——运用“全部”命令全选图像选区

在 Photoshop CS6 中，用户在编辑图像时，若像素图像比较复杂或者需要对整幅图像进行调整，则可以通过“全部”命令对图像进行调整。

	实例文件	光盘 \ 实例 \ 第 5 章 \ 新品 .jpg
	所用素材	光盘 \ 素材 \ 第 5 章 \ 新品 .jpg

Step 01 按【Ctrl + O】组合键，打开一幅素材图像，如图 5-50 所示。

图 5-50 素材图像

Step 02 在菜单栏中，单击“选择”|“全部”命令，如图 5-51 所示。

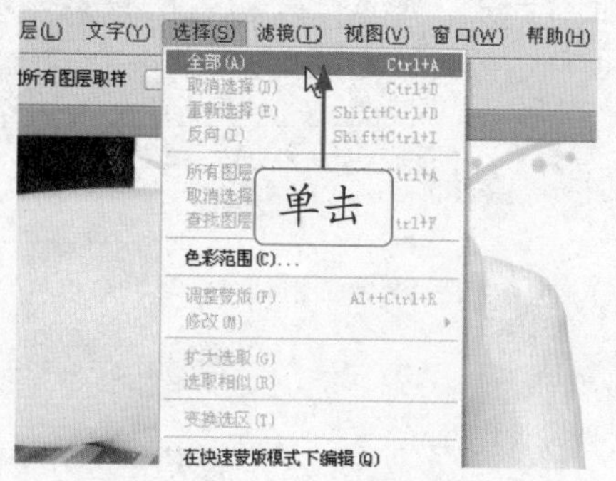

图 5-51 单击“全部”命令

Step 03 执行操作后，即可全选图像，单击“图像”|“调整”|“色相 / 饱和度”命令，**1** 弹出“色相 / 饱和度”对话框，**2** 在其中设置“色相”为 -23，如图 5-52 所示，**3** 单击“确定”按钮。

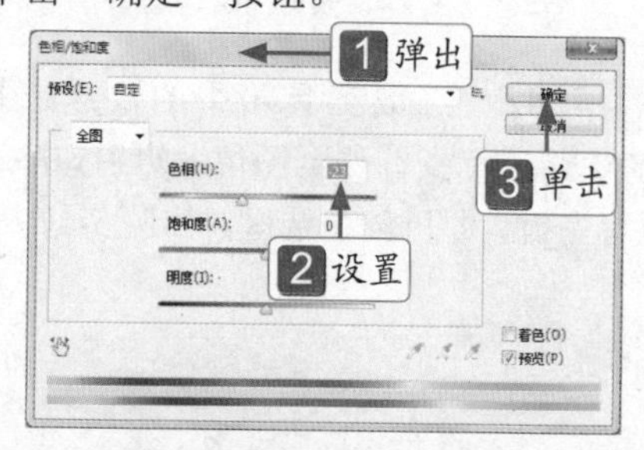

图 5-52 设置“色相”为 -23

Step 04 执行操作后，即可设置图像色相 / 饱和度效果，按【Ctrl + D】组合键，取消选区，效果如图 5-53 所示。

图 5-53 设置图像色相 / 饱和度效果

技巧发送

在 Photoshop CS6 中，按【Ctrl + A】组合键，也可以全选图像，该组合键的功能与“全部”命令的功能是一样的。

5.4.2 新手练兵——运用“扩大选取”命令扩大选区

在 Photoshop CS6 中，用户选择“扩大选取”命令时，Photoshop 会基于魔棒工具属性栏中的“容差”值来决定选区的扩展范围。首先确定小块的选区，然后再执行此命令来选取相邻的像素。

实例文件	光盘 \ 实例 \ 第 5 章 \ 成长幸福 .jpg
所用素材	光盘 \ 素材 \ 第 5 章 \ 成长幸福 .jpg

Step 01 按【Ctrl ＋ O】组合键，打开一幅素材图像，如图 5-54 所示。

图 5-54 素材图像

Step 02 选取魔棒工具，在图像编辑窗口中创建选区，如图 5-55 所示。

图 5-55 创建选区

Step 03 单击“选择”|“扩大选取”命令两次，扩大选区，单击“图像”|“调整”|“色彩平衡”命令，**1** 弹出“色彩平衡”对话框，**2** 在其中设置各参数，如图 5-56 所示，**3** 单击“确定”按钮。

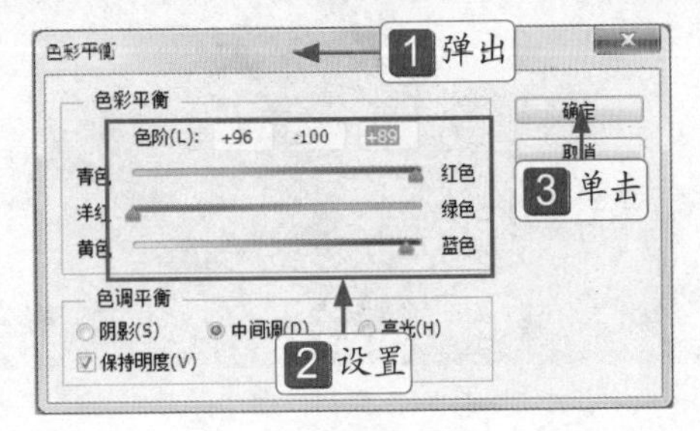

图 5-56 设置各参数

Step 04 执行操作后，即可设置图像色彩平衡，取消选区，效果如图 5-57 所示。

图 5-57 设置图像色彩平衡

高手指引

选择“扩大选取”命令时，可以将原选区扩大，Photoshop 会查找并选择与当前选区中的像素色相近的像素，从而扩大选择区域，扩大的范围由魔棒工具属性栏中的容差值决定，但该命令只扩大到与原选区相连接的区域。

5.4.3 新手练兵——运用“选取相似”命令创建相似选区

在 Photoshop CS6 中，“选取相似”命令是针对图像中所有颜色相近的像素，此命令在有大面积实色的情况下非常有用。

	实例文件	光盘 \ 实例 \ 第 5 章 \ 爱心 .jpg
	所用素材	光盘 \ 素材 \ 第 5 章 \ 爱心 .jpg

Step 01 按【Ctrl + O】组合键，打开一幅素材图像，如图 5-58 所示。

图 5-58 素材图像

Step 02 选取魔棒工具，在图像编辑窗口中创建选区，如图 5-59 所示。

图 5-59 创建选区

Step 03 在菜单栏中，多次单击“选择”|“选取相似”命令，选择图像中相似区域，如图 5-60 所示。

Step 04 单击“图像”|“调整”|“色相 / 饱和度”命令，1 弹出“色相 / 饱和度”对话框，2 设置“色相”为 -22，如图 5-61 所示，3 单击“确定”按钮。

图 5-60 选取相似区域

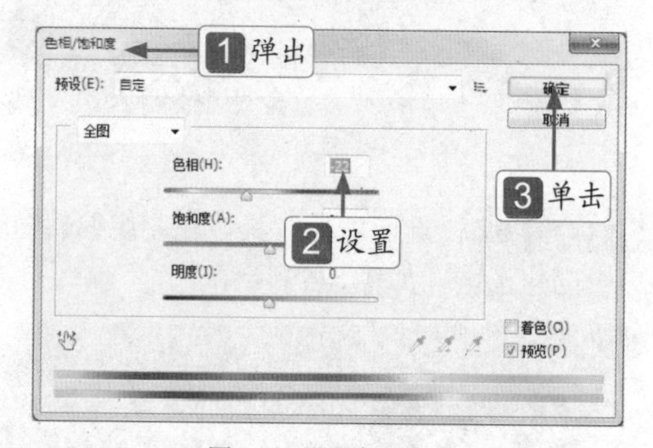

图 5-61 设置色相参数

Step 05 调整图像色相，按【Ctrl + D】组合键，取消选区，图像效果如图 5-62 所示。

图 5-62 图像效果

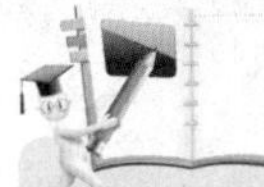

高手指引

在 Photoshop CS6 中，“选取相似”命令是将图像中所有的与选区内像素颜色相近的像素都扩充到选区中，不适合用于复杂像素的图像。

5.4.4 运用“色彩范围”命令自定颜色选区

在 Photoshop CS6 中，“色彩范围”是一个利用图像中的颜色变化关系来制作选择区域的命令，此命令根据选取色彩的相似程度，在图像中提取相似的色彩区域而生成的选区。

单击“选择”|“色彩范围”命令，即会弹出“色彩范围”对话框，如图 5-63 所示，在下方的预览框中，单击鼠标左键，即可选取图像中相似的区域并创建选区，图像效果如图 5-64 所示。

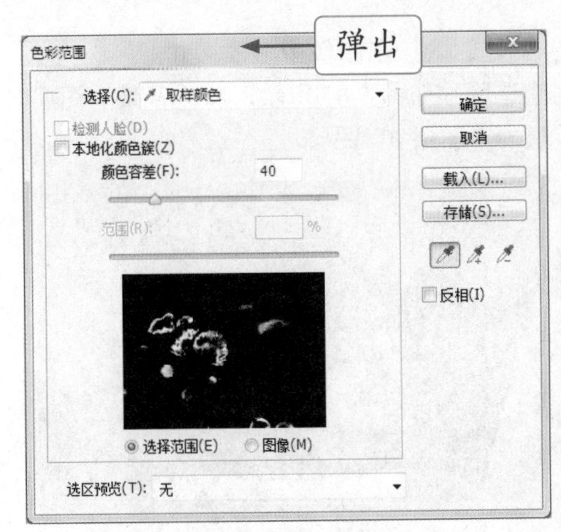

图 5-63 弹出“色彩范围”对话框

图 5-64 选取相似区域并创建选区

在“色彩范围”对话框中，各主要选项含义如下。

- 选择：用来设置选区的创建方式。选择“取样颜色”选项时，可将光标放在文档窗口中的图像上，或在“色彩范围”对话中预览图像上单击，对颜色进行取样。为添加颜色取样，为减去颜色取样。
- 本地化颜色簇：当选中该复选框后，拖动“范围”滑块可以控制要包含在蒙版中的颜色与取样的最大和最小距离。
- 颜色容差：用来控制颜色的选择范围，该值越高，包含的颜色就越广。
- 选区预览图：选区预览图包含了两个选项，选中“选择范围”单选按钮时，预览区的图像中呈白色的代表被选择的区域；选中“图像”单选按钮时，预览区会出现彩色的图像。
- 选区预览：设置文档的选区的预览方式。选择“无”选项，表示不在窗口中显示选区；选择“灰度”选项，可以按照选区在灰度通道中的外观来显示选区；选择“灰色杂边”选项，可在未选择的区域上覆盖一层黑色；选择“白色杂边”选项，可在未选择的区域上覆盖一层白色；选择“快速蒙版”选项，可以显示选区在快速蒙版状态下的效果，此时未选择的区域会覆盖一层红色。
- 载入 / 存储：单击“存储”按钮，可将当前的设置保存为选区预设；单击“载入”按钮，可以载入存储的选区预设文件。
- 反相：选中“反相”复选框，可以反转选区。

5.5 运用按钮创建选区

在选区的运用中，第一次创建的选区一般很难达到理想的选择范围，因此要进行第二次，或者第三次的选择，此时用户可以运用按钮来创建选区，这些功能都可直接通过工具属性栏中的图标来实现。

5.5.1 新手练兵——运用“添加到选区”按钮添加选区

如果用户要在已经创建的选区之外再加上另外的选择范围，就需要用到选区创建工具。创建一个选区后，单击“添加到选区”按钮 ，即可得到两个选区范围的并集。

	实例文件	光盘 \ 实例 \ 第 5 章 \ 书画场景 .psd
	所用素材	光盘 \ 素材 \ 第 5 章 \ 书画场景 .jpg

Step 01 按【Ctrl + O】组合键，打开一幅素材图像，如图 5-65 所示。

图 5-65 素材图像

Step 02 1 选取魔棒工具，在工具属性栏上，2 单击“添加到选区”按钮，如图 5-66 所示。

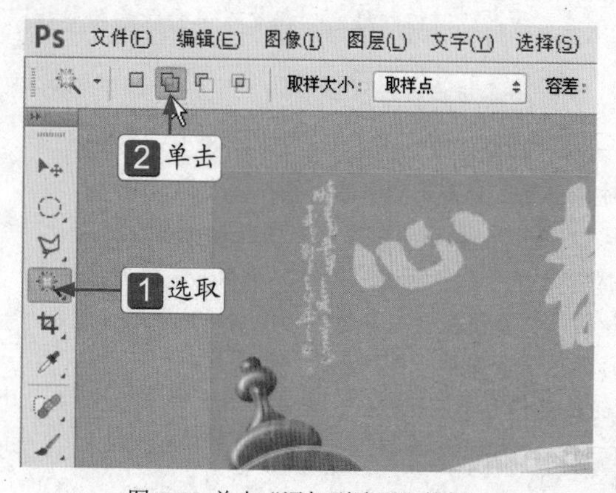

图 5-66 单击“添加到选区”按钮

Step 03 在图像中多次单击鼠标左键，创建选区，如图 5-67 所示，将“背景”图层转换为“图层 0”图层。

图 5-67 创建选区

Step 04 按【Delete】键，删除选区内的图像，并取消选区，效果如图 5-68 所示。

图 5-68 删除选区内的图像

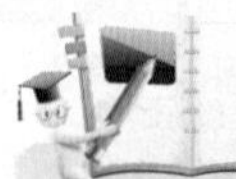

高手指引

在 Photoshop CS6 中，用户还可以直接创建新的选区，只需在工具属性栏中单击“新选区”按钮，即可在图像中创建不重复的选区。

5.5.2 新手练兵——运用“从选区减去”按钮减去选区

在 Photoshop CS6 中，运用“从选区减去”按钮，可以对已存在的选区利用选框工具将原有选区减去一部分。

实例文件	光盘 \ 实例 \ 第 5 章 \ 圣诞节 .psd
所用素材	光盘 \ 素材 \ 第 5 章 \ 圣诞节 .jpg

Step 01 按【Ctrl + O】组合键，打开一幅素材图像，如图 5-69 所示。

图 5-69 素材图像

Step 02 运用魔棒工具，在图像中创建白色选区，如图 5-70 所示。

图 5-70 创建白色选区

Step 03 1 选取工具箱中的椭圆选框工具，在工具属性栏中，2 单击“从选区减去”按钮，如图 5-71 所示。

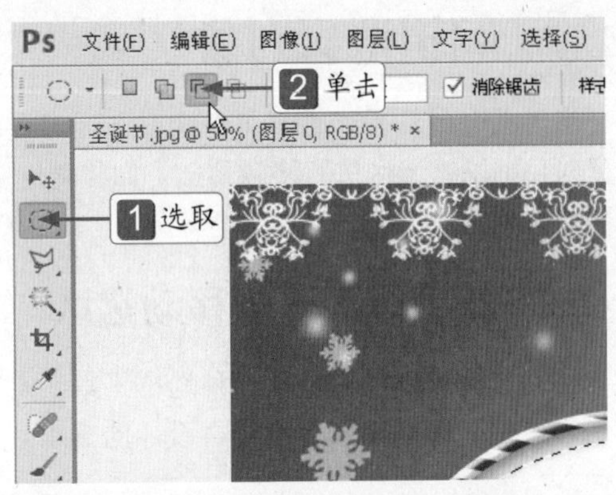

图 5-71 单击“从选区减去”按钮

Step 04 在图像中的白色选区内，按住鼠标左键并拖曳，创建一个椭圆选区，将其从白色区域中减去，如图 5-72 所示。

图 5-72 从白色区域中减去

Step 05 在“图层”面板中，将“背景”图层转换为“图层 0”图层，如图 5-73 所示。

Step 06 按【Delete】键，删除选区内的图像，并取消选区，效果如图 5-74 所示。

图 5-73 转换图层

图 5-74 删除选区内的图像

5.6 编辑选区对象

选区具有灵活操作性，可多次对选区进行编辑操作，以便得到满意的选区状态。用户在创建选区时，可以对选区进行多项修改，如移动选区、羽化选区、变换选区以及剪切选区内的图像等。下面将分别进行介绍。

5.6.1 新手练兵——移动选区

移动选区可以使用任何一种选框工具，是图像处理中最常用的操作方法，适当地对选区的位置进行调整，可以使图像更符合设计的需求。

	实例文件	光盘 \ 实例 \ 第 5 章 \ 无
	所用素材	光盘 \ 素材 \ 第 5 章 \ 红色郁金香 .jpg

Step 01 按【Ctrl + O】组合键，打开一幅素材图像，如图 5-75 所示。

图 5-75 素材图像

Step 02 在工具箱中选取椭圆选框工具，在图像编辑窗口中的适当位置，按住鼠标左键并拖曳，至合适位置后释放鼠标左键，即可创建一个椭圆选区，如图 5-76 所示。

图 5-76 创建一个椭圆选区

技巧发送

在 Photoshop CS6 中移动选区时，如果按住【Shift】键的同时，移动选区，可以沿水平、垂直或 45 度角方向进行移动。

Step 03 将鼠标指针移至选区内，按住鼠标左键并向右侧拖曳，至合适位置后释放鼠标左键，即可移动选区，效果如图 5-77 所示。

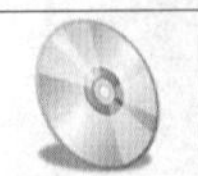

技巧发送

在 Photoshop CS6 中移动选区时，如果使用键盘上的 4 个方向键来移动选区，按一次方向键，即可移动一个像素；如果按【Shift + 方向键】组合键，按一次键可以移动 10 个像素的位置；如果按住【Ctrl】键的同时并拖曳选区，则移动选区内的图像。

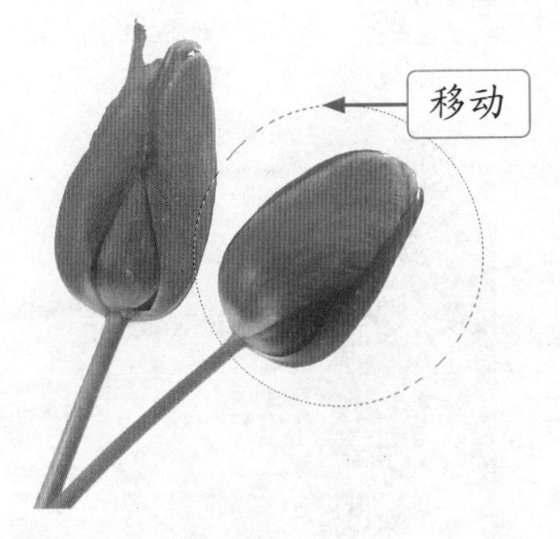

图 5-77 移动选区的效果

5.6.2 新手练兵——羽化选区

“羽化”命令用于对选区进行羽化。羽化是通过建立选区和选区周围像素之间的转换边界来模糊边缘的，这种模糊方式将丢失选区边缘的一些图像细节。

	实例文件	光盘 \ 实例 \ 第 5 章 \ 童话世界 .psd
	所用素材	光盘 \ 素材 \ 第 5 章 \ 童话世界 .jpg、儿童 .jpg

Step 01 按【Ctrl + O】组合键，打开两幅素材图像，如图 5-78 所示。

图 5-78 素材图像

Step 02 确认“儿童”为当前图像编辑窗口，运用椭圆选框工具在图像编辑窗口中创建一个椭圆选区，如图 5-79 所示。

图 5-79 创建一个椭圆选区

技巧发送

用户还可以通过以下两种方法弹出“羽化选区”对话框。

- 快捷键：按【Shift + F6】组合键。
- 快捷菜单：创建好选区后，在图像编辑窗口中单击鼠标右键，在弹出的快捷菜单中选择“羽化”选项。

Step 03 在菜单栏中，单击“选择”|“修改”|“羽化”命令，如图 5-80 所示。

图 5-80 单击“羽化”命令

Step 04 1 弹出“羽化选区”对话框，2 设置“羽化半径”为 20，如图 5-81 所示。

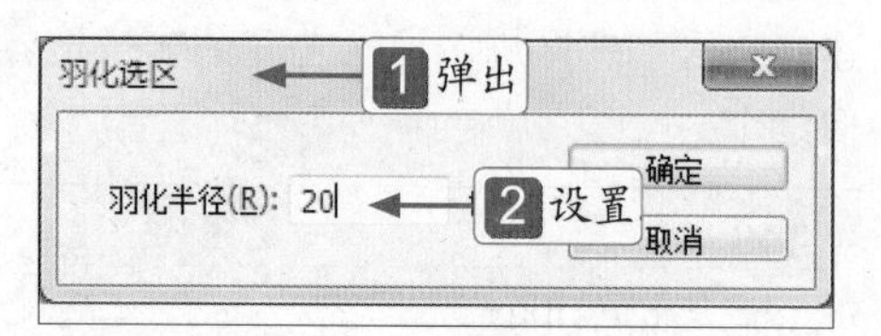

图 5-81 设置羽化半径

Step 05 单击“确定”按钮，即可羽化选区，选取移动工具，将鼠标指针移至选区内，按住鼠标左键并拖曳选区至“童话世界”图像编辑窗口中的适当位置，如图 5-82 所示。

图 5-82 拖曳至适当位置

Step 06 按【Ctrl + T】组合键，调出变换控制框，调整图像至合适大小，按【Enter】键确认，效果如图 5-83 所示。

图 5-83 图像效果

5.6.3 新手练兵——变换选区

在 Photoshop CS6 中，使用“变换选区”命令可以直接改变选区的形状，而不会对选区的内容进行更改。

	实例文件	光盘 \ 实例 \ 第 5 章 \ 无
	所用素材	光盘 \ 素材 \ 第 5 章 \ 婚纱照片 .jpg

Step 01 按【Ctrl + O】组合键，打开一幅素材图像，如图 5-84 所示。

Step 02 在工具箱中选取矩形选框工具，将鼠标指针移至图像编辑窗口中的适当位置，按住鼠标左键并拖曳，至合适位置后释放鼠标左键，绘制一个矩形选区，如图 5-85 所示。

Step 03 单击“选择”|“变换选区”命令，如图 5-86 所示。

图 5-84 素材图像

图 5-85 绘制一个矩形选区

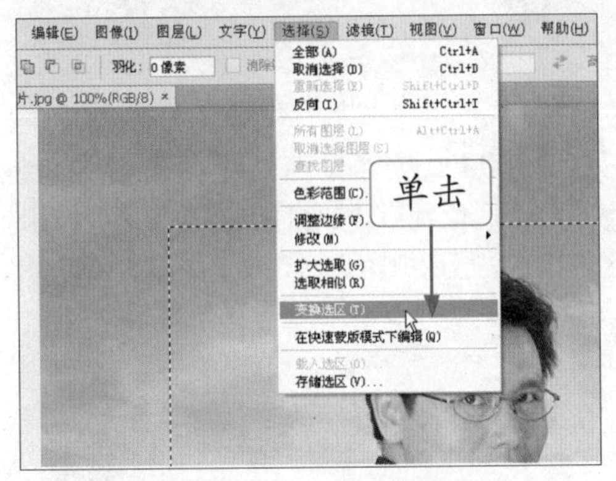

图 5-86 单击“变换选区”命令

Step 04 执行操作后，即可调出变换控制框，如图 5-87 所示。

Step 05 将鼠标指针移至右上角的控制柄处，此时鼠标指针呈旋转形状，按住鼠标左键并向上拖曳，至合适位置后释放鼠标左键，按【Enter】键确认，即可变换选区，效果如图 5-88 所示。

图 5-87 调出变换控制框

图 5-88 变换选区

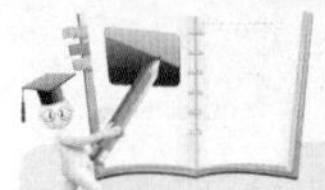

高手指引

在 Photoshop CS6 中，变换选区时，对于选区内的图像没有任何影响，当执行“变换”命令时，则会将选区内的图像一起变换。

5.6.4 新手练兵——移动选区内图像

在 Photoshop CS6 中，移动图像操作除了可以调整选区图像的位置外，也可以用于在图像编辑窗口之间复制图层或选区图像。当在背景图层中移动选取图像时，移动后留下的空白区域将以背景色填充。当在普通图层中移动选区图像时，移动后留下的空白区域将变为透明。

	实例文件	光盘 \ 实例 \ 第 5 章 \ 充满幻想 .psd
	所用素材	光盘 \ 素材 \ 第 5 章 \ 充满幻想 .psd

高手指引

在移动选区内图像的过程中，按住【Ctrl】键和方向键来移动选区，可以使图像向相应方向移动一个像素。

Step 01 按【Ctrl + O】组合键，打开一幅素材图像，如图 5-89 所示。

图 5-89 素材图像

Step 02 选择“图层 1”图层，选取矩形选框工具，在图像编辑窗口中绘制一个合适大小的矩形选区，如图 5-90 所示。

图 5-90 绘制矩形选区

Step 03 选取移动工具，将鼠标指针移至选区内，如图 5-91 所示。

图 5-91 移至选区内

Step 04 按住鼠标左键并向右上角拖曳，至合适位置后释放鼠标左键，即可移动选区内图像，然后取消选区，效果如图 5-92 所示。

图 5-92 移动选区内图像

5.7 修改与应用选区

在 Photoshop CS6 中，除了可以对选区内的图像进行移动操作外，还可以随意地扩展 / 收缩、描边和填充图像。本节主要介绍修改与应用选区的操作方法。

5.7.1 新手练兵——边界选区

在 Photoshop CS6 中，使用“边界”命令可以得到具有一定羽化效果的选区，因此在进行填充或描边等操作后可得到柔边效果的图像，但是“边界选区”对话框中的“宽度”值不能过大，否则会出现明显的马赛克边缘效果。下面主要介绍运用“边界”命令修改选区的操作方法。

	实例文件	光盘 \ 实例 \ 第 5 章 \ 恋爱百分 .jpg
	所用素材	光盘 \ 素材 \ 第 5 章 \ 恋爱百分 .jpg

Step 01 按【Ctrl + O】组合键，打开一幅素材图像，如图 5-93 所示。

图 5-93 素材图像

Step 02 运用椭圆选框工具，在图像编辑窗口中的适当位置，绘制一个椭圆选区，如图 5-94 所示。

图 5-94 绘制一个椭圆选区

Step 03 单击“选择”|“修改”|“边界”命令，1 弹出“边界选区”对话框，2 设置“宽度”为 20，如图 5-95 所示，3 单击“确定”按钮。

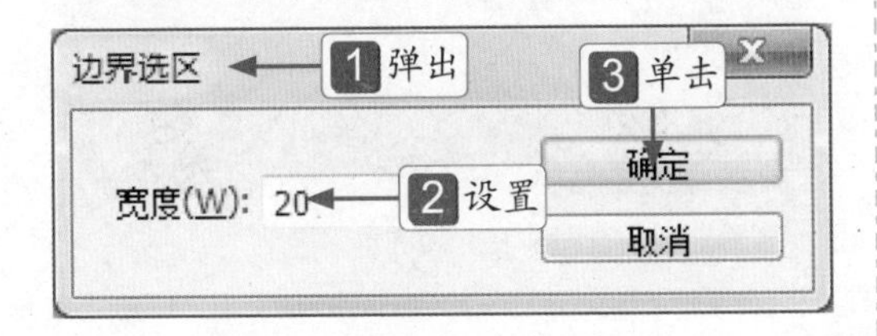

图 5-95 设置“宽度”为 20

Step 04 执行操作后，即可将当前选区扩展 20 个像素，如图 5-96 所示。

图 5-96 将选区扩展 20 个像素

Step 05 单击“选择”|“修改”|“羽化”命令，1 弹出“羽化选区”对话框，2 设置“羽化半径”为 10，如图 5-97 所示，3 单击“确定”按钮，羽化选区。

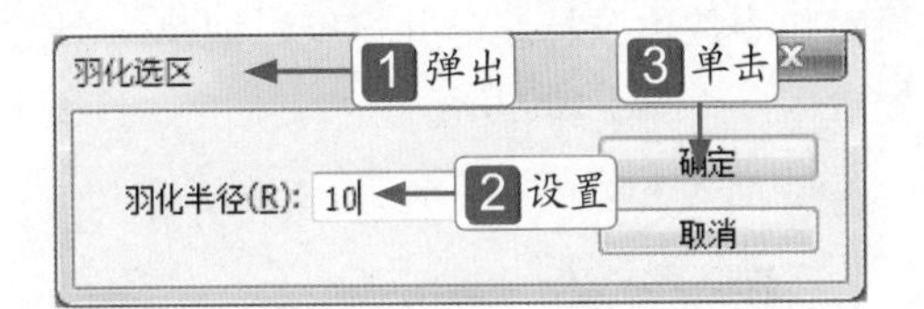

图 5-97 设置羽化半径

Step 06 设置前景色为淡黄色（RGB 参数值分别为 243、250、162），按【Alt + Delete】组合键，填充前景色，然后取消选区，效果如图 5-98 所示。

图 5-98 填充前景色

5.7.2 新手练兵——平滑选区

在 Photoshop CS6 中，使用“平滑”命令，可以平滑选区的尖角和去除锯齿，从而使选区边缘更加流畅和平滑。

	实例文件	光盘 \ 实例 \ 第 5 章 \ 幸福花园 .jpg
	所用素材	光盘 \ 素材 \ 第 5 章 \ 幸福花园 .jpg

Step 01 按【Ctrl + O】组合键，打开一幅素材图像，如图 5-99 所示。

图 5-99 素材图像

Step 02 选取矩形选框工具，在图像编辑窗口中按住鼠标左键并拖曳，创建一个矩形选区，如图 5-100 所示。

图 5-100 创建一个矩形选区

Step 03 单击“选择”|“反向”命令，反选选区，单击“选择”|“修改”|“平滑”命令，1 弹出“平滑选区”对话框，2 设置“取样半径”为 60，如图 5-101 所示，3 单击“确定”按钮。

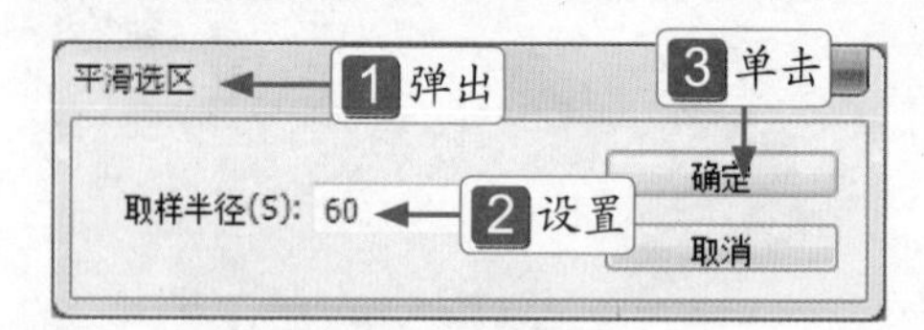

图 5-101 设置取样半径

Step 04 执行操作后，即可平滑选区，此时选区显示如图 5-102 所示。

图 5-102 选区显示

Step 05 设置前景色为白色，按【Alt + Delete】组合键，填充前景色，然后取消选区，效果如图 5-103 所示。

图 5-103 填充前景色

5.7.3 新手练兵——扩展 / 收缩选区

使用“扩展”命令可以扩大当前选区，设置“扩展量”值越大，选区被扩展得越大；“收缩”命令刚好相反，使用“收缩”命令可以缩小当前选区的选择范围。

	实例文件	光盘 \ 实例 \ 第 5 章 \ 情 .jpg
	所用素材	光盘 \ 素材 \ 第 5 章 \ 情 .jpg

Step 01 按【Ctrl + O】组合键，打开一幅素材图像，如图 5-104 所示。

图 5-104 素材图像

Step 02 选取魔棒工具，在图像编辑窗口中创建“情”选区，如图 5-105 所示。

图 5-105 创建“情”选区

Step 03 单击“选择”|“修改”|“扩展”命令，1 弹出“扩展选区”对话框，2 设置“扩展量”为 5，如图 5-106 所示。3 单击“确定”按钮。

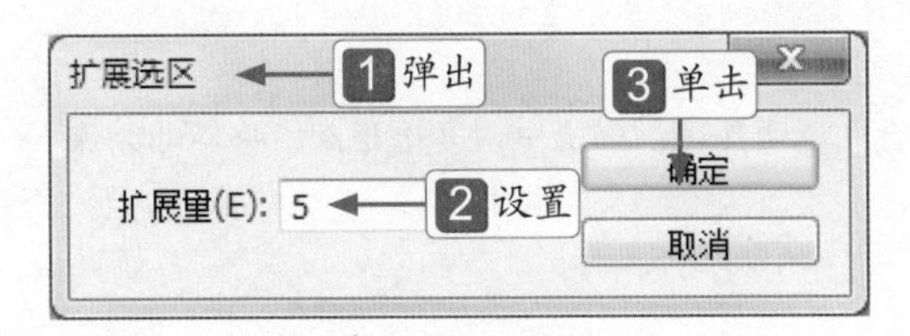

图 5-106 设置扩展量

Step 04 执行操作后，即可扩展选区，此时图像编辑窗口中图像显示如图 5-107 所示。

图 5-107 图像显示

Step 05 设置前景色为洋红色（RGB 参数值分别为 211、0、67），按【Alt + Delete】组合键，填充前景色，效果如图 5-108 所示。

图 5-108 填充前景色

Step 06 单击“选择”|“修改”|“收缩”命令，1 弹出“收缩选区”对话框，2 设置“收缩量”为 5，如图 5-109 所示，3 单击“确定”按钮。

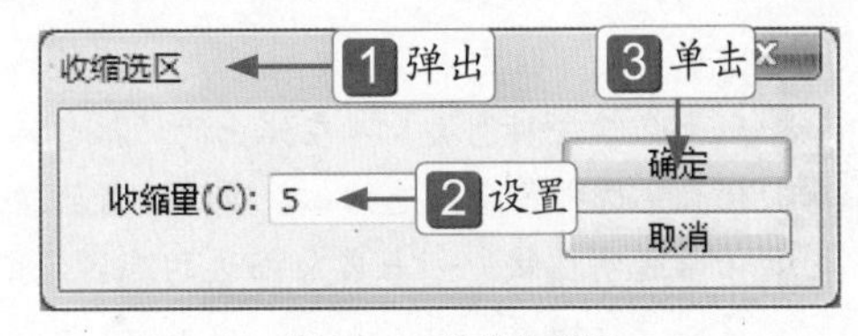

图 5-109 设置收缩量

Step 07 执行操作后，即可收缩选区，效果如图 5-110 所示。

Step 08 设置前景色为白色，按【Alt + Delete】组合键，填充前景色，然后取消选区，效果如图 5-111 所示。

图 5-110 收缩选区效果

图 5-111 填充前景色

5.7.4 描边选区

在 Photoshop CS6 中，使用“描边”命令可以为选区中的图像添加不同颜色和宽度的边框，以增强图像的视觉效果。单击“编辑”|“描边”命令，即可弹出“描边”对话框，如图 5-112 所示。

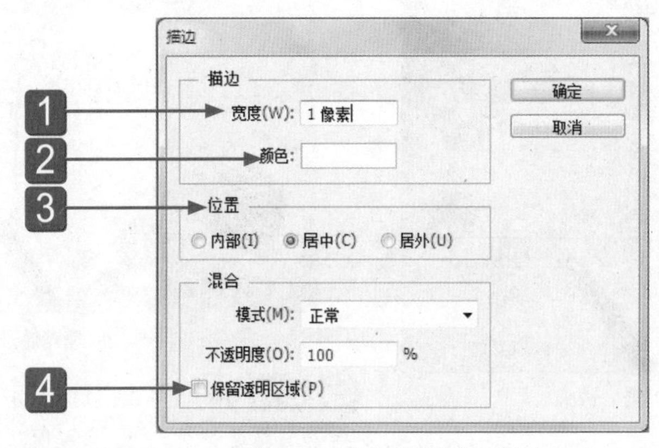

图 5-112 弹出“描边”对话框

在“描边”对话框中，各主要选项含义如下。

1 宽度：设置该文本框中数值可确定描边线条的宽度，数值越大线条越宽。
2 颜色：单击颜色块，可在弹出的“拾色器”对话框中选择一种合适的颜色。
3 位置：选择各个单选按钮，可以设置描边线条相对于选区的位置。
4 保留透明区域：如果当前描边的选区范围内存在透明区域，则选中该复选框后，将不对透明区域进行描边。

图 5-113 所示为选区应用描边后的图像效果。

技巧发送

在 Photoshop CS6 中，选取工具箱中的矩形选框工具，在选区中单击鼠标右键，在弹出的快捷菜单中，选择“描边”选项，也会弹出“描边”对话框。

图 5-113 描边效果

5.7.5 填充选区

在 Photoshop CS6 中，使用“填充”命令，可以只在指定选区内填充相应的颜色。单击“编辑”|“填充”命令，即会弹出“填充”对话框，如图 5-114 所示。

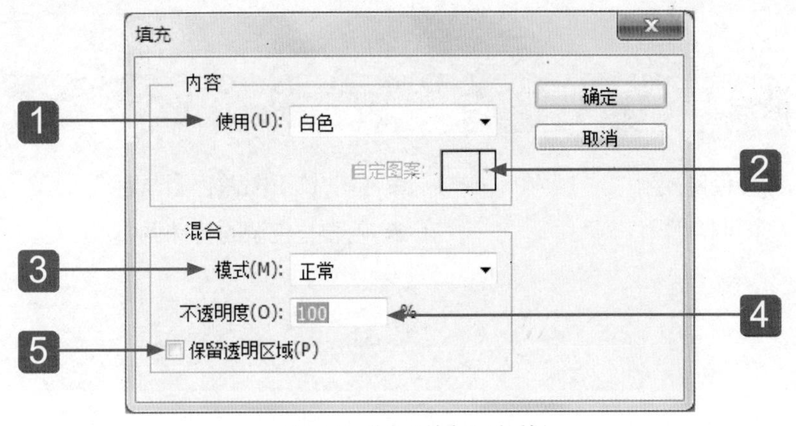

图 5-114 弹出“填充”对话框

在“填充”对话框中，各主要选项含义如下。

1. 使用：在该列表框中，可以选择要填充的类型，包括白色、背景色、颜色以及图案等选项，用户可根据需要进行相应选择。
2. 自定图案：在“使用”列表框中选择“图案”选项，下方的“自定图案”功能即为可设置状态，在其中可以设置填充的图案类型。
3. 模式：在该列表框中包含多种填充模式，分别为溶解、减去、叠加、柔光、强光以及颜色减淡等模式。
4. 不透明度：可以设置填充的不透明度。
5. 保留透明区：可以设置填充时保留透明区域。

第06章 调整图像色彩与色调

学前提示

调整色彩与色调是图像处理中一项非常实用且重要的内容，Photoshop CS6 提供了丰富而强大的色彩与色调的调整功能，如“色阶”、“曲线”、“色彩平衡”、“色相/饱和度”等命令，可以轻松地对图像的色相、饱和度、对比度和亮度进行调整，也可以对色彩失衡、曝光不足或过度的图像进行修正，以及为黑白图像上色。熟练掌握各种调色方法，可以调整出丰富多彩的图像效果。

本章知识重点

- 转换图像颜色模式
- 自动校正图像色彩与色调
- 图像色彩的调色操作
- 色彩与色调的特殊调整

学完本章后应该掌握的内容

- 掌握转换图像颜色模式的方法，如转换图像为位图、RGB 模式、灰度模式等
- 掌握自动校正图像色彩的方法，如自动调整图像色调、自动调整图像对比度等
- 掌握图像色彩的调色方法，如调整图像色阶、亮度与对比度、曲线和色彩平衡等
- 掌握色彩与色调的特殊调整，如制作底片效果、单色效果、黑白效果等

6.1 转换图像颜色模式

Photoshop 可以支持多种图像颜色模式，在设计与输出作品的过程中，应当根据其用途与要求，转换图像的颜色模式。本节主要介绍转换图像颜色模式的操作方法。

6.1.1 转换图像为位图模式

位图模式下的图像由黑、白两色组成，没有中间层次，又叫黑白图像。彩色图像转换为该模式后，色相和饱和度信息都会被删除，只保留亮度信息。图 6-1 所示为原图与转换为位图模式图像前后的效果对比。

图 6-1 原图与转换为位图模式图像前后的效果对比

首先将图像转换为灰度模式，然后在菜单栏中，单击“图像”|“模式”|“位图”命令，执行操作后，即可弹出“位图”对话框，如图 6-2 所示。

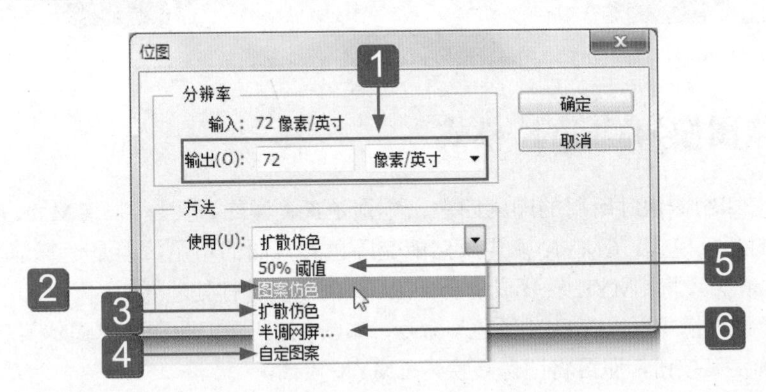

图 6-2 弹出“位图”对话框

1 输出：在此文本框中输入数值可以设置黑白图像的分辨率。如果要精细控制打印效果，可以提高分辨率数值。通常情况下，输出值是输入值的 200% ~ 250%。

2 图案仿色：使用一些随机的黑白像素点来抖动图像。

3 扩散仿色：通过使用从图像左上角开始的误差扩散过程来转换图像，由于转换过程中的误差原因，会产生颗粒状的纹理。

4 自定图案：可以选择图案列表中的图案作为转换后的纹理效果。

5 50%阈值：以50%为界限，将图像中大于50%的所有像素全部变成黑色，小于50%的所有像素全部变成白色。

6 半调网屏：产生一种半色调网版印刷的效果。

高手指引

在Photoshop CS6中，只有灰度模式和通道图像才能转换为位图模式。

6.1.2 转换图像为RGB模式

RGB颜色模式是目前应用最广泛的颜色模式之一，该模式由3个颜色通道组成，即红、绿、蓝3个通道。用RGB模式处理图像比较方便，且文件较小。单击“图像”|“模式”|“RGB颜色”命令，即可将图像转换为RGB颜色模式。图6-3所示为原图与转换为RGB模式图像前后的效果对比。

图6-3 原图与转换为RGB模式图像前后的效果对比

6.1.3 转换图像为CMYK模式

CMYK代表印刷图像时所用的印刷四色，分别是青、洋红、黄、黑，CMYK颜色模式是打印机唯一认可的彩色模式。CMYK模式虽然能免除色彩方面的不足，但是运算速度很慢，这就是为何Photoshop必须将CMYK转变成屏幕的RGB色彩值进行处理的原因。

单击“图像”|“模式”|“CMYK颜色”命令，如图6-4所示，即会弹出提示信息框，如图6-5所示，单击“确定”按钮，即可将图像转换为CMYK模式。

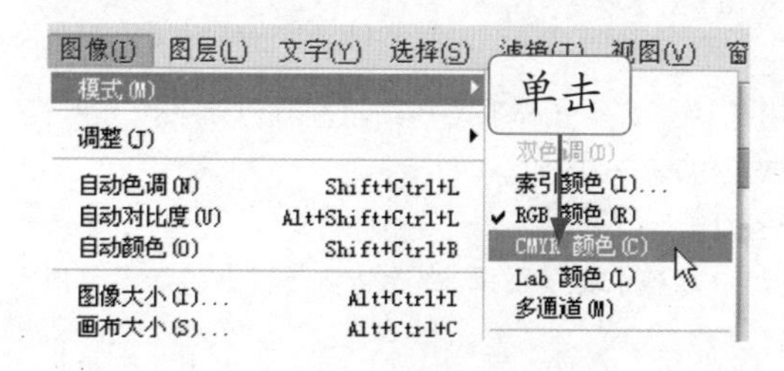

图6-4 单击“CMYK颜色”命令

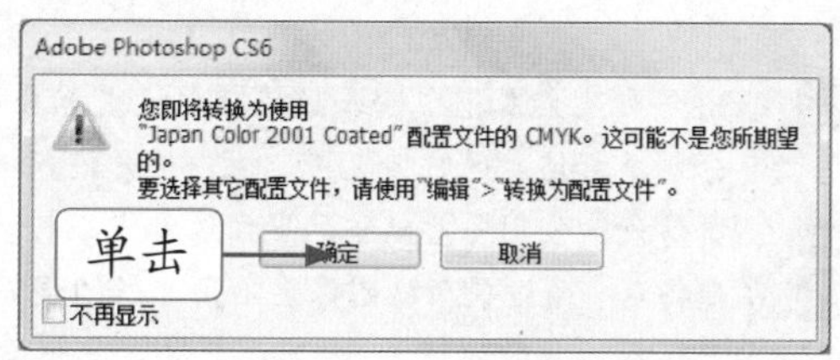

图6-5 提示信息框

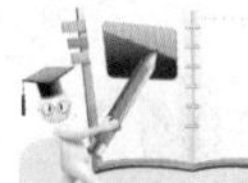

高手指引

在 Photoshop CS6 中，一幅彩色图像不能多次在 RGB 与 CMYK 模式之间转换，因为每一次转换都会损失一次图像颜色质量。

6.1.4 转换图像为灰度模式

灰度模式的图像不包含颜色，彩色图像转换为该模式后，色彩信息都会被删除。灰度图像的每个像素有一个 0（黑色）～ 255（白色）之间的亮度值。

单击“图像”|“模式”|“灰度”命令，弹出提示信息框，单击“扔掉”按钮，执行操作后，即可将图像转换为灰度模式。图 6-6 所示为原图与转换为灰度模式图像前后的效果对比。

图 6-6 原图与转换为灰度模式图像前后的效果对比

高手指引

将彩色图像转换为灰度模式时，所有的颜色信息都将被删除。虽然 Photoshop 允许将灰度模式的图像再转换为彩色模式，但是原来已删除的颜色信息不能再恢复。

6.1.5 转换图像为双色调模式

在 Photoshop CS6 中，双色模式通过 1 ～ 4 种自定油墨创建单色调、双色调、三色调和四色调的灰度图像。如果希望将彩色图像模式转换为双色调模式，则必须先将图像转换为灰度模式，再转换为双色调模式。

单击“图像”|“模式”|“双色调”命令，即会弹出“双色调选项”对话框，在其中单击“类型”右侧的下拉按钮，在弹出的列表框中选择“三色调”选项，调整 3 个颜色色块的名称，并设置 3 个颜色色块相应的 RGB 颜色，如图 6-7 所示，单击“确定”按钮，即可将图像转换为双色调模式。

技巧发送

单击“图像”|“模式”命令，然后按键盘上的【D】键，也可以快速弹出“双色调选项”对话框。

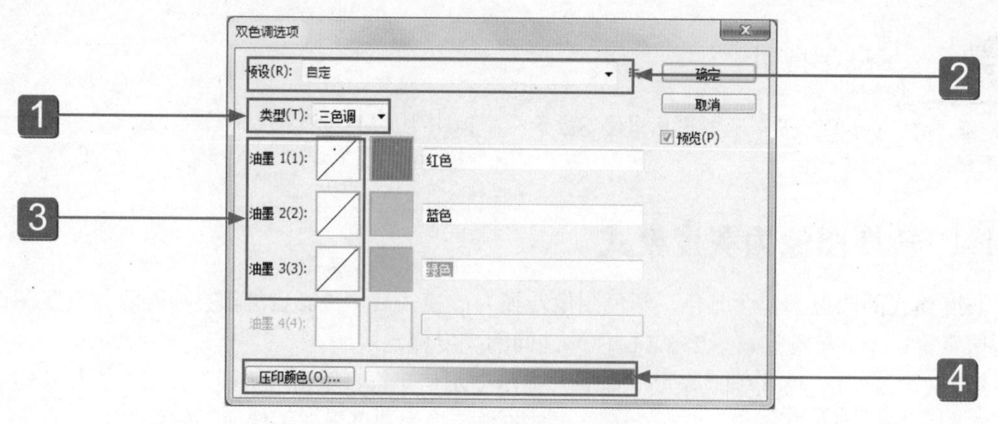

图 6-7 “双色调选项”对话框

1 类型：用以选择要使用的色调模式，如单色调、双色调、三色调和四色调。

2 预设：用以选择一个预设的调整文件。

3 编辑油墨颜色：单击左侧的图表可以打开“双色调曲线”对话框，调整曲线可以改变油墨的百分比。单击右侧的颜色块，打开“颜色库”对话框选择油墨颜色。

4 压印颜色：单击该按钮可以看到每种颜色混合后的效果。

6.1.6 转换图像为多通道模式

在 Photoshop CS6 中，多通道模式对于有特殊打印要求的图像非常有用，使用多通道模式可以减少印刷成本并保证图像颜色的正确输出。

单击“图像”|“模式”|“多通道”命令，即可将图像转换为多通道模式。图 6-8 所示为原图与转换为多通道模式图像前后的效果对比。

图 6-8 原图与转换为多通道模式图像前后的效果对比

6.2 自动校正图像色彩与色调

在 Photoshop CS6 中，用户可以通过“自动色调”、“自动对比度”以及“自动颜色”命令来自动调整图像的色彩与色调。

6.2.1 新手练兵——运用“自动色调”命令调整图像明暗

“自动色调”命令是根据图像整体颜色的明暗程度进行自动调整，使得亮部与暗部的颜色按一定的比例分布。

	实例文件	光盘 \ 实例 \ 第 6 章 \ 清纯 .jpg
	所用素材	光盘 \ 素材 \ 第 6 章 \ 清纯 .jpg

Step 01 按【Ctrl + O】组合键，打开一幅素材图像，如图 6-9 所示。

图 6-9 素材图像

Step 02 单击“图像”|“自动色调”命令，自动调整图像明暗，效果如图 6-10 所示。

图 6-10 自动调整图像明暗

6.2.2 新手练兵——运用“自动对比度”命令调整对比度

使用“自动对比度”命令可以让 Photoshop CS6 自动调整图像中颜色的总体对比度和混合颜色，它将图像中最亮和最暗的像素映射为白色和黑色，使高光显得更亮而暗调显得更暗。

	实例文件	光盘 \ 实例 \ 第 6 章 \ 花朵 .jpg
	所用素材	光盘 \ 素材 \ 第 6 章 \ 花朵 .jpg

Step 01 按【Ctrl + O】组合键，打开一幅素材图像，如图 6-11 所示。

图 6-11 素材图像

Step 02 单击“图像”|“自动对比度”命令，调整图像对比度，效果如图 6-12 所示。

图 6-12 调整图像对比度

知识链接

“自动对比度”命令会自动将图像最深的颜色加强为黑色，最亮的部分加强为白色，以增强图像的对比度，此命令对于连续调的图像效果相当明显，而对于单色或颜色不丰富的图像几乎不产生作用。

6.2.3 新手练兵——运用“自动颜色”命令校正图像偏色

使用“自动颜色”命令，可以自动识别图像中的实际阴影、中间调和高光，从而自动更正图像的颜色。

	实例文件	光盘 \ 实例 \ 第 6 章 \ 荷花 .jpg
	所用素材	光盘 \ 素材 \ 第 6 章 \ 荷花 .jpg

Step 01 按【Ctrl + O】组合键，打开一幅素材图像，如图 6-13 所示。

图 6-13 素材图像

Step 02 单击“图像”|“自动颜色”命令，即可自动校正图像偏色，如图 6-14 所示。

图 6-14 自动校正图像偏色

技巧发送

按【Shift + Ctrl + B】组合键，也可以执行“自动颜色”命令调整图像颜色。

6.3 图像色彩的调色操作

在 Photoshop CS6 中，熟练掌握各种调色方法，可以调整出丰富多彩的图像效果。调整图像色彩的常用方法，主要可以通过“色阶”、“亮度与对比度”、“曲线”、“变化”以及“色彩平衡”等命令来实现 . 下面将分别进行介绍。

6.3.1 新手练兵——运用“色阶”命令调整图像亮度范围

“色阶”命令是指通过将每个通道中最亮和最暗的像素定义为白色和黑色，然后按比例重新分配中间像素值来调整图像的色调，从而校正图像的色调范围和色彩平衡。

	实例文件	光盘 \ 实例 \ 第 6 章 \ 白色恋人 .jpg
	所用素材	光盘 \ 素材 \ 第 6 章 \ 白色恋人 .jpg

Step 01 按【Ctrl + O】组合键，打开一幅素材图像，如图 6-15 所示。

图 6-15 素材图像

Step 02 单击“图像”|“调整”|“色阶”命令，如图 6-16 所示。

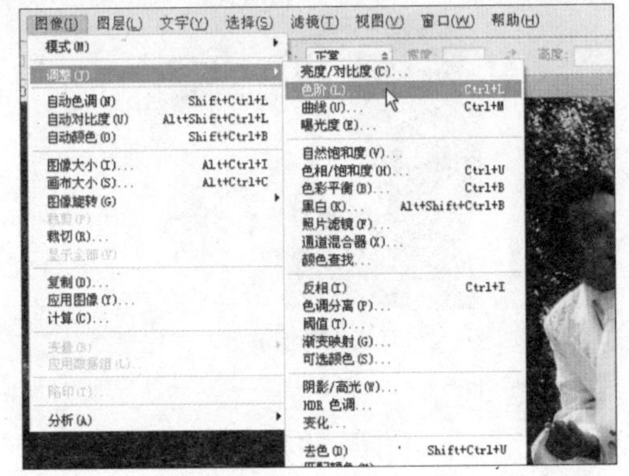

图 6-16 单击“色阶”命令

Step 03 1 弹出“色阶”对话框，2 设置“输入色阶”的参数值依次为 0、3.58、205，如图 6-17 所示，3 单击“确定”按钮。

Step 04 执行操作后，完成运用“色阶”命令调整图像色阶操作，效果如图 6-18 所示。

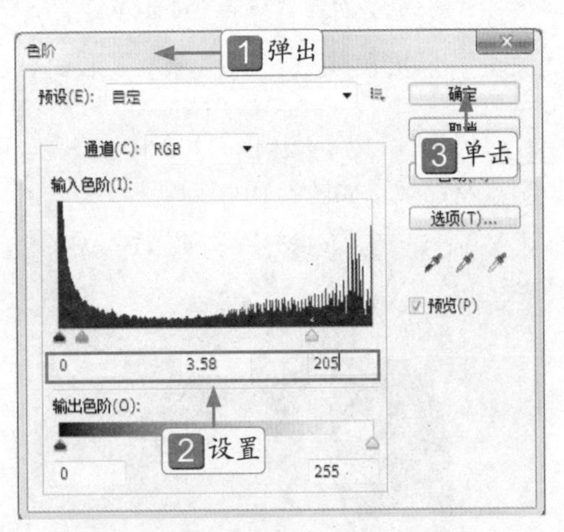

图 6-17 设置“输入色阶”参数

图 6-18 调整图像色阶

高手指引

除了可以使用“色阶”命令调整图像色彩以外，还可以按【Ctrl + L】组合键，调出“色阶”对话框，并对图像色调进行调整。另外，用户可以根据不同的通道对图像进行调整。

6.3.2 新手练兵——运用“亮度与对比度”命令调整图像

“亮度 / 对比度”命令主要对图像每个像素的亮度或对比度进行整体调整，此调整方式方便、快捷，但不适用于较为复杂的图像。

知识链接

在 Photoshop CS6 中，“亮度与对比度”命令对单个通道不起作用，建议不要用于高端输出，以免引起图像中细节的丢失。

	实例文件	光盘\实例\第6章\幸福爱人.jpg
	所用素材	光盘\素材\第6章\幸福爱人.jpg

Step 01 按【Ctrl + O】组合键，打开一幅素材图像，如图 6-19 所示。

图 6-19 素材图像

Step 02 单击“图像”|“调整”|“亮度/对比度”命令，如图 6-20 所示。

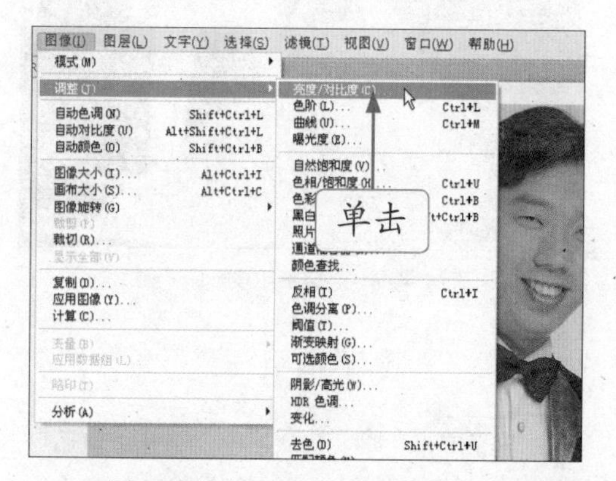

图 6-20 单击“亮度/对比度”命令

Step 03 1 弹出“亮度/对比度”对话框，2 在其中设置“亮度”为52、“对比度”为34，如图 6-21 所示。

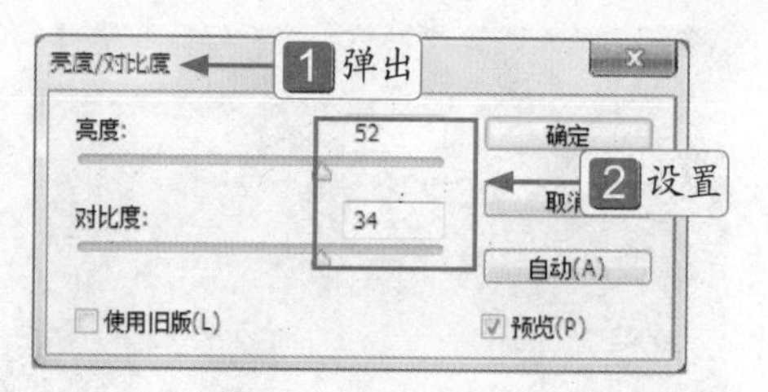

图 6-21 设置各参数

Step 04 单击“确定”按钮，执行操作后，即可调整图像的亮度与对比度，效果如图 6-22 所示。

图 6-22 调整图像的亮度与对比度

知识链接

在“亮度与对比度”对话框中，各主要选项含义如下。

- 亮度：用于调整图像的亮度。该值为正时增加图像亮度，为负时降低亮度。
- 对比度：用于调整图像的对比度。正值时增加图像对比度，负值时降低对比度。

6.3.3 新手练兵——运用“曲线”命令调整图像整体色调

“曲线”命令是功能强大的图像校正命令，该命令可以在图像的整个色调范围内调整不同的色调，还可以对图像中的个别颜色通道进行精确的调整。

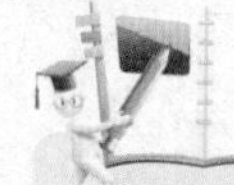

高手指引

若要使曲线网格显示得更精细，可在按住【Alt】键的同时用鼠标单击网格，默认的 4×4 的网格将变成 10×10 的网格，在该网格上，再次按住【Alt】键的同时单击鼠标左键，即可恢复至默认状态。

实例文件	光盘 \ 实例 \ 第 6 章 \ 心心相印 .jpg
所用素材	光盘 \ 素材 \ 第 6 章 \ 心心相印 .jpg

Step 01 按【Ctrl + O】组合键，打开一幅素材图像，如图 6-23 所示。

图 6-23 素材图像

Step 02 单击“图像”|“调整”|“曲线”命令，如图 6-24 所示。

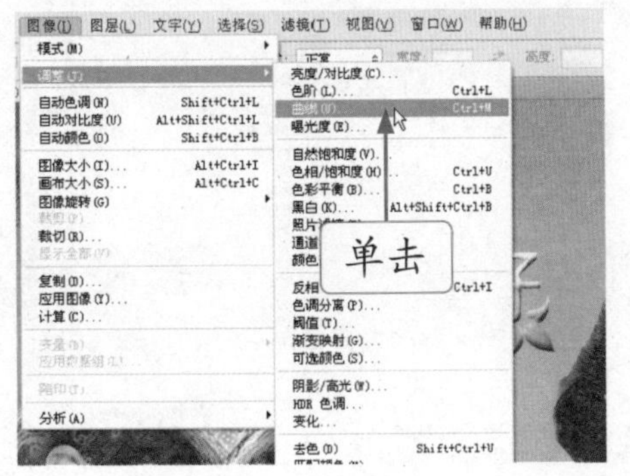

图 6-24 单击“曲线”命令

Step 03 1 弹出“曲线”对话框，2 在其中设置“输出”为 181、“输入”为 123，如图 6-25 所示。

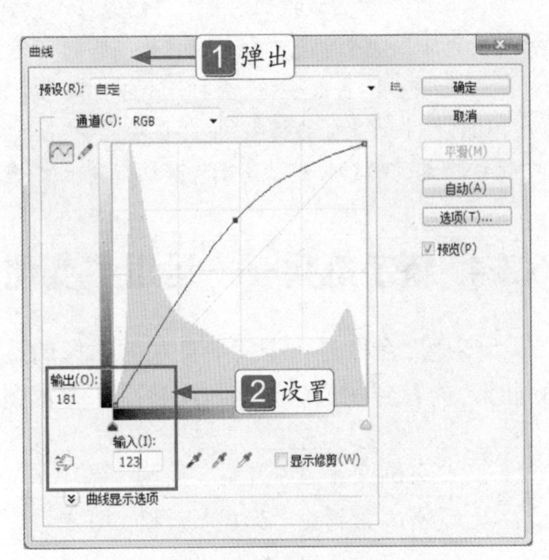

图 6-25 设置输出输入参数

Step 04 单击“确定”按钮，执行操作后，完成通过“曲线”命令调整图像色调操作，效果如图 6-26 所示。

图 6-26 调整图像色调

在“曲线”对话框中，各主要选项含义如下。

- 预设：包含了 Photoshop 提供的各种预设调整文件，可以用于调整图像。
- 通道：在其列表框中可以选择要调整的通道，调整通道会改变图像的颜色。
- 编辑点以修改曲线：该按钮为选中状态，此时在曲线中单击可以添加新的控制点，拖动控制点改变曲线形状即可调整图像。
- 通过绘制来修改曲线：单击该按钮后，可以绘制手绘效果的自由曲线。
- 输出 / 输入：“输入”色阶显示了图像调整前的像素值，“输出”色阶显示了图像调整后的像素值。
- 在图像上单击并拖动可以修改曲线：单击该按钮后，将光标放在图像上，曲线上会出现一个圆形图形，它代表光标处的色调在曲线上的位置，在画面中单击鼠标左键再拖动鼠标可以添加控制点并调整相应的色调。

◎ 平滑：使用铅笔绘制曲线后，单击该按钮，可以对曲线进行平滑处理。

◎ 自动：单击该按钮，可以对图像应用“自动颜色”、“自动对比度”或“自动色调”校正。具体校正内容取决于“自动颜色校正选项”对话框中的设置。

◎ 选项：单击该按钮，会打开“自动颜色校正选项”对话框。自动颜色校正选项用来控制由“色阶”和“曲线”中的“自动颜色”、“自动色调”、“自动对比度”和“自动”选项应用的色调和颜色校正。它允许指定“阴影”和“高光”剪切百分比，并为阴影、中间调和高光指定颜色值。

6.3.4 新手练兵——运用“变化”命令调整图像饱和度

“变化”命令是一个简单直观的图像调整工具，在调整图像的颜色平衡、对比度以及饱和度的同时，能看到图像调整前和调整后的缩览图，使调整更为简单、明了。

	实例文件	光盘 \ 实例 \ 第 6 章 \ 办公室 .jpg
	所用素材	光盘 \ 素材 \ 第 6 章 \ 办公室 .jpg

Step 01 按【Ctrl ＋ O】组合键，打开一幅素材图像，如图 6-27 所示。

图 6-27 素材图像

Step 02 单击“图像”|“调整”|“变化”命令，如图 6-28 所示。

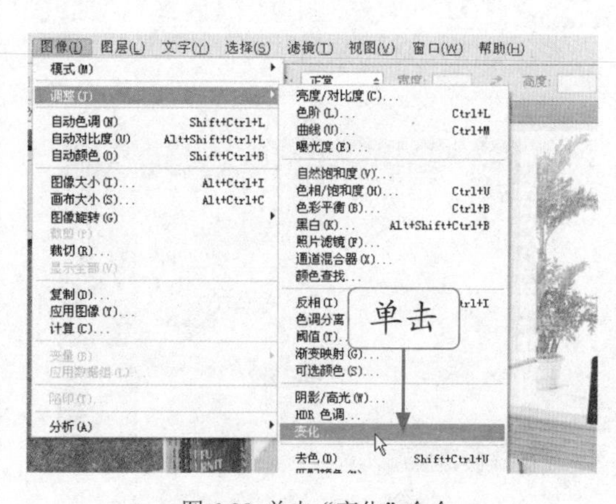

图 6-28 单击“变化”命令

Step 03 执行操作后，❶ 弹出“变化”对话框，❷ 单击两次“加深洋红”缩略图，如图 6-29 所示。

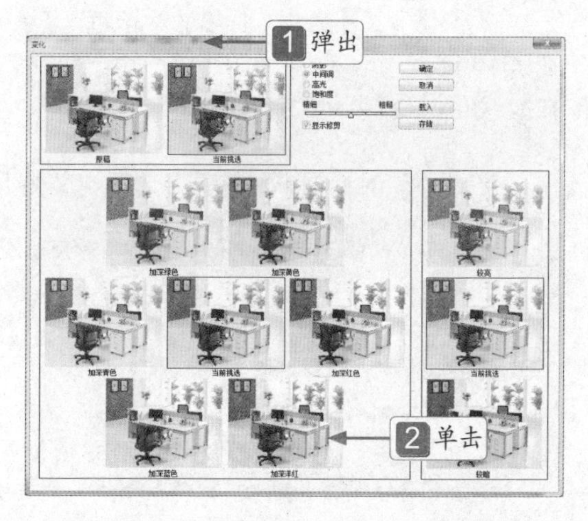

图 6-29 单击两次“加深洋红”缩略图

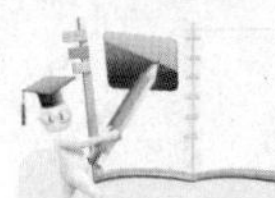

高手指引

“变化”命令对于调整色调均匀并且不需要精确调整色彩的图像非常有用，但是不能用于索引图像或 16 位通道图像。

Step 04 单击“确定”按钮，执行操作后，完成通过“变化”命令调整图像饱和度操作，效果如图 6-30 所示。

图 6-30 调整图像饱和度

知识链接

在“变化”对话框中，各选项含义如下。

- 阴影 / 中间色调 / 高光：选择相应的选项，可以调整图像的阴影、中间调或高光的颜色。
- 饱和度：“饱和度”选项用来调整颜色的饱和度。
- 原稿 / 当前挑选：在对话框顶部的“原稿”缩览图中显示了原始图像，“当前挑选”缩览图中显示了图像的调整结果。
- 精细 / 粗糙：用来控制每次的调整量，每移动一格滑块，可以使调整量双倍增加。
- 显示修剪：选中该复选框，如果出现溢色，颜色就会被修剪，以标识出溢色区域。

6.3.5 新手练兵——运用“色彩平衡”命令调整图像偏色

“色彩平衡”命令是根据颜色互补的原理，通过添加或减少互补色而达到图像的色彩平衡，或改变图像的整体色调。

	实例文件	光盘 \ 实例 \ 第 6 章 \ 别墅 .jpg
	所用素材	光盘 \ 素材 \ 第 6 章 \ 别墅 .jpg

Step 01 按【Ctrl ＋ O】组合键，打开一幅素材图像，如图 6-31 所示。

图 6-31 素材图像

Step 02 单击“图像”|“调整”|“色彩平衡”命令，如图 6-32 所示。

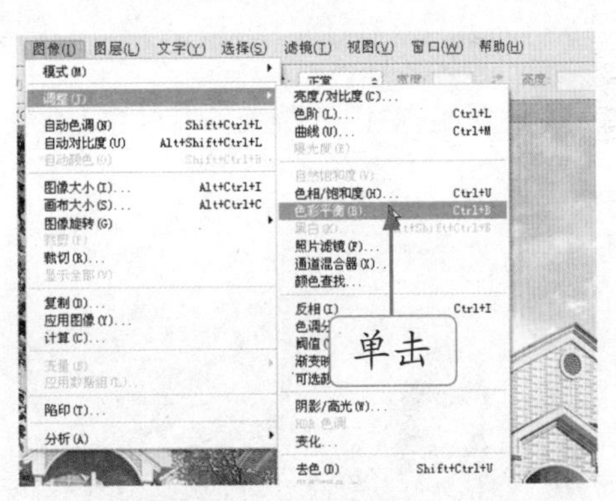

图 6-32 单击“色彩平衡”命令

Step 03 执行操作后，**1** 弹出“色彩平衡”对话框，**2** 在其中设置“青色”为 33、“洋红”为 65、“黄色”为 0，如图 6-33 所示，**3** 单击“确定”按钮。

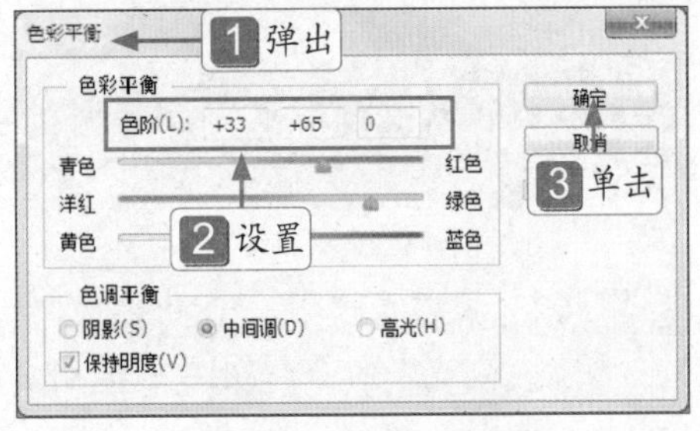

图 6-33 设置色阶各参数

Step 04 执行操作后，即可调整图像偏色，效果如图 6-34 所示。

图 6-34 调整图像偏色

知识链接

在“色彩平衡”对话框中，各主要选项含义如下。

- 色彩平衡：分别显示了青色和红色、洋红和绿色、黄色和蓝色这 3 对互补的颜色，每一对颜色中间的滑块用于控制各主要色彩的增减。
- 色调平衡：分别选中该区域中的 3 个单选按钮，可以调整图像颜色的最暗处、中间亮度和最亮处。
- 保持明度：选中该复选框，图像像素的亮度值不变，只有颜色值发生变化。

技巧发送

在 Photoshop CS6 中，用户可以按【Ctrl + B】组合键，调出“色彩平衡”对话框，并调整图像颜色。

6.3.6 新手练兵——运用“阴影与高光”命令调整对比度

“阴影 / 高光”命令适用于校正由强逆光而形成阴影的照片，或者校正由于太接近闪光灯而有些发白的焦点。在 CMYK 颜色模式的图像中不能使用该命令。

	实例文件	光盘 \ 实例 \ 第 6 章 \ 艺术照 .jpg
	所用素材	光盘 \ 素材 \ 第 6 章 \ 艺术照 .jpg

Step 01 按【Ctrl + O】组合键，打开一幅素材图像，如图 6-35 所示。

图 6-35 素材图像

Step 02 在菜单栏中，单击“图像”|“调整”|“阴影 / 高光”命令，如图 6-36 所示，即会弹出“阴影 / 高光”对话框。

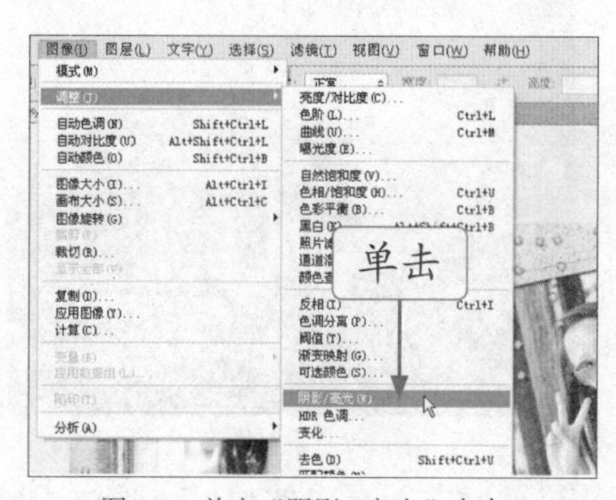

图 6-36 单击“阴影 / 高光”命令

Step 03 在“阴影”选项区中，设置“数量”为 85；在“高光”选项区中，设置“数量”为 40，如图 6-37 所示。

Step 04 单击“确定”按钮，即可调整图像阴影与高光，效果如图 6-38 所示。

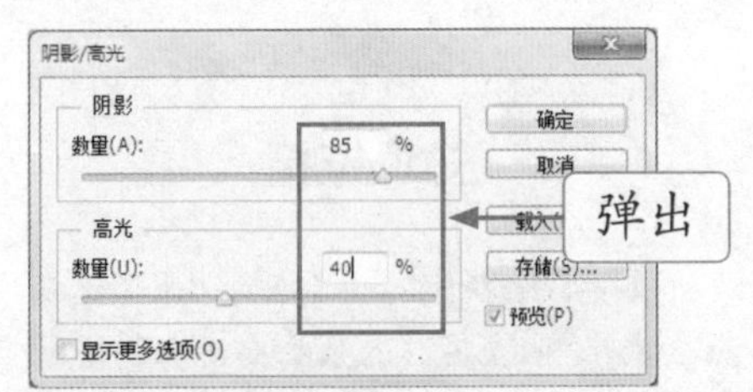

图 6-37 设置各选项

高手指引

“阴影 / 高光”命令能快速调整图像曝光度或曝光不足区域的对比度，同时保持照片色彩的整体平衡。

图 6-38 调整图像阴影与高光

6.3.7 新手练兵——运用“匹配颜色”命令匹配图像色调

“匹配颜色”命令可以用于匹配一幅或多幅图像之间，多个图层之间或多个选区之间的颜色，使用该命令，可以通过更改亮度和色彩范围，以及中间色调来统一图像色调。

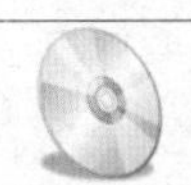	实例文件	光盘 \ 实例 \ 第 6 章 \ 龙舟 .jpg
	所用素材	光盘 \ 素材 \ 第 6 章 \ 龙舟 .jpg

Step 01 按【Ctrl + O】组合键，打开一幅素材图像，如图 6-39 所示。

图 6-39 素材图像

Step 02 单击“图像”|“调整”|“匹配颜色”命令，如图 6-40 所示。

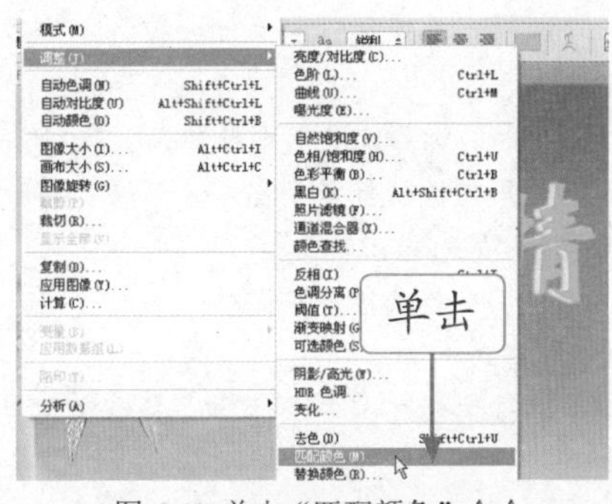

图 6-40 单击“匹配颜色”命令

Step 03 执行操作后，1 弹出“匹配颜色”对话框，在“图像选项”选项区中，2 设置“明亮度”为 136、“颜色强度”为 135、“渐隐”为 0，如图 6-41 所示。

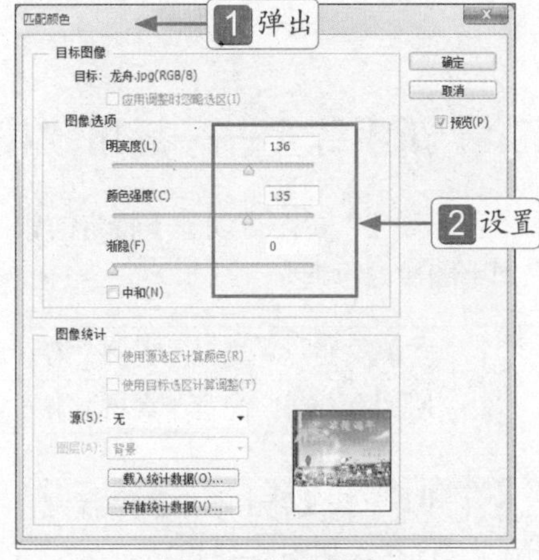

图 6-41 设置各选项

Step 04 单击“确定”按钮，执行操作后，即可调整图像的色彩和色调，效果如图 6-42 所示。

图 6-42 调整图像的色彩和色调

知识链接

在“匹配颜色”对话框的“图像选项”选项区中，“明亮度”选项主要用来调整图像匹配的明亮程度；“颜色强度”选项相当于图像的饱和度，因此用它来调整图像的饱和度；“渐隐”选项有点类似于图层蒙版，它决定了有多少源图像的颜色匹配到目标图像的颜色中；“中和”选项主要用来去除图像中的偏色现象。

在“匹配颜色”对话框中，各主要选项含义如下。

- 目标：在该选项后面显示了当前操作的图像文件的名称、图层名称以及颜色模式。
- 应用调整时忽略选区：如果目标图像中存在选区，选中该复选框，Photoshop 将忽视选区的存在，会将调整应用到整个图像。
- 亮度：此参数调整可得到的图像的亮度，数值越大，则得到的图像亮度也越高，反之则越低。
- 颜色强度：此参数为图像的颜色饱和度，数值越大，则得到的图像所匹配的颜色饱和度越大，反之则越低。
- 渐隐：此参数控制了得到的图像颜色与图像原色相近的程度，数值越大，调整强度越小，反之则越大。
- 中和：选择该选项可自动去除目标图像中的色痕。
- 使用源选区计算颜色：选中该复选框，在匹配颜色时仅计算源文件选区中的图像，选区外图像的颜色不计算入内。
- 使用目标选区计算调整：选中该复选框，在匹配颜色时仅计算目标文件选区内的图像，选区外的颜色不计算入内。
- 源：在该下拉列表中可以选择源图像文件的名称，如果选择“无”选项，则目标图像与源图像相同。
- 图层：在该下拉列表中将显示源图像文件中所具有的图层，如果选择“合并的”选项，则将源文件夹中的所有图层合并起来，再进行匹配颜色。

6.3.8 新手练兵——运用“替换颜色”命令替换图像颜色

“替换颜色”命令可以基于特定的颜色在图像中创建蒙版，再通过设置色相、饱和度和明度值来调整图像的色调。

	实例文件	光盘 \ 实例 \ 第 6 章 \ 蔬菜 .jpg
	所用素材	光盘 \ 素材 \ 第 6 章 \ 蔬菜 .jpg

Step 01 按【Ctrl + O】组合键，打开一幅素材图像，如图 6-43 所示。

Step 02 单击“图像”|“调整”|“替换颜色”命令，如图 6-44 所示。

图 6-43 素材图像

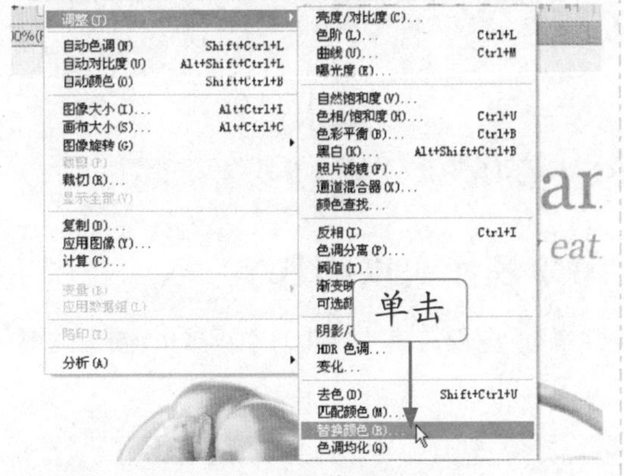

图 6-44 单击“替换颜色”命令

Step 03 1 弹出“替换颜色”对话框，单击“添加到取样”按钮 ，在图像编辑窗口的红色图像处，多次单击鼠标左键，即可选中相近的颜色区域，然后在“替换”选项区中，2 设置“色相”为 -65、“饱和度”为 0、“明度”为 0，如图 6-45 所示。

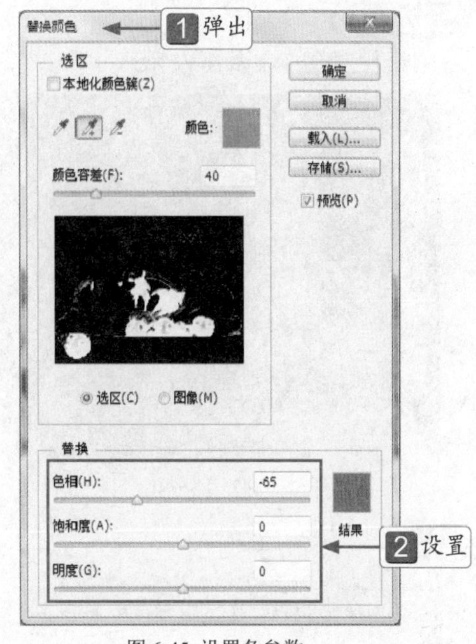

图 6-45 设置各参数

Step 04 单击“确定”按钮，即可运用“替换颜色”命令调整图像颜色，效果如图 6-46 所示。

图 6-46 调整图像颜色

6.4 色彩与色调的特殊调整

“反相”、“去色”、“黑白”和“色调均化”等命令都可以更改图像中颜色的亮度值，通常这些命令只适用于增强颜色与产生特殊效果，而不用于校正颜色。

6.4.1 新手练兵——运用“反相”命令制作照片底片效果

在 Photoshop CS6 中，使用“反相”命令可以对图像中的颜色进行反相，与传统相机中的底片效果相似。

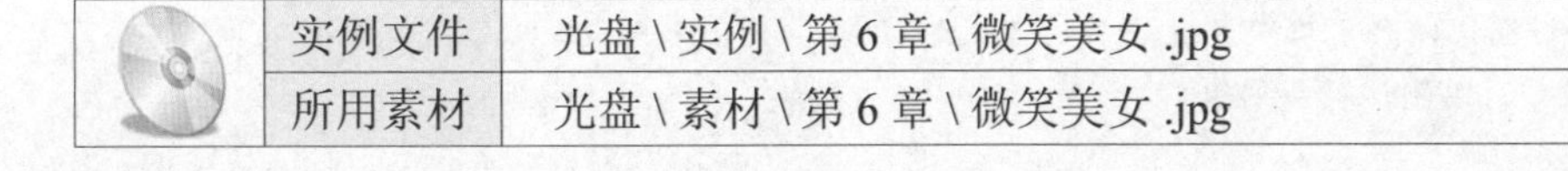

	实例文件	光盘 \ 实例 \ 第 6 章 \ 微笑美女 .jpg
	所用素材	光盘 \ 素材 \ 第 6 章 \ 微笑美女 .jpg

Step 01 按【Ctrl + O】组合键，打开一幅素材图像，如图 6-47 所示。

图 6-47 素材图像

Step 02 单击“图像”|“调整”|“反相”命令，对图像进行反相，效果如图 6-48 所示。

图 6-48 对图像进行反相

高手指引

将图像反相时，通道中每个像素的亮度值都会被转换为 256 级颜色刻度上相反的值。

6.4.2 新手练兵——运用“去色”命令制作灰度图片

在 Photoshop CS6 中，使用“去色”命令可以将彩色图像转换为灰度图像，同时图像的颜色模式保持不变。

	实例文件	光盘 \ 实例 \ 第 6 章 \ 亲吻 .jpg
	所用素材	光盘 \ 素材 \ 第 6 章 \ 亲吻 .jpg

Step 01 按【Ctrl + O】组合键，打开一幅素材图像，如图 6-49 所示。

图 6-49 素材图像

Step 02 单击“图像”|“调整”|“去色”命令，对图像进行去色，效果如图 6-50 所示。

图 6-50 对图像进行去色

技巧发送

在 Photoshop CS6 图像编辑窗口中，通过按键盘上的【Shift + Ctrl + U】组合键，也可以对窗口中的图像应用去色效果，以制作黑白图像。

6.4.3 新手练兵——运用“黑白”命令制作单色图像

在 Photoshop CS6 中，运用“黑白”命令可以将图像调整为具有艺术感的黑白效果图像，也可以调整出不同单色的艺术效果。

	实例文件	光盘 \ 实例 \ 第 6 章 \ 青山美景 .jpg
	所用素材	光盘 \ 素材 \ 第 6 章 \ 青山美景 .jpg

Step 01 按【Ctrl + O】组合键，打开一幅素材图像，如图 6-51 所示。

图 6-51 素材图像

Step 02 单击“图像”|“调整”|“黑白”命令，如图 6-52 所示。

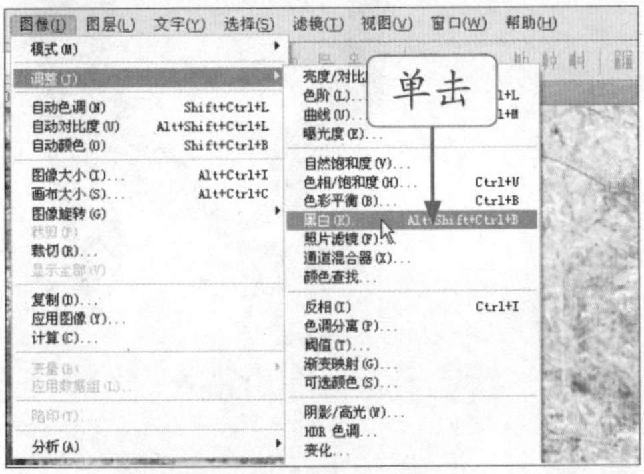

图 6-52 单击“黑白”命令

Step 03 1 弹出“黑白”对话框，2 在其中设置各选项，如图 6-53 所示。

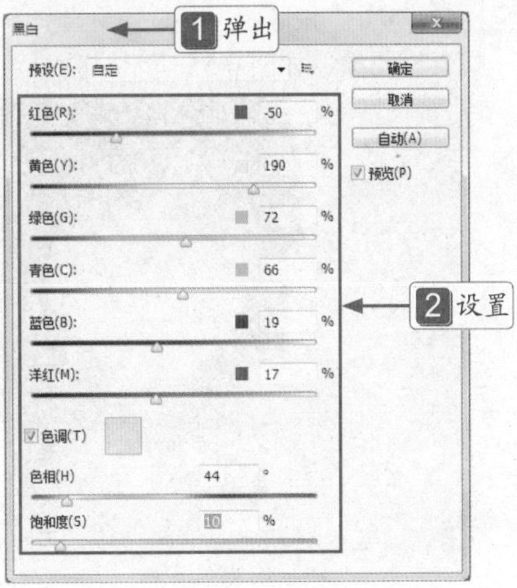

图 6-53 设置各选项

Step 04 单击“确定”按钮，即可制作黑白单色图像，效果如图 6-54 所示。

图 6-54 制作黑白单色图像

在“黑白”对话框中，各主要选项含义如下。

- 自动：单击该按钮，可以设置基于图像的颜色值的灰度混合，并使灰度值的分布最大化。
- 拖动颜色滑块调整：拖动各个颜色的滑块可以调整图像中特定颜色的灰色调，向左拖动灰色调变暗，向右拖动灰色调变亮。
- 色调：选中该复选框，可以为灰度着色，创建单色调效果，拖动“色相”和“饱和度”滑块进行调整，单击颜色块，可以打开“拾色器”对话框对颜色进行调整。

6.4.4 新手练兵——运用“阈值”命令制作黑白图像

在 Photoshop CS6 中，使用“阈值”命令可以将灰度或彩色图像转换为高对比度的黑白图像。指定某个色阶作为阈值，所有比阈值色阶亮的像素转换为白色，反之则转换为黑色。

	实例文件	光盘 \ 实例 \ 第 6 章 \ 可爱美女 .jpg
	所用素材	光盘 \ 素材 \ 第 6 章 \ 可爱美女 .jpg

Step 01 按【Ctrl + O】组合键，打开一幅素材图像，如图 6-55 所示。

图 6-55 素材图像

Step 02 单击“图像”|“调整”|“阈值”命令，如图 6-56 所示。

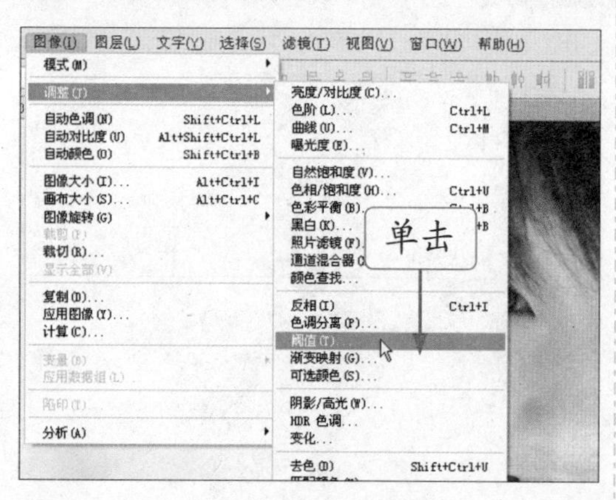

图 6-56 单击“阈值”命令

Step 03 1 弹出“阈值”对话框，2 设置“阈值色阶”为 128，如图 6-57 所示。

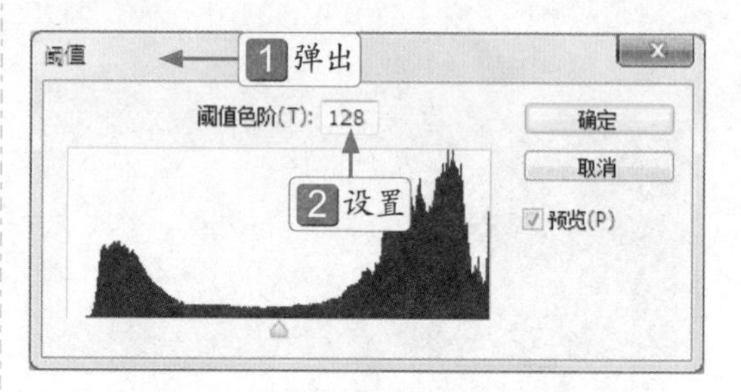

图 6-57 设置“阈值色阶”为 128

Step 04 单击“确定”按钮，即可制作黑白图像，效果如图 6-58 所示。

图 6-58 制作黑白图像

高手指引

在 Photoshop CS6 的“阈值”对话框中，用户还可以手动拖曳对话框下方的滑块，来调节阈值参数的大小。

6.4.5 新手练兵——运用“HDR 色调”命令调整图像色调

HDR 的全称是 High Dynamic Range，即高动态范围，动态范围是指信号最高值和最低值的相对值。“HDR 色调”命令能使亮的地方非常亮，暗的地方非常暗，亮暗部的细节都很明显。

	实例文件	光盘 \ 实例 \ 第 6 章 \ 风景 .jpg
	所用素材	光盘 \ 素材 \ 第 6 章 \ 风景 .jpg

Step 01 按【Ctrl + O】组合键，打开一幅素材图像，如图 6-59 所示。

图 6-59 素材图像

Step 02 单击“图像”|“调整”|“HDR 色调”命令，如图 6-60 所示。

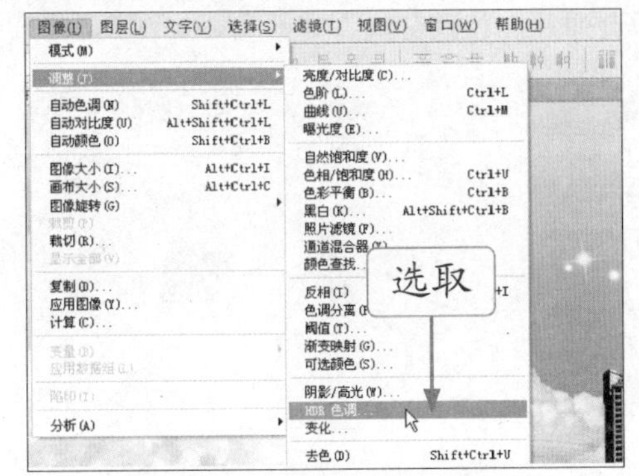

图 6-60 单击“HDR 色调”命令

Step 03 **1** 弹出“HDR 色调”对话框，**2** 各参数值保持默认设置，如图 6-61 所示。

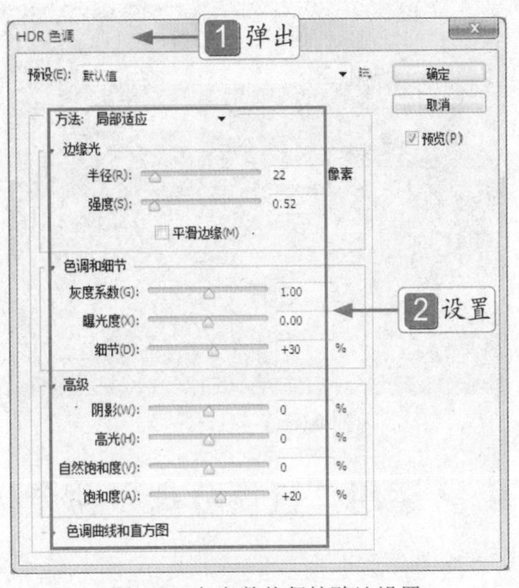

图 6-61 各参数值保持默认设置

Step 04 单击“确定”按钮，即可调整图像色调，效果如图 6-62 所示。

图 6-62 调整图像色调

在“HDR 色调”对话框中，各主要选项含义如下。

- 预设：用于选择 Photoshop 的预设 HDR 色调调整选项。
- 方法：用于选择 HDR 色调应用图像的方法，可以对边缘光、色调和细节、颜色等选项进行精确的细节调整。单击“色调曲线和直方图”展开按钮，在下方调整“色调曲线和直方图”选项。

6.4.6 新手练兵——运用“色调均化”命令均化图像亮度值

使用“色调均化”命令可以重新分布像素的亮度值，将最亮的值调整为白色，最暗的值调整为黑色，中间的值分布在整个灰度范围中，使它们更均匀地呈现所有范围的亮度级别。

	实例文件	光盘 \ 实例 \ 第 6 章 \ 鲜花 .jpg
	所用素材	光盘 \ 素材 \ 第 6 章 \ 鲜花 .jpg

Step 01 按【Ctrl + O】组合键，打开一幅素材图像，如图6-63所示。

图6-63 素材图像

Step 02 单击"图像"|"调整"|"色调均化"命令，均化图像亮度，如图6-64所示。

图6-64 均化图像亮度

6.4.7 运用"色调分离"命令指定图像色调级数

"色调分离"命令能够指定图像中每个通道的色调级（或亮度值）的数目，将像素映射为最接近的匹配级别。该命令也可以定义色阶的多少，在灰色图像中可以使用该命令减少灰阶数量。

单击"图像"|"调整"|"色调分离"命令，即会弹出"色调分离"对话框，如图6-65所示。

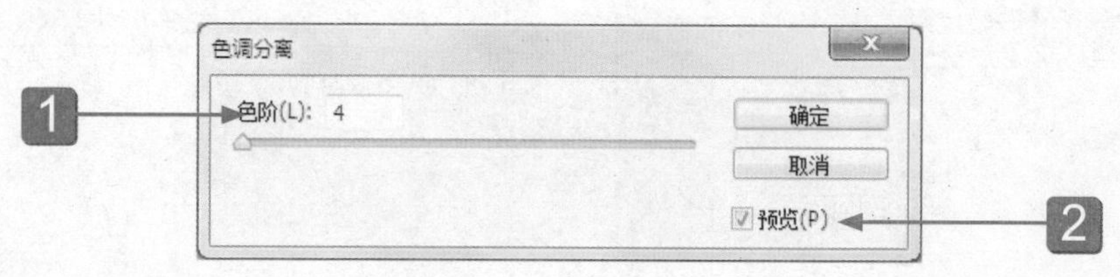

图6-65 "色调分离"对话框

在"色调分离"对话框中，各主要选项含义如下。

1 色阶：该选项用于设置图像产生色调的色调级，其设置的数值越大，图像产生的效果越接近原图像。

2 预览：选中该复选框，可以预览图像中的色调分离效果。

图6-66所示为运用"色调分离"命令指定图像色调级数前后的效果对比。

图6-66 运用"色调分离"命令指定图像色调级数前后的效果对比

6.4.8 运用“渐变映射”命令制作彩色渐变效果

“渐变映射”命令的主要功能是将图像灰度范围映射到指定的渐变填充色。如果指定双色渐变作为映射渐变，图像中暗调像素将映射到渐变填充的一个端点颜色，高光像素将映射到另一个端点颜色，中间调映射到两个端点之间的过渡颜色。

单击“图像”|“调整”|“渐变映射”命令，即会弹出“渐变映射”对话框，如图6-67所示。

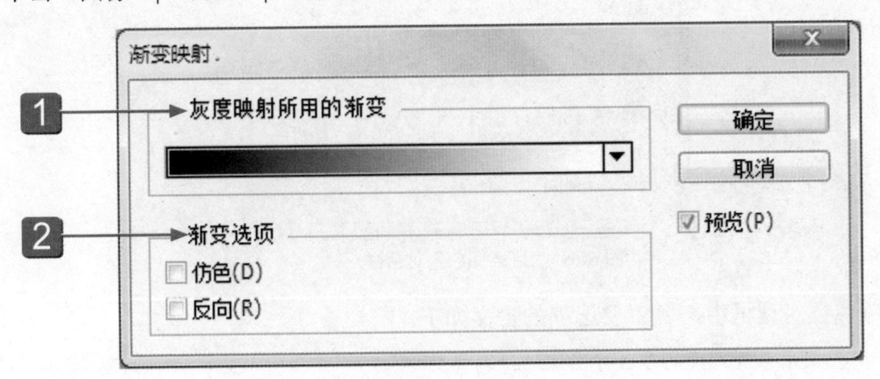

图6-67 “渐变映射”对话框

在“渐变映射”对话框中，各主要选项含义如下。

1 灰度映射所用的渐变：单击渐变颜色右侧的下三角按钮，在弹出的面板中选择一个预设渐变。如果要创建自定义渐变，可以单击渐变条，打开“渐变编辑器”对话框进行设置。

2 渐变选项：在该选项区中，用户可以根据需要选中“仿色”和“反向”复选框来改变图像效果。

图6-68所示为运用“渐变映射”命令制作彩色渐变效果前后的效果对比。

图6-68 运用“渐变映射”命令制作彩色渐变效果前后的效果对比

6.4.9 运用“可选颜色”命令校正图像颜色平衡

“可选颜色”命令主要校正图像的色彩不平衡和调整图像的色彩，它可以在高档扫描仪和分色程序中使用，并有选择性地修改主要颜色的印刷数量，不会影响到其他主要颜色。

单击“图像”|“调整”|“可选颜色”命令，即会弹出“可选颜色”对话框，如图6-69所示。

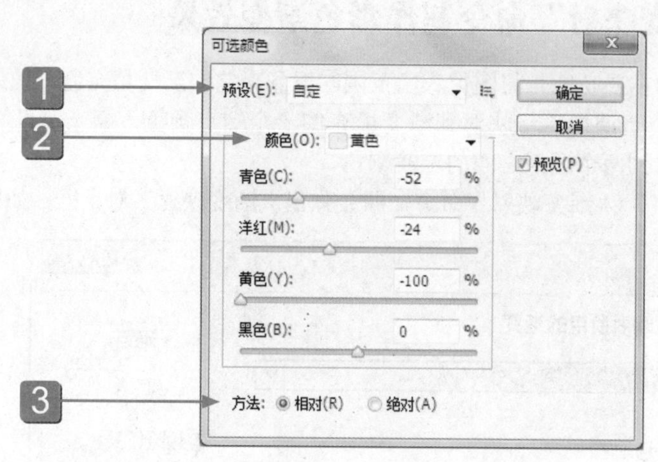

图 6-69 “可选颜色”对话框

在“可选颜色”对话框中，各主要选项的含义如下。

1 预设：可以使用系统预设的参数对图像进行调整。

2 颜色：可以选择要改变的颜色，然后通过下方的“青色”、“洋红”、“黄色”、“黑色”滑块对选择的颜色进行调整。

3 方法：该选项区中包括“相对”和“绝对”两个单选按钮，选中“相对”单选按钮，表示设置的颜色为相对于原颜色的改变量，即在原颜色的基础上增加或减少某种印刷色的含量；选中“绝对”单选按钮，则直接将原颜色校正为设置的颜色。

图 6-70 所示为运用“可选颜色”命令校正图像颜色平衡前后的效果对比。

图 6-70 运用“可选颜色”命令校正图像颜色平衡前后的效果对比

第07章 修复与调色图像效果

学前提示

Photoshop CS6 是一个专业的图像处理软件，修复和调色图像的功能非常强大。要完成一个好的设计作品，修复和调色图像是必不可少的步骤。Photoshop CS6 提供了丰富的修饰工具，且每种工具都有其独特之处，正确、合理地运用各种修复工具，可以修复存在污点或瑕疵的图像，使图像的效果更加自然、真实、美观。而使用调色工具，则可以调节图像的明度和色彩饱和度。

本章知识重点

- 修复和修补图像
- 复制图像
- 清除图像
- 调色图像
- 修饰图像
- 恢复图像

学完本章后应该掌握的内容

- 掌握修复和修补图像的方法，如使用污点修复画笔工具修复图像等
- 掌握调色图像的方法，如使用减淡工具加亮图像、加深工具调暗图像等
- 掌握复制图像的方法，如使用仿制图章工具、图案图章工具复制图像等
- 掌握修饰图像的方法，如使用模糊工具使图像模糊、锐化工具使图像清晰等
- 掌握清除图像的方法，如使用橡皮擦工具擦除图像、背景橡皮擦工具擦除背景等

新手学设计完全精通

7.1 修复和修补图像

修复和修补工具组包括修复画笔工具、修补工具、污点修复画笔工具、红眼工具等，其中修复和修补工具常用于修复图像中的杂色或污斑。

7.1.1 新手练兵——使用污点修复画笔工具修复图像

污点修复画笔工具不需要指定采样点，只需要在图像中有杂色或污渍的地方单击鼠标左键，即可修复图像。Photoshop 能够自动分析鼠标单击处及其周围图像的不透明度、颜色与质感，进行采样与修复操作。选取污点修复画笔工具，其属性栏如图 7-1 所示。

图 7-1 污点修复画笔工具属性栏

“模式”：在该下拉列表中可以设置修复图像时与目标图像之间的混合方式。

“近似匹配”：选中该单选按钮后，在修复图像时，将根据当前图像周围的像素来修复瑕疵。

“创建纹理”：选中该单选按钮后，在修复图像时，将根据当前图像周围的纹理自动创建一个相似的纹理，从而在修复瑕疵的同时保证不改变原图像的纹理。

“内容识别”：选中该单选按钮，在修复图像时，将根据当前图像内容识别像素并自动填充。

	实例文件	光盘 \ 实例 \ 第 7 章 \ 宁静 .jpg
	所用素材	光盘 \ 素材 \ 第 7 章 \ 宁静 .jpg

Step 01 按【Ctrl ＋ O】组合键，打开一幅素材图像，如图 7-2 所示。

图 7-2 素材图像

Step 02 选取工具箱中的污点修复画笔工具，如图 7-3 所示。

图 7-3 选取污点修复画笔工具

Step 03 选中属性栏中的“内容识别”单选按钮，移动鼠标指针至合适位置，按下鼠标左键，区域呈黑色显示，如图 7-4 所示。

Step 04 释放鼠标左键，完成使用污点修复画笔工具修复图像，如图 7-5 所示。

图 7-4 涂抹图像

图 7-5 修复后的效果

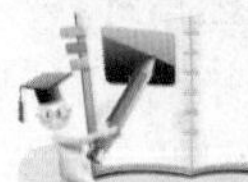
高手指引

Photoshop CS6 中的污点修复画笔工具能够自动分析鼠标单击处及周围图像的不透明度、颜色与质感，从而进行采样与修复操作。

7.1.2 新手练兵——使用修复画笔工具修复图像

修复画笔工具在对图像上的污损部分进行修复时会经常用到，在使用修复画笔工具时，应先取样，然后将选取的图像填充到要修复的目标区域，使修复的区域和周围的图像相融合，还可以将所选择的图案应用到要修复的图像区域中。选取修复画笔工具，其属性栏如图 7-6 所示。

模式：正常 源：取样 图案： 对齐 样本：当前图层

图 7-6 修复画笔工具属性栏

- “模式”：在列表框中可以设置修复图像的混合模式。
- “源”：设置用于修复像素的源，选中“取样”单选按钮，可以从图像的像素上取样；选中“图案”单选按钮，则可以在图案列表框中选择一个图案作为取样，效果类似于使用图案图章绘制图案。
- “对齐”：选中该复选框，可以对像素进行连续取样，在修复过程中，取样点随修复位置的移动而变化；取消选中该复选框，则在修复过程中始终以一个取样点为起始点。
- “样本”：用来设置从指定的图层中进行数据取样，如果要从当前图层及其下方的可见图层中取样，可以选择“当前和下方图层”选项；如果仅从当前图层中取样，可以选择“当前图层”选项；如果要从所有可见图层中取样，可选择“所有图层”选项。

实例文件	光盘 \ 实例 \ 第 7 章 \ 人物 2.jpg
所用素材	光盘 \ 素材 \ 第 7 章 \ 人物 2.jpg

Step 01 按【Ctrl + O】组合键，打开一幅素材图像，如图 7-7 所示。

Step 02 选取工具箱中的修复画笔工具，如图 7-8 所示。

图 7-7 素材图像

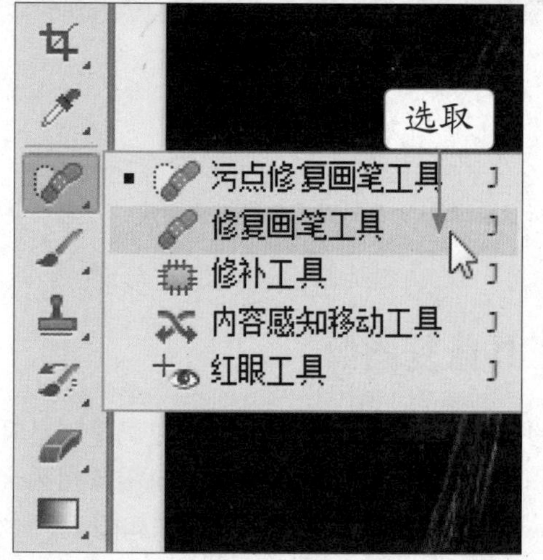

图 7-8 选取修复画笔工具

Step 03 将鼠标指针移至图像编辑窗口中人物脸部位置，按住【Alt】键的同时单击鼠标左键进行取样，如图 7-9 所示。

图 7-9 进行取样

Step 04 释放鼠标左键，将鼠标指针移至人物脸部瑕疵处，按住鼠标左键并拖曳，至合适位置后释放鼠标，即可修复图像，如图 7-10 所示。

图 7-10 修复图像效果

7.1.3 新手练兵——使用修补工具修补图像

修补工具是指用其他区域中的像素或者使用图案来修补选中的图像区域，在修复的同时也保留了原来的纹理、亮度和层次，是对图像的某一块区域进行整体修复。选取修补工具，其属性栏如图 7-11 所示。

图 7-11 修补工具属性栏

- “运算按钮”：针对应用创建选区的工具进行的操作，可以对选区进行添加等操作。
- “修补”：用来设置修补方，选中“源”单选按钮，将选区拖曳至要修补的区域以后，释放鼠标左键就会用当前选区中的图像修补原来选中的内容；选中“目标”单选按钮，则会将选中的图像复制到目标区域。
- “透明”：该复选框用于设置所修复图像的透明度。
- “使用图案”：单击该按钮后，可以应用图案对所选区域进行修复。

	实例文件	光盘 \ 实例 \ 第 7 章 \ 房间 jpg
	所用素材	光盘 \ 素材 \ 第 7 章 \ 房间 jpg

Step 01 按【Ctrl + O】组合键，打开一幅素材图像，如图 7-12 所示。

图 7-12 素材图像

Step 02 选取工具箱中的修补工具，如图 7-13 所示。

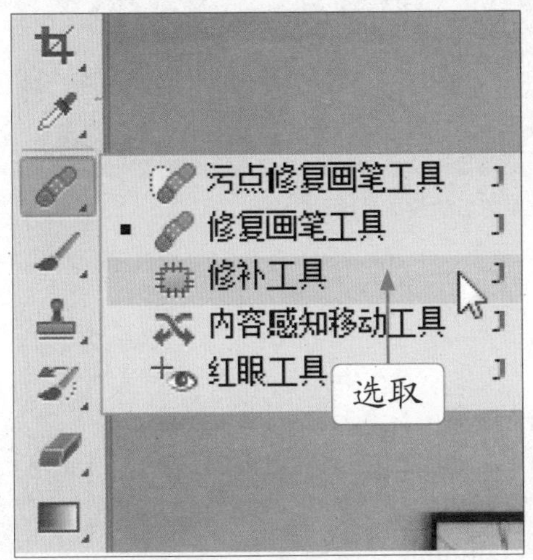

图 7-13 选取修补工具

Step 03 移动鼠标指针至图像编辑窗口中，在需要修补的位置按住鼠标左键并拖曳，创建一个选区，如图 7-14 所示。

Step 04 按住鼠标左键并拖曳选区至图像中用于修补的位置，如图 7-15 所示。

图 7-14 创建选区

图 7-15 按住鼠标左键并拖曳

Step 05 释放鼠标左键，即可完成修补操作，单击“选择”|“取消选择”命令，取消选区，效果如图 7-16 所示。

图 7-16 完成修补操作

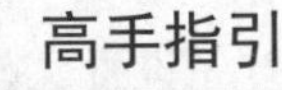

高手指引

使用修补工具可以用其他区域或图案中的像素来修复选中的区域，与修复画笔工具相同，修补工具会将样本像素的纹理、光照和阴影与原像素进行匹配，还可以使用修补工具来仿制图像的隔离区域。

7.1.4 使用红眼工具去除红眼

红眼工具是一个专门用于修饰数码照片的工具，常用来去除照片中人物的红眼。使用红眼工具去除红眼的方法很简单，用户只需选取工具箱中的红眼工具，移动鼠标指针至图像编辑窗口中，在人物的红眼上单击鼠标左键，即可去除红眼。图 7-17 所示为使用红眼工具去除红眼前后的效果对比。

图 7-17 使用红眼工具去除红眼前后的效果对比

知识链接

红眼工具属性栏中各主要选项含义如下。

- 瞳孔大小：设置该数值框，可以设置红眼图像的大小。
- 变暗量：设置该数值框，可以设置去除红眼后瞳孔变暗的程度，数值越大则去除红眼后的瞳孔越暗。

高手指引

红眼工具专门用于去除照片中的人物红眼。但需要注意的是，这并不代表该工具仅能对照片中的红眼进行处理，对于其他较为细小的物体，同样可以使用该工具来修饰色彩。

7.1.5 使用颜色替换工具替换颜色

颜色替换工具位于绘图工具组，它能在保留图像原有材质纹理与明暗的基础上，用前景色替换图像中的颜色。使用颜色替换工具替换颜色的方法很简单，用户需首先设置好前景色，然后选取颜色替换工具，在工具属性栏中设置好画笔大小，在图像编辑窗口中按住鼠标左键并拖曳，涂抹图像，即可替换颜色。图 7-18 所示为使用颜色替换工具替换颜色前后的效果对比。

图 7-18 使用颜色替换工具替换颜色前后的效果对比

7.2 调色图像

调色工具包括减淡工具、加深工具和海绵工具 3 种。其中减淡工具和加深工具是用于调节图像特定区域光度的传统工具，可使图像区域变亮或变暗。

7.2.1 新手练兵——使用减淡工具加亮图像

使用减淡工具可以加亮图像的局部，通过提高图像选区的亮度来校正曝光，此工具常用于修饰人物照片与静物照片。选取减淡工具，其属性栏如图 7-19 所示。

65 范围：中间调 曝光度：50% 保护色调

图 7-19 减淡工具属性栏

- “范围”：可以选择要修改的色调。选择“阴影”选项，可以处理图像的暗色调；选择“中间调”选项，可以处理图像的中间调；选择“高光”选项，则处理图像的亮部色调。
- “曝光度”：可以为减淡工具或加深工具指定曝光，该值越高，效果越明显。
- “保护色调”：该复选框用于设置所修复图像的透明度。

	实例文件	光盘 \ 实例 \ 第 7 章 \ 黄玫瑰 .jpg
	所用素材	光盘 \ 素材 \ 第 7 章 \ 黄玫瑰 .jpg

Step 01 按【Ctrl + O】组合键，打开一幅素材图像，如图 7-20 所示。

图 7-20 素材图像

Step 02 选取工具箱中的减淡工具，如图 7-21 所示。

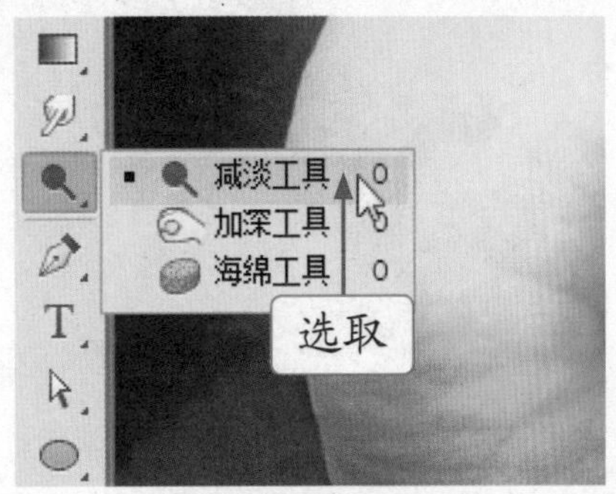

图 7-21 选取减淡工具

Step 03 在减淡工具属性栏中，设置“曝光度”为 100，如图 7-22 所示。

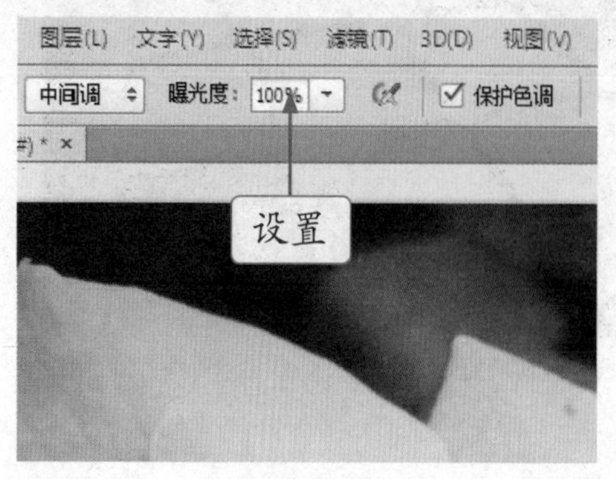

图 7-22 设置曝光度

Step 04 在图像编辑窗口中涂抹图像，即可加亮图像，如图 7-23 所示。

图 7-23 加亮图像

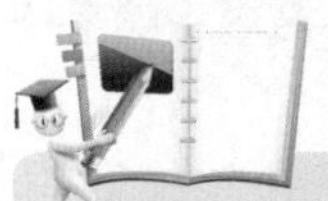

高手指引

为了更好地观察调整后的图像效果，用户可以在涂抹图像时，将工具属性栏中的“保持色调”复选框取消选中。

7.2.2 新手练兵——使用加深工具调暗图像

加深工具与减淡工具的功能恰恰相反，加深工具可以使图像中被操作的区域变暗，其工具属性栏及操作方法与减淡工具的相同。

	实例文件	光盘 \ 实例 \ 第 7 章 \ 红衣女郎 .jpg
	所用素材	光盘 \ 素材 \ 第 7 章 \ 红衣女郎 .jpg

Step 01 按【Ctrl + O】组合键，打开一幅素材图像，如图 7-24 所示。

图 7-24 素材图像

Step 02 选取工具箱中的加深工具，如图 7-25 所示。

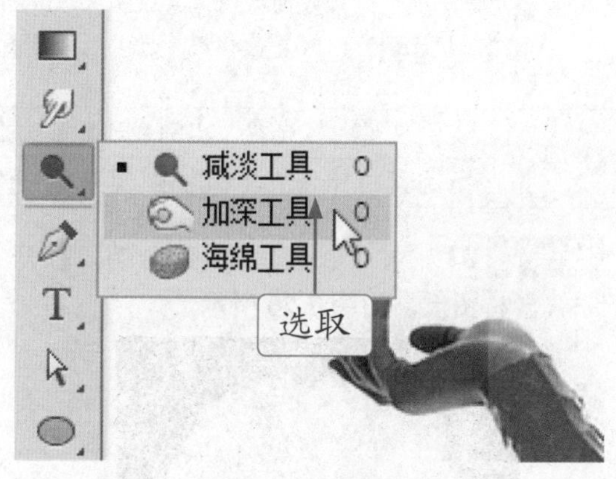

图 7-25 选取加深工具

Step 03 在加深工具属性栏中，设置“曝光度”为 100%，如图 7-26 所示。

Step 04 在图像编辑窗口中涂抹图像，即可调暗图像，如图 7-27 所示。

图 7-26 设置“曝光度”

图 7-27 调暗图像

知识链接

在加深工具属性栏的“范围”列表框中，各主要选项含义如下。

- “阴影”：选择该选项表示对图像暗部区域的像素加深。
- “中间调”：选择该选项表示对图像中间色调区域加深。
- “高光”：选择该选项表示对图像亮度区域的像素加深。

7.2.3 使用海绵工具调整图像

海绵工具为色彩饱和度调整工具，使用海绵工具可以精确地更改选区图像的色彩饱和度。使用海绵工具调整图像的方法很简单，用户只需选取工具箱中的海绵工具，在工具属性栏中，设置相应选项，在图像编辑窗口中涂抹图像，即可调整图像。图 7-28 所示为使用海绵工具调整图像前后的效果对比。

图 7-28 使用海绵工具调整图像前后的效果对比

技巧发送

与海绵工具相关的操作技巧如下。

- 按【O】键，可以选取减淡工具、加深工具和海绵工具中的其中一个工具。
- 按【Shift + O】组合键，可以在减淡工具、加深工具和海绵工具之间进行切换。

7.3 复制图像

复制图像的工具包括仿制图章工具 和图案图章工具 ，运用这些工具均可将需要的图像复制出来，通过设置“仿制源”面板参数可复制变化对等的图像效果。

7.3.1 新手练兵——使用仿制图章工具复制图像

使用仿制图章工具 ，可以对图像进行近似克隆的操作，用户从图像中取样后，在图像窗口中的其他区域单击鼠标左键并拖曳，即可制作出一个一模一样的样本图像。选取仿制图章工具后，其属性栏如图 7-29 所示。

图 7-29 仿制图章工具属性栏

- “不透明度”：用于设置应用仿制图章工具时的不透明度。
- “流量”：用于设置扩散速度。
- “对齐”：选中该复选框后，可以在使用仿制图章工具时应用对齐功能，对图像进行规则复制。
- “样本”：在此下拉列表中，可以选择定义源图像时所取的图层范围，其中包括了“当前图层”、“当前和下方图层”及“所有图层”3 个选项。

	实例文件	光盘 \ 实例 \ 第 7 章 \ 树 .jpg
	所用素材	光盘 \ 素材 \ 第 7 章 \ 树 .jpg

Step 01 按【Ctrl + O】组合键，打开一幅素材图像，如图 7-30 所示。

图 7-30 素材图像

Step 02 选取工具箱中的仿制图章工具 ，如图 7-31 所示。

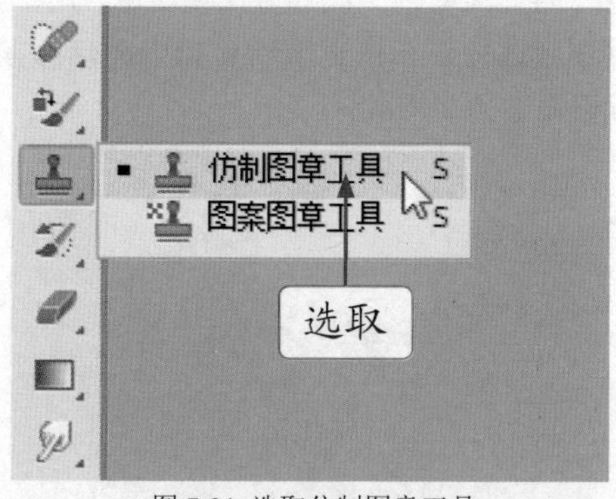

图 7-31 选取仿制图章工具

Step 03 将鼠标指针移至图像编辑窗口中的适当位置，按住【Alt】键的同时单击鼠标左键，进行取样，如图 7-32 所示。

图 7-32 进行取样

Step 04 释放【Alt】键，将鼠标指针移至图像编辑窗口左侧，按住鼠标左键并拖曳，即可对样本对象进行复制，如图 7-33 所示。

图 7-33 复制图像

Step 05 选取矩形选框工具，框选复制的图像，如图 7-34 所示。

Step 06 单击"编辑"|"变换"|"水平翻转"命令，水平翻转图像，并取消选区，如图 7-35 所示。

图 7-34 框选复制的图像

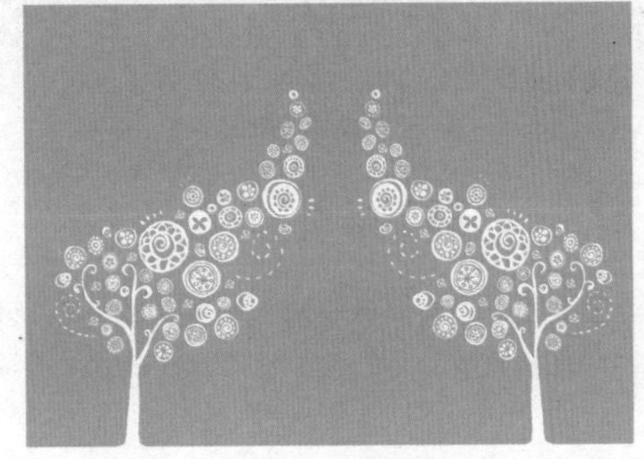

图 7-35 取消选区

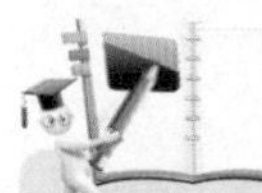

高手指引

选取仿制图章工具后，用户可以在工具属性栏上，对仿制图章的属性，如画笔大小、模式、不透明度和流量进行相应的设置，经过相关属性的设置后，使用仿制图章工具所得到的效果也会有所不同。

7.3.2 新手练兵——使用图案图章工具复制图像

图案图章工具 可以将定义好的图案应用于其他图像中，并且以连续填充的方式在图像中进行绘制。

	实例文件	光盘 \ 实例 \ 第 7 章 \ 月亮 .jpg
	所用素材	光盘 \ 素材 \ 第 7 章 \ 星星 .psd、月亮 .jpg

Step 01 按【Ctrl + O】组合键，打开两幅素材图像，如图 7-36 所示。

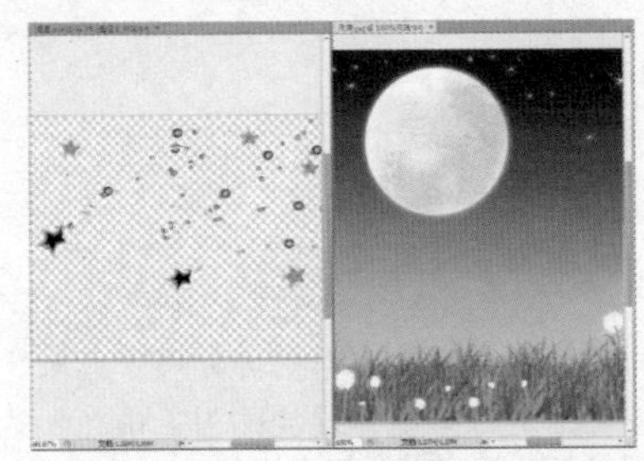

图 7-36 素材图像

Step 02 选择"星星"图像为当前编辑窗口，单击"编辑"|"定义图案"命令，1 弹出"图案名称"对话框，2 设置"名称"为"星星"，如图 7-37 所示，3 单击"确定"按钮。

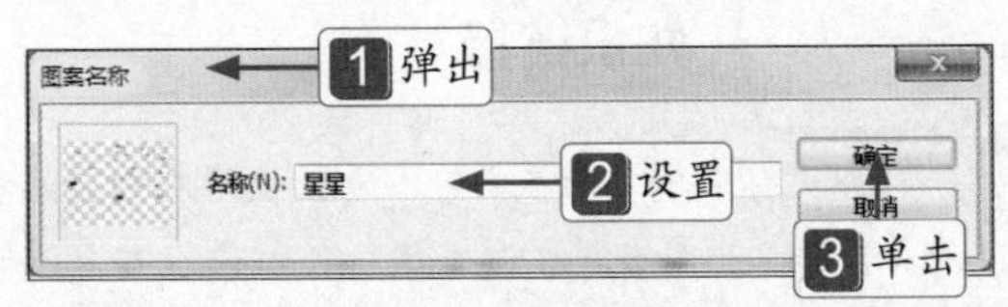

图 7-37 设置名称

Step 03 选择“月亮”图像为当前编辑窗口，选取工具箱中的图案图章工具，在工具属性栏中，**1** 设置“模式”为“滤色”，**2** 设置“图案”为“星星”，如图 7-38 所示。

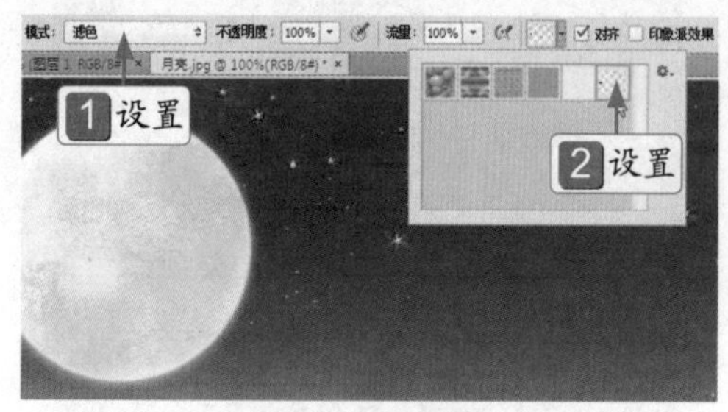

图 7-38 设置参数值

Step 04 执行操作后，在图像编辑窗口中，按住鼠标左键并拖曳，即可复制图像，如图 7-39 所示。

图 7-39 复制图像

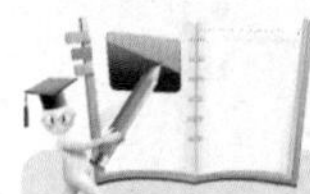

高手指引

图案图章工具属性栏与仿制图章工具属性栏不同的是，图案图章工具只对当前图层起作用，若选中“印象派效果”复选框，使用图案图章工具将复制出模糊、边缘柔和的图案。

7.3.3 使用“仿制源”面板复制图像

使用“仿制源”面板可以创建多个仿制源，同时设置面板中各选项，可以复制出大小不同、形状各异的图像。

使用“仿制源”面板复制图像的方法很简单，选取工具箱中的仿制图章工具，按住【Alt】键，在图像编辑窗口中进行取样，展开“仿制源”面板，设置复位变换参数，在图像编辑窗口中按住鼠标左键并拖曳，至合适位置后释放鼠标左键，即可使用“仿制源”面板复制图像。图 7-40 所示为使用“仿制源”面板复制图像前后的效果对比。

图 7-40 使用“仿制源”面板复制图像前后的效果对比

知识链接

从“仿制源”面板上可以看出使用灰色的线将面板分成 4 个部分，最上面的部分用于定义 5 个仿制源；第 2 个部分用于定义进行仿制操作时，图像产生的位移、旋转角度、缩放比例等情况；第 3 部分用于处理仿制动画；第 4 部分用于定义进行仿制时显示的状态。

7.4 修饰图像

修饰图像是指通过设置画笔笔触参数，在图像上涂抹已修饰图像中的细节部分。修饰图像工具包括模糊工具、锐化工具以及涂抹工具。下面将介绍修饰图像的操作方法。

7.4.1 新手练兵——使用模糊工具使图像模糊

在 Photoshop CS6 中，使用模糊工具对图像的背景进行适当的修饰，可以使图像主体更加突出和清晰，从而使画面富有层次感。选取模糊工具后，其属性栏如图 7-41 所示。

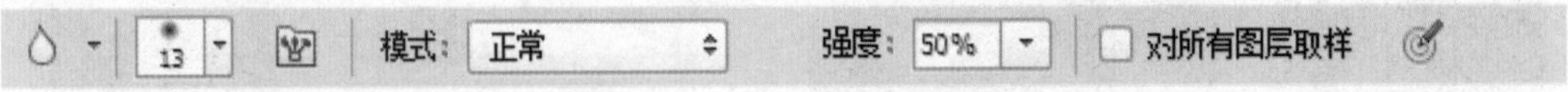

模式：正常　强度：50%　对所有图层取样

图 7-41 模糊工具属性栏

“强度”：用来设置工具的强度。

“对所有图层取样”：如果文档中包含多个图层，可以选中该复选框，表示使用所有可见图层中的数据进行处理；取消选中该复选框，则只处理当前图层中的数据。

	实例文件	光盘 \ 实例 \ 第 7 章 \ 开心 .jpg
	所用素材	光盘 \ 素材 \ 第 7 章 \ 开心 .jpg

Step 01 按【Ctrl + O】组合键，打开一幅素材图像，如图 7-42 所示。

图 7-42 素材图像

Step 02 选取工具箱中的模糊工具，如图 7-43 所示。

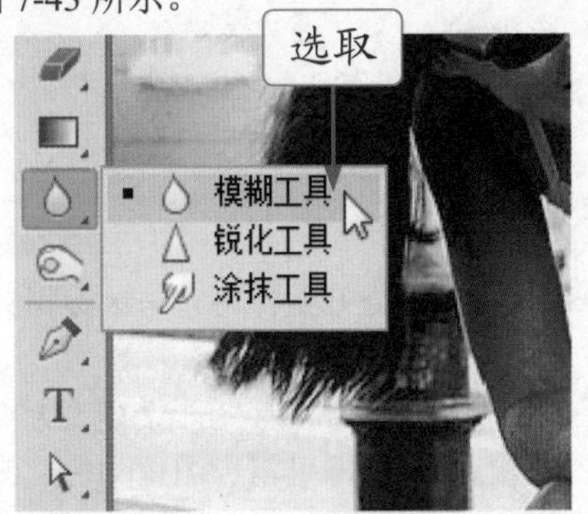

图 7-43 选取模糊工具

Step 03 在模糊工具属性栏中，1 设置“强度”为 100%，2 设置“大小”为 70 像素，如图 7-44 所示。

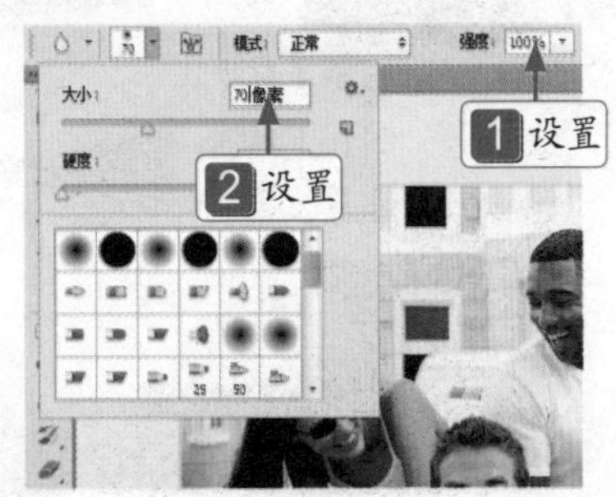

图 7-44 设置参数值

Step 04 将鼠标指针移至素材图像上，按住鼠标左键在图像上进行涂抹，即可模糊图像，如图 7-45 所示。

图 7-45 模糊图像

7.4.2 新手练兵——使用锐化工具使图像清晰

在 Photoshop CS6 中，使用锐化工具可以增加像素间的对比度，使图像越来越清晰。

实例文件	光盘 \ 实例 \ 第 7 章 \ 美丽 .jpg
所用素材	光盘 \ 素材 \ 第 7 章 \ 美丽 .jpg

Step 01 按【Ctrl + O】组合键，打开一幅素材图像，如图 7-46 所示。

图 7-46 素材图像

Step 02 选取工具箱中的锐化工具 ，如图 7-47 所示。

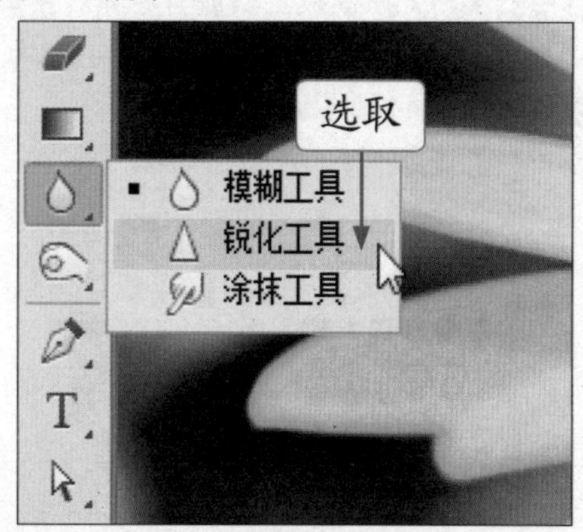

图 7-47 选取锐化工具

Step 03 在锐化工具属性栏中，1 设置“强度”为 100%，2 设置“大小”为 70 像素，如图 7-48 所示。

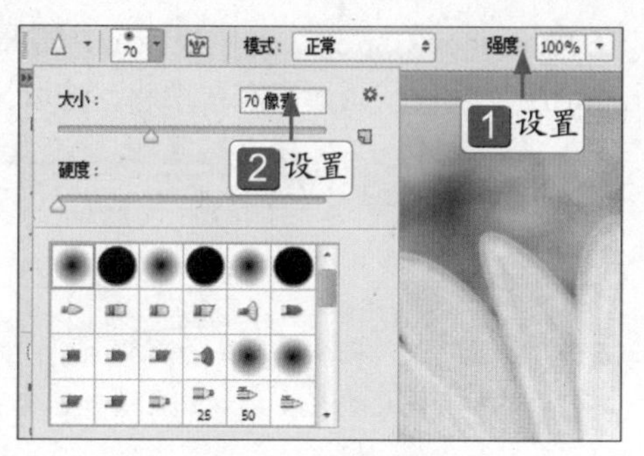

图 7-48 设置参数值

Step 04 将鼠标指针移至素材图像上，按住鼠标左键在图像上进行涂抹，即可锐化图像，如图 7-49 所示。

图 7-49 锐化图像

高手指引

锐化工具可增加相邻像素的对比度，将较软的边缘明显化，使图像聚焦。此工具不能过度使用，因为将会导致图像严重失真。

7.4.3 使用涂抹工具混合图像颜色

涂抹工具 可以用来混合颜色。使用涂抹工具，可以从单击处开始，将它与鼠标指针经过处的颜色混合。

选取工具箱中的涂抹工具 ，在涂抹工具属性栏中，设置“强度”为 50，设置“大小”为 70，将鼠标指针移至素材图像上，按住鼠标左键在图像上进行涂抹，即可混合图像颜色。图 7-50 所示为使用涂抹工具混合图像颜色前后的效果对比。

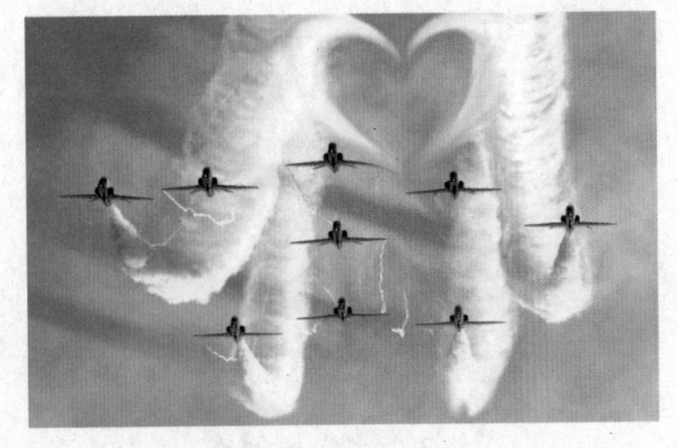

图 7-50 使用涂抹工具混合图像颜色前后的效果对比

知识链接

涂抹工具属性栏中各主要选项的含义如下。

- "对所有图层取样"：如文档包含多个图层，选中该复选框，则对所有可见图层进行处理；取消选中该复选框，则只处理当前图层中的数据。
- "手指绘画"：选中该复选框后，可以在涂抹时添加前景色；取消选中该复选框后，则使用每个描边起点处光标所在位置的颜色进行涂抹。

7.5 清除图像

清除图像的工具有 3 种，分别是橡皮擦工具、背景橡皮擦工具、魔术橡皮擦工具。其中橡皮擦工具和魔术橡皮擦工具可以将图像区域擦除为透明或用背景色填充；背景橡皮擦工具可以将图层擦除为透明的图层。

7.5.1 新手练兵——使用橡皮擦工具擦除图像

橡皮擦工具和现实中所使用的橡皮擦的作用是相同的，用此工具在图像上涂抹时，被涂抹到的区域会被擦除掉。选取橡皮擦工具后，其属性栏如图 7-51 所示。

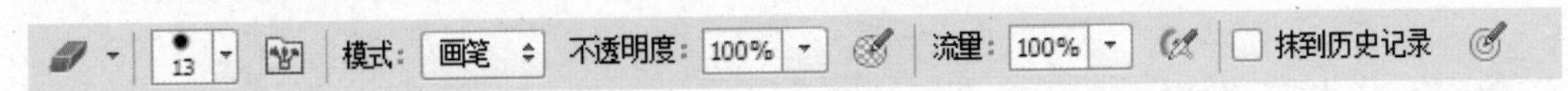

图 7-51 橡皮擦工具属性栏

- "模式"：在该列表框中选择的橡皮擦类型有画笔、铅笔和块。当选择不同的橡皮擦类型时，工具属性栏也不同，选择"画笔"、"铅笔"选项时，与画笔和铅笔工具的用法相似，只是绘画和擦除的区别；选择"块"选项，就是一个方形的橡皮擦。
- "抹到历史记录"：选中此复选框后，将橡皮擦工具移动到图像上时则变成图案，可以将图像恢复到历史面板中任何一个状态或图像的任何一个"快照"。
- 喷枪工具：选取工具属性栏中的喷枪工具，将以喷枪工具的作图模式进行擦除。

实例文件	光盘 \ 实例 \ 第 7 章 \ 手表 .jpg
所用素材	光盘 \ 素材 \ 第 7 章 \ 手表 .jpg

Step 01 按【Ctrl + O】组合键，打开一幅素材图像，如图 7-52 所示。

图 7-52 素材图像

Step 02 选取工具箱中的橡皮擦工具，如图 7-53 所示。

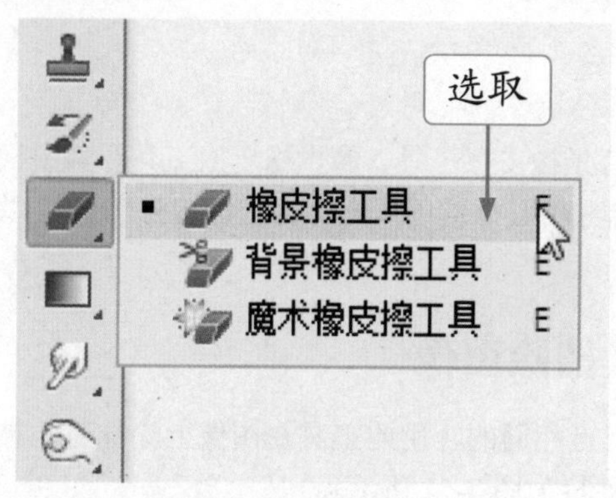

图 7-53 选取橡皮擦工具

Step 03 在橡皮擦工具属性栏中，1 设置“大小”为 50 像素，2 设置“不透明度”为 100%，3 设置“流量”为 100%，如图 7-54 所示。

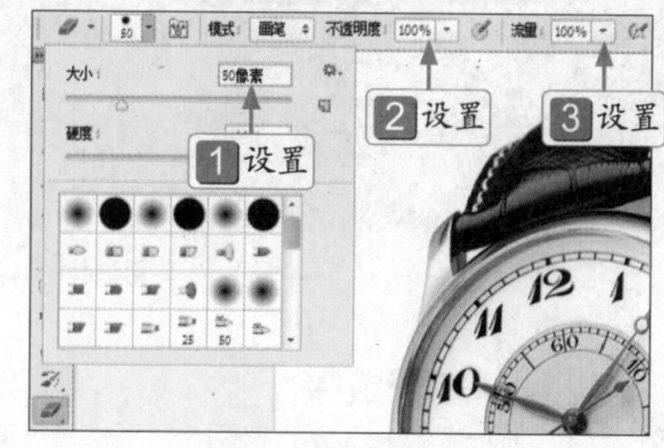

图 7-54 设置参数值

Step 04 设置前景色为蓝色，鼠标指针移至素材图像上，按住鼠标左键在图像上进行涂抹，擦除的区域以蓝色填充，如图 7-55 所示。

图 7-55 擦除背景后的效果

技巧发送

按住【Alt】键进行擦除操作，可以暂时屏蔽“抹除到历史记录”功能。

7.5.2 使用背景橡皮擦工具擦除背景

使用背景橡皮擦工具，可以将图层上的像素擦为透明，并在擦除背景的同时在前景中保留对象的边缘。

选取工具箱中的背景橡皮擦工具，在背景橡皮擦工具属性栏中，设置“大小”为 70，设置“容差”为 50，移动鼠标至图像编辑窗口中的合适位置，单击鼠标左键，将背景区域擦除。图 7-56 所示为使用背景橡皮擦工具擦除背景前后的效果对比。

图 7-56 使用背景橡皮擦工具擦除背景前后的效果对比

选取背景橡皮擦工具，其属性栏如图 7-57 所示。

15 限制： 连续 容差： 50% 保护前景色

图 7-57 背景橡皮擦工具属性栏

- “取样”：主要用于设置清除颜色的方式，若单击“取样：连续”按钮，则在擦除图像时，会随着鼠标的移动进行连续的颜色取样，并进行擦除，因此，该按钮可以用于擦除连续区域中的不同颜色；若单击“取样：一次”按钮，则只擦除第一次单击取样的颜色区域；若单击“取样：背景色板”按钮，则会擦除包含背景颜色的图像区域。
- “限制”：主要用于设置擦除颜色的限制方式，在该选项的列表框中，若选择“不连续”选项，则可以擦除图层中的任何一个位置的颜色；若选择“连续”选项，则可以擦除取样点与取样点相互连接的颜色；若选择“查找边缘”选项，在擦除取样点与取样点相连的颜色的同时，还可以较好地保留与擦除位置颜色反差较大的边缘轮廓。
- “容差”：主要用于控制擦除颜色的范围区域，数值越大，擦除的颜色范围就越大，反之则越小。
- “保护前景色”：选中该复选框，在擦除图像时可以保护与前景色相同的颜色区域。

7.5.3 使用魔术橡皮擦工具擦除图像

使用魔术橡皮擦工具，可以将图层上的同一种颜色擦除，并在擦除背景的同时以不透明度显示。使用魔术橡皮擦工具擦除图像的方法很简单，用户只需选取工具箱中的魔术橡皮擦工具，在魔术橡皮擦工具属性栏中，设置“容差”为 32，设置“不透明度”为 100，移动鼠标指针至图像编辑窗口中的合适位置，单击鼠标左键，将背景区域擦除。图 7-58 所示为使用魔术橡皮擦工具擦除图像前后的效果对比。

图 7-58 使用魔术橡皮擦工具擦除图像前后的效果对比

选取魔术橡皮擦工具后，其工具属性栏如图 7-59 所示。

图 7-59 魔术橡皮擦工具属性栏

- “容差”：该文本框中的数值越大代表可擦除范围越广。
- “消除锯齿”：选中该复选框可以使擦除后图像的边缘保持平滑。
- “连续”：选中该复选框后，可以一次性擦除“容差”数值范围内的相同或相邻的颜色。
- “对所有图层取样”：该复选框与 Photoshop CS6 中的图层有关，当选中此复选框后，所使用的工具对所有的图层都起作用，而不是只针对当前操作的图层。
- “不透明度”：该数值用于指定擦除的强度，数值为 100% 则将完全抹除像素。

7.6 恢复图像

恢复图像工具包括历史记录画笔工具和历史记录艺术画笔工具。

7.6.1 新手练兵——使用历史记录画笔工具恢复图像

运用历史记录画笔工具可以把图像在编辑过程中的某一状态复制到当前图层中，它比“历史记录”面板更具有弹性。选取历史记录画笔工具，其属性栏如图 7-60 所示。

图 7-60 历史记录画笔工具属性栏

- “模式”：该列表框中，提供了 28 种模式可供选择，用于设置画笔的模式。
- “不透明度”：该文本框用于设置画笔的不透明度。
- “流量”：该文本框用于设置画笔在使用时笔触的流量。

	实例文件	光盘 \ 实例 \ 第 7 章 \ 跑车 .jpg
	所用素材	光盘 \ 素材 \ 第 7 章 \ 跑车 .jpg

Step 01 按【Ctrl + O】组合键，打开一幅素材图像，如图 7-61 所示。

图 7-61 素材图像

Step 02 单击“滤镜”|“模糊”|“动感模糊”命令，**1** 弹出“动感模糊”对话框，**2** 设置“角度”为 -38°、“距离”为 30，如图 7-62 所示，**3** 单击“确定”按钮。

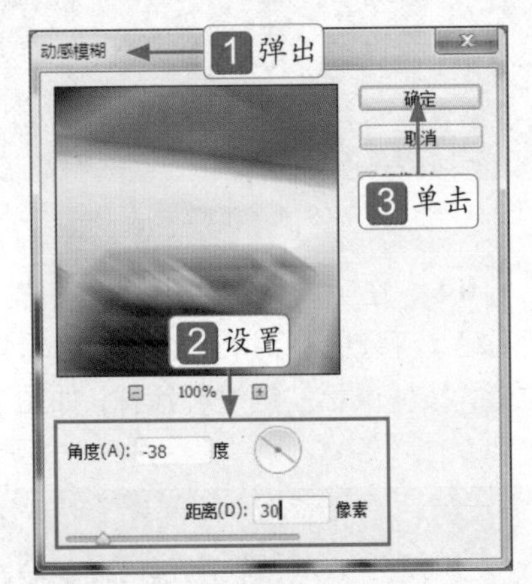

图 7-62 “动感模糊”对话框

执行操作后，即可动感模糊图像，如图 7-63 所示。

图 7-63 动感模糊图像

Step 04 选取工具箱中的历史记录画笔工具，在工具属性栏中，设置“画笔”为柔边缘、“大小”为 45，如图 7-64 所示。

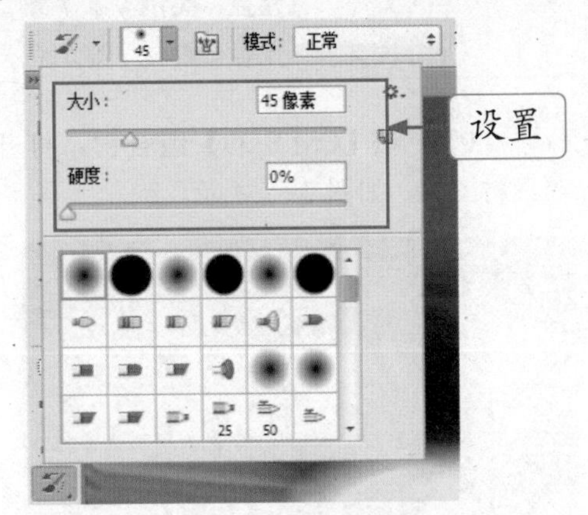

图 7-64 设置参数值

Step 05 移动鼠标指针至图像编辑窗口中，按住鼠标左键并拖曳，即可修饰图像，如图 7-65 所示。

图 7-65 修饰图像

Step 06 运用与上述相同的方法，在图像编辑窗口中涂抹，恢复图像，如图 7-66 所示。

图 7-66 恢复图像

7.6.2 新手练兵——使用历史记录艺术画笔工具绘制图像

历史记录艺术画笔工具 与历史记录画笔工具 的用法基本相同，它们的不同点在于，使用历史记录画笔工具可以将局部图像恢复到指定的某一步操作，而使用历史记录艺术画笔工具可以将局部图像按照指定的历史状态换成手绘图像的效果。

实例文件	光盘 \ 实例 \ 第 7 章 \ 字母 .jpg
所用素材	光盘 \ 素材 \ 第 7 章 \ 字母 .jpg

Step 01 按【Ctrl + O】组合键，打开一幅素材图像，如图 7-67 所示。

图 7-67 素材图像

Step 02 选取工具箱中的历史记录艺术画笔工具，在工具属性栏中，1 设置“画笔”为“柔边缘”，2 设置“大小”为17，如图 7-68 所示。

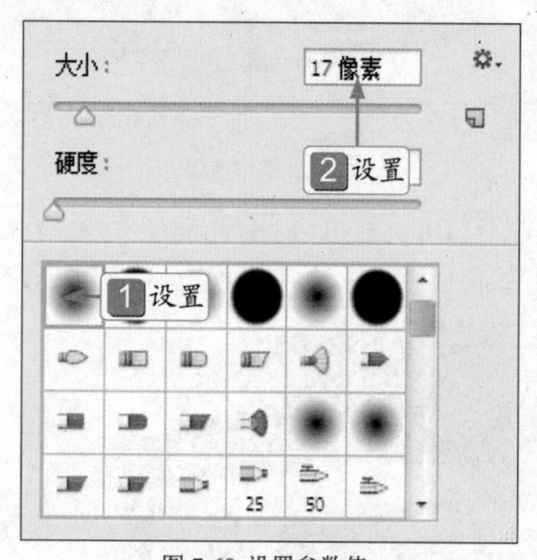

图 7-68 设置参数值

Step 03 在工具属性栏中设置“样式”为“绷紧长”，移动鼠标指针至图像编辑窗口中，按住鼠标左键进行涂抹，如图 7-69 所示。

图 7-69 绷紧长效果

Step 04 在工具属性栏中设置“样式”为“轻涂”，移动鼠标指针至图像编辑窗口中的位置，按住鼠标左键进行涂抹，如图 7-70 所示。

图 7-70 轻涂效果

第08章 运用画笔修饰图像

学前提示

Photoshop CS6 不仅是一个图像处理与平面设计的软件，它还提供了极为丰富的绘图功能。Photoshop 之所以能够绘制出丰富、逼真的图像效果，很大原因在于其具有功能强大的“画笔”面板，用户应熟练掌握画笔工具，对设计工作将会大有好处。本章主要介绍画笔的基础知识，包括了解“画笔”面板、熟悉画笔管理、定义画笔样式以及运用画笔绘制图像等内容。

本章知识重点

- 认识“画笔”面板
- 熟悉画笔管理
- 定义画笔样式
- 运用画笔绘制图像

学完本章后应该掌握的内容

- 了解“画笔”面板，如画笔预设、画笔笔尖形状、形状动态等
- 熟悉画笔管理，如重置画笔、保存画笔、删除画笔等
- 掌握定义画笔样式的方法，如定义画笔笔刷、定义画笔散射等
- 掌握运用画笔绘制图像的方法，如运用画笔工具绘制图像、铅笔工具绘制图像等

8.1 认识“画笔”面板

Photoshop CS6之所以能够绘制出丰富、逼真的图像效果，很大原因在于其具有功能强大的“画笔”面板，它使用户能够通过控制画笔参数，获得丰富的画笔效果。

单击“窗口”|“画笔”命令或按【F5】键，即可弹出“画笔”面板，如图8-1所示。

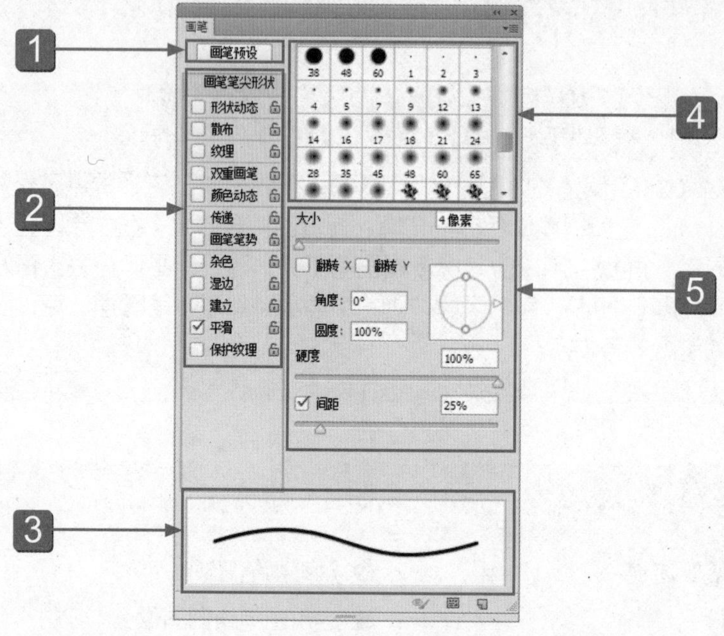

图8-1 “画笔”面板

1 “画笔预设”按钮：单击“画笔预设”按钮，可以在面板右侧的“画笔形状列表框”中选择所需要的画笔形状。

2 动态参数区：在该区域中列出了可以设置动态参数的选项，其中包含画笔笔尖形状、形状动态、散布、纹理、双重画笔、颜色动态、传递、杂色、湿边、喷枪、平滑、保护纹理12个选项。

3 预览区：在该区域中可以看到根据当前的画笔属性而生成的预览图。

4 画笔选择框：该区域在选择“画笔笔尖形状”选项时出现，在该区域中可以选择要用于绘图的画笔。

5 参数区：该区域中列出了与当前所选的动态参数相对应的参数，在选择不同的选项时，该区域所列的参数也不相同。

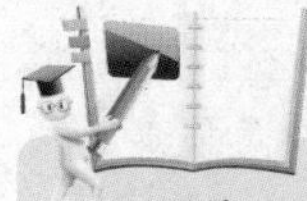

高手指引

画笔工具 的各种属性主要是通过“画笔”面板来实现的，在面板中可以对画笔笔触进行更加详细的设置，从而可以获取丰富的画笔效果。

8.1.1 画笔预设

展开“画笔”面板，单击“画笔预设”按钮，展开“画笔预设”面板，如图8-2所示，这里相当于所有画笔的一个控制台，可以利用“描边缩览图”显示方式方便地观看画笔描边效果，或者对画笔进行重命名、删除等操作。

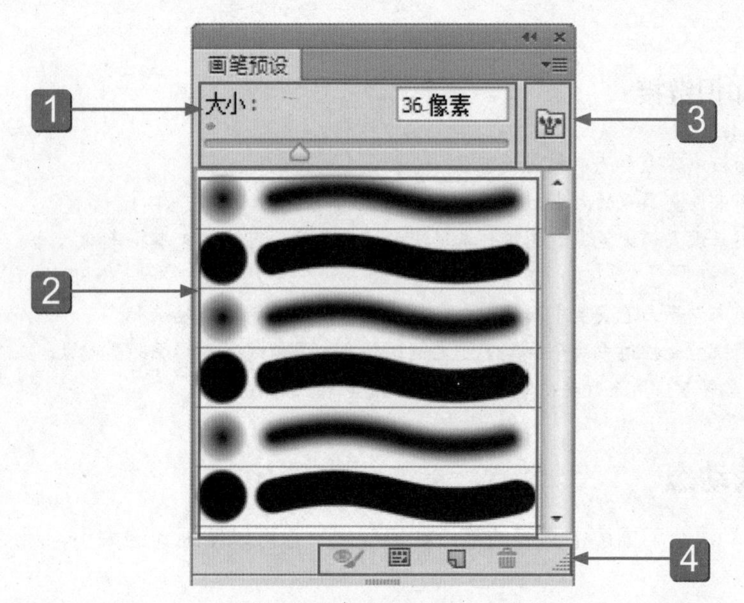

图 8-2 展开“画笔预设”面板

1 “大小”文本框：在文本框中输入相应大小，或者拖动画笔形状列表框下面的“主直径”滑块，都可以调节画笔的直径。

2 “画笔预设”列表框：在其中可以选择不同的画笔笔尖形状。

3 “切换画笔面板”按钮：单击该按钮，即可返回至“画笔”面板。

4 画笔工具箱：通过单击该区域中不同的按钮，可以隐藏/显示、管理、新建以及删除画笔。

8.1.2 画笔笔尖形状

画笔笔尖形状由许多单独的画笔笔迹组成，其决定了画笔笔迹的直径和其他特性，可以通过编辑其相应选项来设置画笔笔尖形状。

选取工具箱中的画笔工具，单击“窗口”|“画笔”命令，展开“画笔”面板，在面板中设置各参数，然后设置相应的前景色，移动鼠标指针至图像编辑窗口中，进行涂抹。图 8-3 所示为使用画笔笔尖形状绘制图形前后的效果对比。

图 8-3 使用画笔笔尖形状绘制图形前后的效果对比

知识链接

"画笔"面板中各主要选项含义如下。

- 大小：用来设置画笔的大小，范围为 1 ~ 5000 像素。
- 角度：用来设置椭圆笔尖和图像样本笔尖的旋转角度，可以在文本框中输入角度值，也可以拖动箭头进行调整。
- 硬度：用来设置画笔硬度中心的大小，该值越小，画笔的边缘越柔和。
- 间距：用来控制描边中两个画笔笔迹之间的距离，该值越高，间隔距离越大。
- 翻转 X/ 翻转 Y：用来改变画笔笔尖在其 X 或 Y 轴上的方向。

8.1.3 形状动态

"形状动态"决定了描边中画笔的笔迹如何变化，它可以使画笔的大小、圆度等产生随机变化效果。

选取画笔工具，展开"画笔"面板，设置画笔笔尖形状、大小以及间距，然后在"形状动态"参数选项区中设置各选项，设置前景色为白色，在图像编辑窗口中按住鼠标左键并拖曳，即可绘制图像。图 8-4 所示为使用画笔形状动态绘制图形前后的效果对比。

图 8-4 使用画笔形状动态绘制图形前后的效果对比

知识链接

在"画笔"面板中选中"形状动态"复选框时，右侧参数区各主要选项含义如下。

- "大小抖动"：表示指定画笔在绘制线条的过程中标记点大小的动态变化状况。
- "控制"：此列表框中包括关、渐隐、钢笔压力、钢笔斜度、光笔轮等选项。
- "最小直径"：设置"大小抖动"及其"控制"选项后，"最小直径"选项用来指定画笔标记点可以缩小的最小尺寸，它是以画笔直径的百分比为基础的。

8.1.4 散布

"散布"决定了描边中笔迹的数目和位置，是笔迹沿绘制的线条扩散。在"画笔"面板中选中"散布"复选框，如图 8-5 所示。

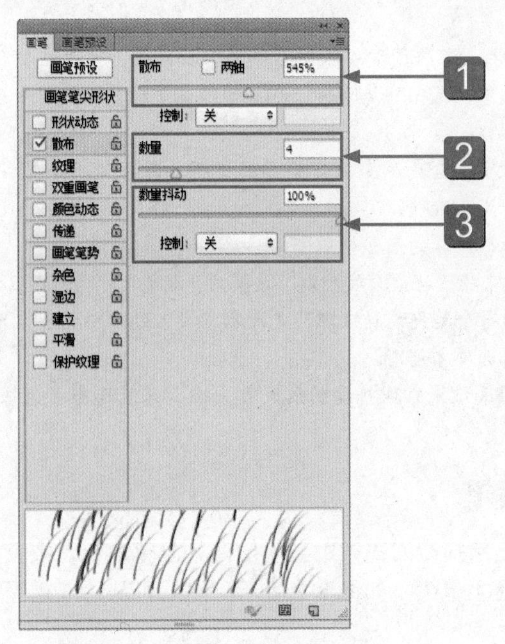

图 8-5 选中“散布”复选框

1 散布 / 两轴：用来设置画笔笔迹的分散程度，该值越高，分散的范围越广。

2 数量：用来指定在每个间距间隔应用的画笔笔迹数量。

3 数量抖动 / 控制：用来指定画笔笔迹的数量如何针对各种间距间隔而变化，从而产生抖动的效果。

8.1.5 纹理

如果要使用画笔绘制出的线条像是在带纹理的画布上绘制的那样，可以选中“画笔”面板左侧的“纹理”复选框，选择一种图案，将其添加到描边中，以模拟画布效果。在“画笔”面板中选中“纹理”复选框，其中各选项如图 8-6 所示。

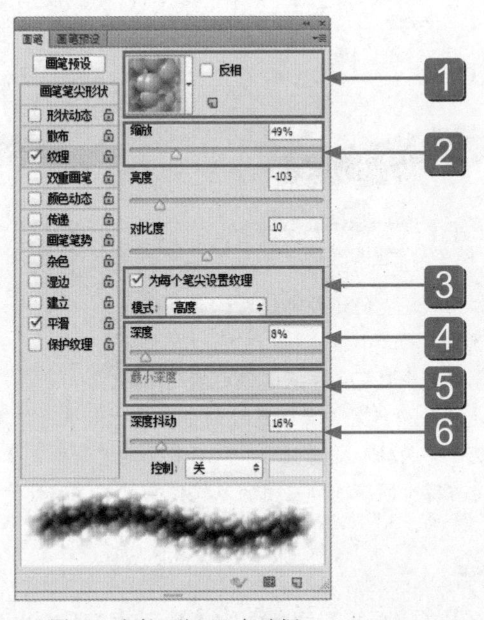

图 8-6 选中“纹理”复选框

1 设置纹理/反相：单击图案缩览图右侧的下拉按钮，可以在打开的面板中选择一个图案，将其设置为纹理，选中“反相”复选框，可基于图案中的色调反转纹理中的亮点和暗点。

2 缩放：用来缩放图案。

3 为每个笔尖设置纹理：用来决定绘画时是否单独渲染每个笔尖，如果不选中该复选框，将无法使用“深度”变化选项。

4 深度：用于选择计算的第 2 个源图像。

5 最小深度：用来指定当“深度控制”设置为“渐隐”、“钢笔压力”、“钢笔斜度”或“光笔轮”，并且选中“为每个笔尖设置纹理”是油彩可渗入的最小深度，只有选中“为每个笔尖设置纹理”复选框后，该选项才可用。

6 深度抖动：用来设置纹理抖动的最大百分比，只有选中“为每个笔尖设置纹理”复选框后，该选项才可用。

8.1.6 双重画笔

“双重画笔”是指描绘的线条中呈现出两种画笔效果。要使用双重画笔，首先要在“画笔笔尖形状”选项中设置主笔尖，如图 8-7 所示，然后再从“双重画笔”复选框中选择另一个笔尖，如图 8-8 所示。

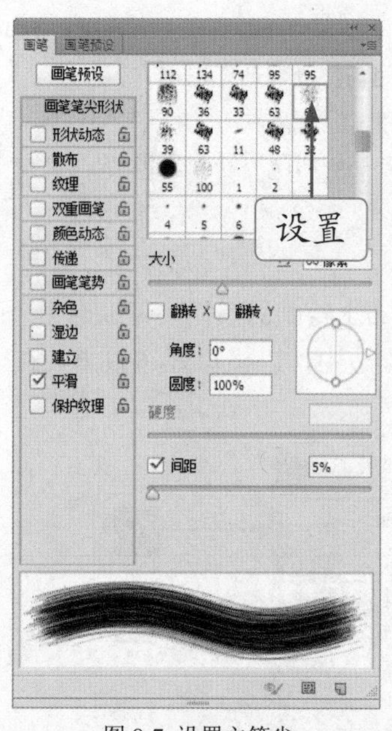

图 8-7 设置主笔尖

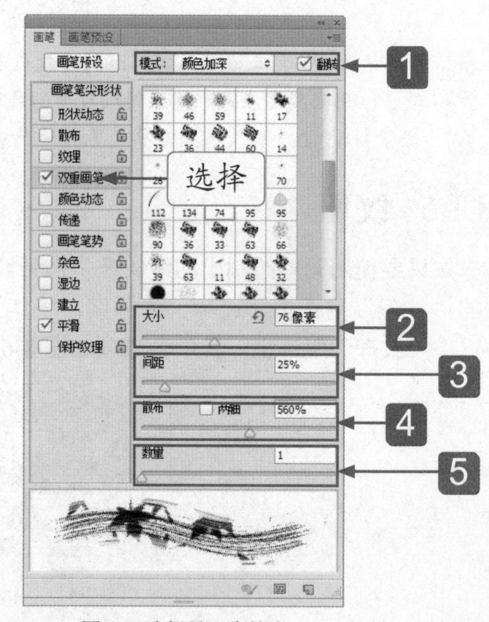

图 8-8 选择另一个笔尖

1 模式：可用选择两种笔尖的组合时使用的混合模式。

2 大小：用来设置笔尖的大小。

3 间距：用来控制描边中双笔尖画笔笔迹之间的距离。

4 散布：用来指定描边中双笔尖画笔笔迹的分布式，如果选中“两轴”复选框，双笔尖笔迹按径向分布；取消选中“两轴”复选框后，双笔尖画笔笔迹垂直于描边路径分布。

5 数量：用来指定在每个间距间隔应用的双笔尖画笔笔迹的数量。

8.1.7 颜色动态

在 Photoshop CS6 中，“画笔”面板中的“颜色动态”参数选项区用于设置在绘画过程中画笔的变化情况。使用画笔颜色动态的方法很简单，用户只需选取工具箱中的画笔工具，展开“画笔”面板，设置各选项，选中“画笔”面板左侧的“颜色动态”复选框，切换至“颜色动态”参数选项区，在其中分别设置前景色为绿色，背景色为黄色，移动鼠标指针至图像编辑窗口中的合适位置处，按住鼠标左键并拖曳，即可绘制图像。图 8-9 所示为使用画笔颜色动态绘制图形前后的效果对比。

图 8-9 使用画笔颜色动态绘制图形前后的效果对比

知识链接

在“画笔”面板中选中“颜色动态”复选框时，右侧参数区各主要选项含义如下。

- 前景/背景抖动：用于控制画笔笔触颜色的变化情况，若数值越大，则笔触颜色越趋向于背景色；若数值越小，则笔触颜色越趋向于前景色。
- 色相抖动：用于控制画笔色相的随机效果，若数值越大，则笔触颜色越趋向于背景色；若数值越小，则笔触颜色越趋向于前景色。
- 饱和度抖动：用于设置画笔绘图时笔触饱和度的动态变化范围。
- 亮度抖动：用于设置画笔绘图时笔触亮度的动态变化范围。
- 纯度：主要用于控制画笔笔触颜色的纯度。

8.2 熟悉画笔管理

在 Photoshop CS6 中，画笔工具主要是用“画笔”面板来实现的，用户熟练地掌握画笔的运用，对图像设计将会大有好处。本节主要介绍重置、保存、删除画笔的操作方法。

8.2.1 重置画笔

在 Photoshop CS6 中，“重置画笔”选项可以清除用户当前所定义的所有画笔类型，并恢复到系统默认设置。重置画笔的方法很简单，用户只需选取工具箱中的画笔工具，移动鼠标指针至工具属性栏中，单击“点按可打开‘画笔预设’选取器”按钮，弹出“画笔预设”选取器，单击右上角的小齿轮按钮，在弹出的列表框中选择“复位画笔”选项，如图 8-10 所示，执行操作后，弹出提示信息框，如图 8-11 所示，单击“确定”按钮，即可重置画笔。

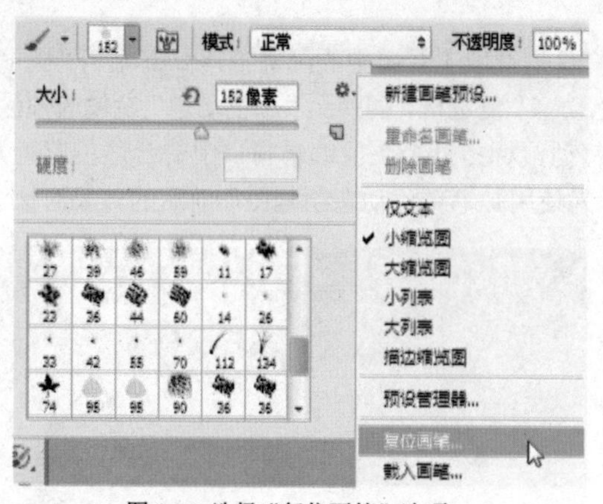

图 8-10 选择“复位画笔”选项

图 8-11 弹出提示信息框

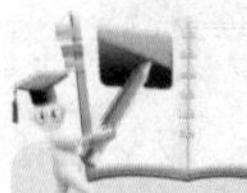

高手指引

在“画笔预设”选取器中，单击右上角的小齿轮按钮 ，在弹出的许多画笔模式中，选择这些画笔模式，即可快速地将其追加至“画笔预设”选取器中。

8.2.2 保存画笔

保存画笔可以存储当前用户使用的画笔属性及参数，并以文件的方式保存在用户指定的文件夹中，以便用户在其他计算机中快速载入并使用。保存画笔的方法很简单，用户只需选取工具箱中的画笔工具，在工具属性栏中单击“点按可打开‘画笔预设’选取器”按钮，弹出“画笔预设”选取器，单击右上角的小齿轮按钮 ，在弹出的列表框中选择“存储画笔”选项，如图 8-12 所示，弹出“存储”对话框，设置保存路径和文件名，如图 8-13 所示，单击“保存”按钮，即可保存画笔。

图 8-12 选择“存储画笔”选项

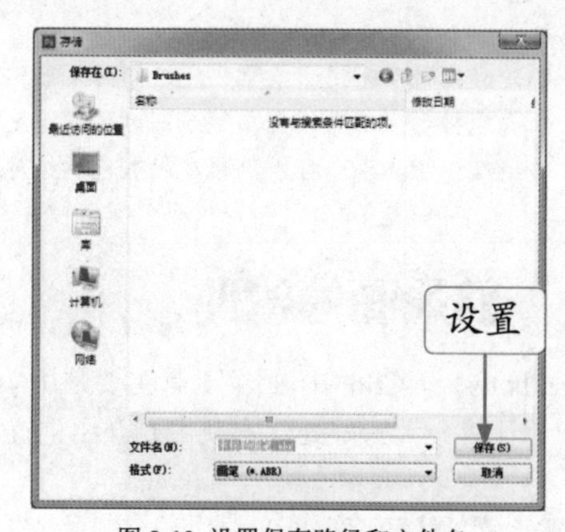

图 8-13 设置保存路径和文件名

8.2.3 删除画笔

用户可以根据需要对画笔进行删除操作。删除画笔的方法很简单，用户只需选取工具箱中的画笔工具，在工具属性栏中，单击“点按可打开‘画笔预设’选取器”按钮 ，弹出“画笔预设”选取器，在其中选择一种画笔，单击鼠标右键，在弹出的快捷菜单中选择“删除画笔”选项，如图 8-14 所示，弹出提示信息框，如图 8-15 所示，单击“确定”按钮，即可删除画笔。

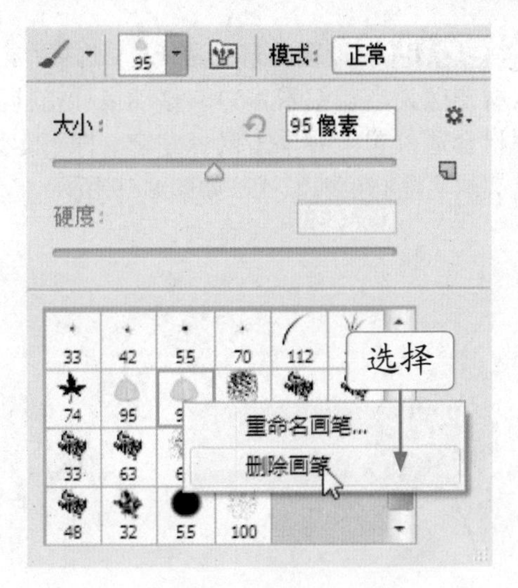

图 8-14 选择“删除画笔”选项

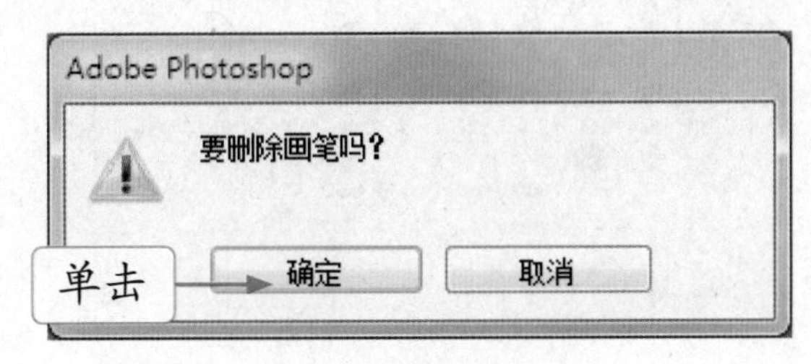

图 8-15 弹出提示信息框

8.3 定义画笔样式

除了编辑画笔的形状，用户还可以自定义画笔图案，以创建更丰富的画笔效果。本节主要介绍定义画笔笔刷、定义画笔散射、定义画笔图案以及定义双画笔的操作方法。

8.3.1 新手练兵——定义画笔笔刷

除了上面介绍的画笔工具的笔刷形状外，用户还可以将自己喜欢的图像或图形定义为画笔笔刷。

	实例文件	光盘 \ 实例 \ 第 8 章 \ 花 .jpg
	所用素材	光盘 \ 素材 \ 第 8 章 \ 花 .jpg、花朵 .psd

Step 01 按【Ctrl ＋ O】组合键，打开两幅素材图像，如图 8-16 所示。

图 8-16 素材图像

Step 02 选择“花朵”素材图像为当前编辑窗口，单击“编辑”|“定义画笔预设”命令，**1** 弹出“画笔名称”对话框，**2** 设置“名称”为“花朵”，如图 8-17 所示，**3** 单击“确定”按钮。

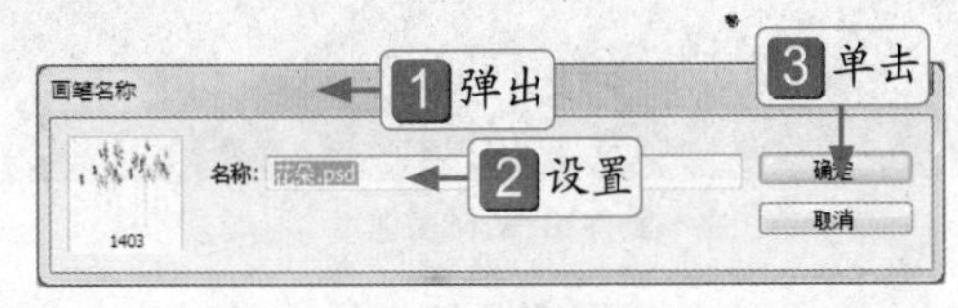

图 8-17 设置名称

Step 03 执行操作后，选取工具箱中的画笔工具，**1** 单击“点按可打开‘画笔预设’选取器”按钮，**2** 选择“花朵”画笔，如图 8-18 所示。

图 8-18 选择“花朵”画笔

Step 04 设置前景色为紫色，选择“花”素材图像为当前编辑窗口，移动鼠标指针至图像合适位置，并单击鼠标左键，即可运用定义画笔笔刷绘制形状，如图 8-19 所示。

图 8-19 运用定义画笔笔刷

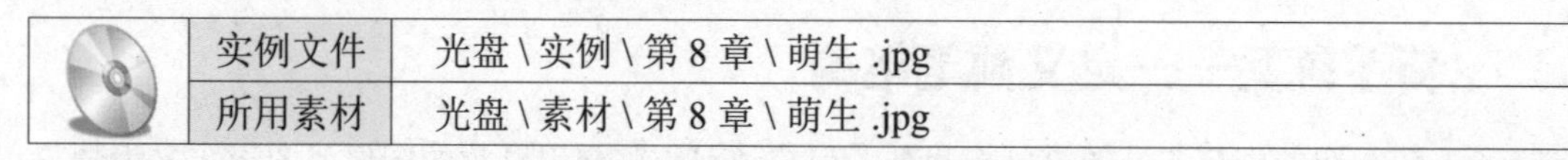

8.3.2 新手练兵——定义画笔散射

选中“画笔”面板中的“散布”复选框，可以设置画笔绘制的图形或线条，以产生一种笔触散射效果。下面介绍定义画笔散射的操作方法。

	实例文件	光盘 \ 实例 \ 第 8 章 \ 萌生 .jpg
	所用素材	光盘 \ 素材 \ 第 8 章 \ 萌生 .jpg

Step 01 按【Ctrl + O】组合键，打开一幅素材图像，如图 8-20 所示。

图 8-20 素材图像

Step 02 选取工具箱中的画笔工具，展开“画笔”面板，**1** 设置“画笔”为 star 55 pixels，**2** 设置“间距”为 192%，如图 8-21 所示，选中“画笔”面板左侧的“散布”复选框，设置“数量”为 2、“数量抖动”为 62%。

Step 03 单击前景色色块，**1** 弹出“拾色器（前景色）”对话框，**2** 设置前景色为浅蓝色（RGB 的参数值分别为 192、247、255），如图 8-22 所示，**3** 单击“确定”按钮。

Step 04 执行操作后，移动鼠标指针至图像编辑窗口中，按住鼠标左键并拖曳，绘制图像，如图 8-23 所示。

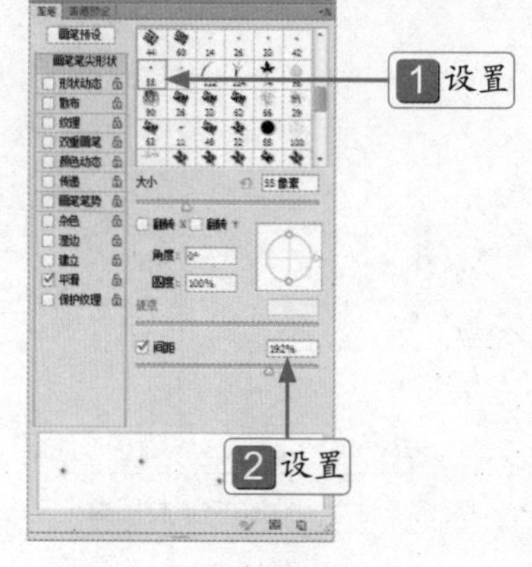

图 8-21 设置参数值

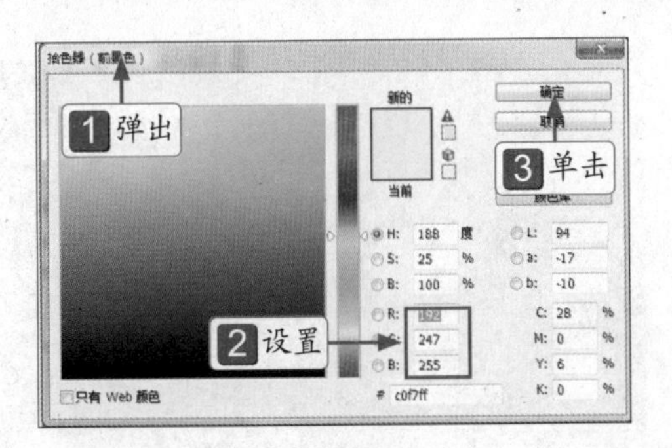

图 8-22 设置前景色

图 8-23 绘制图像

知识链接

"散布"复选框的含义是：控制画笔偏离绘画路线的程度，数值越大，偏离的距离就越大；若选中"两轴"复选框，则绘制的对象将在 X、Y 两个方向分散，否则仅在一个方向上分散。

8.3.3 新手练兵——定义画笔图案

选中"画笔"面板中的"纹理"复选框，可以设置画笔工具产生纹理效果，下面介绍定义画笔图案的操作方法。

	实例文件	光盘 \ 实例 \ 第 8 章 \ 昆虫（2）.jpg
	所用素材	光盘 \ 素材 \ 第 8 章 \ 昆虫（2）.jpg

Step 01 按【Ctrl + O】组合键，打开一幅素材图像，如图 8-24 所示。

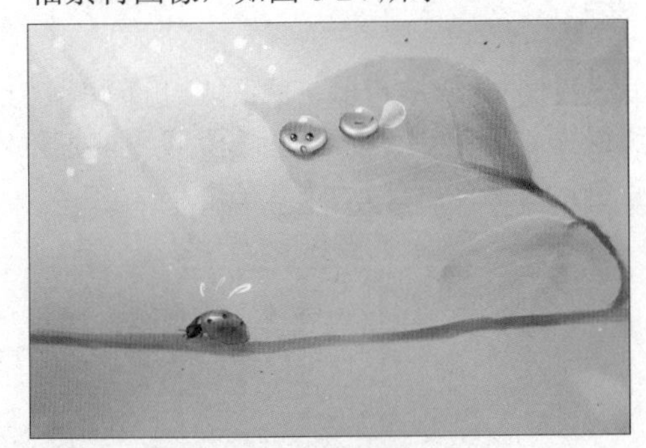
图 8-24 素材图像

Step 02 选取工具箱中的画笔工具，展开"画笔"面板，在其中设置各选项，如图 8-25 所示。

Step 03 选中"纹理"复选框，并在其中设置各选项，如图 8-26 所示，选中"散布"复选框，设置"数量"为 2、"数量抖动"为 67%。

Step 04 单击前景色色块，**1** 弹出"拾色器（前景色）"对话框，**2** 设置前景色为白色，如图 8-27 所示，**3** 单击"确定"按钮。

Step 05 执行操作后，移动鼠标指针至图像编辑窗口中，按住鼠标左键并拖曳，即可绘制图像，如图 8-28 所示。

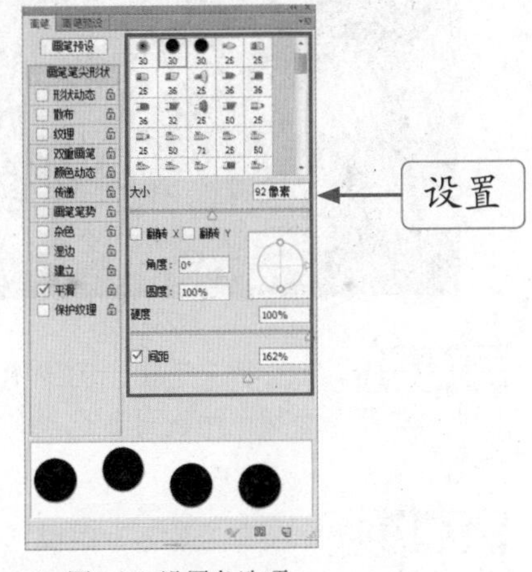

图 8-25 设置各选项

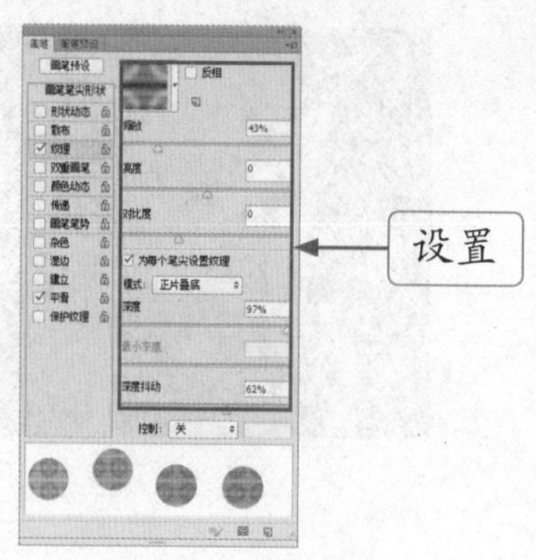

图 8-26 设置各选项

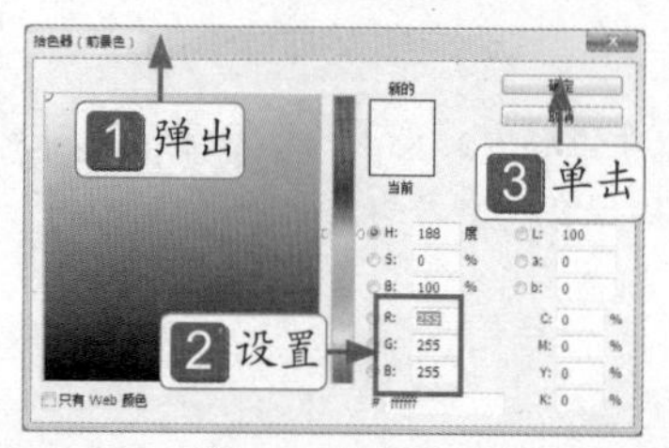

图 8-27 设置前景色

图 8-28 绘制图像

技巧发送

使用画笔工具绘制图像时，若按住【Alt】键，则画笔工具变为吸管工具，若按住【Ctrl】键，则暂时将画笔工具切换为移动工具。

8.3.4 新手练兵——定义双画笔

“双重画笔”选项与“纹理”选项的原理基本相同，只是“双重画笔”选项是画笔与画笔之间的混合；“纹理”选项是画笔与纹理之间的混合。下面介绍定义双画笔的操作方法。

	实例文件	光盘 \ 实例 \ 第 8 章 \ 森林 .jpg
	所用素材	光盘 \ 素材 \ 第 8 章 \ 森林 .jpg

Step 01 按【Ctrl + O】组合键，打开一幅素材图像，如图 8-29 所示。

图 8-29 素材图像

Step 02 选取工具箱中的画笔工具，展开“画笔”面板，并设置各选项，如图 8-30 所示。

Step 03 选中“画笔”面板左侧的“双重画笔”复选框，设置各选项，如图 8-31 所示。

Step 04 单击前景色色块，**1** 弹出“拾色器（前景色）”对话框，**2** 设置前景色为蓝色，如图 8-32 所示，**3** 单击“确定”按钮。

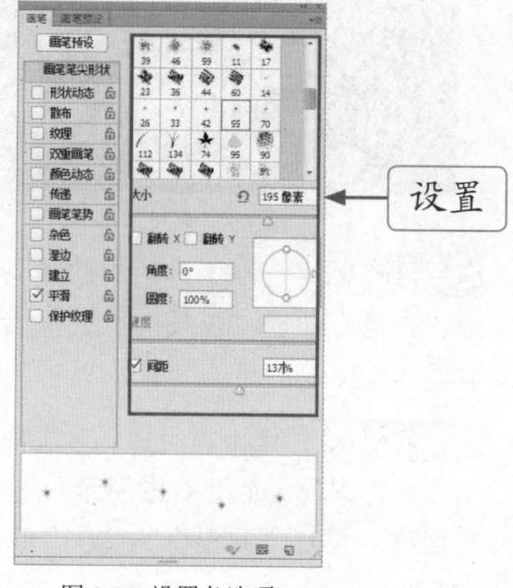

图 8-30 设置各选项

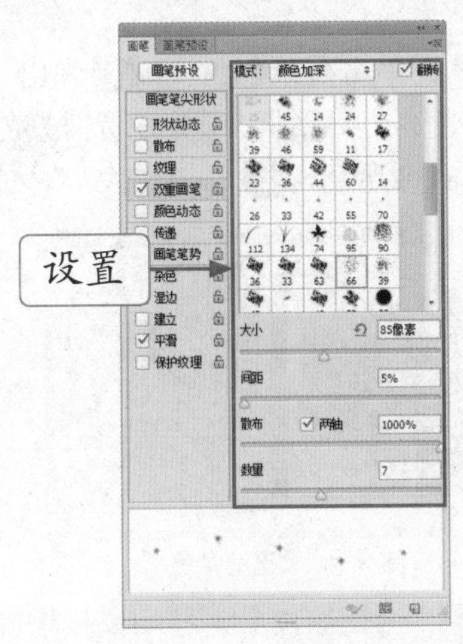

图 8-31 设置各选项

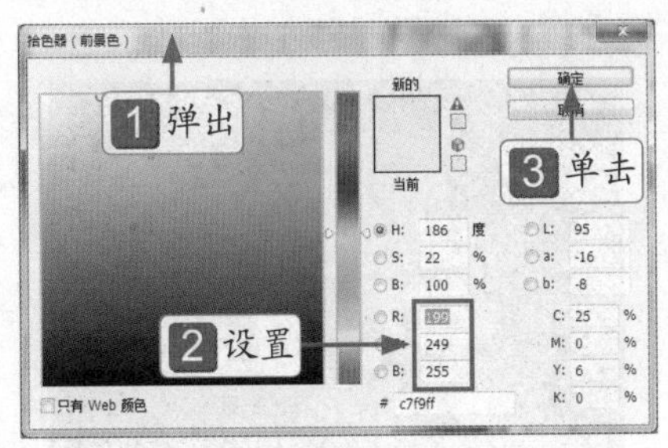

图 8-32 设置前景色

Step 05 执行操作后，在工具属性栏中，设置“不透明度”为 60%，如图 8-33 所示。

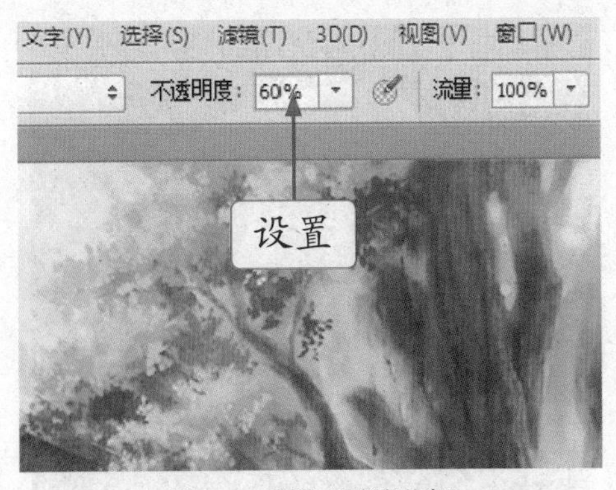

图 8-33 设置“不透明度”

Step 06 移动鼠标指针至图像编辑窗口中，按住鼠标左键并拖曳，即可绘制图像，如图 8-34 所示。

图 8-34 绘制图像

8.4 运用画笔绘制图像

用户在编辑图像时，使用画笔工具 或铅笔工具 ，都可以绘制自由手画式线条。本节主要介绍使用画笔工具与铅笔工具绘制图像的操作方法。

8.4.1 新手练兵——运用画笔工具绘制图像

在 Photoshop CS6 中，使用画笔工具 能够绘制边缘柔和的线条或图像。下面介绍运用画笔工具绘制图像的操作方法。

	实例文件	光盘 \ 实例 \ 第 8 章 \ 蘑菇 .jpg
	所用素材	光盘 \ 素材 \ 第 8 章 \ 蘑菇 .jpg

Step 01 按【Ctrl ＋ O】组合键，打开一幅素材图像，如图 8-35 所示。

Step 02 选取工具箱中的画笔工具 ，展开“画笔”面板，在其中设置各选项，如图 8-36 所示。

Step 03 选中“画笔”面板左侧的“散布”复选框，切换至“散布”参数选项区，设置各选项，如图 8-37 所示。

图 8-35 素材图像

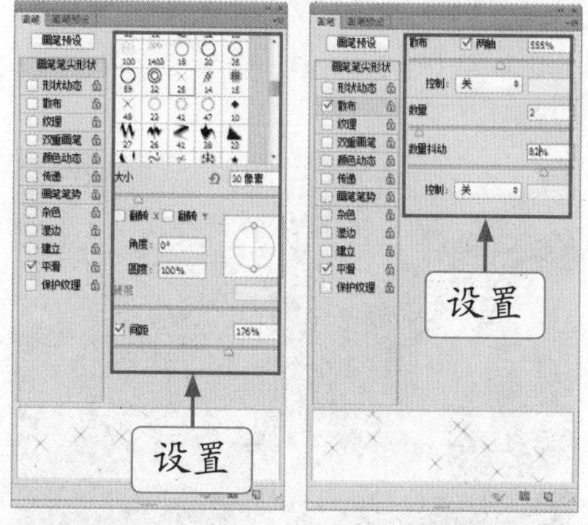

图 8-36 设置各选项　　图 8-37 设置各选项

Step 04 单击前景色色块，**1** 弹出“拾色器（前景色）”对话框，**2** 设置前景色为黄色，如图 8-38 所示，**3** 单击“确定”按钮。

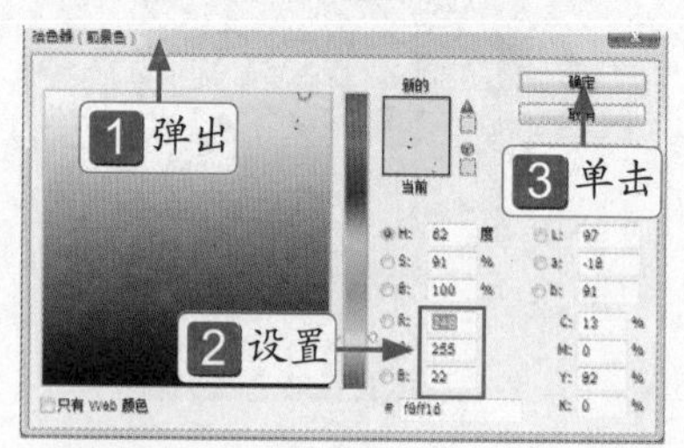

图 8-38 设置前景色

Step 05 执行操作后，移动鼠标指针至图像编辑窗口中，按住鼠标左键并拖曳，即可绘制图像，如图 8-39 所示。

图 8-39 绘制图像

8.4.2 新手练兵——运用铅笔工具绘制图像

在 Photoshop CS6 中，使用铅笔工具可以绘制自由手画线条。下面介绍使用铅笔工具绘制图像的操作方法。

	实例文件	光盘 \ 实例 \ 第 8 章 \ 蒲公英 .jpg
	所用素材	光盘 \ 素材 \ 第 8 章 \ 蒲公英 .jpg

Step 01 按【Ctrl + O】组合键，打开一幅素材图像，如图 8-40 所示。

图 8-40 素材图像

Step 02 选取工具箱中的铅笔工具，展开“画笔”面板，设置各选项，如图 8-41 所示。

图 8-41 设置各选项

Step 03 单击前景色色块，1 弹出"拾色器（前景色）"对话框，2 设置前景色为白色，如图 8-42 所示，3 单击"确定"按钮。

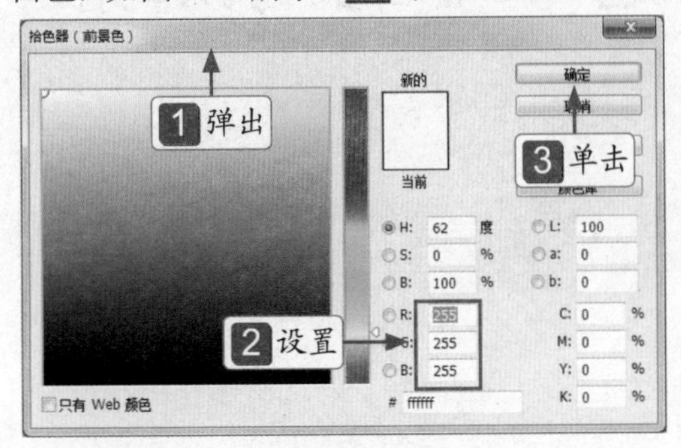

图 8-42 设置前景色

Step 04 执行操作后，移动鼠标指针至图像编辑窗口中，按住鼠标左键并拖曳，即可绘制图像，如图 8-43 所示。

图 8-43 绘制图像

第09章 创建与编辑文字对象

学前提示

在各类设计中，文字的使用是非常广泛的，也是不可缺少的设计元素，它不但能够更加有效地表现设计主题，还能直接传递设计者要表达的信息。好的文字布局和设计效果会起到画龙点睛的作用。因此，对文字的设计与编排是不容忽视的。本章主要介绍文字工具的使用，如创建文字、设置文字属性、编辑文字、制作路径文字、制作变形文字以及转换文字等。

本章知识重点

- 文字概述
- 创建文字
- 设置文字属性
- 编辑文字
- 制作路径文字
- 制作变形文字
- 转换文字

学完本章后应该掌握的内容

- 了解文字，如艺术化文字、文字的特性等
- 掌握创建文字的操作方法，如创建横排文字、创建直排文字、创建段落文字等
- 掌握设置文字属性的操作方法，如运用“字符”和“段落”面板设置属性等
- 掌握编辑文字的操作方法，如移动文字、切换文字方向、拼写检查文字等
- 掌握制作路径文字的操作方法，如输入沿路径排列文字、调整文字排列的位置等

9.1 文字概述

文字是多数设计作品、尤其是商业作品中不可或缺的重要元素，有时甚至在作品中起着主导作用。Photoshop 除了提供丰富的文字属性设计及版式编排功能外，还允许用户自行对文字的形状进行编辑，以便制作出更多更丰富的文字效果。

9.1.1 艺术化文字

为作品添加文字对于任何一种软件都是必备的，对于 Photoshop 也不例外，用户可以在 Photoshop 中为作品添加水平、垂直排列的各种文字，还能够通过特别的工具创建文字的选择区域。

对文字进行艺术化处理是 Photoshop 的强项之一，使用 Photoshop 能够轻松地使文字绕排于一条路径之上。

除此之外，用户还可以通过处理文字的外形为文字赋予质感，使其具有立体效果等表达手段，创作出极具艺术特色的艺术化文字。

9.1.2 文字的特性

在 Photoshop 中，文字具有极为特殊的属性，当用户输入文字后，文字表现为一个文字图层，文字图层有与普通图层不一样的可操作性。例如，在文字图层中无法使用画笔工具、铅笔工具、渐变工具等工具，只能进行对文字的变换、改变颜色等有限的操作，当用户对文字图层使用上述工具操作时，则需要将文字栅格化操作。

除上述特性外，在图像中输入文字后，文字图层的名称将与输入的内容相同，这使用户非常容易在“图层”面板中辨认出该文字图层。

9.2 创建文字

Photoshop CS6 提供了 4 种输入文字的工具，分别是横排文字工具、直排文字工具、横排文字蒙版工具和直排文字蒙版工具，利用不同的文字工具可以创建出不同的文字效果。

9.2.1 新手练兵——创建横排文字

输入横排文字的方法很简单，使用工具箱中的横排文字工具 T 或横排文字蒙版工具 T，即可在图像编辑窗口中输入横排文字。

实例文件	光盘 \ 实例 \ 第 9 章 \ 个人形象 .psd
所用素材	光盘 \ 素材 \ 第 9 章 \ 个人形象 .psd

Step 01 按【Ctrl + O】组合键，打开一幅素材图像，如图 9-1 所示。

Step 02 在工具箱中选取横排文字工具 T，如图 9-2 所示。

Step 03 移动鼠标指针移至适当位置，并确定文字的插入点，在工具属性栏中，**1** 设置“字体”为“方正大标宋”，**2** 设置“字体大小”为 14 点，**3** 设置“颜色”为黑色，如图 9-3 所示。

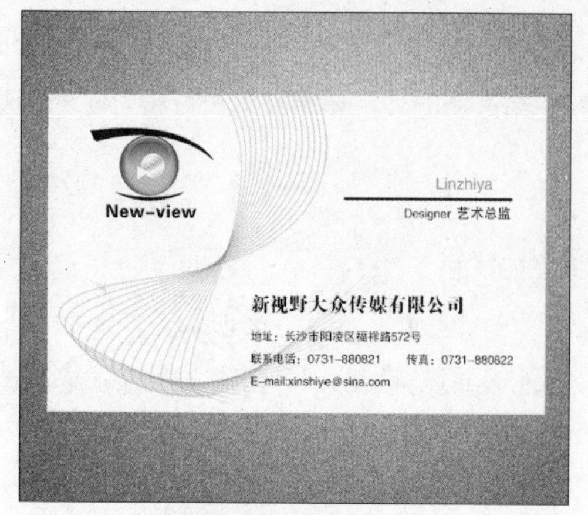

图 9-1 素材图像

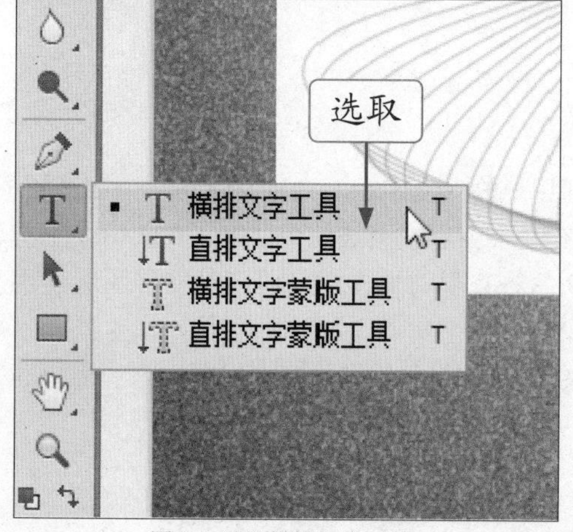

图 9-2 选取横排文字工具

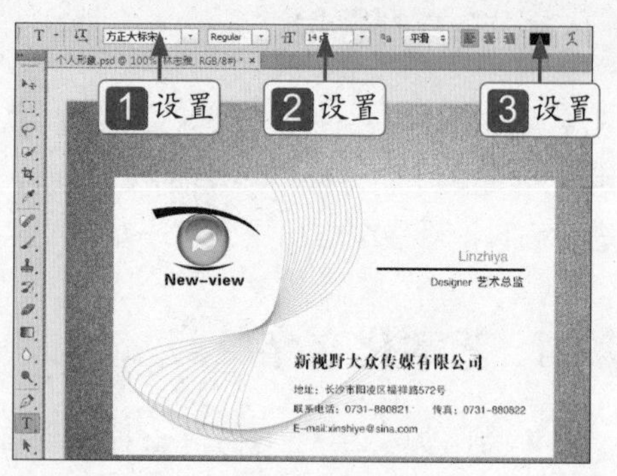

图 9-3 设置"颜色"为黑色

Step 04 选择一种合适的输入法，在图像上输入相应文字，单击工具属性栏右侧的"提交所有当前编辑"按钮✓，即可完成横排文字的输入操作，如图 9-4 所示。

图 9-4 完成横排文字的输入

9.2.2 新手练兵——创建直排文字

选取工具箱中的直排文字工具 或直排文字蒙版工具 ，将鼠标指针移动到图像编辑窗口中，单击鼠标左键确定插入点，图像中出现闪烁的光标之后，即可输入文字。

实例文件	光盘 \ 实例 \ 第 9 章 \ 璀璨烟火 .psd
所用素材	光盘 \ 素材 \ 第 9 章 \ 璀璨烟火 .jpg

Step 01 按【Ctrl + O】组合键，打开一幅素材图像，如图 9-5 所示。

Step 02 在工具箱中选取直排文字工具 ，如图 9-6 所示。

Step 03 移动鼠标指针至适当位置，并确定文字的插入点，在工具属性栏中，1 设置"字体"为"华文行楷"，2 设置"字体大小"为 75 点，3 设置"颜色"为黄色（RGB 参数值分别为 255、240、0），如图 9-7 所示。

Step 04 选择一种合适的输入法，在图像上输入相应文字，单击工具属性栏右侧的"提交所有当前编辑"按钮✓，即可完成直排文字的输入操作，如图 9-8 所示。

图 9-5 素材图像

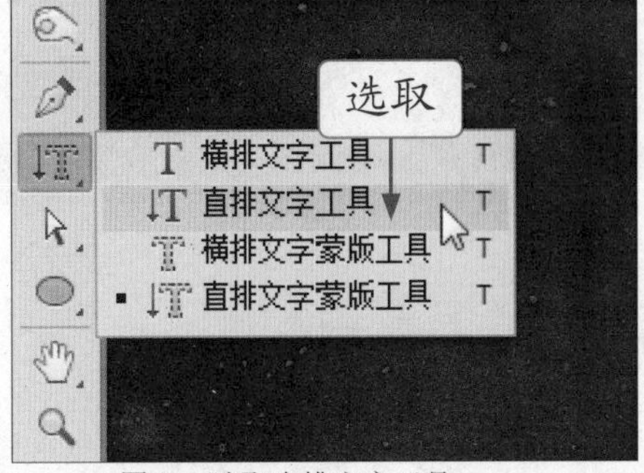

图 9-6 选取直排文字工具

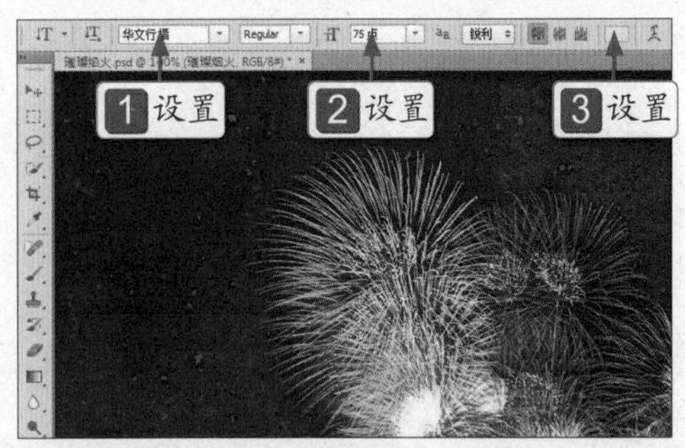

图 9-7 设置“颜色”为黄色

图 9-8 完成直排文字的输入

技巧发送

在图像编辑窗口中输入文字后，单击工具属性栏上的“提交所有当前编辑”按钮，或者选取工具属性栏中的任意一种工具，确认输入的文字。

9.2.3 新手练兵——创建段落文字

段落文字是一类以段落文字定界框来确定文字的位置与换行情况的文字，当用户改变段落文字定界框时，定界框中的文字会根据定界框的位置自动换行。

	实例文件	光盘 \ 实例 \ 第 9 章 \ 欧式御园 .psd
	所用素材	光盘 \ 素材 \ 第 9 章 \ 欧式御园 .jpg

Step 01 按【Ctrl ＋ O】组合键，打开一幅素材图像，如图 9-9 所示。

Step 02 选取横排文字工具 T，在图像窗口中创建一个文本框，如图 9-10 所示。

Step 03 在工具属性栏中，**1** 设置“字体”为“方正姚体”，**2** 设置“字体大小”为 15 点，**3** 设置“颜色”为白色（RGB 参数值分别为 255、255、255），如图 9-11 所示。

图 9-9 素材图像

图 9-10 创建文本框

图 9-11 设置“颜色”为白色

Step 04 在图像上输入相应文字，单击工具属性栏右侧的“提交所有当前编辑”按钮 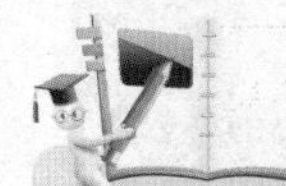，即可完成段落文字的输入操作，效果如图 9-12 所示。

图 9-12 完成段落文字的输入

高手指引

在文本输入状态下，单击 3 下可以选择一行文字，单击 4 下可以选择整个段落，按【Ctrl + A】组合键，可以选择全部的文本内容。

9.2.4 新手练兵——创建选区文字

在一些广告上经常会看到特殊排列的文字，既新颖又体现了很好的视觉效果。

	实例文件	光盘 \ 实例 \ 第 9 章 \ 忆牡丹 .psd
	所用素材	光盘 \ 素材 \ 第 9 章 \ 忆牡丹 .jpg

Step 01 按【Ctrl + O】组合键，打开一幅素材图像，如图 9-13 所示。

图 9-13 素材图像

Step 02 选取工具箱中的直排文字蒙版工具，如图 9-14 所示。

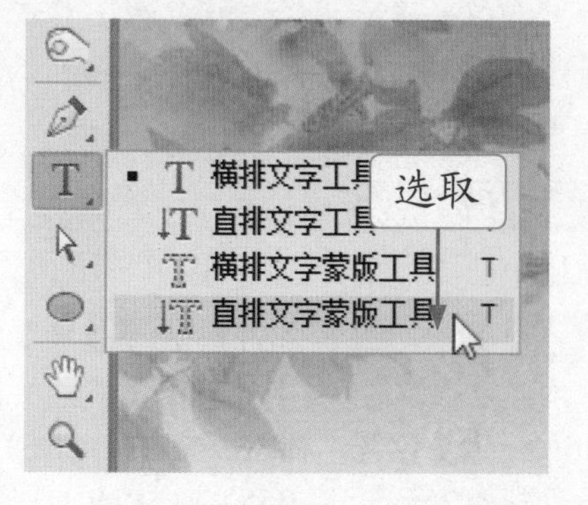

图 9-14 选取直排文字蒙版工具

Step 03 将鼠标指针移至图像编辑窗口中的合适位置，单击鼠标左键确认文本输入点，此时，图像背景呈红色显示，如图 9-15 所示。

图 9-15 背景呈红色显示

Step 04 在工具属性栏中，**1** 设置“字体”为“微软简行楷”，**2** 设置“字体大小”为 38 点，如图 9-16 所示。

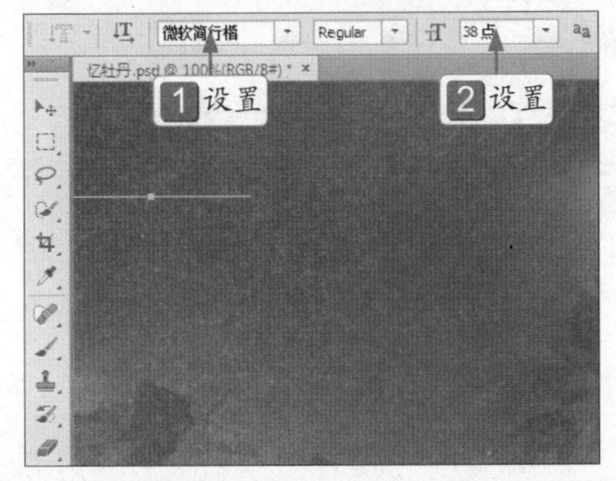

图 9-16 设置“字体大小”

Step 05 输入文字“忆牡丹”，此时输入的文字呈实体显示，如图 9-17 所示。

图 9-17 输入的文字呈实体显示

Step 06 按【Ctrl + Enter】组合键确认，即可创建文字选区，如图 9-18 所示。

图 9-18 创建文字选区

Step 07 在“图层”面板中，新建“图层 1”图层，如图 9-19 所示。

图 9-19 新建“图层 1”图层

Step 08 设置前景色为白色，按【Alt + Delete】组合键，为选区填充前景色，取消选区，效果如图 9-20 所示。

图 9-20 填充前景色

9.3 设置文字属性

在“字符”面板中，可以精确地调整文字图层中的个别字符，但在输入文字之前要设置好文字属性；而“段落”面板可以用来设置整个段落选项。本节主要介绍“字符”面板和“段落”面板的基础知识。

9.3.1 运用“字符”面板设置属性

单击文字工具属性栏中的“切换字符和段落面板”按钮，或单击“窗口”|“字符”命令，即可弹出“字符”面板，如图 9-21 所示。

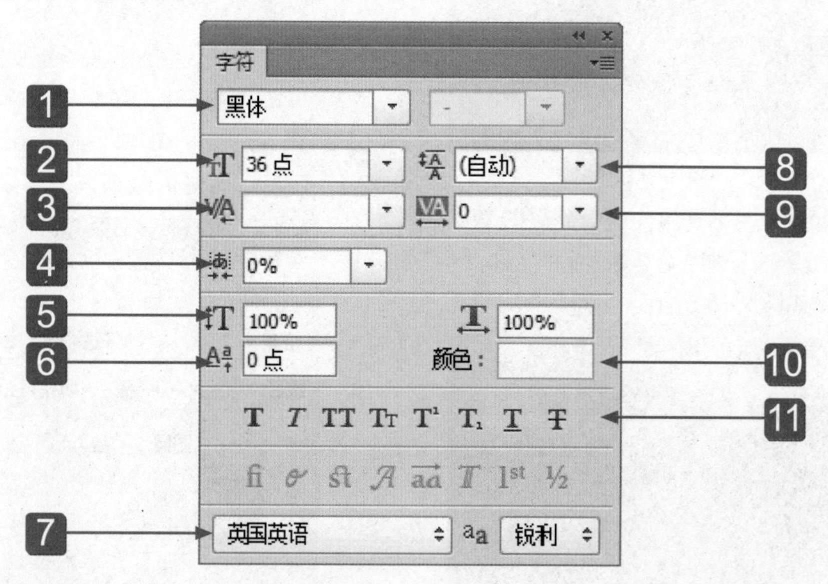

图 9-21 “字符”面板

1. 字体：在该列表框中可以选择字体。
2. 字体大小：可以选择字体的大小。
3. 字距微调：用文档尺寸调整两个字符之间的距离，在操作时首先要调整两个字符之间的间距，设置插入点，然后调整数值。
4. 设置所选字符的比例间距：用来调整字符之间的比例间距。
5. 水平缩放 / 垂直缩放：水平缩放用于调整字符的宽度，垂直缩放用于调整字符的高度。这两个百分比相同时，可以进行等比缩放；不相同时，则可以进行不等比缩放。
6. 基线偏移：用来控制文字与基线的距离，它可以升高或降低所选文字。
7. 语言：可以对所选字符进行有关连字符和拼写规则的语言设置，Photoshop 使用语言词典检查连字符连接。
8. 行距：行距是指文本中各个行之间的垂直间距，同一段落的行与行之间可以设置不同的行距，但文字行中的最大行距决定了该行的行距。
9. 字距调整：选择部分字符时，可以调整所选字符的间距。
10. 颜色：单击颜色块，可以在打开的“拾色器”对话框中设置文字的颜色。
11. T 状按钮：T 状按钮用来创建仿粗体和斜体等文字样式，以及为字符添加下划线等。

运用“字符”面板设置文字属性前后的效果对比如图 9-22 所示。

图 9-22 运用“字符”面板设置文字属性前后的效果对比

9.3.2 运用“段落”面板设置属性

单击文字工具属性栏中的“切换字符和段落面板”按钮，或单击“窗口”|“段落”命令，即可弹出“段落”面板，如图 9-23 所示。设置段落的属性主要是在“段落”面板中进行相关操作，使用“段落”面板可以改变或重新定义文字的排列方式、段落缩进及段落间距等。

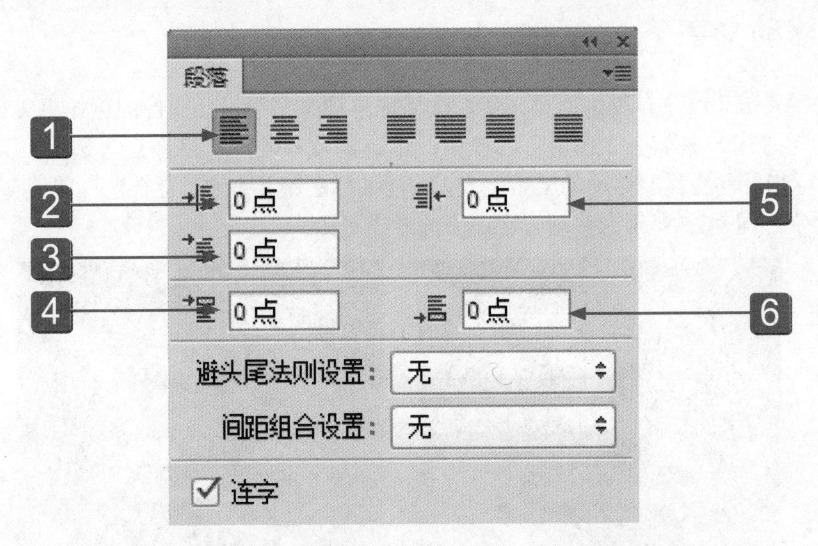

图 9-23 “段落”面板

1 对齐方式：对齐方式包括有左对齐文本、居中对齐文本、右对齐文本、最后一行左对齐、最后一行居中对齐、最后一行右对齐和全部对齐。

2 左缩进：设置段落的左缩进。

3 首行缩进：缩进段落中的首行文字，对于横排文字，首行缩进与左缩进有关；对于直排文字，首行缩进与顶端缩进有关，要创建首行悬挂缩进，必须输入一个负值。

4 段前添加空格：设置段落与上一行的距离，或全选文字的每一段的距离。

5 右缩进：设置段落的右缩进。

6 段后添加空格：设置每段文本后的一段距离。

运用“段落”面板设置文字属性前后的效果对比，如图 9-24 所示。

图 9-24 运用“段落”面板设置文字属性前后的效果对比

9.4 编辑文字

编辑文字是指对已经创建的文字进行编辑操作，如移动文字、切换文字方向、拼写检查文字以及查找替换文字等，用户可以根据实际情况对文字对象进行相应操作。

9.4.1 移动文字

移动文字是编辑文字过程中的第一步，适当地移动文字可以让图像的整体更美观。移动文字的方法很简单，用户只需在“图层”面板中，选择需要移动的文字图层，选取工具箱中的移动工具，将鼠标指针移至需要移动的文字上方，按住鼠标左键并拖曳，至合适位置后释放鼠标左键，即可移动文字。图 9-25 所示为移动文字前后的效果对比。

图 9-25 移动文字前后的效果对比

9.4.2 切换文字方向

虽然，使用横排文字工具只能创建水平排列的文字；使用直排文字工具只能创建垂直排列的文字。但在需要的情况下，用户可以相互转换这两种文本的显示方向。切换文字方向的方法很简单，用户只需在“图层”面板中，选择相应的文字图层，选取工具箱中的横排文字工具，在工具属性栏中，单击“更改文本方向”按钮 ，执行操作后，即可更改文字的排列方向。图 9-26 所示为切换文字方向前后的效果对比。

图 9-26 切换文字方向前后的效果对比

技巧发送

除了以上方法可以在直排文字与横排文字之间相互转换外，用户还可以单击“文字”|“取向”|“水平”命令，或单击“文字”|“取向”|“垂直”命令，对文字方向进行转换。

9.4.3 检查文字拼写

通过“拼写检查”命令检查输入的拼音文字，将对词典中没有的字进行询问，如果被询问的字拼写是正确的，可以将该字添加到拼写检查词典中；如果询问的字拼写是错误的，可以将其改正。使用拼写检查文字的方法很简单，用户只需单击“编辑”|“拼写检查”命令，弹出“拼写检查”对话框，设置“更改为”为 beautiful，单击“更改”按钮，弹出提示信息框，单击“确定”按钮，即可将拼写错误的英文更改正确。图 9-27 所示为拼写检查文字前后的效果对比。

图 9-27 拼写检查文字前后的效果对比

知识链接

"拼写检查"对话框中各主要选项的含义如下。

- 忽略：单击此按钮继续进行拼写检查而不更改文字。
- 更改：要改正一个拼写错误，应确保"更改为"文本框中的词语拼写正确，然后单击"确定"按钮。
- 更改全部：要更改正文档中重复的拼写错误，单击此按钮。
- 添加：单击此按钮可以将无法识别的词存储在拼写检查词典中。
- 检查所有图层：选中该复选框，可以对整体图像中的不同图层的拼写进行检查。

9.4.4 查找和替换文字

在图像中输入大量的文字后，如果出现相同错误的文字很多，可以使用"查找和替换文本"功能对文字进行批量更改，以提高工作效率。

选择相应的文字图层，单击"编辑"|"查找和替换文本"命令，弹出"查找和替换文本"对话框，设置各选项，单击"查找下一个"按钮，即可查找到相应文本，单击"更改全部"按钮，弹出提示信息框，单击"确定"按钮，即可完成文字的替换。图 9-28 所示为查找和替换文字前后的效果对比。

图 9-28 查找和替换文字前后的效果对比

知识链接

"查找和替换文本"对话框中各主要选项的含义如下。

- 查找内容：在该文本框中输入需要查找的文字内容。
- 更改为：在该文本框中输入需要更改的文字内容。
- 区分大小写：对于英文字体，查找时严格区分大小写。
- 全字匹配：对于英文字体，忽略嵌入在大号字体内的搜索文本。
- 向前：只查找光标所在点前面的文字。

9.5 制作路径文字

沿路径绕排文字效果可以通过钢笔工具或形状工具创建的直线或曲线轮廓进行制作。

9.5.1 新手练兵——输入沿路径排列文字

在 Photoshop CS6 中，用户可以在图像编辑窗口中的适当位置，绘制一条开放路径，然后在开放路径上排列文字，使制作的文字效果更加具有艺术美感。

	实例文件	光盘 \ 实例 \ 第 9 章 \ 生活的味道 .psd
	所用素材	光盘 \ 素材 \ 第 9 章 \ 生活的味道 .jpg

Step 01 按【Ctrl + O】组合键，打开一幅素材图像，如图 9-29 所示。

图 9-29 素材图像

Step 02 选取钢笔工具，在图像编辑窗口中绘制一条曲线路径，如图 9-30 所示。

图 9-30 绘制曲线路径

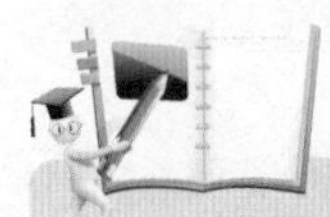

高手指引

在运用文字工具跟随路径时，应用的路径可以是闭合的路径，也可以是开放的路径。

Step 03 选取横排文字工具，在工具属性栏中，**1** 设置“字体”为“汉仪秀英简体”**2** 设置“字体大小”为 20 点，**3** 设置“颜色”为蓝色，如图 9-31 所示。

图 9-31 设置“颜色”为蓝色

Step 04 移动鼠标指针至图像编辑窗口中曲线路径上，单击鼠标左键确定插入点并输入文字，然后隐藏路径，效果如图 9-32 所示。

图 9-32 输入文字

高手指引

沿路径输入文字时，文字将沿着节点被添加到路径时的方向排列。在路径上输入横排文字，字母与基线垂直；在路径上输入直排文字，文字方向与基线平行。

9.5.2 新手练兵——调整文字排列的位置

选中“画笔”面板中的“纹理”复选框，可以设置画笔工具产生图案纹理效果，下面介绍定义画笔图案的操作方法。

	实例文件	光盘\实例\第 9 章\生活的味道 1.psd
	所用素材	光盘\素材\第 9 章\生活的味道 .psd

Step 01 以 9.5.1 小节的图像效果为素材，打开素材图像，如图 9-33 所示。

图 9-33 素材图像

Step 02 单击“窗口”|“路径”命令，**1** 展开“路径”面板，**2** 选择“生活的味道文字路径”选项，如图 9-34 所示。

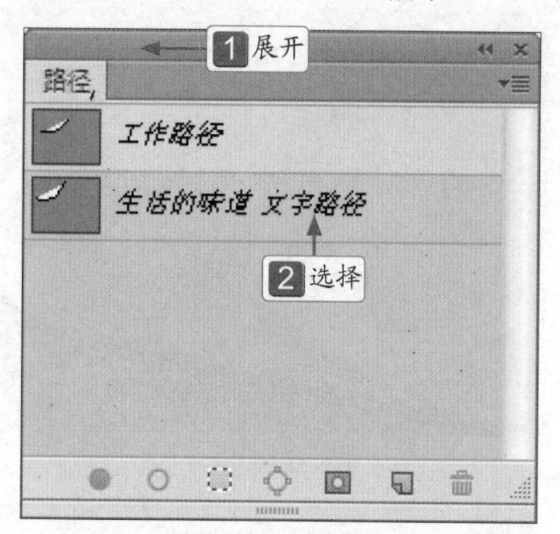

图 9-34 选择“生活的味道文字路径”选项

Step 03 执行操作后，即可显示路径，如图 9-35 所示。

Step 04 在工具箱中，选取路径选择工具，移动鼠标指针至图像编辑窗口中的文字路径上，当鼠标指针呈形状时，按住鼠标左键并拖曳，即可调整文字排列的位置，然后隐藏路径，如图 9-36 所示。

图 9-35 显示路径

图 9-36 调整文字排列的位置

高手指引

将鼠标指针移至文字的起点或终点处，当鼠标指针呈或形状时，按住鼠标左键并拖曳，可以调整文字的起点或终点，以改变文字在路径上的排列位置。

9.5.3 新手练兵——调整文字路径形状

在"路径"面板中选择文字路径，文字的排列路径将会显示出来，此时可以用路径工具对路径形状进行调整。

实例文件	光盘 \ 实例 \ 第 9 章 \ 珍爱家园 .psd
所用素材	光盘 \ 素材 \ 第 9 章 \ 珍爱家园 .psd

Step 01 按【Ctrl ＋ O】组合键，打开一幅素材图像，如图 9-37 所示。

图 9-37 素材图像

Step 02 展开"路径"面板，选择"文字路径"选项，显示路径，如图 9-38 所示。

图 9-38 显示路径

Step 03 在工具箱中，选取直接选择工具，如图 9-39 所示。

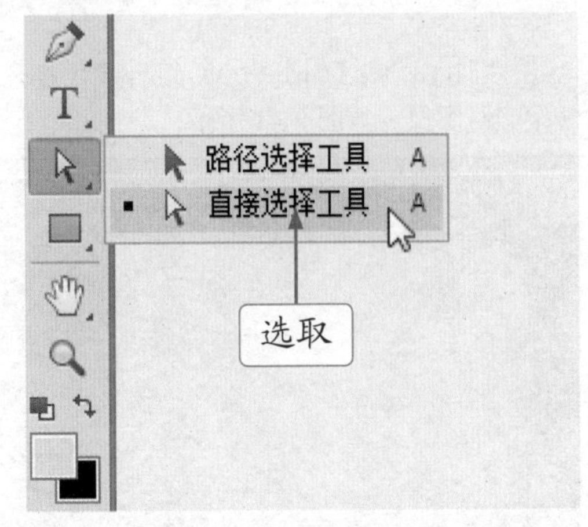

图 9-39 选取直接选择工具

Step 04 移到鼠标指针至图像编辑窗口中的文字路径上，按住鼠标左键并拖曳节点，即可调整文字路径的形状，并隐藏路径，如图 9-40 所示。

图 9-40 调整文字路径的形状

9.6 制作变形文字

在 Photoshop CS6 中，用户可以通过“变形文字”对话框制作文字变形效果，从而创建富有动感的文字特效。

9.6.1 新手练兵——创建变形文字样式

在 Photoshop CS6 中，用户可以对文字进行变形扭曲操作，以得到更好的视觉效果。

	实例文件	光盘 \ 实例 \ 第 9 章 \ 激情四射 .psd
	所用素材	光盘 \ 素材 \ 第 9 章 \ 激情四射 .jpg

Step 01 按【Ctrl + O】组合键，打开一幅素材图像，如图 9-41 所示。

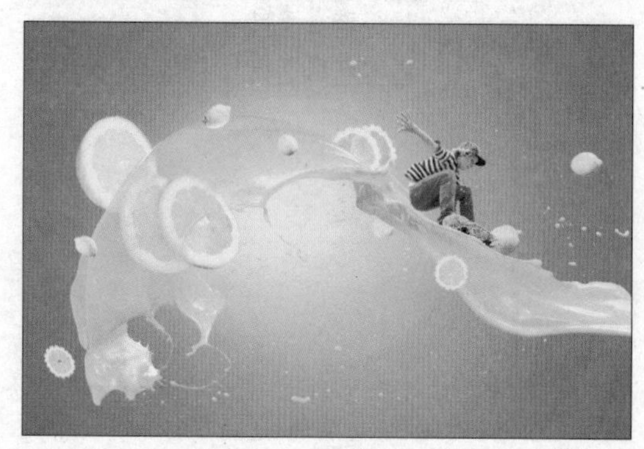

图 9-41 素材图像

Step 02 选取横排文字工具，在工具属性栏中，**1** 设置“字体”为“方正卡通简体”，**2** 设置“字体大小”为 60，**3** 设置“颜色”为白色（RGB 参数值分别为 255、255、255），如图 9-42 所示。

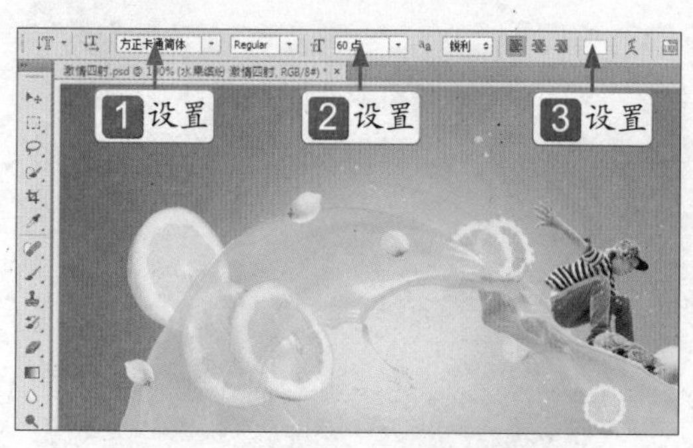

图 9-42 设置“颜色”为白色

Step 03 移动鼠标指针至图像编辑窗口中，单击鼠标左键，确定文本输入点，输入文字，如图 9-43 所示。

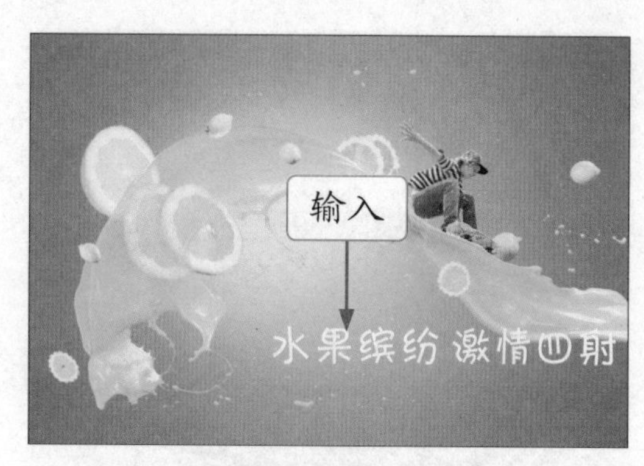

图 9-43 输入文字

Step 04 选择文字图层，单击“文字”|“文字变形”命令，弹出“变形文字”对话框，如图 9-44 所示。

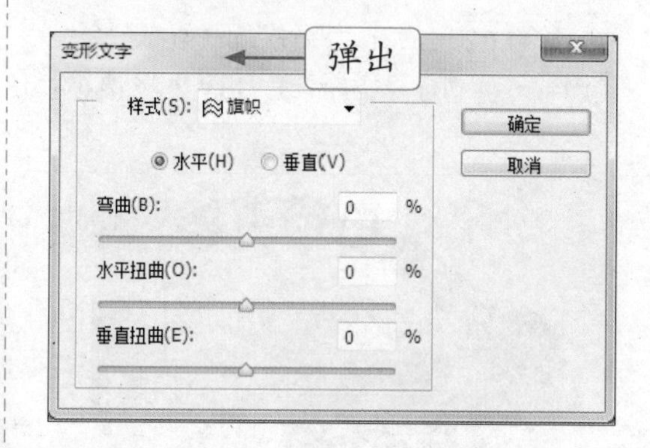

图 9-44 “变形文字”对话框

Step 05 在“变形文字”对话框中，**1** 设置各选项，如图 9-45 所示，**2** 单击“确定”按钮。

Step 06 执行操作后，即可对文字进行“旗帜”样式变形，如图 9-46 所示。

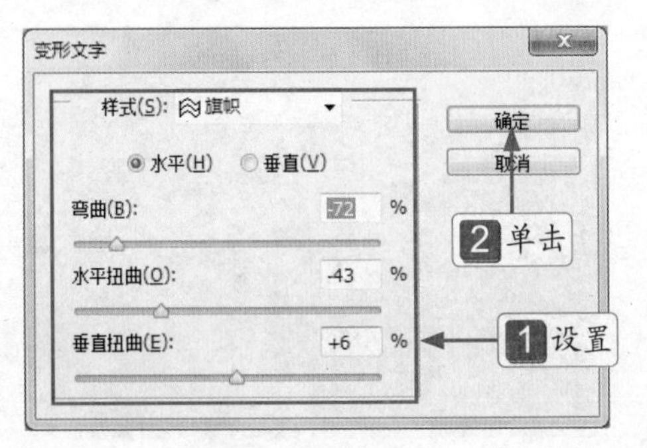

图 9-45 设置各选项

图 9-46 文字变形

知识链接

"变形文字"对话框中各主要选项含义如下。

- 水平 / 垂直：文本的扭曲方向为水平方向或垂直方向。
- 样式：在该选项的下拉列表中有 15 种变形样式供选择。
- 弯曲：设置文本的弯曲程度。
- 水平扭曲 / 垂直扭曲：可以对文本应用扭曲透视特效。

9.6.2 新手练兵——编辑变形文字效果

在 Photoshop CS6 中，用户可以对文字进行变形扭曲操作，以得到更好的视觉效果。下面介绍变形文字的操作方法。

	实例文件	光盘 \ 实例 \ 第 9 章 \ 躲猫猫 .psd
	所用素材	光盘 \ 素材 \ 第 9 章 \ 躲猫猫 .psd

Step 01 按【Ctrl + O】组合键，打开一幅素材图像，如图 9-47 所示。

图 9-47 素材图像

Step 02 选择文字图层，单击"文字"|"文字变形"命令，弹出"变形文字"对话框，如图 9-48 所示。

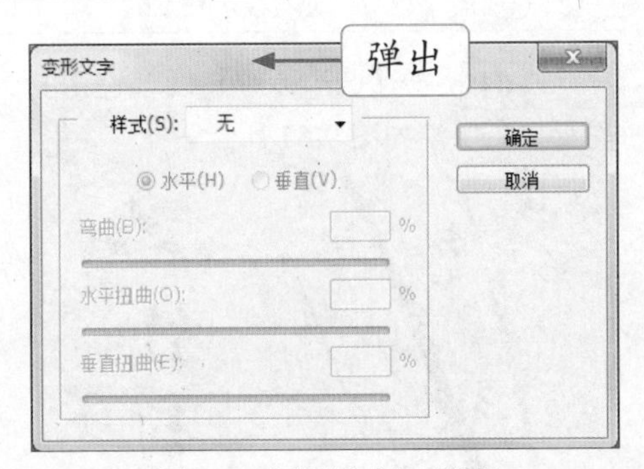

图 9-48 "变形文字"对话框

Step 03 在"变形文字"对话框中，1 设置各选项，如图 9-49 所示，2 单击"确定"按钮。

Step 04 执行操作后，即可编辑变形文字效果，如图 9-50 所示。

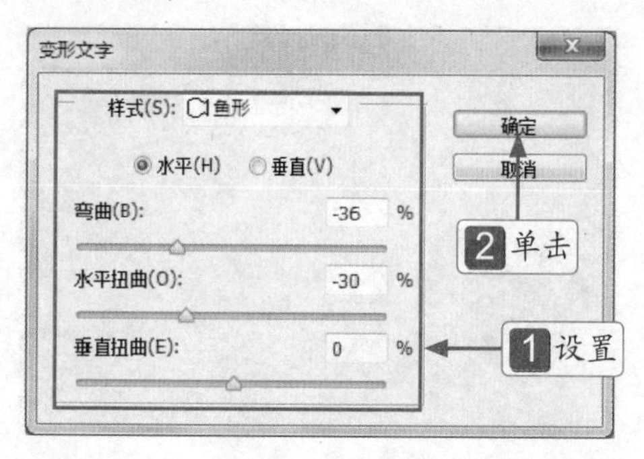

图 9-49 设置各选项

图 9-50 编辑变形文字

技巧发送

在“图层”面板的当前文字图层上单击鼠标右键，在弹出的快捷菜单中选择“文字变形”选项，同样会弹出“变形文字”对话框。

9.7 转换文字

在 Photoshop CS6 中文字可以被转换成路径、形状和图像这 3 种形态，在未对文字进行转换的情况下，只能够对文字及段落属性进行设置，而通过将文字转换为路径、形状或图像后，则可以对其进行更多更为丰富的编辑，从而得到艺术的文字效果。

9.7.1 新手练兵——将文字转换为路径

在 Photoshop CS6 中，用户可以对文字进行变形扭曲操作，以得到更好的视觉效果。

实例文件	光盘 \ 实例 \ 第 9 章 \ 竹韵 .psd
所用素材	光盘 \ 素材 \ 第 9 章 \ 竹韵 .psd

Step 01 按【Ctrl + O】组合键，打开一幅素材图像，如图 9-51 所示。

图 9-51 素材图像

Step 02 在“图层”面板中，选择“竹韵”文字图层，如图 9-52 所示。

Step 03 在工具箱中，选取横排文字工具 T，移动鼠标指针至图像编辑窗口中，单击鼠标右键，1 弹出快捷菜单，2 选择“创建工作路径”选项，如图 9-53 所示。

Step 04 执行操作后，即可将文字转换为路径，如图 9-54 所示。

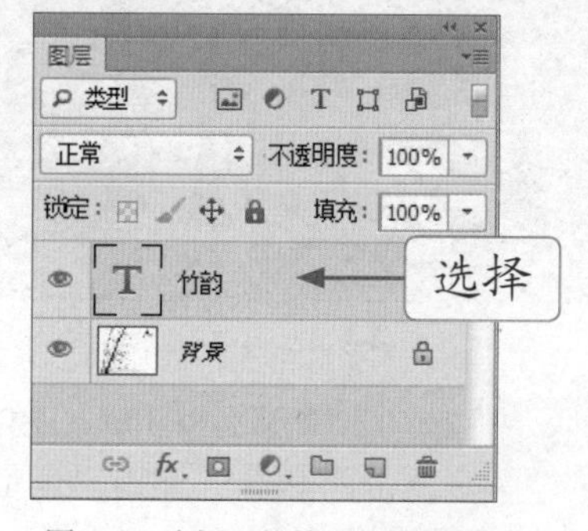

图 9-52 选择“竹韵”文字图层

图 9-53 选择“创建工作路径”选项

图 9-54 将文字转换为路径

Step 05 在“图层”面板中，隐藏“竹韵”图层，如图 9-55 所示。

图 9-55 隐藏“竹韵”图层

技巧发送

除了运用上述方法可以将文字转换为路径外，还有以下两种方法。

- 命令：单击“文字”|“创建工作路径”命令。
- 快捷菜单：在“图层”面板中，按住【Ctrl】的同时，单击该文字图层前面的缩览图，将其载入选区，然后在“路径”面板中，单击其右侧的三角形按钮，在弹出的面板菜单中选择“建立工作路径”选项，弹出“建立工作路径”对话框，单击“确定”按钮，即可创建工作路径。

9.7.2 新手练兵——将文字转换为图像

将文字转换为图像后，文字图层将转换为普通图层，且无法对文字的字符及段落属性进行设置，但可以对其使用滤镜命令、图像调整命令或叠加更丰富的颜色及图案等。

	实例文件	光盘 \ 实例 \ 第 9 章 \ 冬日里的思念 .psd
	所用素材	光盘 \ 素材 \ 第 9 章 \ 冬日里的思念 .psd

Step 01 按【Ctrl + O】组合键，打开一幅素材图像，如图 9-56 所示。

Step 02 在“图层”面板中，选择“冬天里的思念”文字图层，如图 9-57 所示。

Step 03 在工具箱中，选取横排文字工具 T，移动鼠标指针至图像编辑窗口中，单击鼠标右键，1 弹出快捷菜单，2 选择“转换为形状”选项，如图 9-58 所示。

Step 04 执行操作后，即可将文字图层转换为图像图层，如图 9-59 所示。

图 9-56 素材图像

图 9-57 选择“冬天里的思念”文字图层

图 9-58 选择“转换为形状”选项

图 9-59 文字图层转换为图像图层

Step 05 选取渐变工具，在工具属性栏上单击“点按可编辑渐变”按钮，**1** 弹出“渐变编辑器”对话框，**2** 设置渐变色，如图 9-60 所示，**3** 单击“确定”按钮。

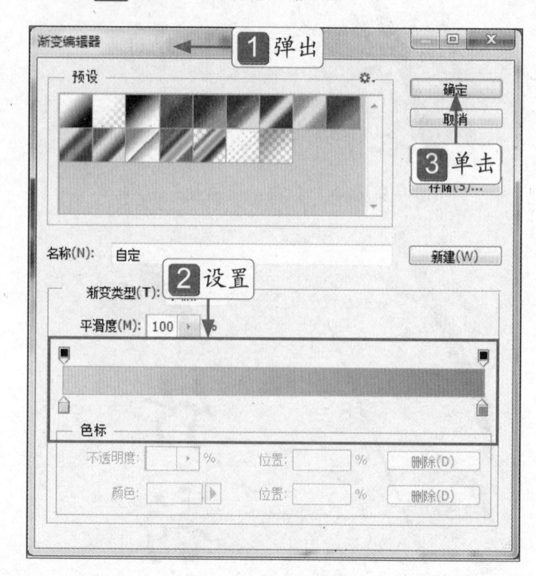

图 9-60 设置渐变色

Step 06 按住【Ctrl】键的同时单击“冬天里的思念”图层前的缩览图，调出选区，在选区上从上至下拖曳鼠标，填充渐变色，然后取消选区，效果如图 9-61 所示。

图 9-61 填充渐变色

第10章 创建与应用图层样式

学前提示

图层作为 Photoshop 的核心功能，其功能的强大自然不言而喻，可用于创建图层的不透明度、混合模式，以及快速创建特殊效果的图层样式等，为图像的编辑操作带来了极大的便利，在编辑图像时，图层也是绘制和处理图像的基础，每一幅设计作品都离不开各图层的应用与管理。本章主要介绍创建与应用图层的各种方法。

本章知识重点

- 创建图层与图层组
- 图层基本操作
- 图层的管理
- 应用各种图层样式
- 编辑各种图层样式

学完本章后应该掌握的内容

- 掌握创建图层与图层组的操作方法，如创建普通图层、创建文字图层等
- 掌握图层基本操作的操作方法，如选择图层、复制图层等
- 掌握图层的管理的操作方法，如设置图层不透明度、设置填充图层参数等
- 掌握应用各种图层样式的操作方法，如应用投影样式、外发光样式等
- 掌握编辑各种图层样式的操作方法，如隐藏、清除图层样式等

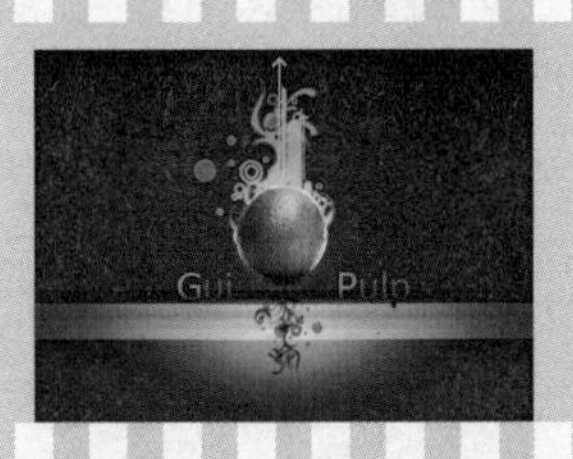

10.1 创建图层与图层组

在 Photoshop CS6 中，用户可根据需要创建不同的图层。本节主要详细地介绍创建普通图层、文字图层、形状图层、调整图层、填充图层以及图层组的操作方法。

10.1.1 新手练兵——创建普通图层

普通图层是 Photoshop CS6 最基本的图层，用户在创建和编辑图像时，新建的图层都是普通图层。

	实例文件	光盘 \ 实例 \ 第 10 章 \ 玩具 .psd
	所用素材	光盘 \ 素材 \ 第 10 章 \ 玩具 .jpg

Step 01 按【Ctrl + O】组合键，打开一幅素材图像，如图 10-1 所示。

图 10-1 素材图像

Step 02 在“图层”面板中，单击“创建新图层”按钮，新建图层，如图 10-2 所示。

图 10-2 新建图层

技巧发送

除了运用上述方法以外，新建图层的方法还有 6 种，分别如下。

- 命令：单击“图层”|“新建”|“图层”命令，弹出“新建图层”对话框，单击“确定”按钮，即可创建新图层。
- 面板菜单：单击“图层”面板右上角的三角形按钮，弹出面板菜单，选择“新建图层”选项。
- 快捷键 + 按钮 1：按住【Alt】键的同时，单击“图层”面板底部的“创建新图层”按钮，弹出“新建图层”对话框，单击“确定”按钮，即可创建新图层。
- 快捷键 + 按钮 2：按住【Ctrl】键的同时，单击“图层”面板底部的“创建新图层”按钮，可在当前图层中的下方新建一个图层。
- 快捷键 1：按【Shift + Ctrl + N】组合键，弹出“新建图层”对话框，单击“确定”按钮，即可创建新图层。
- 快捷键 2：按【Alt + Shift + Ctrl + N】组合键，可以在当前图层对象的上方添加一个图层。

10.1.2 新手练兵——创建文字图层

用户使用工具箱中的文字工具，在图像编辑窗口中确认插入点后，系统将会自动生成一个新的文字图层。

实例文件	光盘 \ 实例 \ 第 10 章 \ 彩色人生 .psd
所用素材	光盘 \ 素材 \ 第 10 章 \ 彩色人生 .jpg

Step 01 按【Ctrl + O】组合键，打开一幅素材图像，如图 10-3 所示。

图 10-3 素材图像

Step 02 在工具箱中，选取横排文字工具，如图 10-4 所示。

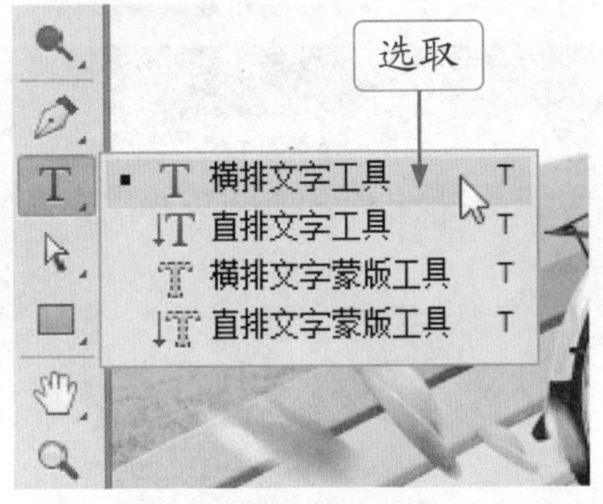

图 10-4 选取横排文字工具

Step 03 在图像编辑窗口中单击鼠标左键，此时即会自动新建一个文字图层，在图像编辑窗口中输入文字，如图 10-5 所示。

图 10-5 输入文字

Step 04 在“字符”面板中，**1** 设置“字体”为“华康娃娃体”，**2** 设置“大小”为 60，如图 10-6 所示。

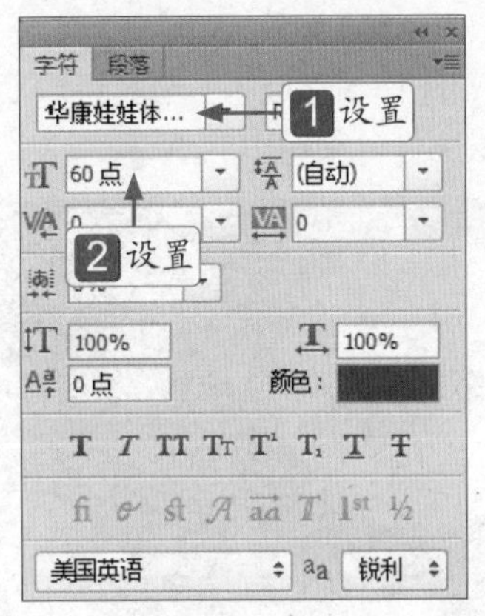

图 10-6 设置“大小”

Step 05 执行操作后，文字的效果随之改变，如图 10-7 所示。

图 10-7 文字的效果改变

Step 06 选择单个文字，改变文字的颜色，按【Ctrl + Enter】组合键确认，效果如图 10-8 所示。

图 10-8 改变文字的颜色

10.1.3 新手练兵——创建形状图层

使用工具箱中的形状工具在图像编辑窗口中创建图形后，“图层”面板中将自动创建一个新的图层，即形状图层。

	实例文件	光盘 \ 实例 \ 第 10 章 \ 圣诞节 .psd
	所用素材	光盘 \ 素材 \ 第 10 章 \ 圣诞节 .jpg

Step 01 按【Ctrl + O】组合键，打开一幅素材图像，如图 10-9 所示。

图 10-9 素材图像

Step 02 设置前景色为黄色，在工具箱中，选取自定形状工具，如图 10-10 所示。

图 10-10 选取自定形状工具

Step 03 在工具属性栏中，1 选择“形状”按钮，2 单击“点按可打开‘自定义形状’拾色器”按钮，3 在弹出的面板中选择“五角星”选项，如图 10-11 所示。

图 10-11 选择“五角星”选项

Step 04 移动鼠标指针至图像编辑窗口，按住鼠标左键并拖曳，创建形状，如图 10-12 所示，此时即会自动新建一个形状图层。

图 10-12 创建形状

Step 05 用与上述相同的方法，创建多个形状图层，效果如图 10-13 所示。

图 10-13 创建多个形状图层

高手指引

单击"形状图层"按钮的情况下，当用户使用任意一个绘制图像的工具绘制新图形时，都会随之在"图层"面板中自动生成一个对应的形状图层，此类图层具有较灵活的矢量特性。

10.1.4 创建调整图层

调整图层可以使用户对图像进行颜色填充和色调调整，而不会永久地修改图像中的像素，即颜色和色调更改位于调整图层内，该图层像一层透明的膜一样，下层图像及其调整后的效果可以透过它显示出来。

单击"图层"|"新建调整图层"|"色相/饱和度"命令，弹出"新建图层"对话框，单击"确定"按钮，即可创建调整图层，展开"属性"面板，设置各选项，即可调整图像。图 10-14 所示为创建调整图层前后的效果对比。

图 10-14 创建调整图层前后的效果对比

技巧发送

调整图层的"属性"面板中，各主要选项区的含义如下。

- 参数设置区：用于设置调整图层中的色相/饱和度参数。
- 功能按钮区：列出 Photoshop CS6 提供的全部调整图层，单击各个按钮，即可对调整图层进行相应操作。

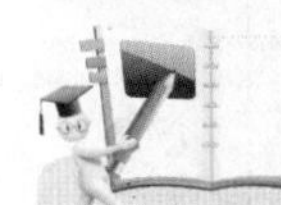

高手指引

调整图层可以使用户对图像进行颜色填充和色调的调整，而不会修改图像中的像素，调整图层只会影响此图层下面的所有图层。

10.1.5 创建填充图层

填充图层是指在原有图层的基础上新建一个图层，并在该图层上填充相应的颜色。用户可以根据需要为新图层填充纯色、渐变色或图案，通过调整图层的混合模式和不透明度使其与底层图层叠加，以产生特殊的效果。

单击“图层”|“新建填充图层”|“纯色”命令，弹出“新建图层”对话框，设置各选项，单击“确定”按钮，弹出“拾色器（纯色）”对话框，设置 RGB 参数，单击“确定”按钮，即可创建填充图层。图 10-15 所示为创建填充图层前后的效果对比。

图 10-15 创建填充图层前后的效果对比

技巧发送

除了运用上述方法可以创建填充图层以外，单击“图层”面板底部的“创建新的填充或调整图层”按钮，也可以创建填充图层。填充图层也是图层的一类，因此可以通过改变图层的混合模式、不透明度，为图层增加蒙版或将其应用与剪贴蒙版的操作，以此来获得不同的图像效果。

10.1.6 创建图层组

图层组就类似于文件夹，用户可以将图层按照类别放在不同的组内，当关闭图层组后，在“图层”面板中就只显示图层组的名称。

单击“图层”|“新建”|“组”命令，弹出“新建组”对话框，如图 10-16 所示，设置各选项，单击“确定”按钮，即可创建新图层组，如图 10-17 所示。

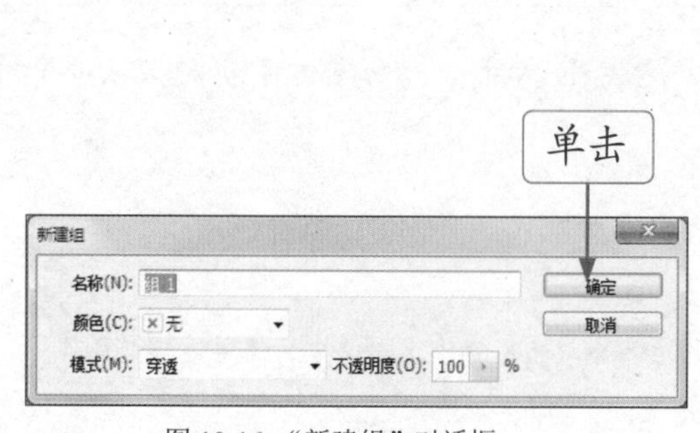

图 10-16 “新建组”对话框

图 10-17 创建新图层组

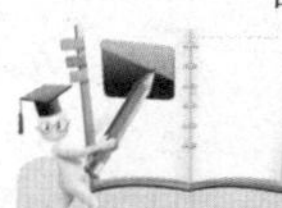

高手指引

使用图层组可以在很大程度上充分利用“图层”面板的空间，更重要的是可以对一个图层组中所有图层进行一致的控制。

10.1.7 删除图层组

用户可以根据需要将组或者组里面的内容删除。删除图层组的方法很简单，用户只需选中要删除的图层组，单击“图层”|“删除”|“组”命令，弹出提示信息框，如图 10-18 所示，单击“组和内容”按钮，即可删除图层组，如图 10-19 所示。

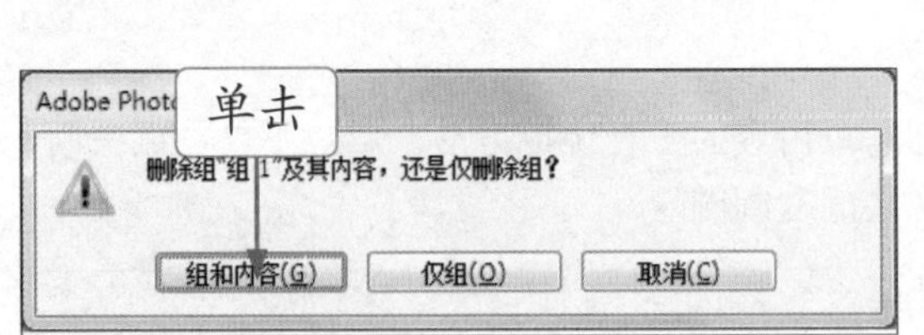

图 10-18 提示信息框

图 10-19 删除图层组

10.2 图层基本操作

图层的基础操作是我们最常用的操作之一，例如，选择图层、复制图层、删除图层、重命名图层、调整图层顺序、显示与隐藏图层等。下面详细讲解其操作方法。

10.2.1 选择图层

正确地选择图层是正确操作的前提条件，只有选择了正确的图层，所有基于此图层的操作才有意义。选择图层的方法很简单，用户只需单击“图层”面板中的某个图层即可选中该图层，它会成为当前图层。图 10-20 所示为选择图层前后的效果对比。

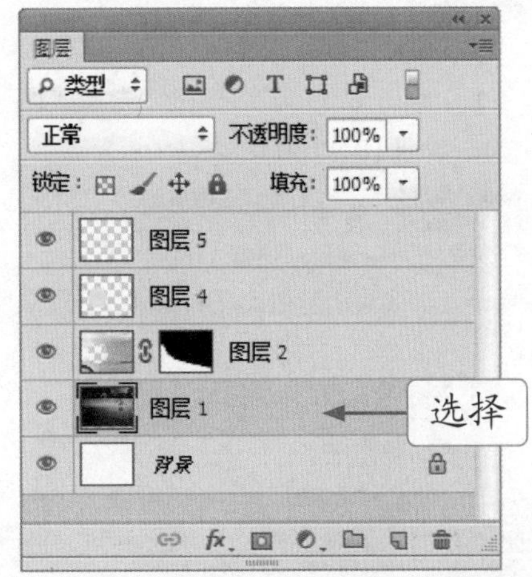

图 10-20 选择图层前后的效果对比

技巧发送

除了运用上述方法可以选择图层外，还有其他 5 种选择方法如下。

选择多个图层：如果要选择多个相邻的图层，可以单击第一个图层，按住【Shift】键的同时单击最后一个图层；如果要选择多个不相邻的图层，可以在按住【Ctrl】键同时单击相应图层。

选择所有图层：单击“选择”|“选择相似图层”命令，即可选择类型相似的所有图层。

选择链接图层：选择一个链接图层，单击“图层”|“选择链接图层”命令，可以选择与之链接的所有图层。

取消选择图层：如果不想选择任何图层，可以在面板中最下面一个图层下方的空白处单击鼠标左键。也可以单击“选择”|“取消选择图层”命令。

10.2.2 新手练兵——复制图层

复制图层是在图像文件中或图像文件之间拷贝内容的一种快捷方法。用户不仅可以在同一图像中复制图层，而且还可以在两幅不同的图像之间复制图层。

	实例文件	光盘 \ 实例 \ 第 10 章 \ 美特潮流 .psd
	所用素材	光盘 \ 素材 \ 第 10 章 \ 美特潮流 .psd

Step 01 按【Ctrl ＋ O】组合键，打开一幅素材图像，如图 10-21 所示。

图 10-21 素材图像

Step 02 展开“图层”面板，选择“图层 1”图层，如图 10-22 所示。

图 10-22 展开“图层”面板

Step 03 拖曳“图层 1”图层至面板右下方的“创建新图层”按钮上，即可复制图层，并调整至合适位置，效果如图 10-23 所示。

图 10-23 复制图层

技巧发送

除了运用上述方法可以复制图层外，还有以下两种方法。

快捷键：按住【Alt】键的同时，按住鼠标左键并拖曳需要复制的图像。

命令：单击“编辑”|“拷贝”命令，再单击“编辑”|“粘贴”命令。

10.2.3 新手练兵——删除图层

对于多余的图层，应该及时将其从图像中删除，以减小图像文件的大小。

实例文件	光盘 \ 实例 \ 第 10 章 \VIP 卡 .psd
所用素材	光盘 \ 素材 \ 第 10 章 \VIP 卡 .psd

Step 01 按【Ctrl + O】组合键，打开一幅素材图像，如图 10-24 所示。

图 10-24 素材图像

Step 02 在“图层”面板中，1 选择“VIP”图层，2 单击“删除图层”按钮，如图 10-25 所示。

图 10-25 单击“删除图层”按钮

Step 03 执行操作后，弹出提示信息框，如图 10-26 所示，单击“是”按钮。

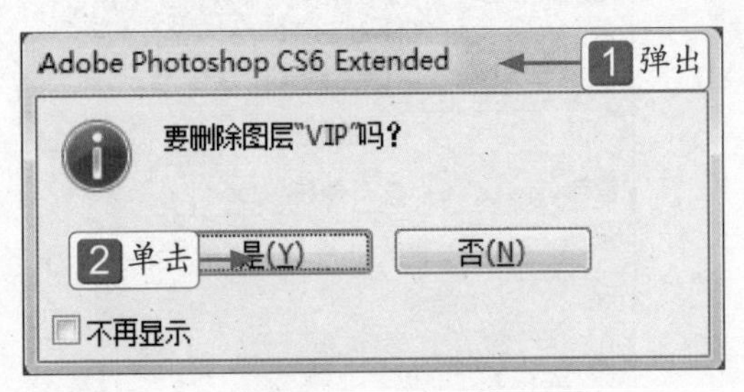

图 10-26 提示信息框

Step 04 执行操作后，即可删除图层，效果如图 10-27 所示。

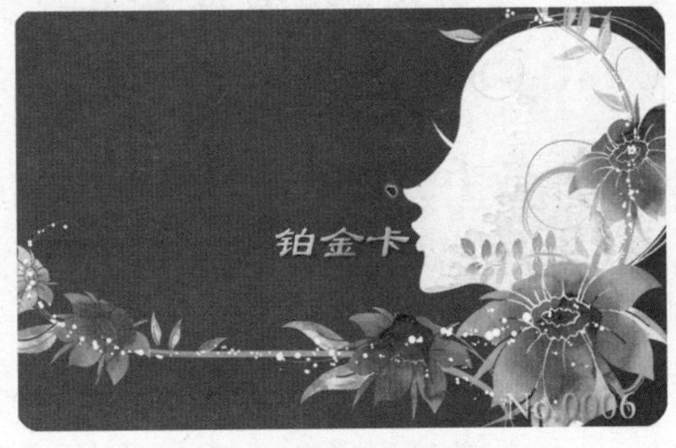

图 10-27 删除图层

技巧发送

除了运用上述方法可以删除图层外，还有以下两种方法。

- 命令：单击“图层”|“删除”|“图层”命令。
- 快捷键：在选取移动工具并且在当前图像中不存在选区的情况下，按【Delete】键，即可删除图层。

10.2.4 新手练兵——重命名图层

在“图层”面板中每个图层都有默认的名称，用户可以根据需要，自定义图层的名称，以便于设计过程的操作。

	实例文件	光盘 \ 实例 \ 第 10 章 \VIP 卡 1.psd
	所用素材	光盘 \ 素材 \ 第 10 章 \VIP 卡 .psd

Step 01 以 10.2.3 小节的图像效果为素材，在"图层"面板中，选择"图层 2"图层，如图 10-28 所示。

图 10-28 选择"图层 2"图层

Step 02 双击鼠标左键激活文本框，输入名称，按【Enter】键确认，即可重命名图层，效果如图 10-29 所示。

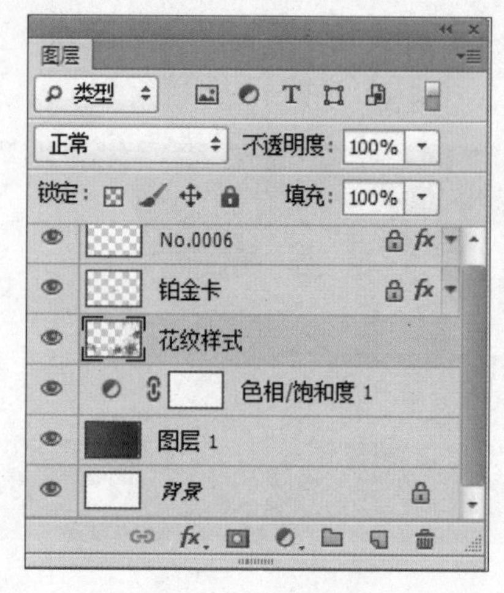

图 10-29 重命名图层

10.2.5 新手练兵——调整图层顺序

由于图像中的图层是自上而下排列的，因此在编辑图像时调整图层顺序便可获得不同的图像效果。

	实例文件	光盘 \ 实例 \ 第 10 章 \ 雪地 .psd
	所用素材	光盘 \ 素材 \ 第 10 章 \ 雪地 .psd

Step 01 按【Ctrl + O】组合键，打开一幅素材图像，如图 10-30 所示。

图 10-30 素材图像

Step 02 在"图层"面板中，选择"图层 1"图层，如图 10-31 所示。

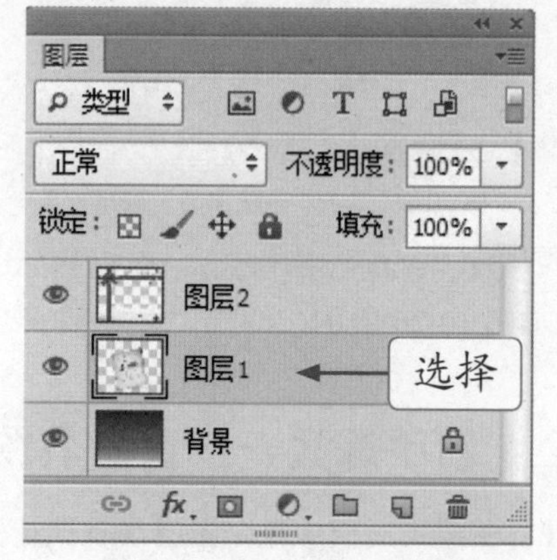

图 10-31 选择"图层 1"图层

Step 03 按住鼠标左键并拖曳"图层 1"图层至"图层 2"图层的上方，如图 10-32 所示。

图 10-32 拖曳图层

Step 04 执行操作后，图像编辑窗口中的图像效果也会随之改变，图像效果如图 10-33 所示。

图 10-33 调整图层顺序后的效果

高手指引

除了运用鼠标拖曳图层来改变其顺序外，用户还可以利用"图层"|"排列"子菜单中的命令来执行改变图层顺序的操作，其中各个命令的使用情况如下。

- 单击"图层"|"排列"|"置为顶层"命令将图层置于最顶层，快捷键【Ctrl + Shift +]】组合键。
- 单击"图层"|"排列"|"前移一层"命令将图层上移一层，快捷键为【Ctrl +]】组合键。
- 单击"图层"|"排列"|"后移一层"命令将图层下移一层，快捷键为【Ctrl + [】组合键。
- 单击"图层"|"排列"|"置为底层"命令将图层置于图像的最底层，快捷键为【Ctrl + Shift + [】组合键。

10.2.6 显示与隐藏图层

"图层"面板中的"指示图层可见性"图标用于图层的显示 / 隐藏切换。通过设置相应图层的显示 / 隐藏，可控制一幅图像的显示效果。

在"图层"面板中，单击图层左侧的"指示图层可见性"图标，即可隐藏该图层。图 10-34 所示为显示与隐藏图层前后的效果对比。

图 10-34 显示与隐藏图层前后的效果对比

技巧发送

当图层处于隐藏状态时，再次单击图层左侧的“图层可见性”图标，即可重新显示图层。

10.3 图层的管理

图层的管理主要包括设置图层的不透明度、填充图层参数、链接与合并图层、锁定图层、对齐与分布图层等操作。灵活运用图层的相关操作，可以帮助用户制作层次分明、结构清晰的图像效果。下面详细讲解其操作方法。

10.3.1 新手练兵——设置图层不透明度

不透明度是用于控制图层中所有对象（包括图层样式和混合模式）的透明属性，通过设置图层的不透明度，能够使图像主次分明，主体突出。

	实例文件	光盘 \ 实例 \ 第 10 章 \ 风景 .psd
	所用素材	光盘 \ 素材 \ 第 10 章 \ 风景 .psd

Step 01 按【Ctrl + O】组合键，打开一幅素材图像，如图 10-35 所示。

图 10-35 素材图像

Step 02 在“图层”面板中，选择“图层 2”图层，如图 10-36 所示。

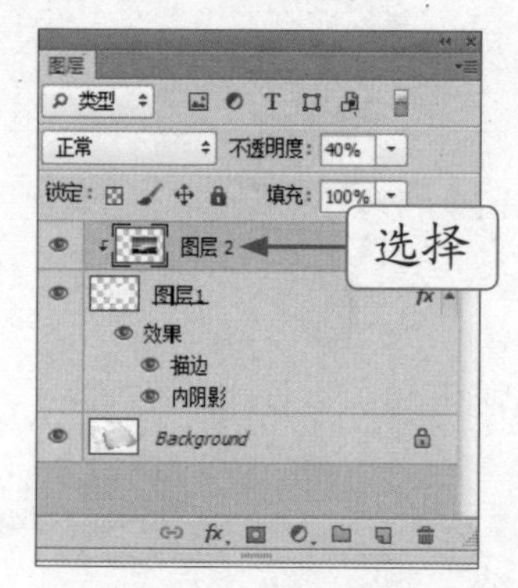

图 10-36 选择“图层 2”图层

Step 03 在面板的右上方设置“不透明度”为 100%，如图 10-37 所示。

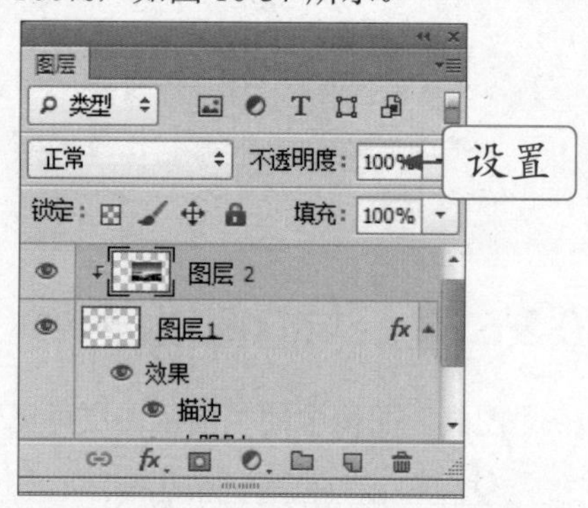

图 10-37 设置“不透明度”

Step 04 执行操作后，即可设置图层不透明度，效果如图 10-38 所示。

图 10-38 设置图层不透明度

10.3.2 新手练兵——设置填充图层参数

填充不透明度仅影响图层中绘制的像素或图层上绘制的形状，但不影响已应用于图层的任何图层效果的不透明度。

实例文件	光盘 \ 实例 \ 第 10 章 \ 喜迎中秋 .psd
所用素材	光盘 \ 素材 \ 第 10 章 \ 喜迎中秋 .psd

Step 01 按【Ctrl + O】组合键，打开一幅素材图像，如图 10-39 所示。

图 10-39 素材图像

Step 02 在“图层”面板中，选择“图层 4”图层，如图 10-40 所示。

图 10-40 选择“图层 4”图层

Step 03 在面板的右上方，设置“填充”为 100%，如图 10-41 所示。

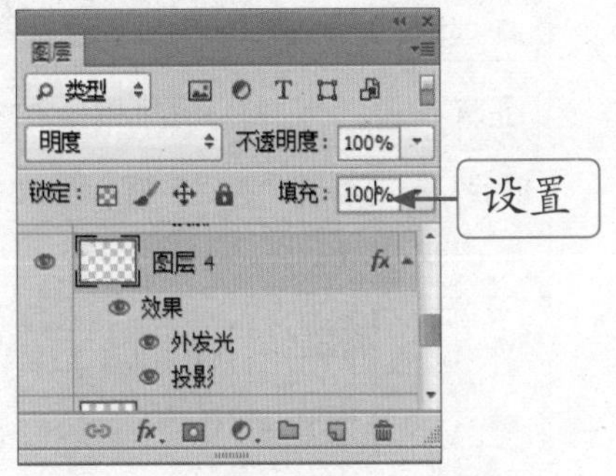

图 10-41 设置“填充”

Step 04 执行操作后，此时图像编辑窗口中的图像效果如图 10-42 所示。

图 10-42 图像效果

高手指引

利用“填充”功能，可以反复地在当前图层的上方叠加更多、更丰富的图层样式，要叠加更多的图层样式，可以先复制具有图层样式的图层，然后将复制得到的新图层的填充数值设置为 0，最后为得到的新图层应用与其他图层相同的图层样式，重新设置每一种图层样式的参数。

10.3.3 新手练兵——链接与合并图层

只有在“图层”面板中选择两个或两个以上的图层时，“链接图层”按钮才可以被激活。在编辑图像文件时，经常会创建多个图层，占用的磁盘空间也随之增加。因此对于没必要分开的图层，可以将它们合并，这样有助于减少图像文件对磁盘空间的占用，同时也可以提高系统的处理速度。

实例文件	光盘 \ 实例 \ 第 10 章 \ 喜迎中秋 1.psd
所用素材	光盘 \ 素材 \ 第 10 章 \ 喜迎中秋 .psd

Step 01 以 10.3.2 的效果为例，在“图层”面板中，**1** 选择“图层 3”和“图层 5”两个图层，如图 10-43 所示，**2** 单击面板底部的的“链接图层”按钮。

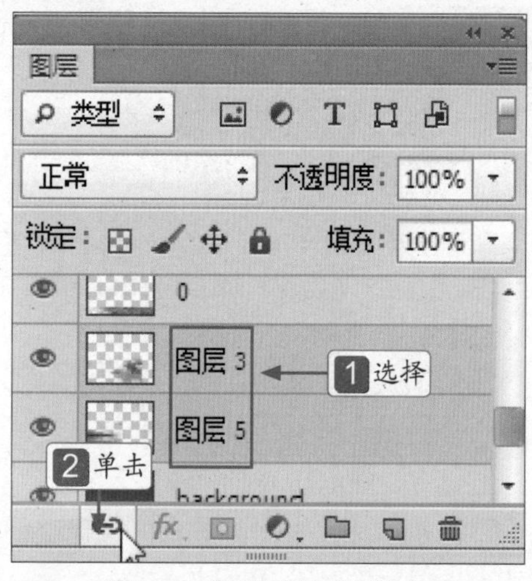

图 10-43 选择相应的两个图层

Step 02 执行操作后，即可完成链接操作，如图 10-44 所示。

图 10-44 完成链接操作

Step 03 选择“图层 3”和“图层 5”两个图层，单击“图层”|“合并图层”命令，即可合并选择的图层，如图 10-45 所示。

图 10-45 合并选择的图层

Step 04 隐藏“图层 3”图层，选择“背景”图层，单击“图层”|“合并可见图层”命令，即可合并可见图层，效果如图 10-46 所示。

图 10-46 合并可见图层

高手指引

链接图层后，可对图层进行移动和变换操作，且移动和变换后可保持各链接图层中的图像的相对位置不变，若要取消链接，只需选择链接图层中的任意一个图层，再次单击“链接图层”按钮即可。

10.3.4 锁定图层

图层被锁定后，将限制图层编辑的内容和范围，被锁定的内容将不再受到编辑图层中其他内容时的影响。

在“图层”面板中，选择“图层 1”图层，单击“锁定透明像素”按钮，即可锁定图层对象。图 10-47 所示为锁定图层前后的效果对比。

图 10-47 锁定图层前后的效果对比

知识链接

“图层”面板中“锁定”区域各按钮含义。

- “锁定全部”按钮：单击该按钮将锁定所有属性，整个图层不可被编辑。
- “锁定位置”按钮：单击该按钮，将锁定部分属性，部分图层可被编辑。
- “锁定图像像素”按钮：单击该按钮，将锁定图层图像像素，图层的图像像素不可被编辑。
- “锁定透明像素”按钮：单击该按钮，将锁定图层透明像素，图层透明部分不可被编辑。

10.3.5 新手练兵——对齐与分布图层

对齐图层是将图像文件中包含的图层按照指定的方式（沿水平或垂直方向）对齐；分布图层是将图像文件中的几个图层中的内容按照指定的方式（沿水平或垂直方向）平均分布，将当前选择的多个图层或链接图层进行等距排列。

实例文件	光盘 \ 实例 \ 第 10 章 \ 书签 .psd
所用素材	光盘 \ 素材 \ 第 10 章 \ 书签 .psd

Step 01 按【Ctrl + O】组合键，打开一幅素材图像，如图 10-48 所示。

Step 02 在“图层”面板中，选择需要进行对齐操作的图层，如图 10-49 所示。

Step 03 单击“图层”|“对齐”|“顶边”命令，如图 10-50 所示。

图 10-48 素材图像

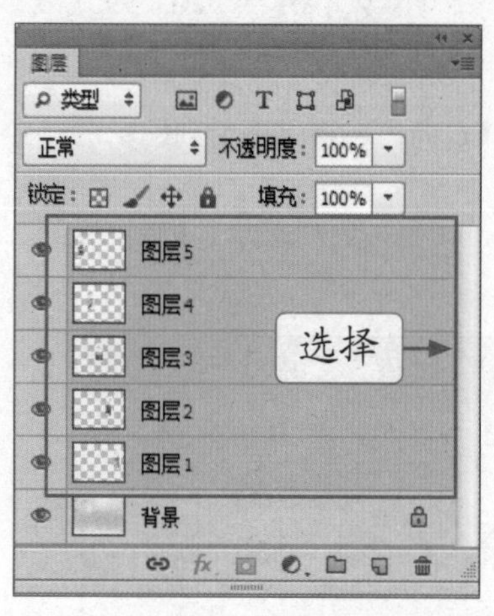

图 10-49 选择图层

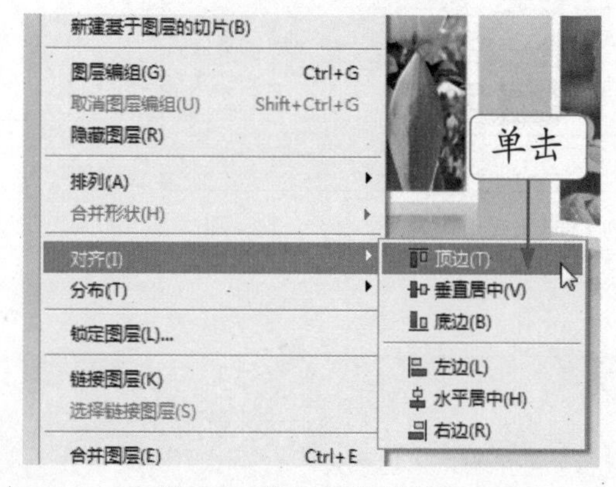

图 10-50 单击“顶边”命令

Step 04 执行操作后，即可顶边对齐图像，如图 10-51 所示。

图 10-51 顶边对齐图像

知识链接

单击“对齐”命令，在弹出的子菜单中各主要命令含义如下。

- 顶边：所选图层对象将以位于最上方的对象为基准，进行顶部对齐。
- 垂直居中：所选图层对象将以位置居中的对象为基准，进行垂直居中对齐。
- 底边：所选图层对象将以位于最下方的对象为基准，进行底部对齐。
- 左边：所选图层对象将以位于最左侧的对象为基准，进行左对齐。
- 水平居中：所选图层对象将以位于中间的对象为基准，进行水平居中对齐。
- 右边：所选图层对象将以位于最右侧的对象为基准，进行右对齐。

Step 05 单击“图层”|“分布”|“水平居中”命令，如图 10-52 所示。

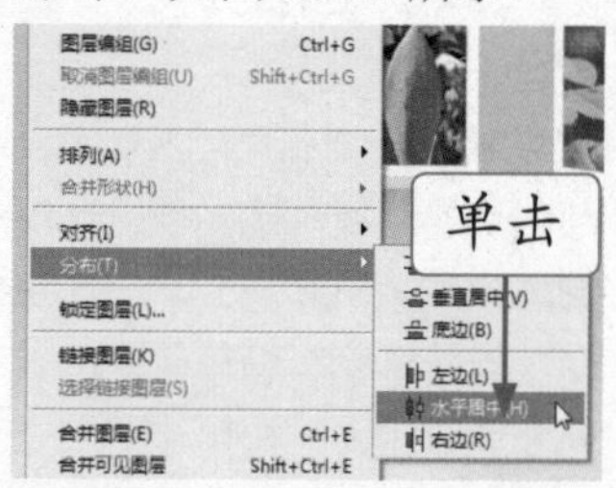

图 10-52 单击“水平居中”命令

Step 06 执行操作后，即可水平居中图像，效果如图 10-53 所示。

图 10-53 水平居中图像

知识链接

“分布”命令的子菜单中主要命令含义如下。

- 顶边：可以均匀分布各链接图层或所选择的多个图层的位置，使它们最上方的图像间相隔同样的距离。

- 垂直居中：可将所选图层对象间垂直方向的图像相隔同样的距离。
- 底边：可将所选图层对象间最下方的图像相隔同样的距离。
- 左边：可以将所选图层对象间最左侧的图像相隔同样的距离。
- 水平居中：可将所选图层对象间水平方向的图像相隔同样的距离。
- 右边：可将所选图层对象间最右侧的图像相隔同样的距离。

10.3.6 栅格化图层

如果要使用绘图工具和滤镜编辑文字图层、形状图层、矢量蒙版或智能对象等包含矢量数据的图层，需要先将其栅格化，使图层中的内容转换为栅格图像，然后才能够进行相应的编辑。

选择需要栅格化的图层，单击“图层”|“栅格化”命令，在弹出的子菜单中，单击相应的命令即可栅格化图层中的内容。图 10-54 所示为栅格化文字图层前后的效果对比。

图 10-54 栅格化文字图层前后的效果对比

技巧发送

除了运用上述方法可以栅格化图层外，用户还可以在选择的图层对象上，单击鼠标右键，在弹出的快捷菜单中，选择“栅格化文字”或“栅格化图层样式”选项。

10.4 应用各种图层样式

“图层样式”可以为当前图层添加特殊效果，如投影、外发光、内发光等样式，在不同的图层中应用不同的图层样式，可以使整幅图像更加富有真实感和突出性。本节主要介绍各图层样式功能的基础知识。

由于各类图层样式集成于一个对话框中，而且其参数结构基本相似，所以在此以“投影”图层样式为例讲解“图层样式”对话框。

在 Photoshop CS6 中，单击“图层”|“图层样式”|“投影”命令，弹出“图层样式”对话框，如图 10-55 所示。

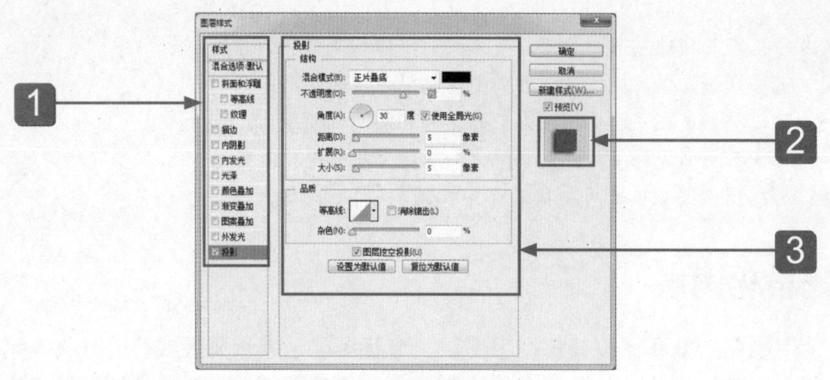

图 10-55 “图层样式”对话框

1. 图层样式列表框：该区域中列出了所有的图层样式，如果要同时应用多个图层样式，只需要选中图层样式相对应的名称复选框，即可在对话框中间的参数控制区域显示其中的参数。
2. 参数控制区：在选择不同图层样式的情况下，该区域会即时显示与之对应的参数选项，在 Photoshop CS6 中，“图层样式”对话框中增加了“设置为默认值”和“复位为默认值”两个按钮，前者可以将当前的参数保存成为默认的数值，以便后面应用，而后者则可以复位到系统或之前保存过的默认参数。
3. 预览区：可以预览当前所设置的所有图层样式叠加在一起时的效果。

高手指引

单击“图层”|“图层样式”命令，在弹出的子菜单中选择相应的选项，均会弹出“图层样式”对话框，不同的只是“样式”选项区中被选中的复选框不同而已。

10.4.1 新手练兵——应用投影样式

“投影”效果用于模拟光源照射生成的阴影，添加“投影”效果可使平面图产生立体感。

	实例文件	光盘 \ 实例 \ 第 10 章 \ 我爱妈妈 .psd
	所用素材	光盘 \ 素材 \ 第 10 章 \ 我爱妈妈 .psd

Step 01 按【Ctrl + O】组合键，打开一幅素材图像，如图 10-56 所示。

图 10-56 素材图像

Step 02 选择“图层 1”图层，单击“图层”|“图层样式”|“投影”命令，如图 10-57 所示。

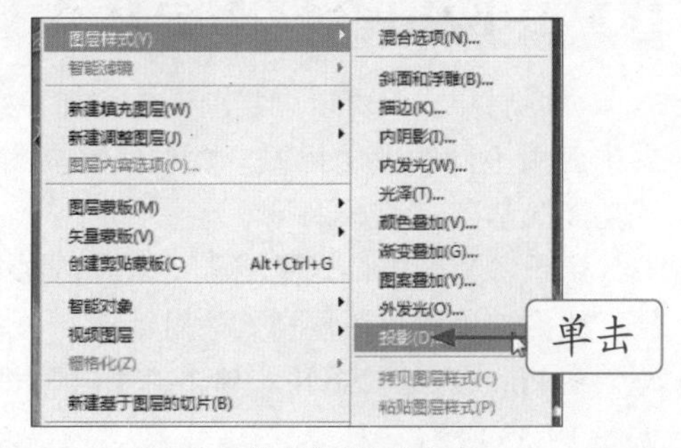

图 10-57 单击“投影”命令

Step 03 1 弹出“图层样式”对话框，2 在“投影”选项区中设置各参数，如图 10-58 所示，3 单击“确定”按钮。

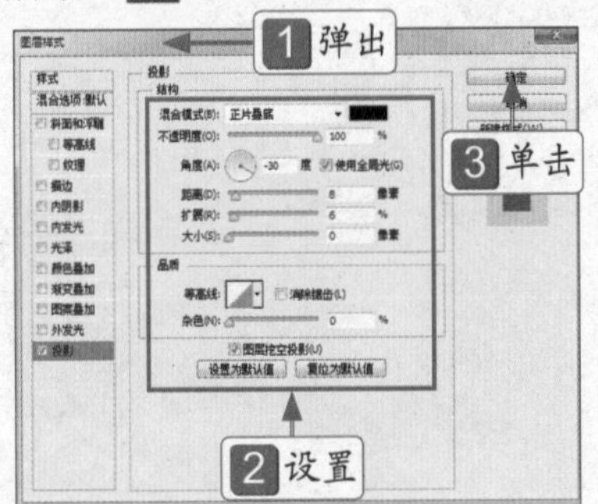

图 10-58 设置各参数

Step 04 执行操作后，即可应用投影样式，效果如图 10-59 所示。

图 10-59 应用投影样式

知识链接

“投影”对话框中，各主要选项的含义如下。

- 角度：用于设置光线照亮角度，以调整投影方向。
- 使用全局光：选中该复选框，表示为同一图像中的所有图层使用相同的光照角度。
- 距离：用于设置投影与图像的距离。
- 扩展：用于设置阴影的柔和效果。
- 大小：用于设置光线膨胀的柔和尺寸。
- 等高线：在其右侧的下拉列表中可以选择投影的轮廓。

10.4.2 新手练兵——应用外发光样式

在 Photoshop CS6 中，用户使用“外发光”图层样式可以为所选图层中的图像外边缘增添发光效果。

	实例文件	光盘 \ 实例 \ 第 10 章 \ 情人节 .psd
	所用素材	光盘 \ 素材 \ 第 10 章 \ 情人节 .psd

Step 01 按【Ctrl + O】组合键，打开一幅素材图像，如图 10-60 所示。

图 10-60 素材图像

Step 02 选中“图层 2”图层，单击“图层”|“图层样式”|“外发光”命令，如图 10-61 所示。

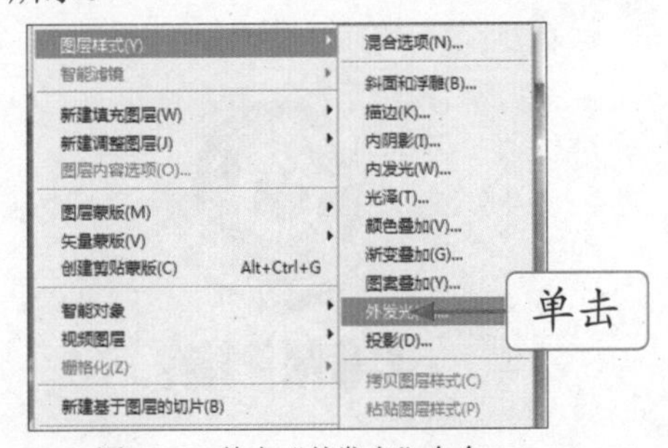

图 10-61 单击“外发光”命令

Step 03 **1** 弹出“图层样式”对话框，**2** 在“外发光”选项区中设置各参数，如图 10-62 所示，**3** 单击“确定”按钮。

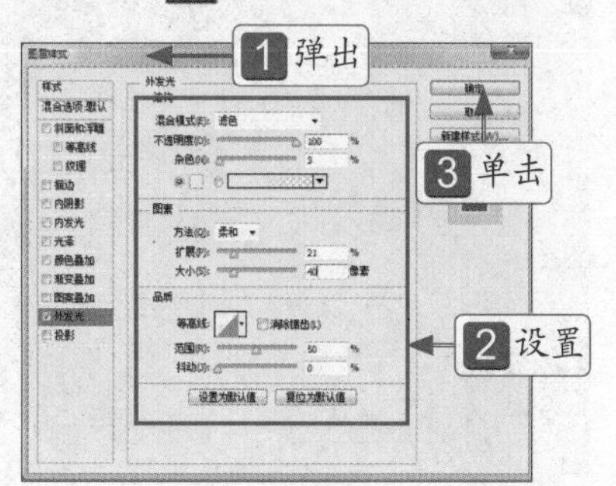

图 10-62 设置各参数

Step 04 执行操作后，即可应用外发光样式，效果如图 10-63 所示。

图 10-63 应用外发光样式

知识链接

“外发光”对话框中，各主要选项的含义如下。

- 方法：用于设置光线的发散效果。
- 扩展和大小：用于设置外发光的模糊程度和亮度。
- 范围：用于设置颜色不透明度的过渡范围。
- 抖动：用于设置光照的随机倾斜度。

高手指引

虽然该图层样式的名称为“外发光”，但并不代表它只能向外发出白色或亮色的光，在适当的参数设置下，利用该图层样式一样可以使图像发出深色的光。

10.4.3 新手练兵——应用内发光样式

使用“内发光”图层样式，可以为图层增加发光效果。

	实例文件	光盘 \ 实例 \ 第 10 章 \ 按钮 .psd
	所用素材	光盘 \ 素材 \ 第 10 章 \ 按钮 .psd

Step 01 按【Ctrl ＋ O】组合键，打开一幅素材图像，如图 10-64 所示。

图 10-64 素材图像

Step 02 在“图层”面板中，选择“图层 1”图层，如图 10-65 所示。

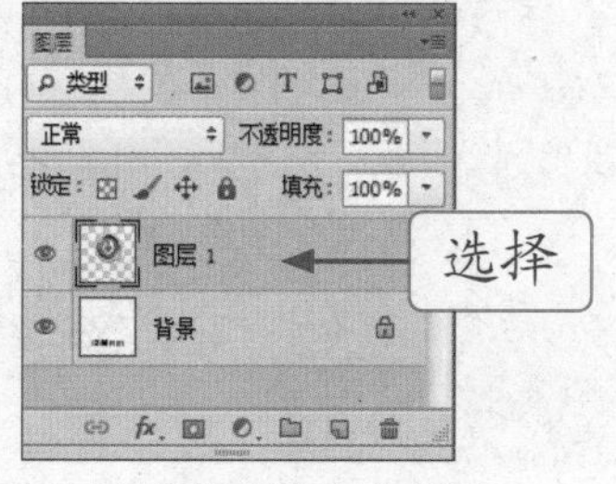

图 10-65 选择“图层 1”图层

Step 03 单击“图层”|“图层样式”|“内发光”命令，**1** 弹出“图层样式”对话框，**2** 设置各选项，如图 10-66 所示，**3** 单击“确定”按钮。

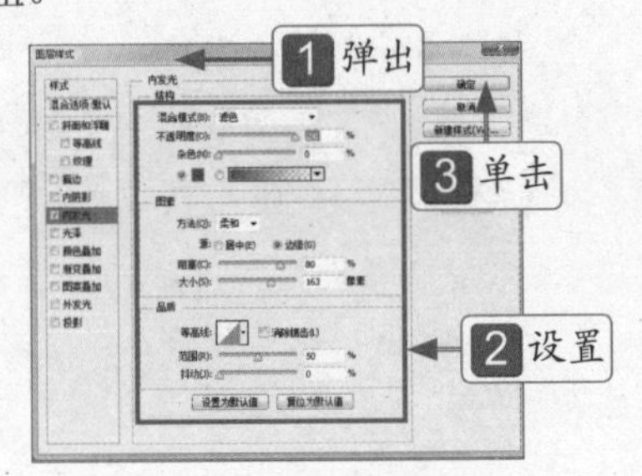

图 10-66 设置各参数

Step 04 单击“确定”按钮，即可应用内发光样式，效果如图 10-67 所示。

图 10-67 应用内发光样式

知识链接

“内发光”对话框中，各选项的含义如下。

- 混合模式：用来设置发光效果与下面图层的混合方式。
- 不透明度：用来设置发光效果的不透明度，该值越低，发光效果越弱。
- 方法：用来设置发光的方法，以控制发光的准确度。
- 阻塞：用来在模糊之前收缩内发光的杂边边界。
- 杂色：可以在发光效果中添加随机的杂色，使光晕呈现颗粒感。
- 源：用来控制发光源的位置。选中“居中”单选按钮，表示应用从图层内容的中心发出的光；选中“边缘”单选按钮，表示应用从图层内容的内部边缘发出的光。
- 大小：用来设置光晕范围的大小。

10.4.4 新手练兵——应用渐变叠加样式

使用“渐变叠加”图层样式可以为图层添加叠加渐变效果。

实例文件	光盘 \ 实例 \ 第 10 章 \ 元旦快乐 .psd
所用素材	光盘 \ 素材 \ 第 10 章 \ 元旦快乐 .psd

Step 01 按【Ctrl + O】组合键，打开一幅素材图像，如图 10-68 所示。

图 10-68 素材图像

Step 02 选择“元旦快乐”文字图层，单击“图层”|“图层样式”|“渐变叠加”命令如图 10-69 所示。

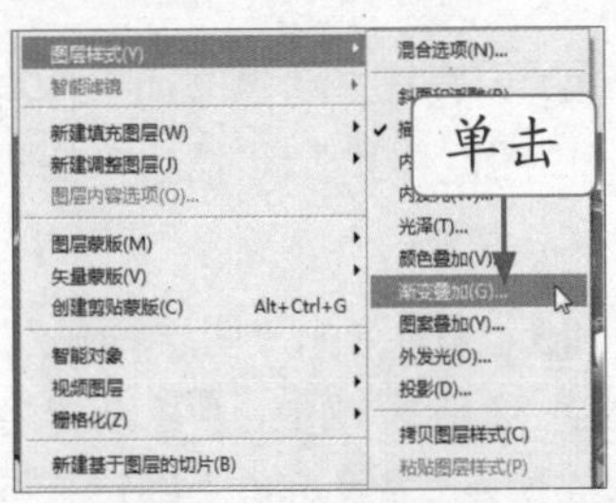

图 10-69 单击“渐变叠加”命令

Step 03 1 弹出“图层样式”对话框，在“渐变叠加”选项区中，2 设置各参数，如图 10-70 所示，3 单击“确定”按钮。

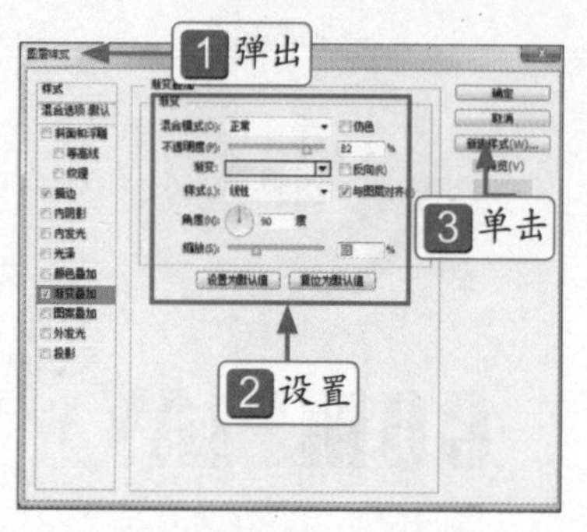

图 10-70 设置各参数

Step 04 执行操作后，即可应用渐变叠加样式，效果如图 10-71 所示。

图 10-71 应用渐变叠加样式

10.4.5 新手练兵——应用描边样式

使用“描边”图层样式可以使图像的边缘产生描边效果，用户可以设置外部描边、内部描边和居中描边。

	实例文件	光盘 \ 实例 \ 第 10 章 \ 动漫卡通 .psd
	所用素材	光盘 \ 素材 \ 第 10 章 \ 动漫卡通 .psd

Step 01 按【Ctrl + O】组合键，打开一幅素材图像，如图 10-72 所示。

图 10-72 素材图像

Step 02 选择“动漫卡通”图层，单击“图层”|“图层样式”|“描边”命令，如图 10-73 所示。

Step 03 1 弹出“图层样式”对话框，在“描边”选项区域中，2 设置各参数，如图 10-74 所示，3 单击“确定”按钮。

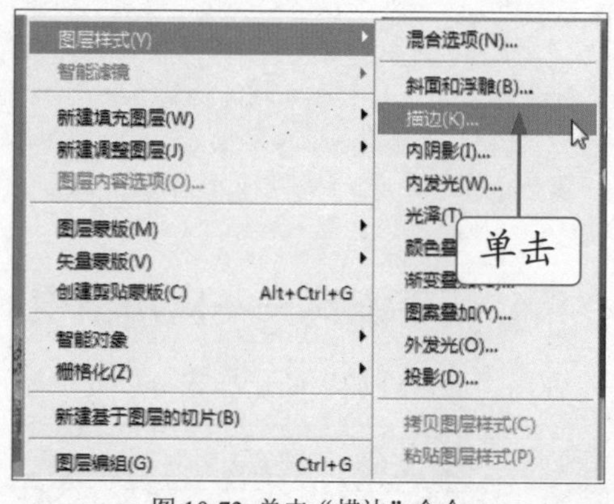

图 10-73 单击“描边”命令

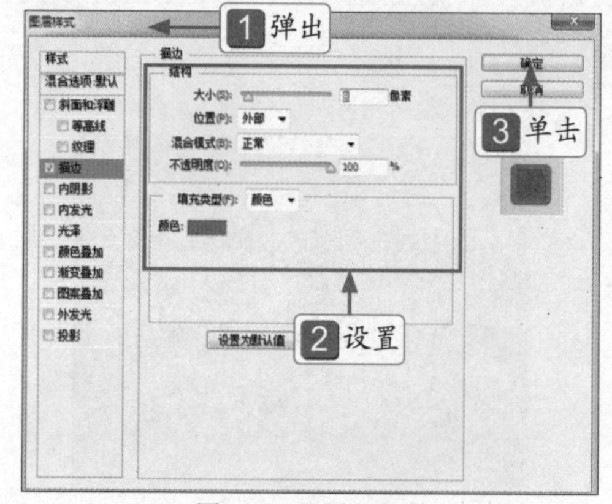

图 10-74 设置各参数

Step 04 执行操作后，即可应用描边样式，效果如图 10-75 所示。

图 10-75 应用描边样式

知识链接

“描边”对话框中，各主要选项的含义如下。

❀ 位置：单击左侧的下拉按钮，在弹出的列表框中可以选择描边的位置。

❀ 填充类型：用于设置图像描边的类型。

❀ 颜色：单击该图标，可设置描边的颜色。

❀ 大小：用于设置描边的大小。

高手指引

使用“描边”图层样式，可以用颜色、渐变或图案 3 种方式为当前图层中不透明像素描画轮廓，对于有硬边的图层（如文字）效果非常显著。

10.5 编辑各种图层样式

正确地对图层样式进行操作，可以使用户在工作中更方便地查看和管理图层样式。本节主要介绍编辑各图层样式的基本知识。

10.5.1 隐藏与清除图层样式

用户可以根据需要隐藏和清除图层样式，下面将介绍隐藏与清除图层样式的方法。

1. 隐藏图层样式

在 Photoshop CS6 中，隐藏图层样式后，可以暂时将图层样式进行清除，并可以重新显示。隐藏图层样式可以执行以下 3 种操作方法。

❀ 方法 1：在“图层”面板中单击图层样式名称左侧的眼睛图标，可对显示的图层样式进行隐藏。

❀ 方法 2：在任意一个图层样式名称上单击鼠标右键，在弹出的快捷菜单中选择“隐藏所有效果”即可隐藏当前图层样式效果。

❀ 方法 3：在“图层”面板中单击所有图层样式上方“效果”左侧的眼睛图标，即可隐藏所有图层样式效果。

2. 清除图层样式

用户需要清除某一图层样式，只需在“图层”面板中将其拖曳至“图层”面板的“删除图层”按钮上。

如果要一次性删除应用于图层的所有图层样式，则可以在“图层”面板中拖曳图层名称下的“效果”至“删除图层”按钮上。

在任意一个图层样式上单击右键，在弹出快捷菜单中选择“清除图层样式”选项，也可以删除当前图层中所有的图层样式。

10.5.2 复制与粘贴图层样式

复制和粘贴图层样式可以将当前图层的样式效果完全复制于其他图层上，在工作过程中可以节省大量的操作时间。

在“图层”面板中，选择需要复制图层样式的图层，在选择的图层上单击鼠标右键，在弹出的快捷菜单中选择“拷贝图层样式”选项，选择需要粘贴图层样式的图层，单击鼠标右键，在弹出的快捷菜单中选择“粘贴图层样式”选项，即可复制与粘贴图层样式。图 10-76 所示为复制与粘贴图层样式前后的效果对比。

图 10-76 复制与粘贴图层样式前后的效果对比

高手指引

当只需要复制原图像中的某个图层样式时，可以在“图层”面板中按住【Alt】键的同时按住鼠标左键并拖曳这个图层样式至目标图层中。

10.5.3 移动图层样式

拖曳普通图层中的“指示图层效果”图标，可以将图层样式效果移动到另一图层上。

在“图层”面板中，选择需要移动图层样式的图层，按住“指示图层效果”图标 fx 并拖曳至需要移动图层样式的图层上，释放鼠标左键，即可移动图层样式。图 10-77 所示为移动图层样式前后的效果对比。

图 10-77 移动图层样式前后的效果对比

10.5.4 缩放图层样式

使用“缩放效果”命令可以缩放图层样式中所有的效果，但对图像没有影响。

在“图层”面板中，选择需要缩放图层样式的图层，单击“图层”|“图层样式”|“缩放效果”命令，弹出“缩放图层效果”对话框，设置“缩放”为 200%，单击“确定”按钮，即可缩放图层样式。图 10-78 所示为缩放图层样式前后的效果对比。

图 10-78 缩放图层样式前后的效果对比

高手指引

在“缩放图层效果”对话框中只需先选中“预览”复选框，在调节参数的同时观看图像的预览效果，满意后单击“确定”按钮退出对话框即可。

10.5.5 将图层样式转换为图层

使用“创建图层”命令可以将图层样式转换为图层，但对图像没有影响。

在“图层”面板中，选择需要转换的图层样式的图层，如图 10-79 所示，在“指示图层效果”图标上单击鼠标右键，在弹出的快捷菜单中选择“创建图层”选项，即可将图层样式转换为图层，如图 10-80 所示。

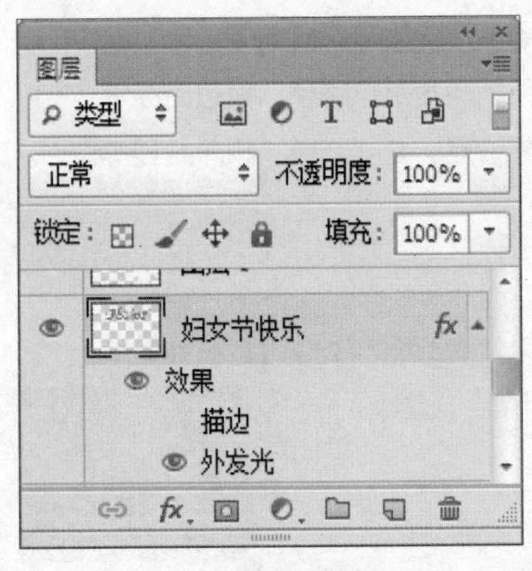

图 10-79 选择图层

图 10-80 图层样式转换为图层

第11章 创建与编辑路径对象

学前提示

Photoshop CS6是一个标准的位图软件，但仍然具有较强的矢量线条绘制功能，系统本身提供了非常丰富的线条形状绘制工具，如钢笔工具、矩形工具、圆角矩形工具以及多边形工具等。路径在Photoshop CS6中有着非常广泛的应用，它可以描边和填充颜色，可以作为剪切路径而应用到矢量蒙板中。本章主要介绍利用这些工具绘制路径的基本操作。

本章知识重点

- 路径与形状基本概念
- 创建与美化多种路径
- 编辑各种路径

学完本章后应该掌握的内容

- 了解路径与形状基本概念，如路径的基本概念、形状的基本概念等
- 掌握创建与美化多种路径的方法，如矩形路径、圆角矩形路径、描边路径等
- 掌握编辑各种路径的方法，如添加锚点、删除锚点、复制路径、删除路径等

11.1 路径与形状的基本概念

在使用矢量工具创建路径时，必须了解什么是路径，路径由什么组成，下面就来讲解路径的概念及其组成等内容。

11.1.1 路径的基本概念

路径是 Photoshop CS6 中的各项强大功能之一，它是基于“贝塞尔”曲线建立的矢量图形，所有使用矢量绘图软件或矢量绘图工具制作的线条，原则上都可以称为路径。

路径是使用形状或钢笔工具绘制的直线或曲线，是矢量图形，如图 11-1 所示。因此无论是缩小还是放大图像都不会影响其分辨率和平滑度，均会保持清晰的边缘。

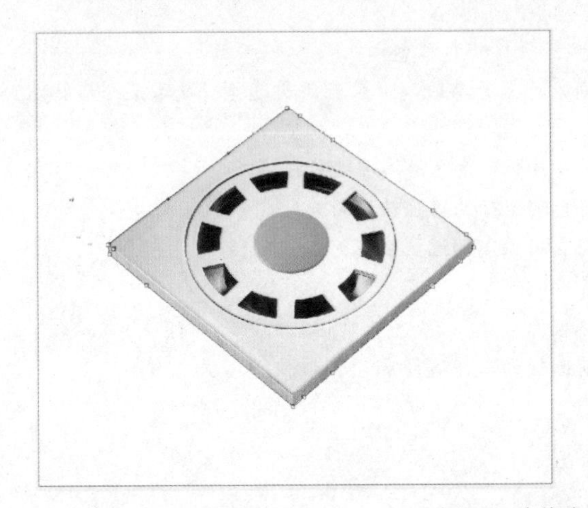

图 11-1 直线路径与曲线路径

路径多用锚点来标记路线的端点或调整点，当创建的路径为曲线时，每个选中的锚点上将显示一条或两条方向线和一个或两个方向点，并附带相应的控制柄；方向线和方向点的位置决定了曲线段的大小和形状，通过调整控制柄，方向线或方向点随之改变，且路径的形状也将改变。图 11-2 所示为路径示意图。

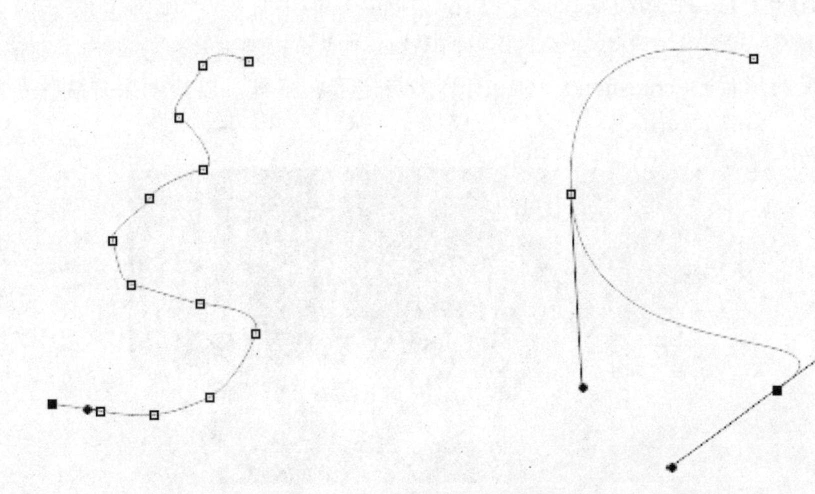

图 11-2 短方向线与长方向线的曲线路径

单击菜单栏中的“窗口”|“路径”命令，打开“路径”面板，当创建路径后，在“路径”面板上就会自动创建一个新的工作路径，如图 11-3 所示。

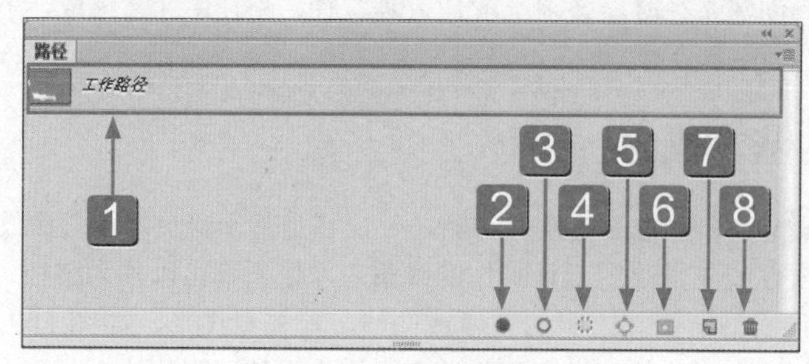

图 11-3 “路径”面板

1 工作路径：显示了当前文件中包含的路径、临时路径和矢量蒙版。

2 用前景色填充路径 ：单击此按钮可以用前景色填充路径，如果当前所选路径属于某个形状图层，则此按钮呈灰色不可用状态。

3 用画笔描边路径 ：可以按当前选择的绘画工具和前景色沿路径进行描边。

4 将路径作为选区载入 ：单击此按钮可以将当前选择的路径转换为选区。

5 从选区生成工作路径 ：单击此按钮可以将当前创建的选区生成为工作路径。

6 增加蒙版 ：单击此按钮为路径添加蒙版图层。

7 创建新路径 ：单击此按钮可以新建一条路径。

8 删除当前路径 ：单击此按钮可以删除当前选择的工作路径。

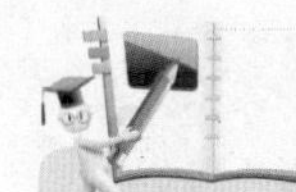

高手指引

在默认情况下，只有结束了当前绘制路径的操作，才可以绘制另一条路径。

11.1.2 形状的基本概念

形状是另一项在 Photoshop CS6 中被频繁使用的矢量技术，Photoshop CS6 提供了若干种用于绘制形状的工具，其中包括矩形工具 、圆角矩形工具 、椭圆工具 、多边形工具 、直线工具 以及自定形状工具 ，使用这些工具可以快速绘制出矩形、圆形、多边形、直线及自定义的形状。Photoshop CS6 中有许多自定形状工具，以帮助用户制作更加丰富的图像效果和路径，如图 11-4 所示。

图 11-4 自定义形状

高手指引

形状和路径十分相似，它也由控制柄、方向和方向点 3 个部分组成，但较为明显的区别是，路径只是一条线，它不会随着图像一起打印输出，是一个虚体；而形状是一个实体，可以拥有自己的颜色，并可以随着图像一起打印输出，而且由于它是矢量的，所以在输出的时候不会受到分辨率的约束。

11.2 创建与美化多种路径

Photoshop CS6 中提供了多种创建路径的方法，下面分别介绍运用路径工具和形状工具创建路径的方法。

11.2.1 新手练兵——使用钢笔工具创建路径

钢笔工具 是绘制路径时的首选工具，也是最常用的路径绘制工具，使用该工具可以绘制直线或平滑的曲线。选取钢笔工具后，其工具属性栏如图 11-5 所示。

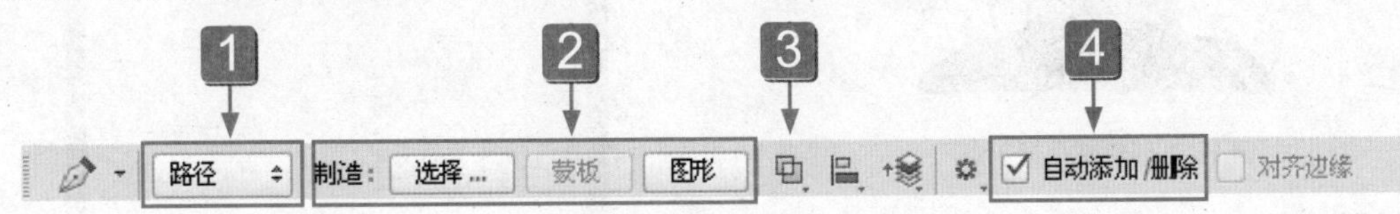

图 11-5 钢笔工具属性栏

1 路径：该列表框中包括图形、路径和像素 3 个选项。
2 制造：该选项区中包括有“选择”、“蒙板”和“图形”3 个按钮，单击相应的按钮可以创建选区、蒙板和图形。
3 对齐：单击该按钮，在弹出的列表框中，可以选择相应的选项对齐路径。
4 自动添加 / 删除：选中该复选框后可以智能增加和删除锚点。

	实例文件	光盘 \ 实例 \ 第 11 章 \ 显示器 .psd
	所用素材	光盘 \ 素材 \ 第 11 章 \ 显示器 .psd

Step 01 按【Ctrl + O】组合键，打开一幅素材图像，如图 11-6 所示。

图 11-6 素材图像

Step 02 选取工具箱中的钢笔工具 ，在工具属性栏中选择“路径”按钮，单击鼠标左键，确认路径的第 1 点，如图 11-7 所示。

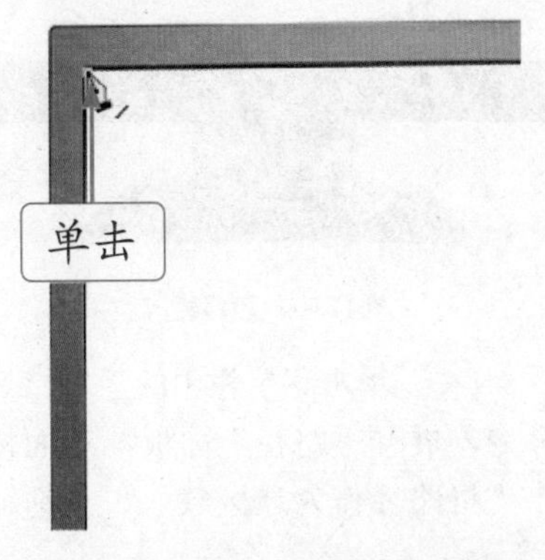

图 11-7 确认路径第 1 点

Step 03 将鼠标移至另一位置，单击鼠标左键并拖曳，至适当位置后释放鼠标，创建路径的第 2 点，如图 11-8 所示。

图 11-8 创建路径第 2 点

Step 04 按住【Shift】键的同时，单击鼠标左键，即可创建水平直线，重复操作多次，当绘制结束时，移动鼠标指针至起始点处并单击鼠标左键，封闭路径，如图 11-9 所示。

图 11-9 封闭路径

Step 05 单击菜单栏中的“窗口”|“路径”命令，展开“路径”面板，在面板右下方单击“将路径作为选区载入”按钮，如图 11-10 所示。

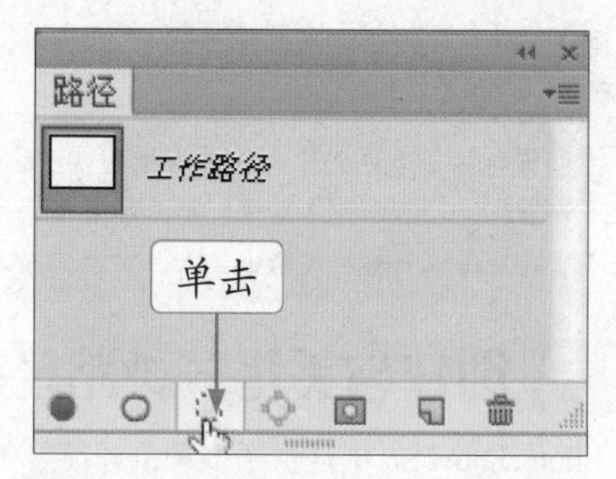

图 11-10 单击“将路径作为选区载入”按钮

Step 06 执行操作后，即可将路径转换成选区，如图 11-11 所示。

图 11-11 将路径转换成选区

Step 07 按【Delete】键删除选区内的图像，如图 11-12 所示。

图 11-12 删除选区内的图像

Step 08 按【Ctrl + D】组合键取消选区，如图 11-13 所示。

图 11-13 取消选区

Step 09 选取钢笔工具，在显示器中的图像上创建一条闭合路径，如图 11-14 所示。

图 11-14 创建闭合路径

Step 10 单击“路径”面板右下方的“将路径作为选区载入”按钮，使路径转换成选区，如图 11-15 所示。

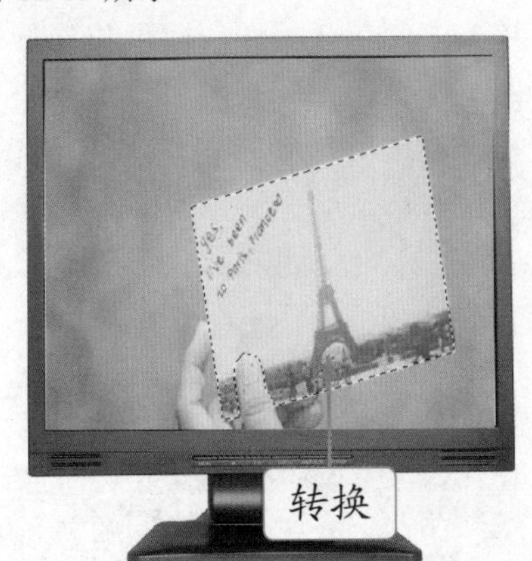

图 11-15 使路径转换成选区

Step 11 在“图层”面板中，选择“图层 1”图层，单击“图像”|“调整”|“亮度 / 对比度”命令，1 弹出“亮度 / 对比度”对话框，2 在其中设置各选项，如图 11-16 所示，3 单击“确定”按钮。

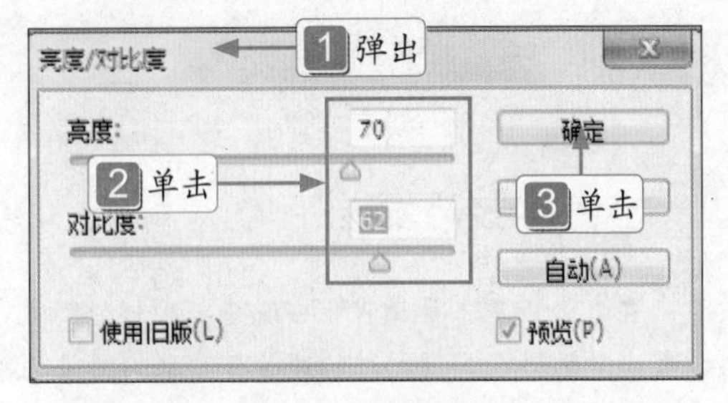

图 11-16 设置各选项

Step 12 执行操作后，即可调整图像色调，并取消选区，此时图像编辑窗口中的图像效果如图 11-17 所示。

图 11-17 调整图像色调

技巧发送

除了运用以上方法可以将路径转换为选区外，还有以下两种方法。

- 单击“路径”面板右侧的三角形按钮，在弹出的面板菜单中选择“建立选区”选项，弹出“建立选区”对话框，单击“确定”按钮，即可完成转换操作。
- 在图像编辑窗口中单击鼠标右键，在弹出的快捷菜单中选择“建立选区”选项，弹出“建立选区”对话框，单击“确定”按钮，即可完成转换操作。

11.2.2 新手练兵——使用自由钢笔工具创建路径

用户使用自由钢笔工具可以随意绘图，不需要像使用钢笔工具那样通过创建锚点来绘制路径。自由钢笔工具属性栏与钢笔工具属性栏基本一致，只是将“自动添加/删除”变为“磁性的”复选框，如图 11-18 所示。

图 10-18 自由钢笔工具属性栏

技巧发送

在自由钢笔工具属性栏中选中“磁性的”复选框，在创建路径时，可以仿照磁性套索工具的用法设置平滑的路径曲线，对创建具有轮廓的图像的路径很有帮助。

	实例文件	光盘\实例\第 11 章\爱情信封 .jpg
	所用素材	光盘\素材\第 11 章\爱情信封 .jpg

Step 01 按【Ctrl + O】组合键，打开一幅素材图像，选取工具箱中的自由钢笔工具，在工具属性栏中，选中“磁性的”复选框，拖曳鼠标至图像编辑窗口中信封的左上方，单击鼠标左键并沿信封的边缘拖曳，如图 11-19 所示。

图 11-19 拖曳鼠标

Step 02 拖曳鼠标至起始点，单击鼠标左键，创建一条闭合路径，如图 11-20 所示。

技巧发送

在未封闭路径的起点或终点上单击鼠标左键并拖曳，待鼠标指针到达路径另一端时释放鼠标，即可将开放的路径封闭。

图 11-20 创建闭合路径

Step 03 在“路径”面板右下方单击“将路径作为选区载入”按钮，即可使路径转换成选区，单击“选择”|“修改”|“羽化”命令，弹出“羽化选区”对话框，设置“羽化半径”为 5，单击“确定”按钮，即可羽化选区，如图 11-21 所示。

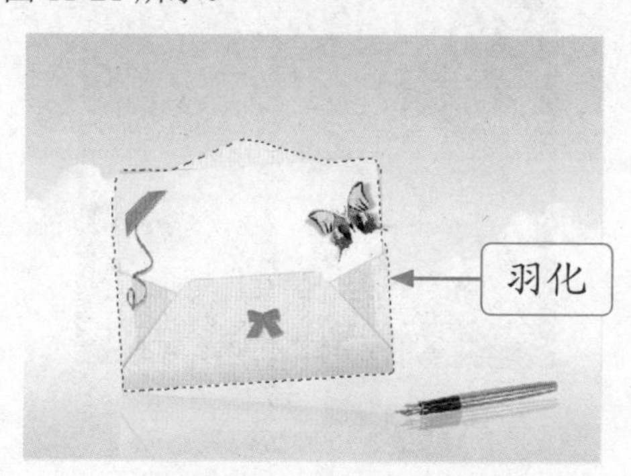

图 11-21 羽化选区

Step 04 单击"图像"|"调整"|"色相/饱和度"命令，1 弹出"色相/饱和度"对话框，2 设置"色相"、"饱和度"和"明度"分别为 20、40 和 6，如图 11-22 所示，3 单击"确定"按钮。

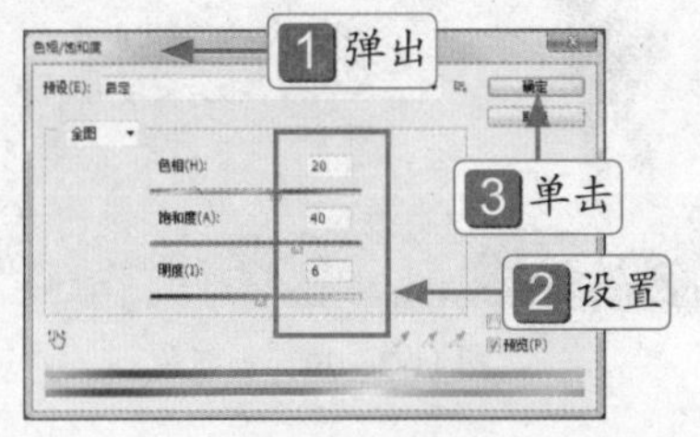

图 11-22 设置参数值

Step 05 执行操作后，即可调整选区中的颜色，单击"选择"|"取消选择"命令，取消选区，效果如图 11-23 所示。

图 11-23 取消选区

11.2.3 新手练兵——绘制矩形路径形状

矩形工具 主要用于创建矩形或正方形图形，用户还可以在工具属性栏上进行相应选项的设置，也可以设置矩形的尺寸、固定宽高比例等。选取矩形工具后，其工具属性栏如图 11-24 所示。

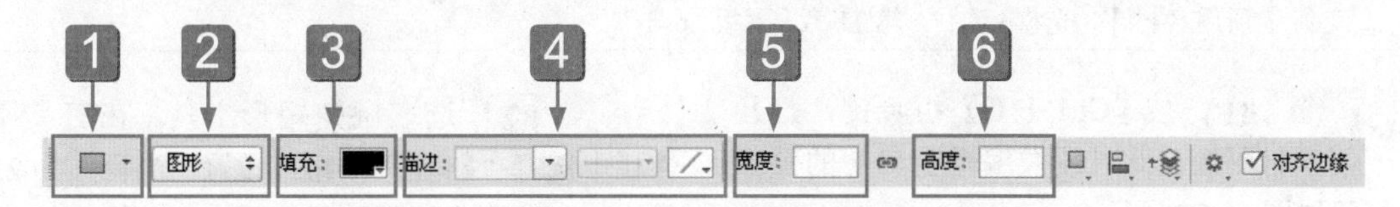

图 11-24 矩形工具属性栏

1 模式：单击该按钮 ，在弹出的下拉面板中，可以定义工具预设。
2 图形：该列表框中包含有图形、路径和像素 3 个选项，可创建不同的路径形状。
3 填充：单击该按钮，在弹出的下拉面板中，可以设置填充颜色。
4 描边：在该选项区中，可以设置创建的路径形状的边缘颜色和宽度等。
5 宽度：用于设置矩形路径形状的宽度。
6 高度：用于设置矩形路径形状的高度。

技巧发送

如果用户希望在未封闭上一条路径前绘制新路径，只需按【Esc】键，或选取工具箱中的任意工具，或按住【Ctrl】键的同时，在图像编辑窗口中的空白区域单击鼠标左键即可。

实例文件	光盘 \ 实例 \ 第 11 章 \ 仰望 .psd
所用素材	光盘 \ 素材 \ 第 11 章 \ 仰望 .jpg

Step 01 按【Ctrl + O】组合键，打开一幅素材图像，选择"背景"图层，运用矩形工具 ，创建一条矩形路径，效果如图 11-25 所示。

Step 02 按【Ctrl + Enter】组合键，将路径转换为选区，设置前景色为绿色（RGB 参考值分别为 76、250、7），按【Alt+Delete】组合键填充前景色，取消选区，效果如图 11-26 所示。

图 11-25 创建矩形路径

图 11-26 填充前景色

11.2.4 新手练兵——绘制圆角矩形路径形状

圆角矩形工具 ▢ 用来绘制圆角矩形，选取工具箱中的圆角矩形工具，在工具属性栏的“半径”文本框中可以设置圆角半径。

	实例文件	光盘 \ 实例 \ 第 11 章 \ 木板 .psd
	所用素材	光盘 \ 素材 \ 第 11 章 \ 木板 . psd

Step 01 按【Ctrl + O】组合键，打开一幅素材图像，此时图像编辑窗口中的图像显示如图 11-27 所示。

图 11-27 素材图像

Step 02 选取圆角矩形工具，在工具属性栏中选择“路径”按钮，设置“半径”为 25 像素，创建圆角矩形路径如图 11-28 所示。

图 11-28 创建圆角矩形路径

技巧发送

在运用矩形工具绘制图形时，按住【Shift】键可以直接绘制出正方形，而无需选择矩形选项对话框中“方形”选项，如果按住【Alt】键可实现从中心开始向四周扩展绘图的效果，按住【Alt + Shift】组合键可实现从中心绘制出正方形的效果。

Step 03 按【Ctrl + Enter】组合键，将路径转换为选区，此时图像编辑窗口中的图像显示如图 11-29 所示。

Step 04 选择“图层 1”图层，按【Delete】键删除选区内的图像，并按【Ctrl + D】组合键取消选区，效果如图 11-30 所示。

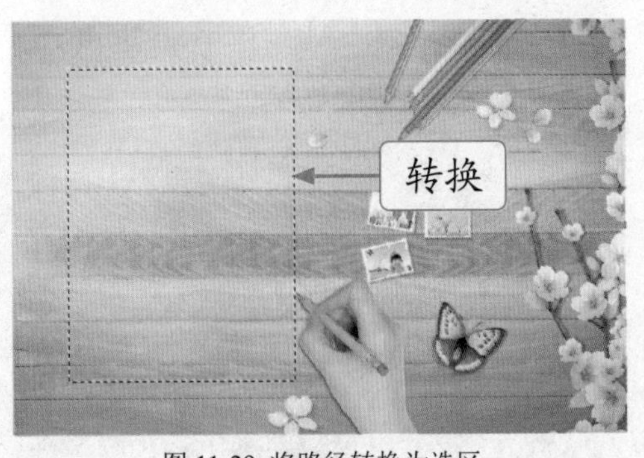

图 11-29 将路径转换为选区

图 11-30 删除选区内的图像

11.2.5 新手练兵——绘制多边形路径形状

在 Photoshop CS6 中，使用多边形工具可以创建等边多边形，如等边三角形、五角星和星形等。

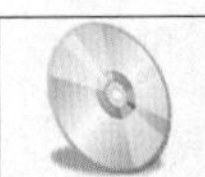	实例文件	光盘 \ 实例 \ 第 11 章 \ 小花 .psd
	所用素材	光盘 \ 素材 \ 第 11 章 \ 小花 .psd

Step 01 按【Ctrl + O】组合键，打开一幅素材图像，如图 11-31 所示。

图 11-31 素材图像

Step 02 取多边形工具，设置“边”为 5，创建一个多边形路径，如图 11-32 所示。

图 11-32 创建多边形路径

Step 03 按【Ctrl + Enter】组合键，将路径转换为选区，如图 11-33 所示，选择“图层 1”图层。

图 11-33 将路径转换为选区

Step 04 单击“选择”|“反向”命令，反选选区，按【Delete】键，清除选区内的图像，效果如图 11-34 所示。

知识链接

使用多边形工具绘制路径形状时，始终会以鼠标单击的位置为中心点进行创建。

图 11-34 清除选区内的图像

Step 05 单击“选择”|“反向”命令，反选选区，按【Ctrl + J】组合键，复制图像，如图 11-35 所示。

图 11-35 复制图像

Step 06 按【Ctrl + T】组合键，调出变换控制框，并旋转缩放图像至合适位置，按【Enter】键确认，效果如图 11-36 所示。

图 11-36 调整图像

Step 07 按【Alt + Ctrl + Shift + T】组合键，复制变换图像，效果如图 11-37 所示。

图 11-37 复制变换图像

Step 08 再次按【Alt + Ctrl + Shift + T】组合键 10 次，复制变换图像，此时的“图层”面板如图 11-38 所示。

图 11-38 “图层”面板显示

Step 09 执行操作后，即可查看图像效果，如图 11-39 所示。

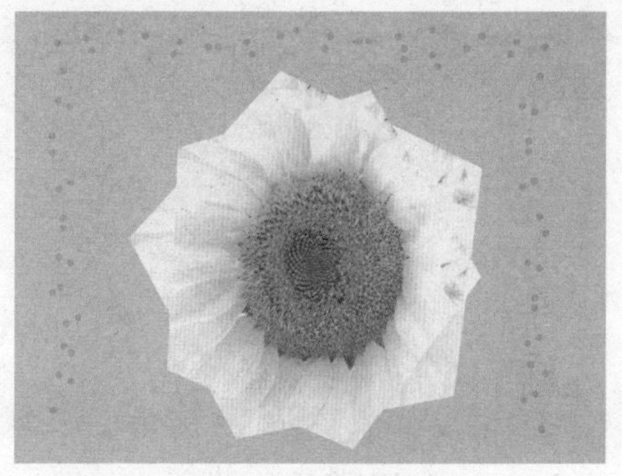

图 11-39 图像效果

11.2.6 新手练兵——绘制直线路径形状

运用直线工具 可以绘制出不同形状的直线，并可以为直线添加箭头效果。

实例文件	光盘 \ 实例 \ 第 11 章 \ 箭头 .jpg
所用素材	光盘 \ 素材 \ 第 11 章 \ 箭头 .jpg

Step 01 按【Ctrl + O】组合键，打开一幅素材图像，如图 11-40 所示。

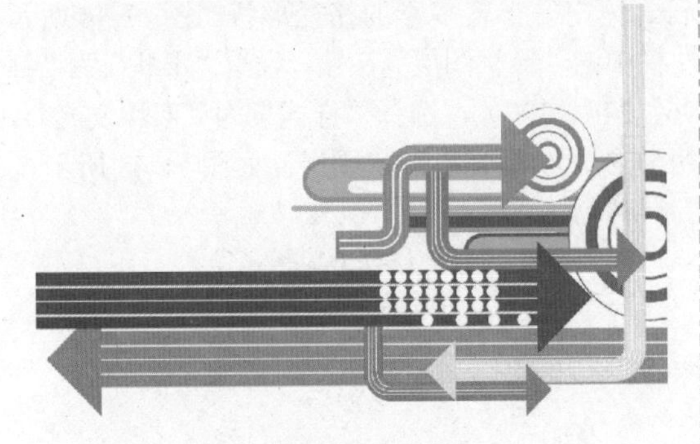

图 11-40 素材图像

Step 02 选取工具箱中的直线工具，在工具属性栏中选择“路径”按钮，单击“几何选项”下拉按钮，弹出“箭头”面板，选中“起点”复选框，设置“宽度”、“长度”、“凹度”分别为 600%、600%、20%，设置“粗细”为 28 像素，如图 11-41 所示。

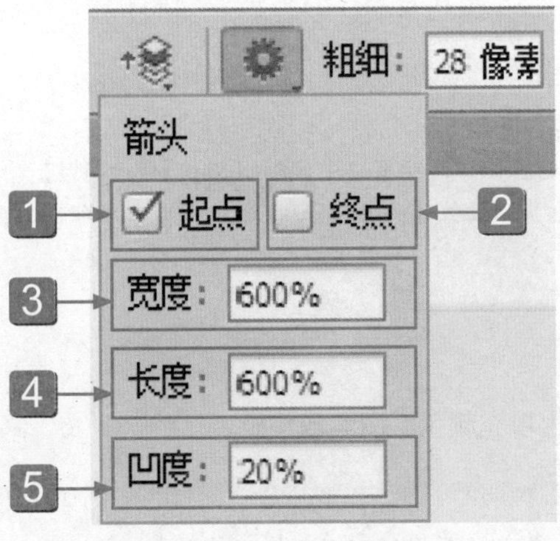

图 11-41 设置各选项

Step 03 在“拾色器（前景色）”对话框中，1 设置前景色为红色，如图 11-42 所示，2 单击“确定”按钮。

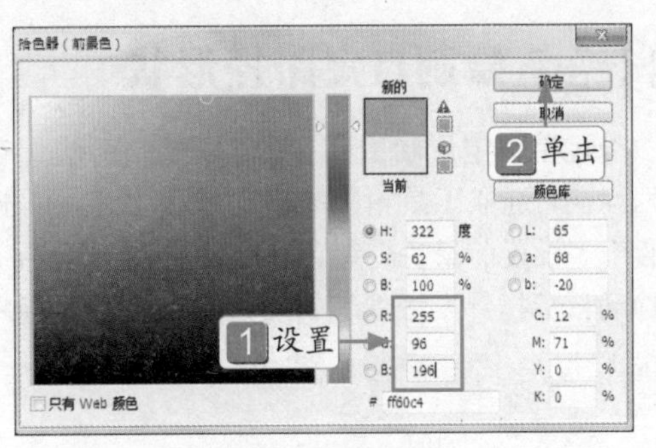

图 11-42 设置前景色

Step 04 在图像编辑窗口中绘制一个箭头路径，按【Ctrl + Enter】组合键键，将路径转换为选区，按【Alt + Delete】组合键，填充前景色，取消选区，效果如图 11-43 所示。

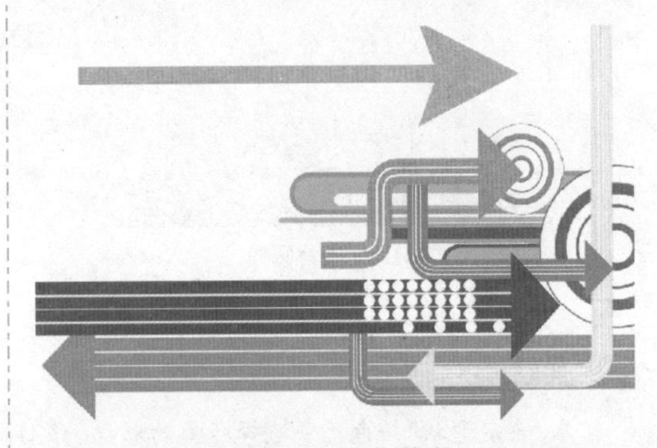

图 11-43 绘制箭头

1 起点：选中该复选框，可以在直线的起点添加箭头。

2 终点：选中该复选框，可以在直线的终点添加箭头。

3 宽度：用来设置箭头宽度相对于直线宽度的百分比，范围为 10% ~ 1000%。

4 长度：用来设置箭头长度相对于直线宽度的百分比，范围为 10% ~ 1000%。

5 凹度：用来设置箭头的凹陷程度，范围为 -50% ~ 50%。该值为 0% 时，箭头尾部平齐；大于 0% 时，向内凹陷；小于 0% 时，向外凸出。

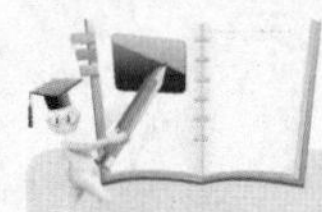

高手指引

使用直线工具可绘制直线和箭头，按住【Shift】键的同时，在图像编辑窗口中按住鼠标左键并拖曳，可绘制水平、垂直或呈 45 度角的直线。选择工具箱中的直线工具，还可以在属性栏中设置直线的粗细，且可将直线路径转换为选区，在其内部填充相应的颜色。

11.2.7 绘制自定路径形状

运用自定形状工具 可以绘制箭头、音乐符、闪电等丰富多彩的路径形状。图 11-44 所示为原图，选取工具箱中的自定形状工具，单击属性栏中的“形状图层”按钮，设置“形状”为“红心”。设置前景色为绿色（RGB 参数值分别为 196、246、207），选择“样式”为“双环发光”，移动鼠标指针至图像编辑窗口中，按住鼠标左键并拖拽，绘制爱心形状图层，如图 11-45 所示。

图 11-44 素材图像

图 11-45 绘制爱心形状后的效果图

技巧发送

在“自定形状”拾色器中选择所需的形状，移动鼠标指针至图像编辑窗口中，按住【Shift】键的同时，按住鼠标左键并拖曳，可以绘制出一个标准原形不变的形状；按住【Shift + Alt】键的同时，按住鼠标左键并拖曳，可以绘制出一个以起点为中心的标准形状。

11.2.8 快速填充路径

用户在绘制完路径后，可以对路径所包含的区域内填充颜色、图案或快照。

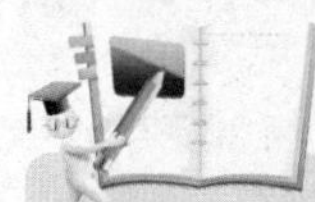

高手指引

在填充路径时，若路径为开放路径，则系统会使用最短的直线将路径闭合之后再进行填充。在图像编辑窗口中选择需要填充的路径，单击“路径”面板底部的“用前景色填充路径”按钮，即可为路径填充颜色。

选取工具箱中的自定形状工具，在“形状”拾色器中选择“花 5”选项，移动鼠标指针至图像编辑窗口中，按住鼠标左键并拖曳，即可绘制花形路径，此时图像编辑窗口中的图像显示如图 11-46 所示。设置前景色为白色（RGB 参数值均为 255），在“路径”面板上单击右侧上方的三角形按钮，在弹出的面板菜单中选择“填充路径”选项，弹出“填充路径”对话框，设置“不透明度”为 40%，单击“确定”按钮，即可填充路径，然后隐藏路径，效果如图 11-47 所示。

图 11-46 绘制路径

图 11-47 填充路径

技巧发送

除了可以运用以上方法填充路径外，还有以下两种方法。

按钮：在图像编辑窗口中选择需要填充的路径，单击“路径”面板底部的“用前景色填充路径”按钮 ●。

对话框：选择需要填充的路径，按住【Alt】键的同时，单击“路径”面板底部的“用前景色填充路径”按钮 ●，在弹出的“填充路径”对话框中设置相应的选项，单击“确定”按钮，即可完成填充。

11.2.9 快速描边路径

在 Photoshop CS6 中，用户在绘制完路径后，通过为路径描边可以得到非常丰富的图像轮廓效果。

单击“路径”面板右侧的三角形按钮，弹出面板菜单，选择“描边路径”选项，弹出“描边路径”对话框，设置相应选项，如图 11-48 所示，单击“确定”按钮，即可描边路径。

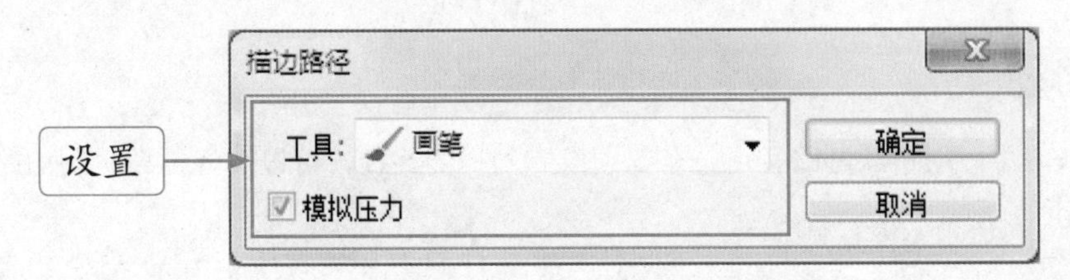

图 11-48 “描边路径”对话框

高手指引

选取工具箱中的路径选择或直接选择工具，在图像编辑窗口中单击鼠标右键，从弹出的快捷菜单中选择“描边路径”选项，在弹出的“描边路径”对话框的工具列表框中选择一种需要的工具，单击“确定”按钮，即可使用所选择的工具对路径进行描边。

11.3 编辑各种路径

编辑路径可以运用添加/删除锚点、平滑锚点、尖突锚点、断开路径以及连续路径，合理地运用这些工具，能得到更完整的路径。

11.3.1 选择/移动路径

在Photoshop CS6中，选取路径选择工具 和直接选择工具 ，可以对路径进行选择和移动的操作。

选取工具箱中的路径选择工具 ，移动鼠标指针至Photoshop CS6图像编辑窗口中的路径上，单击鼠标左键，即可选择路径，如图11-49所示。拖曳鼠标至合适位置，即可移动路径，如图11-50所示。

图11-49 选择路径

图11-50 移动路径

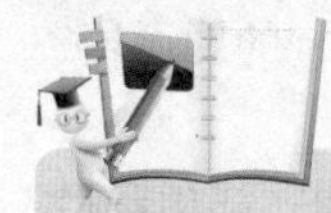

高手指引

在Photoshop CS6中提供了两种用于选择路径的工具，如果在编辑过程中要选择整条路径，则可以使用路径选择工具 ；如果只需要选择路径中的某一个锚点，则可以使用直接选择工具 。

11.3.2 复制路径

在Photoshop CS6中，用户绘制路径后，若需要绘制同样的路径，可以选择需要复制的路径后对其进行复制操作。

移动鼠标指针至图像编辑窗口中，选择相应路径，如图11-51所示。按住【Ctrl＋Alt】组合键的同时，按住鼠标左键并向右拖曳至合适位置，释放鼠标左键，即可复制路径，效果如图11-52所示。

图 11-51 选择路径

图 11-52 复制路径

技巧发送

选取工具箱中的直接选择工具，按住【Alt】键的同时，按住路径的任意一段或任意一个节点并拖曳，也可复制路径。

11.3.3 删除路径

在 Photoshop CS6 中，若“路径”面板中存在有不需要的路径，用户可以将其删除，以减小文件大小。

单击“窗口”|“路径”命令，展开“路径”面板，选择相应路径，单击“路径”面板右上方的下三角形按钮，在弹出的面板菜单中选择“删除路径”选项，如图 11-53 所示，执行操作后，即可删除“工作路径”。

另外，还可以直接将要删除的路径拖曳至“路径”面板底部的“删除路径”按钮上，如图 11-54 所示。

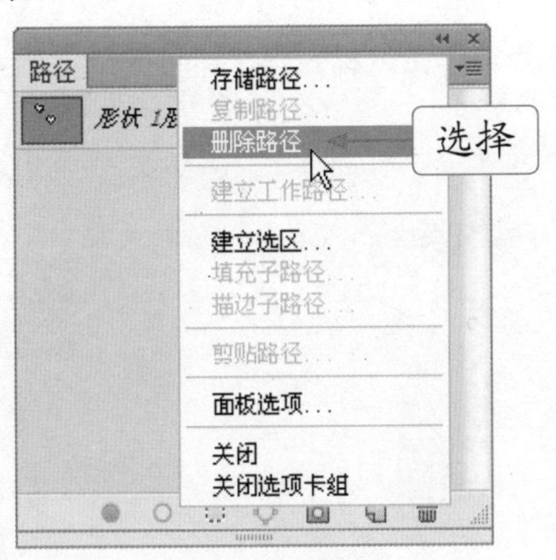

图 11-53 选择“删除路径”选项

图 11-54 单击“删除路径”按钮

高手指引

在“路径”面板中选择需要删除的路径，再单击“编辑”|“清除”命令，也可以删除路径。

11.3.4 新手练兵——添加锚点

在路径被选中的情况下，运用添加锚点工具 直接单击要增加锚点的位置，即可增加一个锚点。

实例文件	光盘 \ 实例 \ 第 11 章 \ 花纹 .jpg
所用素材	光盘 \ 素材 \ 第 11 章 \ 花纹 .jpg

Step 01 按【Ctrl + O】组合键，打开一幅素材图像，单击"窗口"|"路径"命令，展开"路径"面板，单击"工作路径"显示路径，如图 11-55 所示。

图 11-55 显示路径

Step 02 选取添加锚点工具 ，移动鼠标指针至图像编辑窗口中的路径上，单击鼠标左键，即可添加锚点，效果如图 11-56 所示。

图 11-56 添加锚点

11.3.5 删除锚点

运用删除锚点工具 ，选择需要删除的锚点，单击鼠标左键，即可删除此锚点，如图 11-57 所示。

图 11-57 删除锚点

11.3.6 新手练兵——断开路径

在路径被选中的情况下，选择单个或多组锚点，按【Delete】键，即可将选中的锚点清除，将路径断开。

	实例文件	光盘 \ 实例 \ 第 11 章 \ 草原 .jpg
	所用素材	光盘 \ 素材 \ 第 11 章 \ 草原 .jpg

Step 01 按【Ctrl + O】组合键，打开一幅素材图像，如图 11-58 所示。

图 11-58 素材图像

Step 02 单击“窗口”|“路径”命令，展开“路径”面板，单击“工作路径”显示路径，如图 11-59 所示。

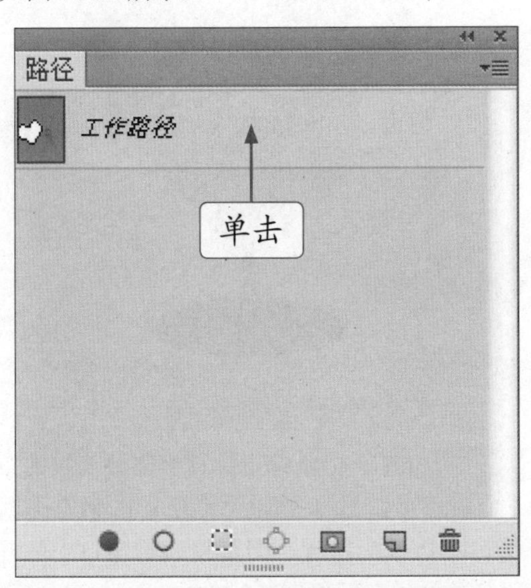

图 11-59 单击“工作路径”显示路径

Step 03 选取直接选择工具，移动鼠标指针至图像中需要断开的路径上，单击鼠标左键，即可选中路径，如图 11-60 所示。

图 11-60 选中路径

Step 04 按【Delete】键，即可断开路径，如图 11-61 所示。

图 11-61 断开路径

11.3.7 新手练兵——连接路径

在绘制路径的过程中，可能会因为种种原因而得到一些不连续的曲线，这时用户可以使用钢笔工具来连接这些零散的线段。

	实例文件	光盘 \ 实例 \ 第 11 章 \ 地球仪 .jpg
	所用素材	光盘 \ 素材 \ 第 11 章 \ 地球仪 .jpg

Step 01 按【Ctrl + O】组合键，打开一幅素材图像，如图 11-62 所示。

图 11-62 素材图像

Step 02 单击“窗口”|“路径”命令，展开“路径”面板，选择“工作路径”路径，如图 11-63 所示。

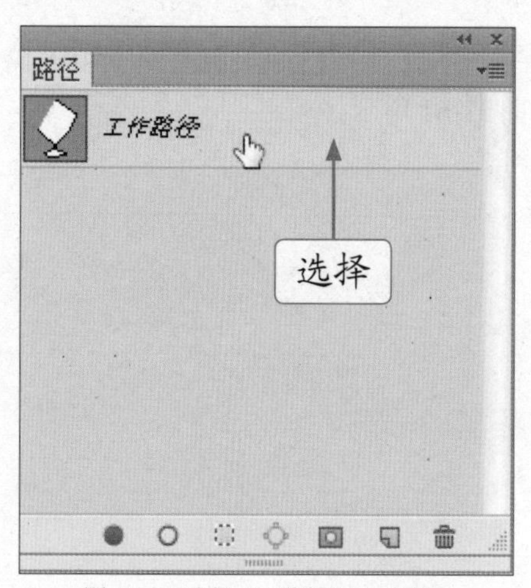

图 11-63 选择“工作路径”路径

Step 03 选取工具箱中的钢笔工具，将鼠标指针移至需要连接的第 1 个锚点上，鼠标指针呈带矩形的钢笔形状，如图 11-64 所示，单击鼠标左键。

图 11-64 定位鼠标

Step 04 拖曳鼠标至合适位置处，单击鼠标左键，添加一个节点，如图 11-65 所示。

图 11-65 添加节点

Step 05 将鼠标指针移至需要连接的第 3 个锚点上，鼠标指针呈带矩形的钢笔形状，单击鼠标左键，即可将编辑窗口中的开放路径连接，如图 11-66 所示。

图 11-66 连接路径

Step 06 单击“路径”面板底部的“用画笔描边路径”按钮 ○，隐藏路径效果如图 11-67 所示。

图 11-67 描边路径

11.3.8 新手练兵——存储路径

工作路径是一种临时性路径，其临时性体现在创建新的工作路径时，现有的工作路径将被删除，而且系统不会作任何提示，若用户在以后的设计中还需要用到当前工作路径时，就应该将其保存。

	实例文件	光盘 \ 实例 \ 第 11 章 \ 吊坠 .jpg
	所用素材	光盘 \ 素材 \ 第 11 章 \ 吊坠 .jpg

Step 01 按【Ctrl + O】组合键，打开一幅素材图像，如图 11-68 所示。

图 11-68 素材图像

Step 02 选取工具箱中的自由钢笔工具，移动鼠标指针至图像编辑窗口中合适位置，绘制一条路径，如图 11-69 所示。

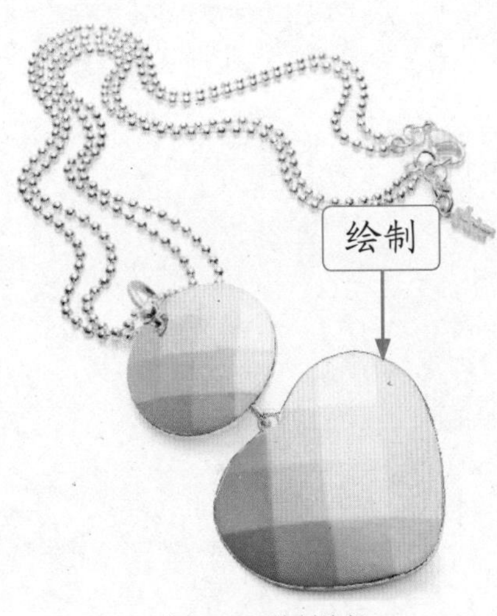

图 11-69 绘制路径

Step 03 单击“窗口”|“路径”命令，在弹出的“路径”面板中，单击面板右侧上方的下三角形按钮，在弹出的面板菜单中选择“存储路径”选项，如图 11-70 所示。

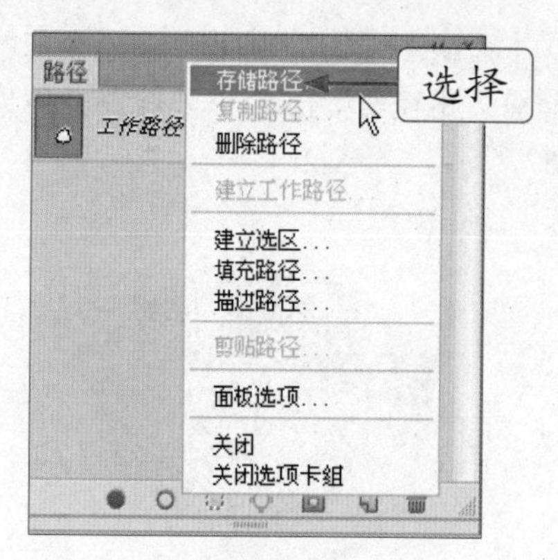

图 11-70 选择“存储路径”选项

Step 04 执行操作后，1 弹出“存储路径”对话框，2 设置“名称”为“心形”，如图 11-71 所示，3 单击“确定”按钮，即可存储路径。

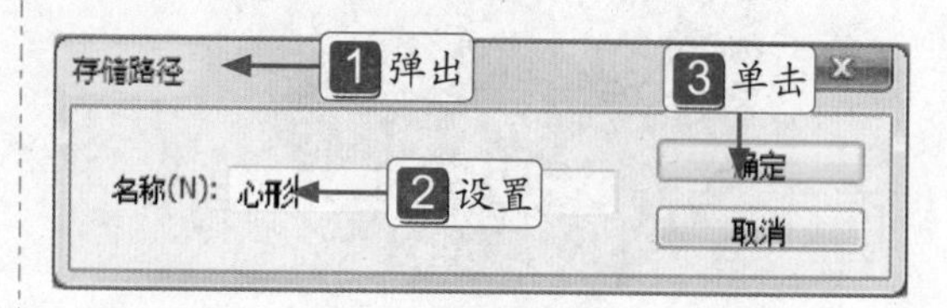

图 11-71 设置“名称”为“心形”

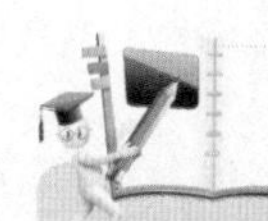

高手指引

初次绘制路径得到的是“工作路径”，在“工作路径”上双击或按住鼠标左键将其拖曳至“路径”面板下面的“新路径”按钮，即可将其保存为“路径 1”。在没有保存路径的情况下，绘制的新路径会替换原来的旧路径，这也是许多用户在绘制路径之后发现原来路径不存在的原因。在 Photoshop CS6 中，任何一个文件中都只能存在一条工作路径，如果原来的工作路径没有保存，就继续绘制新路径，那么原来的工作路径就会被新路径取代，为了避免造成不必要的损失，建议用户养成随时保存路径的好习惯。

第12章 创建与编辑通道蒙版

学前提示

简单地说，通道就是选区的一个载体，它将选区转换成为可见的黑白图像，从而更易于我们对其进行编辑，从而得到多种多样的选区状态，为我们创建更多的丰富效果提供了可能。而蒙版是 Photoshop 的亮点功能，其主要包括剪贴蒙版、快速蒙版和图层蒙版等。本章主要介绍创建和编辑通道与蒙版的基本操作。

本章知识重点

- 初识通道
- 初识通道的类型
- 创建各种蒙版
- 初识蒙版
- 通道的基本操作
- 通道应用于计算

学完本章后应该掌握的内容

- 初识通道，如“通道”面板、通道的作用
- 初识蒙版，如蒙版是什么、蒙版的类型
- 初识通道的类型，如 Alpha 通道、专色通道、颜色通道、复合通道等
- 掌握通道的基本操作的方法，如新建 Alpha 通道、新建专色通道等
- 掌握创建各种蒙版的方法，如创建剪贴蒙版、创建快速蒙版等

12.1 初识通道

通道是一种很重要的图像处理方法，它主要用来存储图像的色彩信息和图层中的选择信息。使用通道可以复原扫描失真严重的图像，还可以对图像进行合成，从而创作出一些意想不到的效果。

12.1.1 “通道”面板

在 Photoshop CS6 中，在“通道”面板中记录了图像的大部分信息，这些信息从始至终与用户的操作密切相关。在 Photoshop 的环境下，通道将图像的色彩分离成基本颜色，每一个基本的颜色就是一个独立的通道。

无论是新建文件、打开文件或扫描文件，当一个图像文件调入 Photoshop CS6 后，Photoshop CS6 就将为其创建图像文件固有的通道即颜色通道或原色通道，原色通道的数目取决于图像的颜色模式。

12.1.2 通道的作用

“通道”面板是存储、创建和编辑通道的主要场所。在默认情况下，“通道”面板显示的均为原色通道。

当图像的色彩模式为 CMYK 模式时，面板中将有 4 个原色通道，即“青”通道、“洋红”通道、“黄”通道和“黑”通道，每个通道都包含着对应的颜色信息。

当图像的色彩模式为 RGB 色彩模式时，面板中将有 3 个原色通道，即“红”通道、“绿”通道、“蓝”通道，另有一个合成通道，即 RGB 通道。只要将“红”通道、“绿”通道、“蓝”通道合成在一起，则得到一幅色彩绚丽的 RGB 模式图像。

在 Photoshop CS6 界面中，单击“窗口”|“通道”命令，弹出“通道”面板如图 12-1 所示，在此面板中列出了图像所有的通道。

图 12-1 “通道”面板默认状态

1 将通道作为选区载入：单击该按钮，可以调出当前通道所保存的选区。

2 将选区存储为通道：单击该按钮，可以将当前选区保存为【Alpha】通道。

3 创建新通道：单击该按钮，可以创建一个新的【Alpha】通道。

4 删除当前通道：单击该按钮，可以删除当前选择的通道。

12.2 初识蒙版

图像合成是 Photoshop 标志性的应用领域，无论是平面广告设计、效果图修饰、数码相片设计还是视觉艺术创意，都无法脱离图像合成而存在。在使用 Photoshop 进行图像合成时，可以使用多种技术方法，但其中使用得最多的还是蒙版技术。

蒙版是将不同灰度色值转化为不同的透明度，并作用到它所在的图层，使图层不同部位透明度产生相应的变化。

12.2.1 蒙版是什么

在 Photoshop CS6 中，“蒙版”面板提供了用于图层蒙版以及矢量蒙版的多种控制选项，“蒙版”面板不仅可以轻松更改图像不透明度、边缘化程度，而且可以方便地增加或删减蒙版、反相蒙版或调整蒙版边缘。

蒙版可以简单理解为望远镜的镜筒，与镜筒屏蔽外部世界的一部分，使观察者仅观察到出现在镜头中那一部分相类似，在 Photoshop 中蒙版也屏蔽了图像的一部分，而显示另一部分图像。蒙版最突出的作用就是屏蔽，无论是什么样的蒙版，都需要对图像的某些区域起到屏蔽作用，这是蒙版存在的终极意义。

在“图层”蒙版中选择相应图层的图层蒙版，展开“蒙版”面板，如图 12-2 所示。

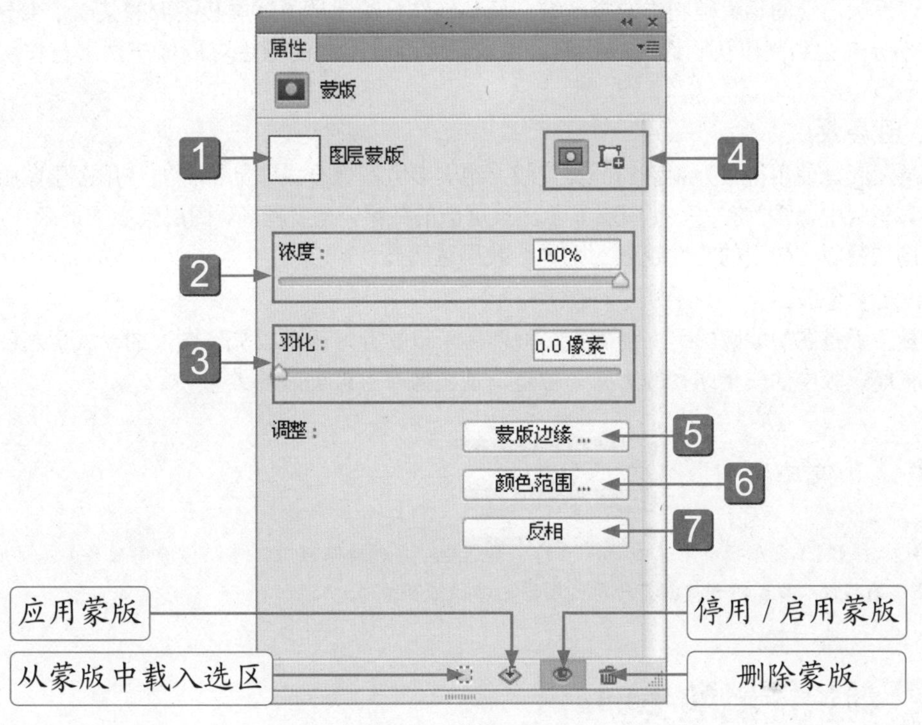

图 12-2 “蒙版”面板

1 当前选择的蒙版：显示了在“图层”面板中选择的蒙版的类型。

2 浓度：拖动滑块可以控制蒙版的不透明度，即蒙版的遮盖强度。

3 羽化：拖动滑块可以柔化蒙版的边缘。

4 添加像素蒙版 / 添加矢量蒙版：单击“添加像素蒙版”按钮可以为当前图层添加图层蒙版；单击“添加矢量蒙版”按钮则添加矢量蒙版。

5 蒙版边缘：可以打开“调整蒙版”对话框修改蒙版边缘，并针对不同的背景查看蒙版，这些操作与调整选区边缘基本相同。

6 颜色范围：可以打开“色彩范围”对话框，通过在图像中取样并调整颜色容差可修改蒙版范围。

7 反相：单击该按钮，可以反转蒙版的遮盖区域。

12.2.2 蒙版的类型

在 Photoshop CS6 中，蒙版分为剪切蒙版、快速蒙版、图层蒙版以及矢量蒙版，下面将分别介绍这 4 种类型蒙版。

1. 剪贴蒙版

这是一类通过图层与图层之间的关系，控制图层中图像显示区域与显示效果的蒙版，能够实现一对一或一对多的屏蔽效果。对于剪贴蒙版而言，基层图层中的像素分布将影响剪贴蒙版的整体效果，基层中的像素不透明度越高、分布范围越大，则整个剪贴蒙版产生的效果也越不明显，反之则越明显。

2. 快速蒙版

快速蒙版出现的意义是制作选择区域，而其制作方法则是通过屏蔽图像的某一个部分，显示另一个部分来达到制作精确选区的目的。快速蒙版通过不同的颜色对图像产生屏蔽作用，效果非常明显。

3. 图层蒙版

图层蒙版是使用得最为频繁的一类蒙版，绝大多数图像合成作品都需要使用图层蒙版。图层蒙版依靠蒙版中像素的亮度，使图层显示出被屏蔽的效果，亮度越高，图层蒙版的屏蔽作用越小。反之，图层蒙版中像素的亮度越低，则屏蔽效果越明显。

4. 矢量蒙版

矢量蒙版是图层蒙版的另一种类型，但两者可以共存，用于以矢量图像的形式屏蔽图像。矢量蒙版依靠蒙版中的矢量路径的形状与位置，使图像产生被屏蔽的效果。

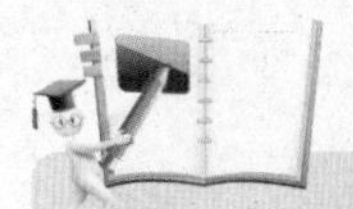

高手指引

在自由钢笔工具属性栏中选中“磁性的”复选框，在创建路径时，可以仿照磁性套索工具的用法设置平滑的路径曲线，对创建具有轮廓的图像的路径很有帮助。

12.3 初识通道的类型

通道是一种灰度图像，每一种图像包括一些基于颜色模式的颜色信息通道，通道分为 Alpha 通道、颜色通道、复合通道、单色通道和复色通道 5 种。

12.3.1 Alpha 通道

在 Photoshop CS6 中，通道除了可以保存颜色信息外，还可以保存选区的信息，此类通道被称为 Alpha 通道。

Alpha 通道主要用于创建和存储选区，创建并保存选区后，将以一个灰度图像保存在 Alpha 通道中，在需要的时候可以载入选区。

技巧发送

创建 Alpha 通道的操作方法有以下两种。

- 按钮：单击“通道”底部的“创建新通道”按钮，可创建空白通道。
- 快捷键：按住【Alt】键的同时，单击“通道”面板底部的“创建新通道”按钮即可。

12.3.2 专色通道

专色通道设置只是用来在屏幕上显示模拟效果的，对实际打印输出并无影响。此外，如果新建专色通道之前制作了选区，则新建通道后，将在选区内填充专色通道颜色。专色通道用于印刷，在印刷时每种专色油墨都要求专用的印版，以便单独输出。图 12-3 所示为创建一个专色通道。

图 12-3 专色通道

12.3.3 颜色通道

颜色通道又称为原色通道，主要用于存储图像的颜色数据，RGB 图像有 3 个颜色通道，如图 12-4 所示；CMYK 图像有 4 个颜色通道，如图 12-5 所示，包含了所有将被打印或显示的颜色。

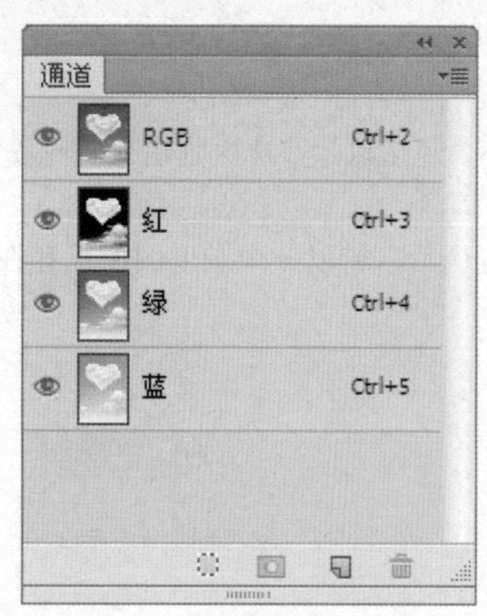

图 12-4 RGB 模式颜色通道

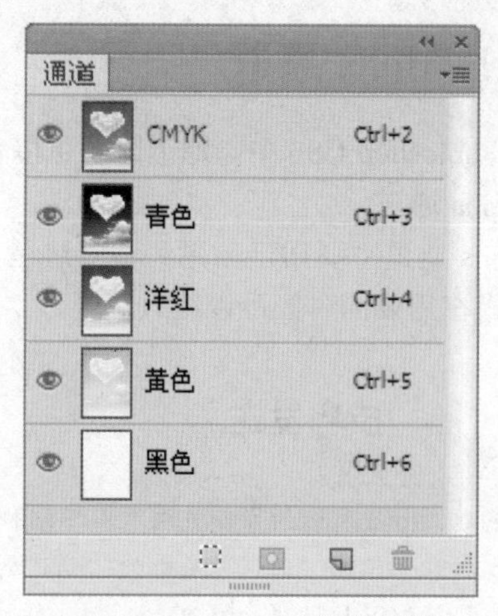

图 12-5 CMYK 模式颜色通道

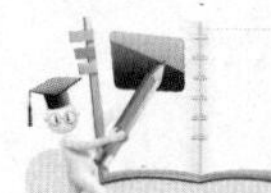

高手指引

RGB 图像有 4 个颜色通道，即 RGB、“红”、“绿”、“蓝”；CMYK 图像有 5 个颜色通道，即 CMYK、“青色”、“黄色”、“洋红”、“黑色”。

12.3.4 复合通道

复合通道始终是以彩色显示图像的，是用于预览并编辑整体图像颜色通道的一个快捷方式，分别单击“通道”面板中任意一个通道前的“指示通道可见性”图标，即可复合基本显示的通道，得到不同的颜色显示，如图 12-6 所示。

图 12-6 复合通道

高手指引

复合通道是编辑整个图像颜色通道的一个快捷方式，主要针对 RGB、CMYK 和 Lab 图像。

12.3.5 单色通道

在“通道”面板中任意删除其中的一个通道，所有通道将会变成黑白色，且原来的彩色通道也会变成灰色通道，而形成单色通道，如图 12-7 所示。

图 12-7 单色通道

12.4 通道基本操作

“通道”面板用于创建并管理通道，通道的许多操作都是在“通道”面板中进行的。通道的基本操作主要包括新建通道、保存选区至通道、复制和删除通道以及分离和合并通道。

12.4.1 新手练兵——新建 Alpha 通道

Photoshop 提供了很多种用于创建 Alpha 通道的操作方法，用户在设计工程中，应根据实际需要选择一种合适的方法。

	实例文件	光盘 \ 实例 \ 第 12 章 \ 花开 .jpg
	所用素材	光盘 \ 素材 \ 第 12 章 \ 花开 .jpg

Step 01 按【Ctrl + O】组合键，打开一幅素材图像，如图 12-8 所示，展开“通道”面板。

图 12-8 素材图像

Step 02 单击面板右上角的三角形按钮，弹出快捷菜单，选择“新建通道”选项，**1** 弹出“新建通道”对话框，如图 12-9 所示，**2** 单击“确定”按钮。

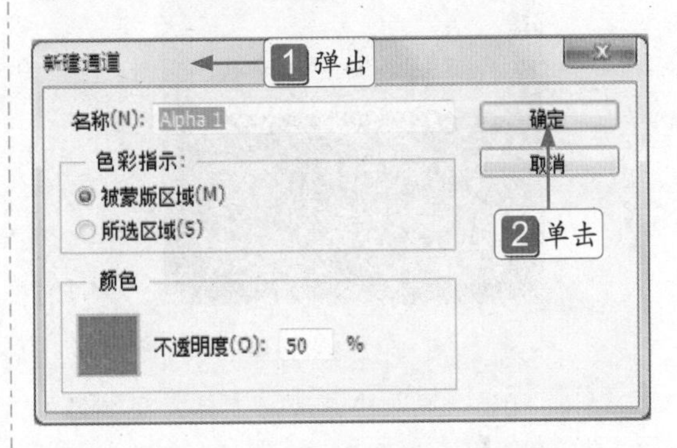

图 12-9 弹出“新建通道”对话框

Step 03 执行操作后，即可创建一个 Alpha 通道，单击 Alpha 1 通道左侧的“指示通道可见性”图标，如图 12-10 所示。

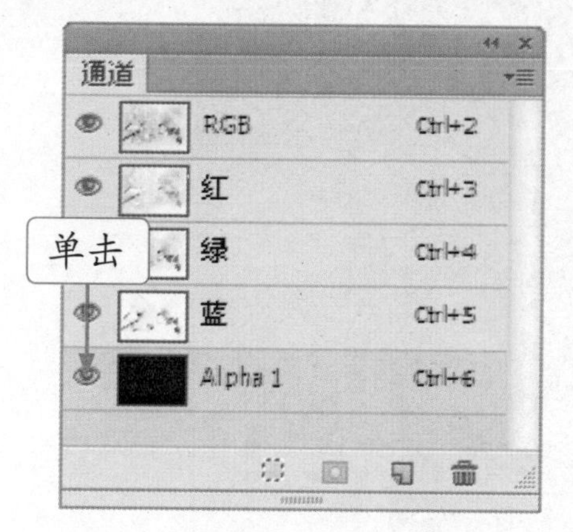

图 12-10 单击相应图标

Step 04 执行操作后，即可显示 Alpha 1 通道，隐藏“通道”面板，返回“图层”面板，此时图像编辑窗口中的图像效果如图 12-11 所示。

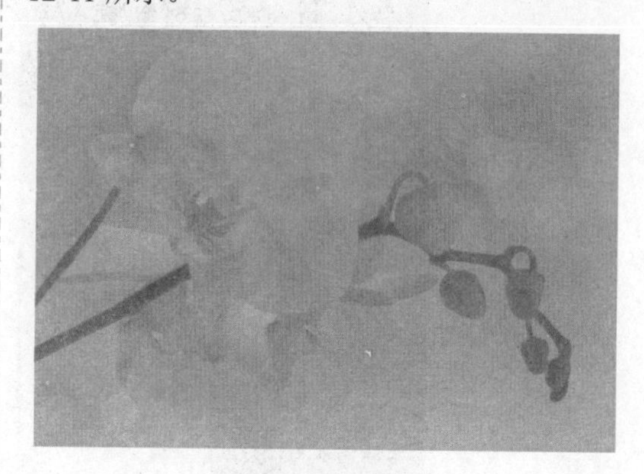

图 12-11 图像效果

12.4.2 新手练兵——新建专色通道

专色通道用于印刷，在印刷时每种专色油墨都要求专用的印版，以便单独输出。

	实例文件	光盘 \ 实例 \ 第 12 章 \ 手机 .jpg
	所用素材	光盘 \ 素材 \ 第 12 章 \ 手机 .jpg

Step 01 按【Ctrl + O】组合键，打开一幅素材图像，如图 12-12 所示。

图 12-12 素材图像

Step 02 选取快速选择工具，在图像中创建一个选区，如图 12-13 所示。

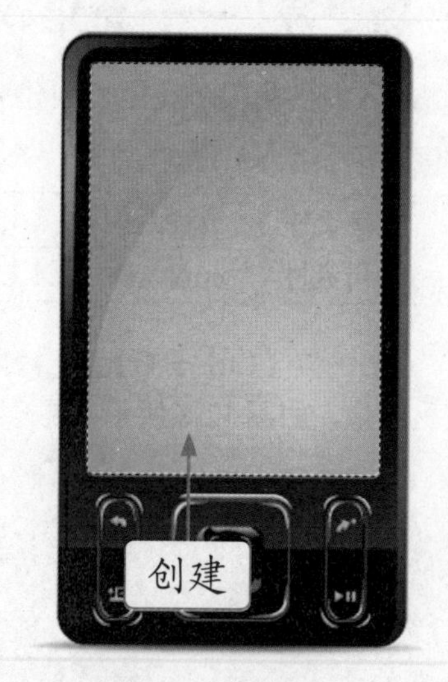

图 12-13 创建选区

Step 03 展开“通道”面板，单击面板右上角的三角形按钮，在弹出的面板菜单中选择“新建专色通道”选项，1 弹出“新建专色通道”对话框，2 设置颜色为淡绿色（RGB 参数值分别为 18、219、113），如图 12-14 所示，3 单击“确定”按钮。

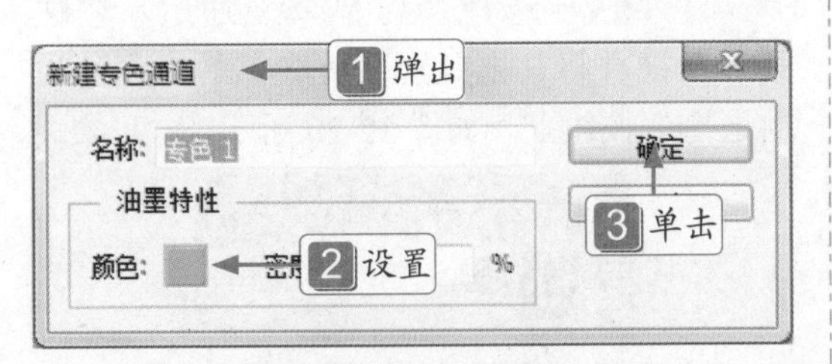

图 12-14 新建专色通道

Step 04 执行操作后，即可创建专色通道，展开“通道”面板，在“通道”面板中自动生成一个专色通道，此时图像编辑窗口中的图像效果，如图 12-15 所示。

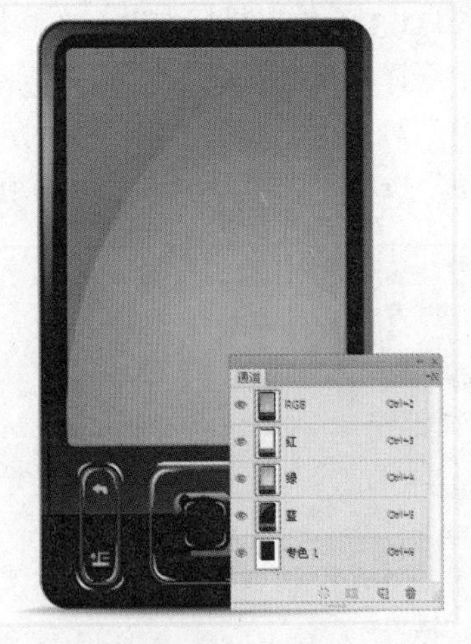

图 12-15 创建专色通道

12.4.3 新手练兵——复制与删除通道

在处理图像时，有时需要对某一通道进行复制或删除操作，以获得不同的图像效果。

实例文件	光盘 \ 实例 \ 第 12 章 \ 火焰 .jpg
所用素材	光盘 \ 素材 \ 第 12 章 \ 火焰 .jpg

Step 01 按【Ctrl + O】组合键，打开一幅素材图像，如图 12-16 所示。

图 12-16 素材图像

Step 02 展开“通道”面板，选择“蓝”通道，如图 12-17 所示。

图 12-17 选择“蓝”通道

知识链接

选择需要复制的通道，单击“通道”面板右上角的三角形按钮，弹出面板菜单，选择“复制通道”选项，也可以复制通道。

Step 03 单击鼠标右键，在弹出的快捷菜单中选择“复制通道”选项，**1** 弹出“复制通道”对话框，如图 12-18 所示，**2** 单击“确定”按钮，即可复制“蓝”通道。

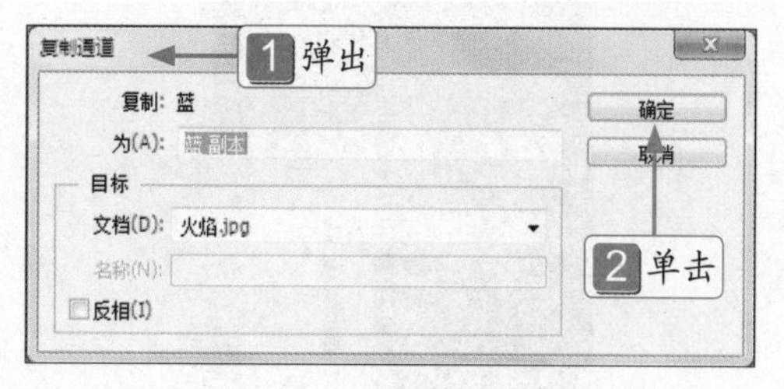

图 12-18 复制“蓝”通道

Step 04 单击“蓝 副本”通道和 RGB 通道左侧的“指示通道可见性”图标，显示通道，此时图像编辑窗口中的图像效果如图 12-19 所示。

图 12-19 显示通道

Step 05 选择“蓝 副本”通道，按住鼠标左键并将其拖曳至面板底部的“删除当前通道”按钮上，如图 12-20 所示。

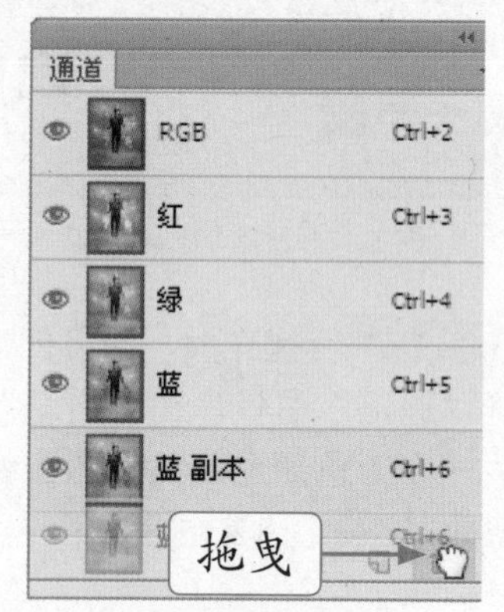

图 12-20 删除通道

Step 06 释放鼠标左键，即可删除选择的通道，此时图像编辑窗口中的图像效果如图 12-21 所示。

图 12-21 删除选择的通道

12.4.4 新手练兵——保存选区到通道

在编辑图像时，将新建的选区保存到通道中，可方便用户对图像进行多次编辑和修改。

	实例文件	光盘 \ 实例 \ 第 12 章 \ 心形枕 .jpg
	所用素材	光盘 \ 素材 \ 第 12 章 \ 心形枕 .jpg

技巧发送

在图像编辑窗口中创建好选区后，单击“选择”|“存储选区”命令，在弹出的“存储选区”对话框中设置相应的选项，单击“确定”按钮，也可将创建的选区存储为通道。

Step 01 按【Ctrl + O】组合键，打开一幅素材图像，如图 12-22 所示。

图 12-22 素材图像

Step 02 选取磁性套索工具，在图像编辑窗口中的相应位置创建一个选区，如图 12-23 所示。

图 12-23 创建选区

Step 03 在“通道”面板中，单击面板底部的“将选区存储为通道”按钮，即可保存选区到通道，如图 12-24 所示。

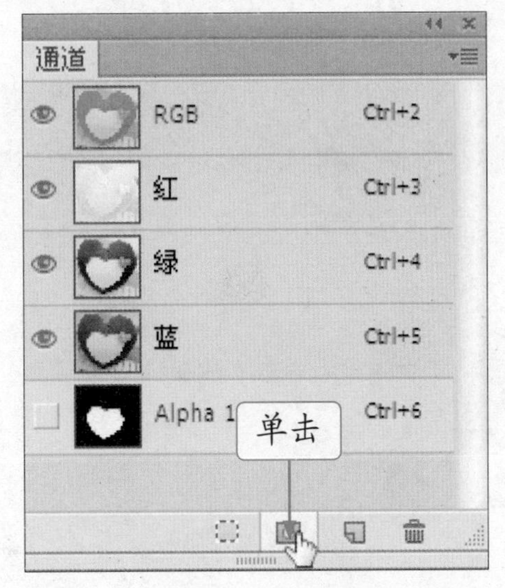

图 12-24 保存选区到通道

Step 04 单击 Alpha 1 通道左侧的“指示通道可见性”图标，显示 Alpha 1 通道，按【Ctrl + D】组合键取消选区，效果如图 12-25 所示。

图 12-25 显示 Alpha 1 通道效果

12.4.5 新手练兵——分离通道

在 Photoshop CS6 中，通过分离通道操作，可以将拼合图像的通道分离为单独的图像，分离后原文件被关闭，每一个通道均以灰度颜色模式成为一个独立的图像文件。下面介绍分离通道的操作方法。

实例文件	光盘 \ 实例 \ 第 12 章 \ 小猫 1.jpg、小猫 2.jpg、小猫 3.jpg
所用素材	光盘 \ 素材 \ 第 12 章 \ 小猫 .jpg

Step 01 按【Ctrl + O】组合键，打开一幅素材图像，如图 12-26 所示。

图 12-26 素材图像

Step 02 在“通道”面板中，**1** 单击面板中右上角的下三角形按钮，**2** 在弹出的面板菜单中选择“分离通道”选项，如图 12-27 所示。

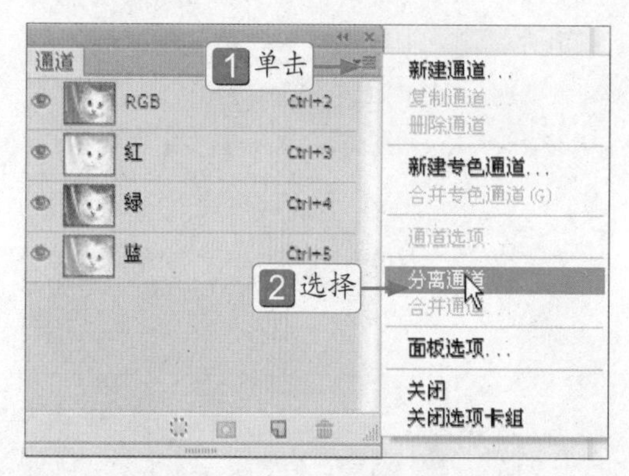

图 12-27 选择“分离通道”选项

Step 03 执行操作后，即可将 RGB 模式图像的通道分离为 3 个灰色图像，如图 12-28 所示。

图 12-28 分离为 3 个灰色图像

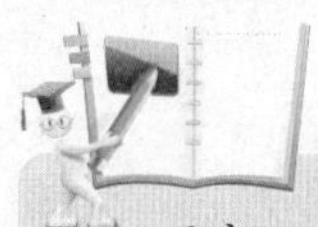

高手指引

用户可以将一幅图像中的各个通道分离出来，使其各自作为一个单独的文件存在。分离后原文件被关闭，每一个通道均以灰度颜色模式成为一个独立的图像文件。只能分离拼合图像的通道。当需要在不能保留通道的文件格式中保留单个通道信息时，分离通道非常有用。

12.4.6 新手练兵——合并通道

合并通道时必须注意这些图像的大小和分辨率必须是相同的，否则无法合并。

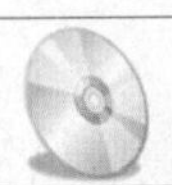

实例文件	光盘 \ 实例 \ 第 12 章 \ 小花 .jpg
所用素材	光盘 \ 素材 \ 第 12 章 \ 小花 1.jpg、小花 2.jpg、小花 3.jpg

Step 01 按【Ctrl ＋ O】组合键，打开 3 幅素材图像，如图 12-29 所示。

图 12-29 素材图像

Step 02 在“通道”面板中，单击面板右上角的三角形按钮，在弹出的面板菜单中选择“合并通道”选项，1 弹出“合并通道”对话框，2 设置其中各选项，如图 12-30 所示，3 单击“确定”按钮。

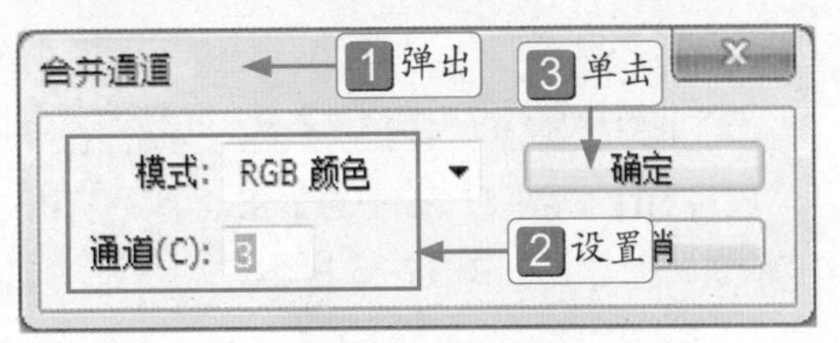

图 12-30 设置各选项

Step 03 执行操作后，1 弹出“合并 RGB 通道”对话框，2 设置其中各选项，如图 12-31 所示，3 单击“确定”按钮。

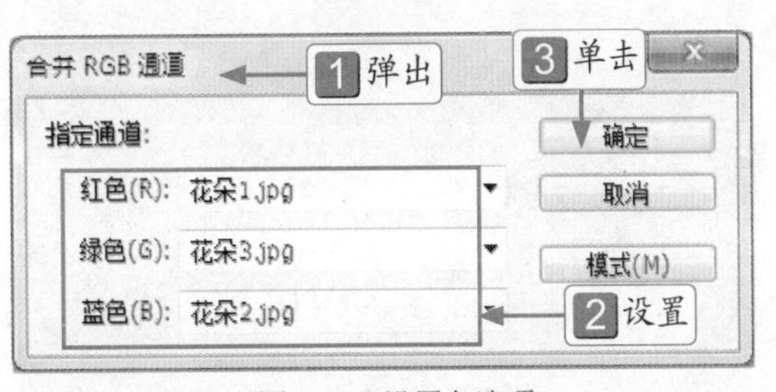

图 12-31 设置各选项

Step 04 执行操作后，即可合并通道，效果如图 12-32 所示。

图 12-32 合并通道效果

12.5 创建各种蒙版

蒙版可以很好地控制图层区域的显示或隐藏，可以在不破坏图像的情况下反复编辑图像，直至得到所需要的效果，使修改图像和创建复杂选区变得更加方便。

蒙版是通道的另一种表现形式，可用于为图像添加遮盖效果，灵活运用蒙版与选区，可以制作出丰富多彩的图像效果。下面主要介绍创建剪贴蒙版、快速蒙版、矢量蒙版、图层蒙版以及删除图层蒙版的操作方法。

12.5.1 新手练兵——创建剪贴蒙版

在 Photoshop CS6 中，剪贴蒙版可以用一个图层中包含像素的区域来限制它上层图像的显示范围。剪贴蒙版的最大优点是可以通过一个图层来控制多个图层的可见内容，而图层蒙版和矢量蒙版都只能控制一个图层。

	实例文件	光盘 \ 实例 \ 第 12 章 \ 小熊 .psd
	所用素材	光盘 \ 素材 \ 第 12 章 \ 小熊 .psd

Step 01 按【Ctrl + O】组合键，打开一幅素材图像，如图 12-33 所示。

图 12-33 素材图像

Step 02 单击“图层”|“创建剪贴蒙版”命令，创建剪贴蒙版，效果如图 12-34 所示。

图 12-34 创建剪贴蒙版

技巧发送

如果要取消剪贴蒙版，则只需在剪贴蒙版中选择基层，然后单击“图层”|“释放剪贴蒙版”命令或按【Ctrl + Shift + G】组合键即可取消剪贴蒙版。

12.5.2 新手练兵——创建快速蒙版

快速蒙版是一种手动创建选区的方法，其特点是与绘图工具结合起来创建选区，较适用于对选择要求不很高的情况。

快速创建蒙版模式可以将任意选择区域作为蒙版进行编辑，下面介绍创建快速蒙版的操作方法。

	实例文件	光盘 \ 实例 \ 第 12 章 \ 戒指 .jpg
	所用素材	光盘 \ 素材 \ 第 12 章 \ 戒指 .jpg

Step 01 按【Ctrl + O】组合键，打开一幅素材图像，如图 12-35 所示。

图 12-35 素材图像

Step 02 单击工具箱底部的“以快速蒙版模式编辑”按钮，如图 12-36 所示。

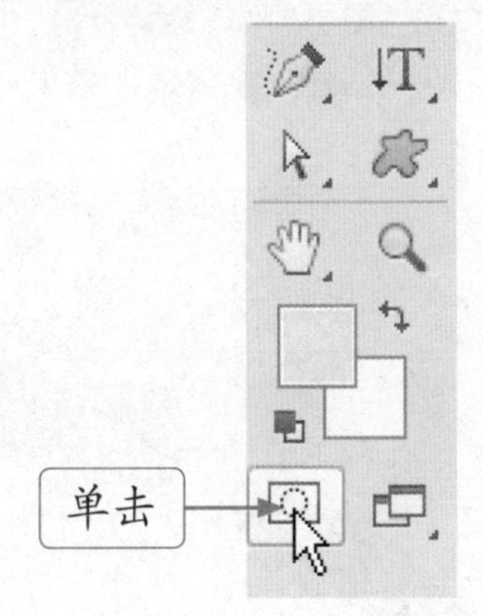

图 12-36 单击相应按钮

Step 03 执行操作后，即可进入快速蒙版模式编辑模式，选取工具箱中的画笔工具，设置前景色为黑色，在戒指上进行涂抹，如图 12-37 所示。

图 12-37 涂抹图像

Step 04 单击工具箱底部的“以标准模式编辑”按钮，涂抹区域以外部分即可转换为选区，如图 12-38 所示。

图 12-38 创建选区

Step 05 按【Ctrl + U】组合键，弹出“色相 / 饱和度”对话框，设置“色相”为 180、“饱和度”为 50，如图 12-39 所示。

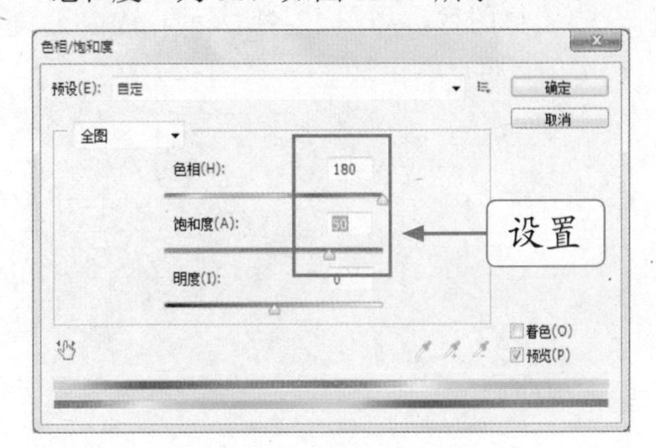

图 12-39 设置相应参数

Step 06 单击“确定”按钮，并取消选区，效果如图 12-40 所示。

图 12-40 图像效果

知识链接

在进入快速蒙版后，当运用黑色绘图工具进行作图时，将在图像中得到红色的区域，即是非选区区域，当运用白色绘图工具进行作图时，可以去除红色的区域，即是生成的选区，用灰色绘图工具进行作图，则生成的选区将会带有一定的羽化。

12.5.3 新手练兵——创建矢量蒙版

矢量蒙版是由钢笔、自定形状等矢量工具创建的蒙版（图层蒙版和剪贴蒙版都是基于像素的蒙版），矢量蒙版与分辨率无关，常用来制作 Logo、按钮或其他 Web 设计元素。无论图像自身的分辨率是多少，只要使用了该蒙版，都可以得到平滑的轮廓。

	实例文件	光盘 \ 实例 \ 第 12 章 \ 天空 .psd
	所用素材	光盘 \ 素材 \ 第 12 章 \ 天空 .psd

Step 01 按【Ctrl ＋ O】组合键，打开一幅素材图像，如图 12-41 所示，选取工具箱中的自定形状工具。

图 12-41 素材图像

Step 02 设置“形状”为网格，在图像编辑窗口中的合适位置绘制一个网格路径，如图 12-42 所示。

图 12-42 绘制网格路径

Step 03 单击“图层”|“矢量蒙版”|“当前路径”命令，即可创建矢量蒙版，效果如图 12-43 所示。

图 12-43 创建矢量蒙版

Step 04 在“图层”面板中，即可查看到基于当前路径创建的矢量蒙版，如图 12-44 所示。

图 12-44 查看矢量蒙版

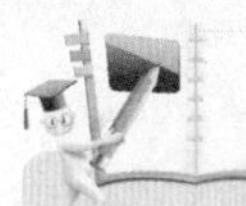

高手指引

与图层蒙版非常相似，矢量蒙版也是一种控制图层中图像显示与隐藏的方法，不同的是，矢量蒙版是依靠路径来限制图像的显示与隐藏的，因此它创建的都是具有规则边缘的蒙版。

12.5.4 新手练兵——创建图层蒙版

图层蒙版是 Photoshop 图像处理的重要组成部分，是图像合成的重要工具之一，其主要功能是显示设计者需要的部分，隐藏或柔和遮挡不必要的部分，而对图像不造成损坏，在图像合成中经常使用。

	实例文件	光盘 \ 实例 \ 第 12 章 \ 风景 .psd
	所用素材	光盘 \ 素材 \ 第 12 章 \ 风景 .psd

Step 01 按【Ctrl + O】组合键，打开一幅素材图像，如图 12-45 所示。

图 12-45 素材图像

Step 02 在“图层”中，1 隐藏“图层 2”图层，2 并选择“图层 1”图层，如图 12-46 所示。

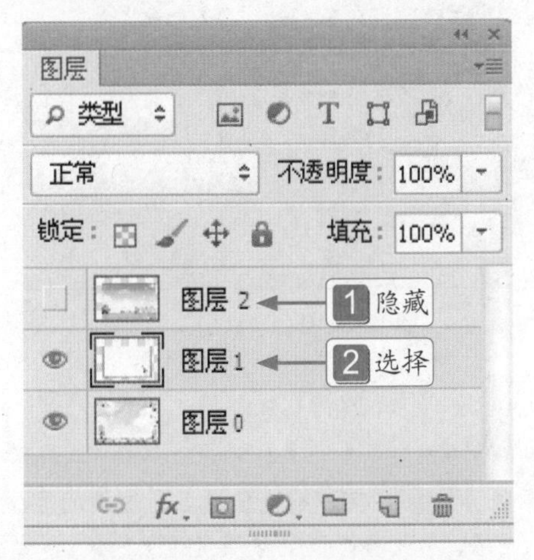

图 12-46 选择“图层 1”图层

Step 03 运用魔棒工具在图像中创建一个选区，如图 12-47 所示。

图 12-47 创建选区

Step 04 显示并选择“图层 2”图层，单击“图层”面板底部的“添加矢量蒙版”按钮，如图 12-48 所示。

图 12-48 添加矢量蒙版

Step 05 执行操作后，即可添加图层蒙版，效果如图 12-49 所示。

图 12-49 添加图层蒙版

技巧发送

单击“图层”|“图层蒙版”|“显示全部”命令，即可显示创建一个显示图层内容的白色蒙版；单击“图层”|“图层蒙版”|“隐藏全部”命令，即可创建一个隐藏图层内容的黑色蒙版。

12.5.5 新手练兵——删除图层蒙版

为图像创建图层蒙版后，如果不再需要，用户可以将创建的蒙版删除，图像即可还原为设置蒙版之前的效果。

	实例文件	光盘 \ 实例 \ 第 12 章 \ 草原 .psd
	所用素材	光盘 \ 素材 \ 第 12 章 \ 草原 .psd

Step 01 按【Ctrl + O】组合键，打开一幅素材图像，如图 12-50 所示。

图 12-50 素材图像

Step 02 在“图层”面板中，选择“图层 1”图层，如图 12-51 所示。

图 12-51 选择“图层 1”图层

高手指引

在当前图像中存在选区的情况下，单击“添加图层蒙版”按钮，可以从当前选区所选择的范围来显示或隐藏图像，选择范围在转换为图层蒙版后变为白色图像，非选择范围的区域变为黑色。

Step 03 移动鼠标指针至“图层”面板中的“图层 1”蒙版上，**1** 单击鼠标右键，**2** 在弹出的快捷菜单中选择“删除图层蒙版”选项，如图 12-52 所示。

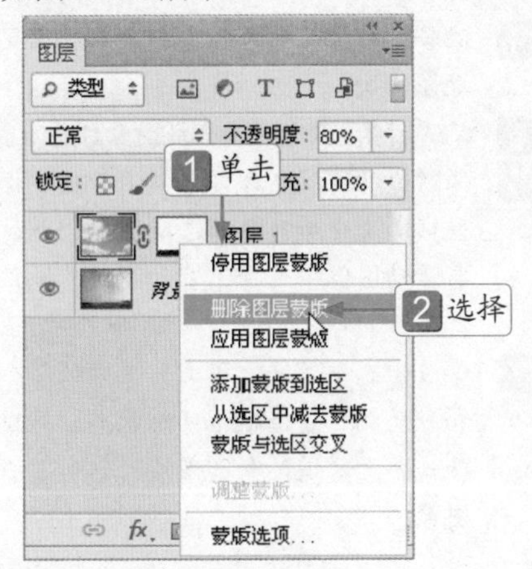

图 12-52 选择“删除图层蒙版”选项

Step 04 执行上述操作后，即可删除图层蒙版，效果如图 12-53 所示。

图 12-53 删除图层蒙版

技巧发送

停用图层只是暂时使蒙版作用失效，且图层蒙版缩览图上将有显示一个红色叉形标记；如果需要恢复被图层蒙版隐藏的图像区域，再启用图层蒙版即可恢复蒙版效果。停用 / 启用图层蒙版有以下 4 种方法：

- 该图层的图层蒙版缩览图上单击鼠标右键，在弹出的快捷菜单中选择“停用图层蒙版”选项。
- 单击“图层” | “图层蒙版” | “停用”或“启用”命令。
- 按住【Shift】键的同时，在图层蒙版缩览图上单击鼠标左键，即可停用图层蒙版。
- 当停用图层蒙版后，直接在图层蒙版缩览图上单击鼠标左键，即可启用图层蒙版。

12.6 通道应用与计算

“通道”面板用于创建并管理通道，以及监视编辑效果，通道的许多操作都需要在“通道”面板中执行。本节主要介绍使用“应用图像”命令和“计算”命令的操作方法。

12.6.1 新手练兵——应用图像

运用“应用图像”命令可以将所选图像中的一个或多个图层、通道，与其他具有相同尺寸大小图像的图层和通道进行合成，以产生特殊的合成效果。在 Photoshop CS6 中，由于“应用图像”命令是基于像素对像素的方式来处理通道的，所以只有图像的长和宽（以像素为单位）都分别相等时才能执行“应用图像”命令。使用“应用图像”命令可以对一个通道中的像素值与另一个通道中相应的像素值进行相加、减去和相乘等操作。

	实例文件	光盘 \ 实例 \ 第 12 章 \ 蒲公英 .jpg
	所用素材	光盘 \ 素材 \ 第 12 章 \ 蒲公英 .jpg、风车 .jpg

Step 01 按【Ctrl + O】组合键，打开两幅素材图像，如图 12-54 所示。

图 12-54 素材图像

Step 02 切换至蒲公英图像编辑窗口，单击“图像”|“应用图像”命令，弹出“应用图像”对话框，设置“源”为风车.jpg、“混合”为“变暗”，如图 12-55 所示。

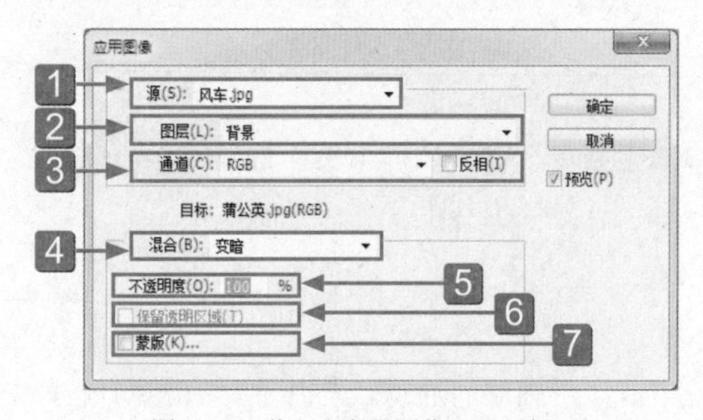

图 12-55 弹出“应用图像”对话框

1 源：从中选择一幅源图像与当前活动图像相混合。其下拉列表框中将列出 Photoshop 当前打开的图像，该项的默认设置为当前的活动图像。

2 图层：用于选择源图像中的图层参与计算。

3 通道：选择源图像中的通道参与计算，选中“反相”复选框，则表示源图像反相后进行计算。

4 混合：该下拉列表框中包含用于设置图像的混合模式。

5 不透明度：用于设置合成图像时的不透明度。

6 保留透明区域：该复选框用于设置保留透明区域，选中后只对非透明区域合并，若在当前活动图像中选择了背景图层，则该选项不可用。

7 蒙版：选中该复选框，其下方的 3 个列表框和“反相”复选框为可用状态，从中可以选择一个“通道”和“图层”作用蒙版来混合图像。

Step 03 单击“确定”按钮，即可合成图像，效果如图 12-56 所示。

图 12-56 合成图像

知识链接

在 Photoshop CS6 中编辑图像时，可以用以下 3 种方法将通道作为选区载入图像中：单击“通道”面板底部的“将通道作为选区载入”按钮；在选区已存在的情况下，按住【Ctrl + Shift】组合键的同时单击通道，则可在当前选区中增加该通道所保存的选区；如果按住【Shift + Ctrl + Alt】组合键的同时单击通道，则可得到当前选区与该通道所保存的选区重叠的选区。

12.6.2 新手练兵——通道计算

“计算”命令的工作原理与“应用图像”命令的工作原理相同，它可以混合两个来自一个或多个源图像的单个通道。使用该命令可以创建新的通道和选区，也可以生成新的黑白图像。

	实例文件	光盘 \ 实例 \ 第 12 章 \ 云层 .jpg
	所用素材	光盘 \ 素材 \ 第 12 章 \ 云层 .jpg、道路 .jpg

Step 01 按【Ctrl + O】组合键，打开两幅素材图像，如图 12-57 所示。

图 12-57 素材图像

Step 02 单击“图像”|“计算”命令，弹出“计算”对话框，如图 12-58 所示。

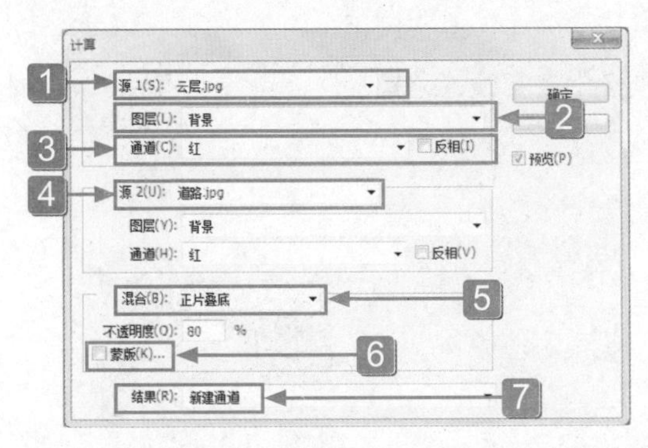

图 12-58 弹出“计算”对话框

1. 源 1：用于选择要计算的第 1 个源图像。
2. 图层：用于选择使用图像的图层。
3. 通道：用于选择要进行计算的通道名称。
4. 源 2：用于选择要进行计算的第 2 个源图像。
5. 混合：用于选择两个通道进行计算所运用的混合模式，并设置“不透明度”值。
6. 蒙版：选中该复选框，可以通过蒙版应用混合效果。
7. 结果：用于选择计算后通道的显示方式。若选择“新文档”选项，将生成一个仅有一个通道的多通道模式图像；若选择“新建通道”选项，将在当前图像文件中生成一个新通道；若选择“选区”选项，则生成一个选区。

Step 03 设置“源 2”为“道路 .jpg”、“混合模式”为“正片叠底”、“不透明度”为 80%，单击“确定”按钮，即可合成图像，效果如图 12-59 所示。

图 12-59 合成图像

第13章 应用特殊滤镜效果

学前提示

在 Photoshop CS6 中，滤镜是一种插件模块，能对图像中的像素进行操作，也可以模拟一些特殊的光照效果或带有装饰的纹理效果。在 Photoshop CS6 中有很多常用的滤镜，如“风格化”滤镜、“模糊”滤镜、“杂色”滤镜等，可以为图像添加各种不同的效果。本章主要介绍滤镜的应用基础、滤镜库、智能滤镜以及特殊滤镜的基础知识。

本章知识重点

- 初识滤镜
- 运用智能滤镜
- 特殊滤镜
- 常用滤镜效果的应用

学完本章后应该掌握的内容

- 初识滤镜，如特殊滤镜、内置滤镜等
- 掌握运用智能滤镜的操作方法，如添加智能滤镜、编辑智能滤镜等
- 掌握特殊滤镜的操作方法，如液化、消失点、滤镜库、镜头校正
- 掌握常用滤镜效果应用的操作方法，如“风格化”滤镜、“模糊”滤镜等

13.1 初识滤镜

滤镜是 Photoshop 的重要组成部分，它就像是一个魔术师，很难想象如果没有滤镜，Photoshop 是否会成为图像处理领域的领先软件，因此滤镜对于每一个使用 Photoshop 的人而言，都具有很重要的意义。

滤镜可能是作品的润色剂，也可能是作品的腐蚀剂，到底扮演的是什么角色，取决于操作者如何使用滤镜。

13.1.1 滤镜是什么

在 Photoshop 中滤镜被划分为以下两类。

1. 特殊滤镜

此类滤镜由于功能强大、使用频繁，加之在“滤镜”菜单中位置特殊，因此被称为特殊滤镜，其中包括“液化”、“镜头校正”、“消失点”和“滤镜库”4 个命令。

2. 内置滤镜

此类滤镜是自 Photoshop 4.0 发布以来直至 CS 版本始终存在的一类滤镜，其数量有上百个之多，被广泛应用于纹理制作、图像效果的修整、文字效果制作、图像处理等各个方面。

13.1.2 滤镜的作用

虽然许多读者知道灵活使用滤镜能够创造出精美的图像效果，但这种认识还是相当模糊的，为了使读者对滤镜的作用有更加清晰地认识，下面将介绍几项滤镜的实际用途。

1. 创建边缘效果

在 Photoshop 中，用户可以使用多种方法处理图像，从而得到艺术化的图像效果。图 13-1 所示的渲染效果为使用滤镜所得到的。

图 13-1 原图与渲染效果对比

2. 创建绘画效果

综合使用滤镜能够将图像处理成为具有油画、素描效果的图像，如图 13-2 所示。

图 13-2 原图与油画效果对比

3. 将滤镜应用于单个通道

可以将滤镜应用于单个通道，在应用时对每个颜色通道可以应用不同的效果或应用具有不同设置的同一滤镜，从而创建特殊的图像效果。

4. 创建背景

将滤镜应用于有纯色或灰度的图层可以得到各种背景和纹理，虽然有些滤镜在应用于纯色时效果不明显，但有些滤镜却可以产生奇特的效果。图 13-3 所示的几种纹理效果均为使用滤镜直接得到的。

图 13-3 纹理背景效果

5. 修饰图像

Photoshop 提供了几个用于修饰数码相片图像的滤镜，使用这些滤镜能够去除图像的杂点。例如，“去除杂色”命令，或者为使图像更加清晰可以使用“智能锐化”命令。

13.1.3 使用滤镜的基本原则

在 Photoshop CS6 中，所有的滤镜都有相同之处，掌握好相关的操作要领，才能更加准确地、有效地使用各种滤镜特效。

掌握滤镜的使用原则是必不可少的，其具体内容如下。

- 上一次使用的滤镜显示在“滤镜”菜单面板顶部，再次单击该命令或按【Ctrl + F】组合键，可以相同的参数应用上一次的滤镜，按【Ctrl + Alt + F】组合键，可打开相应的滤镜对话框。

- 滤镜可应用于当前选择范围、当前图层或通道，若需要将滤镜应用于整个图层，则不要选择任何图像区域或图层。
- 部分滤镜只对 RGB 颜色模式图像起作用，而不能将该滤镜应用于位图模式或索引模式图像，也有部分滤镜不能应用于 CMYK 颜色模式图像。
- 部分滤镜是在内存中进行处理的，因此，在处理高分辨率或尺寸较大的图像时非常消耗内存，甚至会出现内存不足的信息提示。

13.1.4 使用滤镜的方法和技巧

Photoshop CS6 中的滤镜种类多样，功能和应用也各不相同。因此，所产生的效果也不尽相同。

1. 使用滤镜的方法

在应用滤镜的过程中，使用快捷键十分方便。下面分别介绍快捷键的使用方法。

- 按【Esc】键，可以取消当前正在操作的滤镜。
- 按【Ctrl + Z】组合键，可以还原滤镜操作执行前的图像。
- 按【Ctrl + F】组合键，可以再次应用滤镜。
- 按【Ctrl + Alt + F】组合镜，可以弹出上一次应用的滤镜对话框。

2. 使用滤镜的技巧

滤镜的功能非常强大，掌握以下使用技巧可以提高工作效率。

- 在图像的部分区域应用滤镜时，可创建选区，并对选区设置羽化值，再使用滤镜，以使选区图像与源图像较好地融合。
- 可以对单独某一图层中的图像使用滤镜，通过色彩混合合成图像。
- 可以对单一色彩通道或 Alpha 通道使用滤镜，然后合成图像，或者将 Alpha 通道中的滤镜效果应用到主图像中。
- 可以将多个滤镜组合使用，从而制作出漂亮的效果。
- 一般在工具箱中设置前景色和背景色，不会对滤镜命令的使用产生作用，不过在滤镜组中有些滤镜是例外的，它们创建的效果是通过使用前景色或背景色来设置的。所以在应用这些滤镜前，需要先设置好当前的前景色和背景色的色彩。

高手指引

Adobe 提供的滤镜显示在“滤镜”菜单中，第三方开发商提供的某些滤镜可以作为增效工具使用。在安装后，这些增效工具滤镜出现在“滤镜”菜单的底部。

13.2 运用智能滤镜

智能滤镜是 Photoshop 中一个强大的功能，在使用 Photoshop 时，如果要对智能对象中的图像应用滤镜，就必须将该智能对象图层栅格化，然后才可以应用智能滤镜，但如果用户要修改智能对象中的内容时，则还需要重新应用滤镜，这样就在无形中增加了操作的复杂程度，而智能滤镜功能就是为了解决这一难题而产生的。同时，使用智能滤镜，还可以对所添加的滤镜进行反复的修改。

13.2.1 新手练兵——添加智能滤镜

将所选择的图层转换为智能对象，才能应用智能滤镜，“图层”面板中的智能对象可以直接将滤镜添加到图像中，且不破坏图像本身的像素。

实例文件	光盘 \ 实例 \ 第 13 章 \ 飞镖 .jpg
所用素材	光盘 \ 素材 \ 第 13 章 \ 飞镖 .jpg

Step 01 按【Ctrl + O】组合键，打开一幅素材图像，如图 13-4 所示。按【Ctrl + J】组合键，复制“背景”图层，即可得“图层 1”图层。

图 13-4 素材图像

Step 02 选择“图层 1”图层，单击鼠标右键，在弹出的快捷菜单中选择“转换为智能对象”选项，将图像转换为智能对象，如图 13-5 所示。

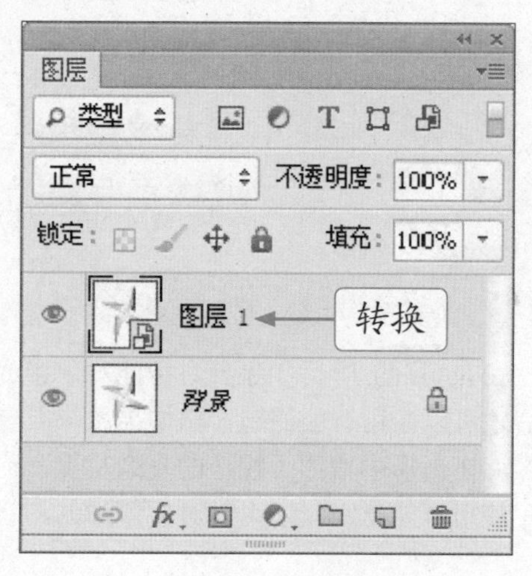

图 13-5 将图像转换为智能对象

Step 03 单击“滤镜”|“扭曲”|“水波”命令，1 弹出“水波”对话框，2 设置选项，如图 13-6 所示，3 单击“确定”按钮。

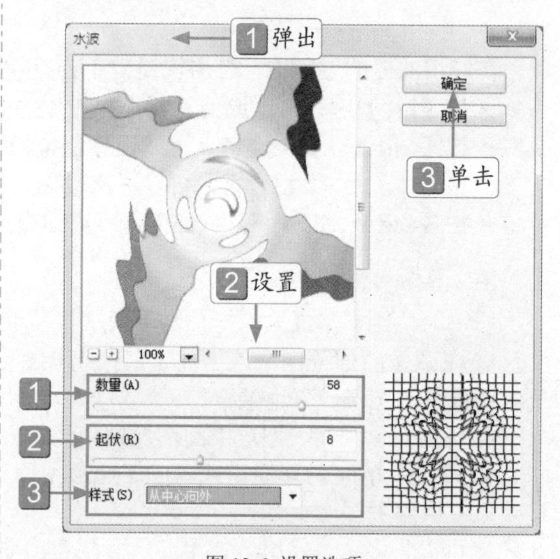

图 13-6 设置选项

1 数量：输入数值或拖动滑块，可以调整水波化的缩放数值。

2 起伏：设置水波方向从选区的中心到其边缘的反转次数。

3 样式：可设置围绕中心、从中心向外和水池波纹 3 个样式。

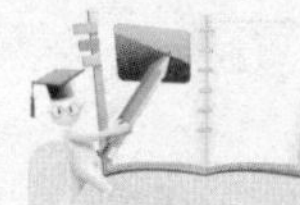

高手指引

“水波”滤镜根据选区中像素的半径将选区径向扭曲。还要指定如何置换像素：“水池波纹”将像素置换到左上方或右下方，“从中心向外”向着或远离选区中心置换像素，而“围绕中心”围绕中心旋转像素。

Step 04 执行操作后，生成一个对应的智能滤镜图层，如图 13-7 所示。

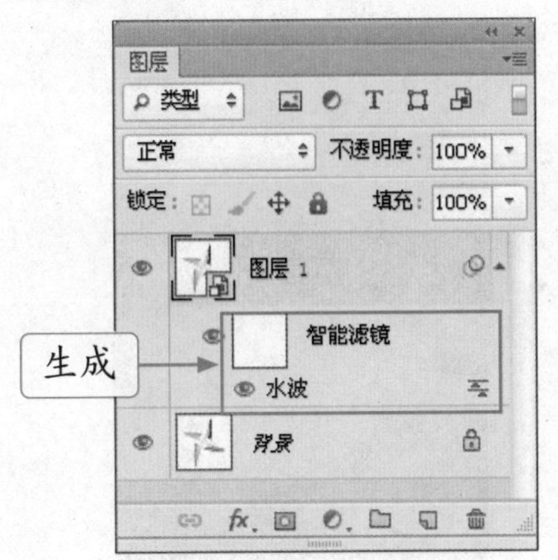

图 13-7 生成智能滤镜图层

Step 05 此时图像编辑窗口中的效果如图 13-8 所示。

图 13-8 图像效果

高手指引

如果用户选择的是没有参数的滤镜（如查找边缘、云彩等），则可以直接对智能对象图层中的图像进行处理，并创建对应的智能滤镜。

13.2.2 新手练兵——编辑智能滤镜

在 Photoshop CS6 中为图像创建智能滤镜后，可以根据需要反复编辑所应用的滤镜参数。下面介绍编辑智能滤镜的操作方法。

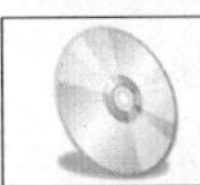	实例文件	光盘 \ 实例 \ 第 13 章 \ 向日葵 .jpg
	所用素材	光盘 \ 素材 \ 第 13 章 \ 向日葵 .psd

Step 01 按【Ctrl ＋ O】组合键，打开一幅素材图像，如图 13-9 所示。

图 13-9 素材图像

Step 02 在“图层”面板中，将鼠标指针移至“图层 1”图层下的“纤维”滤镜效果名称上，如图 13-10 所示。

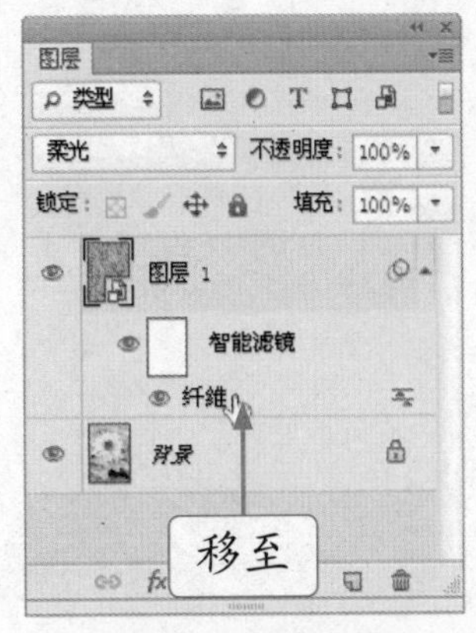

图 13-10 移动鼠标位置

Step 03 双击鼠标左键，**1** 弹出“纤维”对话框，**2** 设置“差异”为8、“强度”为2，如图 13-11 所示，**3** 单击“确定”按钮。

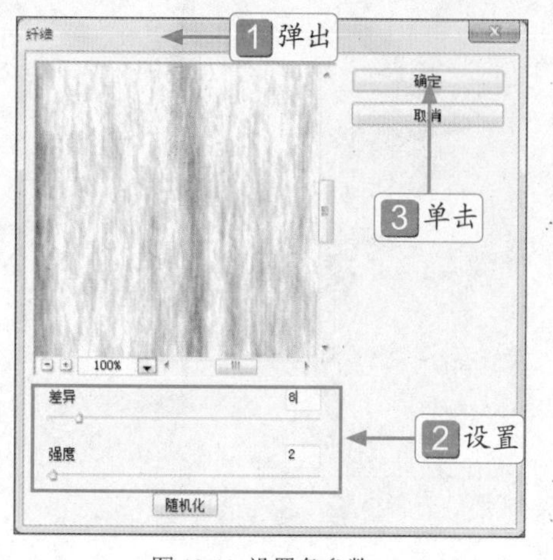

图 13-11 设置各参数

Step 04 执行操作后，即可完成滤镜的编辑，且图像效果随之改变，如图 13-12 所示。

图 13-12 图像效果

13.2.3 新手练兵——编辑智能滤镜混合选项

编辑智能滤镜混合选项类似于在对传统图层应用滤镜时使用“渐隐”命令。下面介绍编辑智能滤镜混合选项的操作方法。

	实例文件	光盘 \ 实例 \ 第 13 章 \ 风景 1.jpg
	所用素材	光盘 \ 素材 \ 第 13 章 \ 风景 1.psd

Step 01 按【Ctrl + O】组合键，打开一幅素材图像，如图 13-13 所示。

图 13-13 素材图像

Step 02 在“图层”面板中，将鼠标指针移至“图层 1”图层下的“玻璃”滤镜右侧的 图标上，如图 13-14 所示。

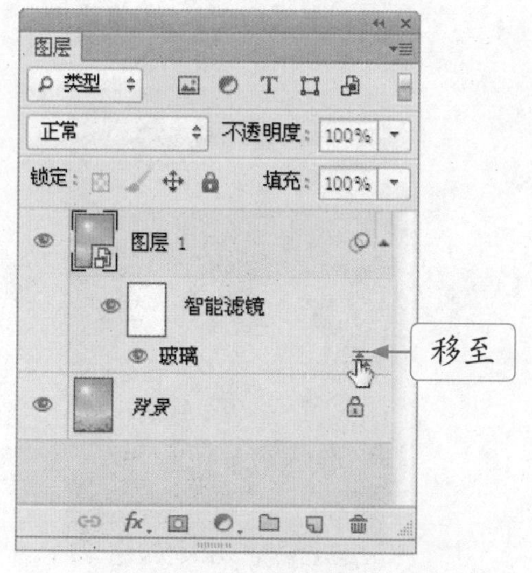

图 13-14 将鼠标移至相应图标上

Step 03 双击鼠标左键，1 弹出“混合选项（玻璃）”对话框，2 在其中设置“模式”为“叠加”，如图 13-15 所示，3 单击“确定”按钮。

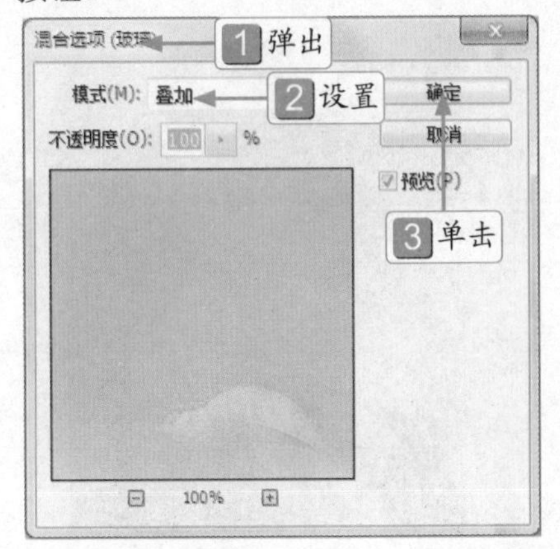

图 13-15 设置“模式”为“叠加”

Step 04 执行操作后，即可完成滤镜混合模式的编辑，且图像效果随之改变，如图 13-16 所示。

图 13-16 图像效果

13.2.4 新手练兵——停用智能滤镜

停用智能滤镜操作，只是对所有的智能滤镜操作或对单独某个智能滤镜操作。下面介绍停用智能滤镜的操作方法。

	实例文件	光盘 \ 实例 \ 第 13 章 \ 娃娃 .psd
	所用素材	光盘 \ 素材 \ 第 13 章 \ 娃娃 .psd

Step 01 按【Ctrl + O】组合键，打开一幅素材图像，如图 13-17 所示。

图 13-17 素材图像

Step 02 在“图层”面板中，单击“图层”面板中“动感模糊”智能滤镜左侧的“切换单个智能滤镜可见性”图标 👁，如图 13-18 所示。

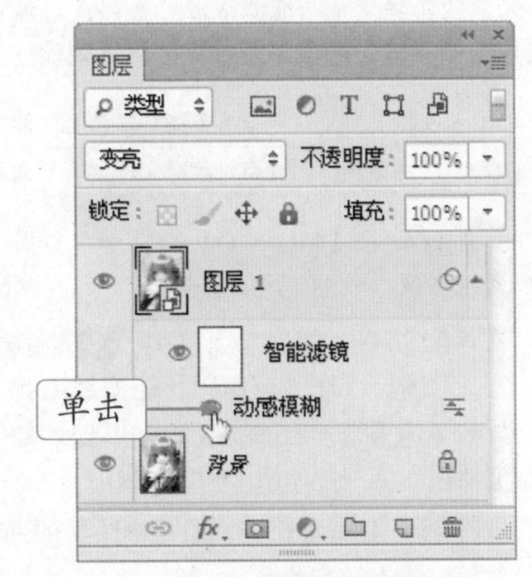

图 13-18 单击相应图标

Step 03 执行上述操作后，即可停用智能滤镜，效果如图 13-19 所示。

图 13-19 停用智能滤镜

Step 04 在"图层"面板中，再次单击"动感模糊"智能滤镜左侧的"切换单个智能滤镜可见性"图标 ，即可启用智能滤镜，效果如图 13-20 所示。

图 13-20 启用智能滤镜

技巧发送

要停用所有智能滤镜，可以在所属的智能对象图层最右侧的"指示滤镜效果"按钮 上单击鼠标右键，在弹出的快捷菜单中选择"停用智能滤镜"选项，即可隐藏所有智能滤镜生成的图像效果，再次在该位置上单击鼠标右键，在弹出的快捷菜单上选择"启用智能滤镜"选项，显示所有智能滤镜。

除了上述停用/启用智能滤镜的操作方法外，还有以下两种方法：单击"图层"|"智能滤镜"|"停用智能滤镜"或"启用智能滤镜"命令；在智能滤镜效果名称上单击鼠标右键，在弹出的快捷菜单中选择"停用智能滤镜"或"启用智能滤镜"选项。

13.2.5 新手练兵——删除智能滤镜

如果要删除一个智能滤镜，可直接在该滤镜名称上单击鼠标右键，在弹出的快捷菜单中选择"删除智能滤镜"选项，或者直接将要删除的滤镜拖至"图层"面板底部的删除图层按钮上。

	实例文件	光盘 \ 实例 \ 第 13 章 \ 海底 .jpg
	所用素材	光盘 \ 素材 \ 第 13 章 \ 海底 .psd

Step 01 按【Ctrl + O】组合键，打开一幅素材图像，如图 13-21 所示。

Step 02 在"图层"面板中，1 选择"图层 1"图层，在"玻璃"智能滤镜上单击鼠标右键，2 在弹出的快捷菜单中选择"删除智能滤镜"选项，如图 13-22 所示。

Step 03 执行操作后，即可删除智能滤镜，效果如图 13-23 所示。

图 13-21 素材图像

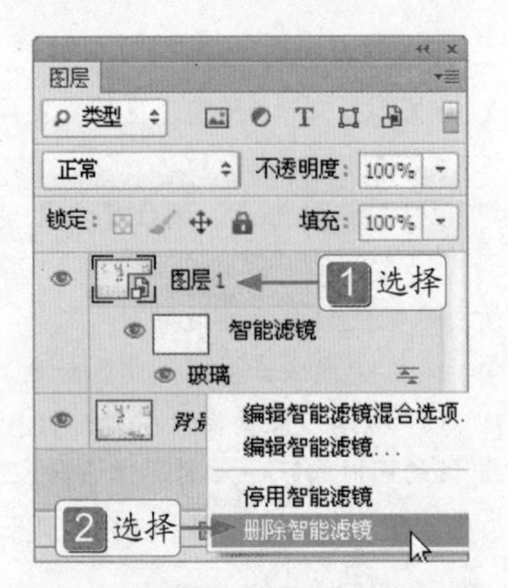

图 13-22 选择“删除智能滤镜”选项

图 13-23 删除智能滤镜效果

技巧发送

需要清除所有的智能滤镜，有以下两种方法。

- 快捷菜单：在智能滤镜上单击鼠标右键；在弹出的快捷菜单上选择“清除智能滤镜”选项。
- 命令：单击“图层”|“智能滤镜”|“清除智能滤镜”命令。

13.3 特殊滤镜

特殊滤镜是相对众多滤镜组中的滤镜而言的，其相对独立，但功能强大，使用频率也非常高。

13.3.1 液化

在 Photoshop CS6 中，使用“液化”滤镜可以逼真地模拟液化流动的效果，通过它可以对图像调整弯曲、旋转、扩展和收缩等效果。单击“滤镜”|“液化”命令，即会弹出“液化”对话框，如图 13-24 所示。

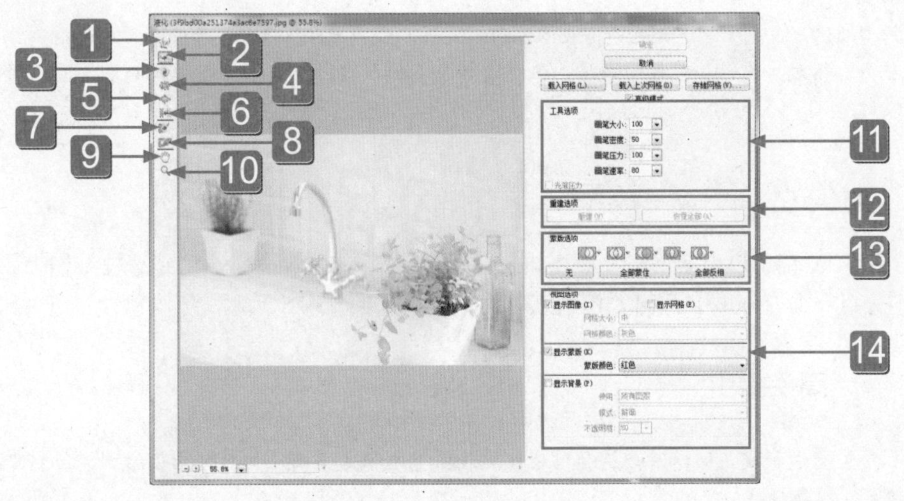

图 13-24 “液化”对话框

1 向前变形工具：可向前推动像素。

2 重建工具：用来恢复图像。在变形的区域中单击或拖动涂抹，可以使变形区域的图像恢复为原来的效果。

3 顺时针旋转扭曲工具：在图像中单击或拖动鼠标可顺时针旋转像素，按住【Alt】键的同时单击或拖动鼠标则逆时针旋转扭曲像素。

4 褶皱工具：可以使像素向画笔区域的中心移动，使图像产生向内收缩效果。

5 膨胀工具：可以使像素向画笔区域中心以外的方向移动，使图像产生向外膨胀的效果。

6 左推工具：垂直向上拖动鼠标时，像素向左移动；向下拖动，像素向右移动；按住【Alt】键的同时垂直向上拖动时，像素向右移动；按住【Alt】键的同时向下拖动时，像素向左移动。

7 冻结蒙版工具：如果要对一些区域进行处理，而又不希望影响其他区域，可以使用该工具在图像上绘制出冻结区域，即要保护的区域。

8 解冻蒙版工具：涂抹冻结区域可以解除冻结。

9 抓手工具：用于移动图像，放大图像后方便查看图像的各部分区域。

10 缩放工具：用于放大、缩小图像。

11 “工具选项”区：该选项区中有“画笔大小”、“画笔密度”、“画笔压力”、“画笔速率”、“湍流抖动”、“重建模式”、“光笔压力”等选项。

12 “重建选项”区：在该选项区中，单击“模式”右侧的下拉按钮 模式: 恢复，在弹出的列表框中可以选择重建模式；单击“重建”按钮 重建(U)，可以应用重建效果；单击“恢复全部”按钮 恢复全部(A)，可以取消所有扭曲效果，即使当前图像中有被冻结的区域也不例外。

13 “蒙版选项”区：在该选项区中，有“替换选区”、“添加到选区”、“从选区中减去”、“在选区交叉”以及“反相选区”等图标；单击“无 无”按钮，可以解冻所有区域；单击“全部蒙住 全部蒙住”按钮，可以使图像全部冻结；单击“全部反相 全部反相”按钮，可以使冻结和解冻区域反相。

14 “视图选项”区：在该选项区中，有“显示图像 显示图像”、“显示网格 显示网格”、“显示蒙版 显示蒙版”、“显示背景 显示背景”等复选框。

高手指引

使用“液化”滤镜可以逼真地模拟液体流动的效果，用户使用该命令，可以非常方便地制作变形、湍流、扭曲、褶皱、膨胀和对称等效果，但是该命令不能在索引模式、位图模式和多通道色彩模式的图像中使用。

13.3.2 消失点

“消失点”滤镜可以自定义透视参考框，从而将图像复制、转换或移动到透视结构上。单击“滤镜”|“消失点”命令，即会弹出“消失点”对话框，如图 13-25 所示。

高手指引

对图像进行透视校正编辑时，将通过消失点在图像中指定平面，然后可应用绘制、仿制、拷贝、粘贴及变换等编辑操作。

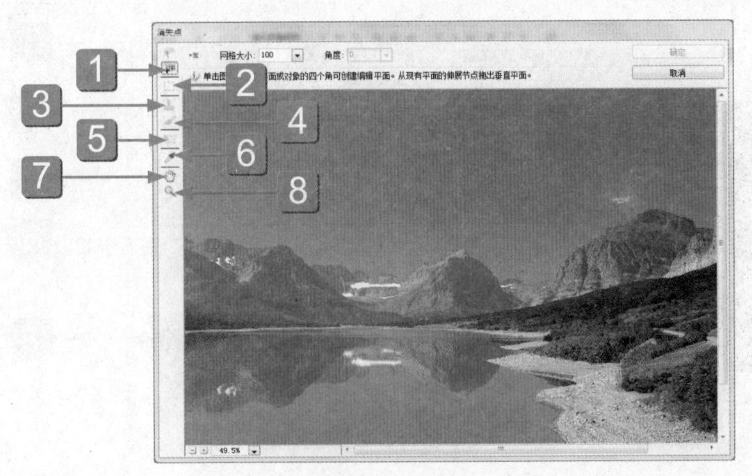

图 13-25 “消失点”对话框

1 编辑平面工具 ：用来选择、编辑、移动平面的节点以及调整平面的大小。

2 创建平面工具 ：用来定义透视平面的 4 个角节点。创建了 4 个角节点后，可以移动、缩放平面或重新确定其形状；按住【Ctrl】键的同时拖动平面的边节点可以拉出一个垂直平面。再定义透视平面。在定义透视平面的节点时，如果节点的位置不正确，可按【Backspace】键将该节点删除。

3 选框工具 ：在平面上按下鼠标左键并拖动鼠标可以选择平面上的图像。选择图像后，将光标放在选区内，按住【Alt】键的同时拖动可以复制图像；按住【Ctrl】键的同时拖动选区，则可以用源图像填充该区域。

4 图章工具 ：使用该工具时，按住【Alt】键的同时在图像中单击可以为仿制设置取样点；在其他区域拖动鼠标可复制图像；按住【Shift】键的同时单击可以将描边扩展到上一次单击处。

5 画笔工具 ：可在图像上绘制选定的颜色。

6 变换工具 ：使用该工具时，可以通过移动定界框的控制点来缩放、旋转和移动浮动选区，类似于在矩形选区上使用“自由变换”命令。

7 吸管工具 ：可拾取图像中的颜色作为画笔工具的绘画颜色。

8 测量工具 ：可在透视平面中测量项目的距离和角度。

13.3.3 滤镜库

滤镜库是汇集了 Photoshop CS6 众多滤镜功能的一个集合式对话框，Photoshop CS6 中滤镜库是功能最为强大的一个命令，此功能允许用户重叠或重复使用某几种或某一种滤镜，从而使滤镜的应用变换更加繁多，所获得的效果也更加复杂。单击菜单栏中的“滤镜”|“滤镜库”命令，即会弹出类似于如图 13-26 所示的滤镜对话框。

高手指引

滤镜库的开发有别于常规滤镜的应用，其最大的特点在于提供了累积应用滤镜命令的功能，即在此对话框中，可以对当前操作的图像应用多个相同或不同的滤镜命令，并将这些滤镜命令得到的效果叠加起来，以得到更加丰富的效果。

图 13-26 滤镜对话框

1 预览区：在此处可以预览应用滤镜的效果。

2 缩放区：单击 + 按钮，可放大预览区图像的显示比例；单击 - 按钮，则缩小显示比例；单击文本框右侧的下拉按钮 ，即可在打开的下拉菜单中选择显示比例。

3 显示 / 隐藏滤镜缩览图：单击该按钮，可以隐藏滤镜组，将窗口空间留给图像预览区，再次单击则显示滤镜组。

4 弹出式菜单：单击 按钮，可在打开的下拉菜单中选择一个滤镜。

5 参数设置区："滤镜库"中共包含 6 组滤镜，单击滤镜组前的 按钮，可以展开该滤镜组；单击滤镜组中的滤镜可使用该滤镜。与此同时，右侧的参数设置内会显示该滤镜的参数选项。

6 滤镜效果缩略图：单击缩略图即可使用相应滤镜。

7 效果图层：显示当前使用的滤镜列表。单击"眼睛"图标 可以隐藏或显示滤镜。

技巧发送

虽然滤镜库是 Photoshop CS6 中用于集中运用滤镜的功能，但并非所有滤镜命令都被集成在此对话框中，如高斯模糊、光照效果等。对于不再需要的滤镜效果图层，用户可以将其删除，要删除这些图层只需通过选择该图层，然后单击"删除效果图层"按钮 即可。

13.3.4 镜头校正

"镜头校正"滤镜可以用于对失真或倾斜的图像进行校正，还可以对图像调整扭曲、色差、晕影和变换效果，使图像恢复至正常状态。

高手指引

在 Photoshop CS6 中，滤镜效果图层的操作也跟其他图层的操作一样灵活，其中包括添加、隐藏及删除滤镜效果图层等操作。若滤镜效果图层排列的顺序不同，则应用到图像中的效果也不同。滤镜命令不能应用于位图模式、索引模式及 16 位图像中，有些滤镜效果只能应用于 RGB 颜色模式的图像中。

用户也可以使用“镜头校正”滤镜来旋转图像，或修复由于相机垂直或水平倾斜而导致的图像透视现象。相对于使用“变换”命令，“镜头校正”滤镜的图像网格使得这些调整可以更为轻松精确地进行。单击“滤镜”|“镜头校正”命令，即会弹出“镜头校正”对话框，如图 13-27 所示。

图 13-27 “镜头校正”对话框

1 移去扭曲工具：向中心拖动或拖离中心以校正失真。

2 移动网格工具：拖动可以移动网格位置。

3 拉直工具：绘制一条直线以将图像拉直到新的横轴或纵轴。

4 自动缩放图像：如果校正没有按预期的方式扩展或收缩图像，从而使图像超出了原始尺寸，可选中“自动缩放图像”复选框。

5 边缘：“边缘”菜单用于指定如何处理由于枕形失真、旋转或透视校正而产生的空白区域。可以使用透明或某种颜色填充空白区域，也可以扩展图像的边缘像素。

6 搜索条件：用于对“镜头配置文件”列表进行过滤。默认情况下，基于图像传感器大小的配置文件首先出现。要首先列出 RAW 配置文件，单击其右侧的 ▾≡ 按钮，然后在弹出的菜单中选择“优先使用 RAW 配置文件”选项。

7 镜头配置文件：用于选择匹配的配置文件。默认情况下，Photoshop 只显示用来创建图像的相机和镜头匹配的配置文件（相机型号不必完全匹配）。Photoshop 还会根据焦距、光圈大小和对焦距离自动为所选镜头选择匹配的子配置文件。要更改自动选区，可右键单击当前的镜头配置文件，然后选择其他子配置文件。如果没有找到匹配的镜头配置文件，则单击“联机搜索”按钮可以获取 Photoshop 社区所创建的其他配置文件。要存储联机配置文件以供将来使用，可单击 ▾≡ 按钮，然后在弹出的菜单中选择“在本地存储联机配置文件”选项。

高手指引

要创建自己的配置文件，可从 Adobe 网站下载免费的 Adobe 镜头配置文件创建程序。

可以单独应用手动校正，或将它用于调整自动镜头校正。在“镜头校正”对话框的右上角，切换至“自定”选项卡，如图 13-28 所示。可从“设置”菜单中选取一个预设的设置列表，“镜头默认值”使用以前为用于制作图像的相机、镜头、焦距、光圈大小和对焦距离存储的设置。“上一个校正”使用上一次镜头校正中使用的设置，用户存储的任何自定设置组列在菜单的底部。

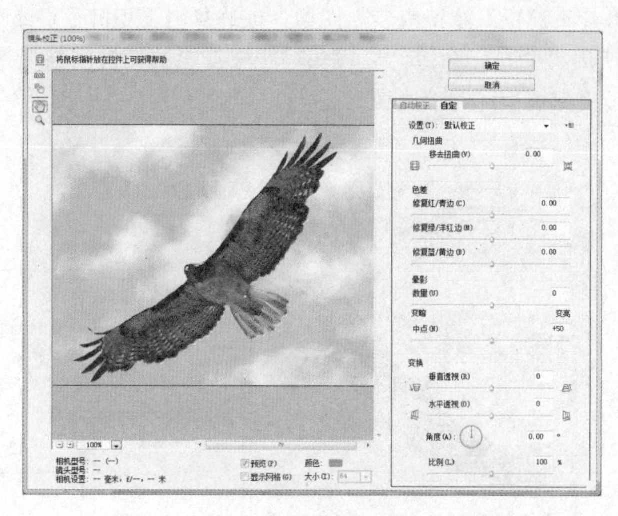

图 13-28 “自定”选项卡

知识链接

“自定”选项卡中各主要选项的主要功能如下。

- 移去扭曲：校正镜头桶形或枕形失真。移动滑块可拉直从图像中心向外弯曲或朝图像中心弯曲的水平和垂直线条。也可以使用移去扭曲工具来进行此校正，朝图像的中心拖动可校正枕形失真，而朝图像的边缘拖动可校正桶形失真。要补偿所产生的任何空白图像边缘，可调整“自动校正”选项卡上的“边缘”选项。
- 修复边缘设置：通过相对其中一个颜色通道调整另一个颜色通道的大小，来补偿边缘。在进行校正时，放大预览的图像可更近距离地查看色边。
- 晕影量：设置沿图像边缘变亮或变暗的程度。校正由于镜头缺陷或镜头遮光处理不正确而导致拐角较暗的图像。还可以应用晕影实现创意效果。
- 晕影中点：指定受“数量”滑块影响的区域的宽度。如果指定较小的数，则会影响较多的图像区域；如果指定较大的数，则只会影响图像的边缘。
- 垂直透视：校正由于相机向上或向下倾斜而导致的图像透视，使图像中的垂直线平行。
- 水平透视：校正图像透视，并使水平线平行。
- 角度：旋转图像以针对相机歪斜加以校正，或在校正透视后进行调整，也可以使用拉直工具来进行此校正，沿图像中想作为横轴或纵轴的直线拖动。为了避免在调整透视设置或角度设置时意外地进行缩放，应取消选中“自动校正”选项卡中的“自动缩放图像”复选框。
- 缩放：向上或向下调整图像缩放。图像像素尺寸不会改变，主要用途是移去由于枕形失真、旋转或透视校正而产生的图像空白区域。放大实际上将导致裁剪图像，并使插值增大到原始像素尺寸。

13.4 常用滤镜效果的应用

在 Photoshop CS6 中有很多常用的滤镜，如“风格化”滤镜、“模糊”滤镜、“杂色”滤镜等。下面将介绍基本滤镜的应用。

13.4.1 新手练兵——应用“风格化”滤镜

“风格化”滤镜是通过置换像素和通过查找并增加图像的对比度，在选区中生成绘画或印象派的效果。

	实例文件	光盘 \ 实例 \ 第 13 章 \\ 小孩 .jpg
	所用素材	光盘 \ 素材 \ 第 13 章 \ 小孩 .jpg

Step 01 按【Ctrl + O】组合键，打开一幅素材图像，如图 13-29 所示，设置背景色为白色。

图 13-29 素材图像

Step 02 单击“滤镜”|“风格化”|“拼贴”命令，弹出“拼贴”对话框，保持默认参数，单击“确定”按钮，效果如图 13-30 所示。

图 13-30 图像效果

13.4.2 新手练兵——应用“模糊”滤镜

应用“模糊”滤镜，可以使图像中清晰或对比度较强烈的区域，产生模糊的效果。

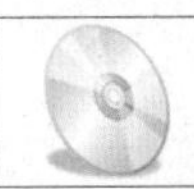	实例文件	光盘 \ 实例 \ 第 13 章 \ 小鸟 .jpg
	所用素材	光盘 \ 素材 \ 第 13 章 \ 小鸟 .jpg

Step 01 按【Ctrl + O】组合键，打开一幅素材图像，如图 13-31 所示。

图 13-31 素材图像

Step 02 选取工具箱中的磁性套索工具，沿着布偶边缘创建一个选区，并反选选区，如图 13-32 所示。

图 13-32 反选选区

Step 03 单击“滤镜”|“模糊”|“径向模糊”命令，弹出“径向模糊”对话框，设置其中各选项，如图 13-33 所示。

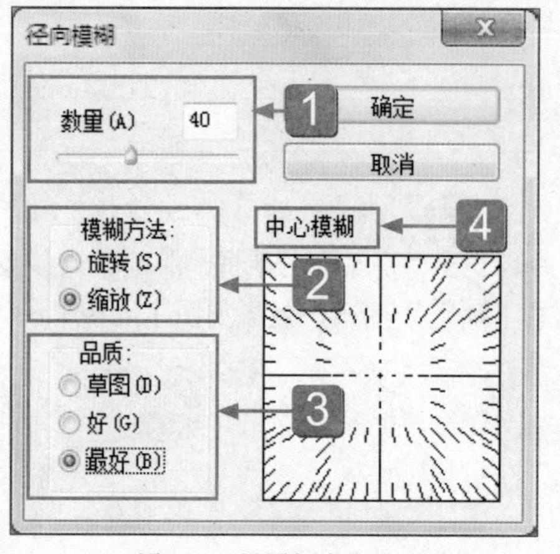

图 13-33 设置相应选项

Step 04 单击“确定”按钮，即可将“径向模糊”滤镜应用于图像中，按【Ctrl + D】组合键取消选区，效果如图 13-34 所示。

图 13-34 图像效果

1 数量：用来设置模糊的强度，该值越高，模糊效果越强烈。

2 模糊方法：在该选项区中，选中“旋转”单选按钮，则沿同心圆环线进行模糊；选中“缩放”单选按钮，则沿径向线进行模糊，类似于放大或缩小图像的效果。

3 品质：用来设置应用模糊效果后图像的显示品质。在该选项区中，选中“草图”单选按钮，处理的速度最快，但会产生颗粒状效果；选中“好”和“最好”单选按钮都可以产生较为平滑的效果，但除非在较大的图像上，否则看不出这两种品质的区别。

4 中心模糊：拖动“中心模糊”框中的图案，可以指定模糊的原点。

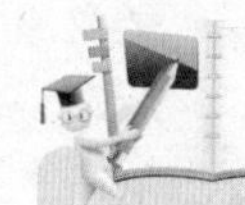

高手指引

如果选区在保持前景清晰的情况下想要进行模糊处理的背景区域，则模糊的背景区域边缘将会沾染上前景中的颜色，从而在前景周围产生模糊、浑浊的轮廓。

13.4.3 新手练兵——应用“扭曲”滤镜

“扭曲”滤镜对图像进行几何扭曲，创建 3D 或其他整形效果。可以通过“滤镜库”来应用“极坐标”、“扩散亮光”、“玻璃”和“海洋波纹”等滤镜。

	实例文件	光盘 \ 实例 \ 第 13 章 \ 春天 .jpg
	所用素材	光盘 \ 素材 \ 第 13 章 \ 春天 .jpg

Step 01 按【Ctrl + O】组合键，打开一幅素材图像，如图 13-35 所示。

Step 02 单击“滤镜”|“扭曲”|“极坐标”命令，1 弹出“极坐标”对话框，2 设置各选项，如图 13-36 所示。

技巧发送

在“极坐标”对话框中，根据需要选中相应单选按钮，可以将选区从平面坐标转换到极坐标，或将选区从极坐标转换到平面坐标。

图 13-35 素材图像

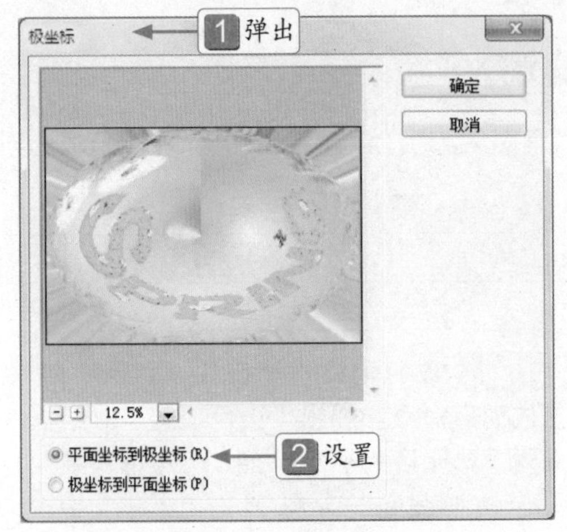

图 13-36 设置各选项

Step 03 单击“确定”按钮，即可为图像添加极坐标效果，如图 13-37 所示。

图 13-37 图像效果

知识链接

“极坐标”滤镜可使图像坐标从平面坐标转换为极坐标，或从极坐标转换为平面坐标，产生一种图像极度变形的效果。可以使用“极坐标”滤镜创建圆柱变体（18 世纪流行的一种艺术形式），当在镜面圆柱中观看圆柱变体中扭曲的图像时，图像是正常的。

13.4.4 新手练兵——应用“素描”滤镜

“素描”滤镜组中除了“水彩画纸”滤镜是以图像的色彩为标准外，其他的滤镜都是用黑、白、灰来替换图像中的色彩，从而产生多种绘画效果。本节主要介绍“素描”滤镜组中的炭精笔效果的操作方法。

	实例文件	光盘 \ 实例 \ 第 13 章 \ 海滩 .jpg
	所用素材	光盘 \ 素材 \ 第 13 章 \ 海滩 .jpg

Step 01 按【Ctrl + O】组合键，打开一幅素材图像，如图 13-38 所示。

Step 02 单击菜单栏中的“滤镜”|“素描”|“炭精笔”命令，弹出“炭精笔”对话框，设置“前景色阶”为 2、“背景色阶”为 8、“缩放”为 50%、“凸现”为 5，单击“确定”按钮，即可为图像添加炭精笔效果，如图 13-39 所示。

图 13-38 素材图像

图 13-39 图像效果

13.4.5 新手练兵——应用“纹理”滤镜

使用“纹理”滤镜可以为图像添加各式各样的纹理图案，通过设置各个选项的参数值或选项，可以制作出深度或材质不同的纹理效果。

	实例文件	光盘 \ 实例 \ 第 13 章 \ 风景 2.jpg
	所用素材	光盘 \ 素材 \ 第 13 章 \ 风景 2.jpg

Step 01 按【Ctrl + O】组合键，打开一幅素材图像，如图 13-40 所示，设置前景色为白色。

图 13-40 素材图像

Step 02 单击“滤镜”|“纹理”|“染色玻璃”命令，弹出“染色玻璃”对话框，设置“单元格大小”为 28、“边框粗细”为 6、“光照强度”为 3，单击“确定”按钮，效果如图 13-41 所示。

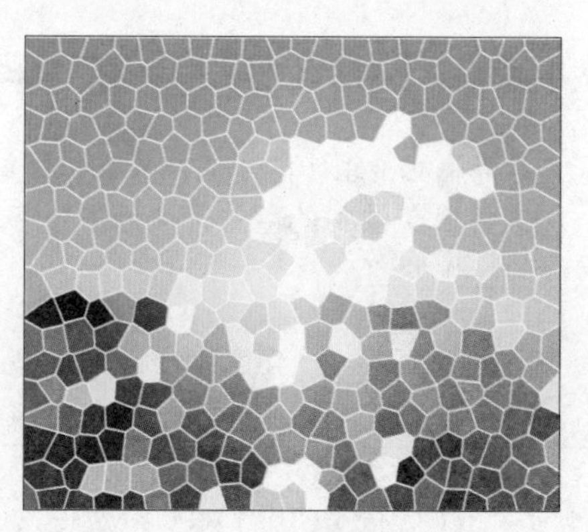

图 13-41 图像效果

13.4.6 新手练兵——应用“像素化”滤镜

“像素化”滤镜主要用来为图像平均分配色度，通过使单元格中颜色相近的像素结果成块来清晰地定义一个选区，从而使图像产生点状、马赛克及碎片等效果。

	实例文件	光盘 \ 实例 \ 第 13 章 \ 人物 .jpg
	所用素材	光盘 \ 素材 \ 第 13 章 \ 人物 .jpg

Step 01 按【Ctrl + O】组合键，打开一幅素材图像，如图 13-42 所示。

图 13-42 素材图像

Step 02 单击“滤镜”|“像素化”|“点状化”命令，弹出“点状化”对话框，设置“单元格大小”为 10，单击“确定”按钮，即可为图像添加点状化效果，如图 13-43 所示。

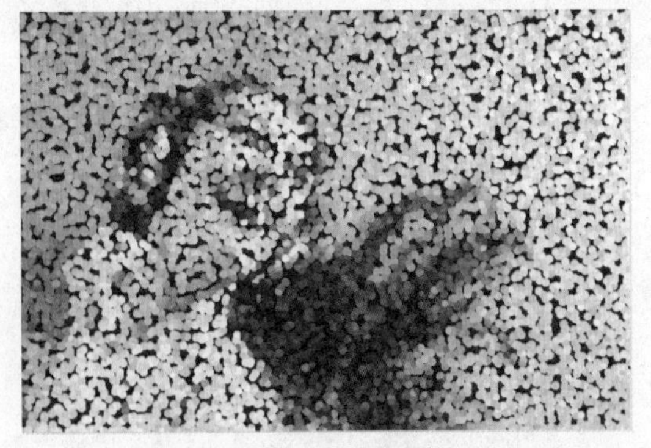

图 13-43 添加点状化效果

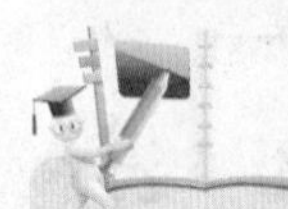

高手指引

“点状化”滤镜将图像中的颜色分解为随机分布的网点，在晶块间产生空隙，空隙内用背景色填充，也是通过“单元格大小”选项来控制晶块的大小。

13.4.7 新手练兵——应用“渲染”滤镜

“渲染”滤镜可以在图像中产生照明效果，常用于创建 3D 形状、云彩图案和折射图案等，它还可以模拟光的效果，同时产生不同的光源效果和夜景效果等。

	实例文件	光盘 \ 实例 \ 第 13 章 \ 风景 3.jpg
	所用素材	光盘 \ 素材 \ 第 13 章 \ 风景 3.jpg

Step 01 按【Ctrl + O】组合键，打开一幅素材图像，如图 13-44 所示。

图 13-44 素材图像

Step 02 单击“滤镜”|“渲染”|“镜头光晕”命令，弹出“镜头光晕”对话框，设置其中各选项，如图 13-45 所示。

Step 03 单击“确定”按钮，即可添加光晕效果，效果如图 13-46 所示。

图 13-45 设置相应选项

1 光晕中心区域：在图像缩览图上单击或拖动十字线，可以指定光晕的中心。

2 “亮度”选项：使对象与网格对齐，网格被隐藏时不能选择该选项。

3 “镜头类型”选项：用来选择产生光晕的镜头类型。

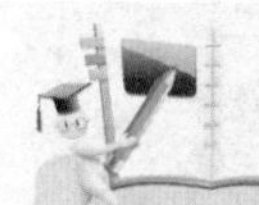

高手指引

Photoshop 针对选区执行滤镜效果处理。如果没有定义选区，则对整个图像作处理。如果当前选中的是某一图层或某一通道，且没有选区，则对当前图层或通道起作用。

图 13-46 添加光晕效果

13.4.8 新手练兵——应用“艺术效果”滤镜

“艺术效果”滤镜通过模拟彩色铅笔、蜡笔画、油画以及木刻作品的特殊效果，为商业项目制作绘画效果，使图像产生不同风格的艺术效果。

	实例文件	光盘 \ 实例 \ 第 13 章 \ 儿童画 .jpg
	所用素材	光盘 \ 素材 \ 第 13 章 \ 儿童画 .jpg

Step 01 按【Ctrl ＋ O】组合键，打开一幅素材图像，如图 13-47 所示。

图 13-47 素材图像

Step 02 单击“滤镜”|“艺术效果”|“水彩”命令，弹出“水彩”对话框，设置“画笔细节”为 9、“阴影强度”为 1、“纹理”为 1，单击“确定”按钮，即可为图像添加水彩效果，如图 13-48 所示。

图 13-48 添加水彩效果

知识链接

“水彩”滤镜通过简化图像的细节，改变图像边界的色调及饱和图像的颜色，使其产生一种类似于水彩风格的图像效果。

13.4.9 新手练兵——应用“杂色”滤镜

“杂色”滤镜组下的命令用以添加或移去图像中的杂色及带有随机分布色阶的像素，适用于去除图像中的杂点和划痕等操作。

	实例文件	光盘 \ 实例 \ 第 13 章 \ 蜗牛 .jpg
	所用素材	光盘 \ 素材 \ 第 13 章 \ 蜗牛 .jpg

Step 01 按【Ctrl + O】组合键，打开一幅素材图像，如图 13-49 所示。单击“滤镜”|“杂色”|“中间值”命令，弹出“中间值”对话框。

图 13-49 素材图像

Step 02 设置“半径”为 15，单击“确定”按钮，即可为图像添加中间值效果，如图 13-50 所示。

图 13-50 添加中间值效果

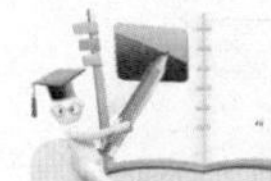

高手指引

“中间值”滤镜通过搜索像素选区的半径范围来查找亮度相近的像素，清除与相邻像素差异太大的像素，并将搜索到的像素的中间亮度替换为中心像素，“中间值”滤镜在消除或减弱图像的动感效果中非常适用。

13.4.10 新手练兵——应用“画笔描边”滤镜

“画笔描边”滤镜中的各命令均用于模拟绘画时各种笔触技法的运用，以不同的画笔和颜料生成一些精美的绘画艺术效果。

	实例文件	光盘 \ 实例 \ 第 13 章 \ 羽毛 .jpg
	所用素材	光盘 \ 素材 \ 第 13 章 \ 羽毛 .jpg

Step 01 按【Ctrl + O】组合键，打开一幅素材图像，如图 13-51 所示。

图 13-51 素材图像

Step 02 单击“滤镜”|“画笔描边”|“喷溅”命令，弹出“喷溅”对话框，设置“喷色半径”为 14、“平滑度”为 4，单击“确定”按钮，即可为图像添加喷溅效果，如图 13-52 所示。

图 13-52 添加喷溅效果

第14章 制作与渲染3D图像

学前提示

Photoshop CS6添加了用于创建和编辑3D以及基于动画内容的突破性工具，在Photoshop中预设了帽子、金字塔、立体环绕等几类3D模型，用户可以直接创建，除此之外还可以从外部导入3D模型数据，也可以将3D图像转换为2D图像、2D图像转换3D为图像。本章主要介绍初识3D、3D面板的基础知识，以及制作3D模型和渲染3D图像等内容。

本章知识重点

- 初识3D
- 3D面板
- 制作3D模型
- 渲染与管理3D图像

学完本章后应该掌握的内容

- 了解3D，如3D的概念、3D的作用、3D的特性、3D工具
- 了解3D面板，如3D场景、3D网格、3D材质、3D光源
- 掌握制作3D模型的方法，如3D模型的绘制、创建3D模型纹理等
- 掌握渲染与管理3D图像的方法，如“渲染”面板、连续渲染、2D转换为3D等

14.1 初识 3D

Photoshop CS6 可以打开并使用由 3DStudio、Collada、Flash3D、Google Earth4、U3D 等格式的 3D 文件。

14.1.1 3D 的概念

3D 也叫三维，图形内容除了有水平的 X 轴向与之垂直的 Y 轴向外，还有进深的 Z 轴向，区别是：三维图形可以包含 360 度的信息，能从各个角度去表现。理论上看三维图形的立体感、光影效果比二维平面图形要好得多，因为三维图形的立体、光线、阴影都是真实存在的。图 14-1 和 14-2 所示为 Photoshop 处理后的三维图形。

图 14-1 三维图形

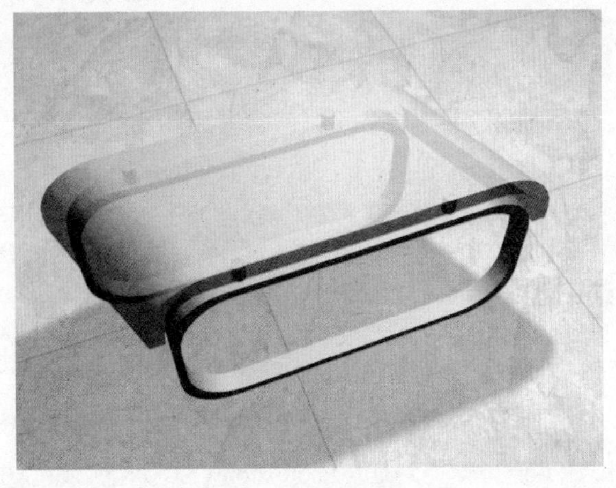

图 14-2 三维图形

14.1.2 3D 的作用

3D 技术是推进工业化与信息化“两化”融合的发动机，是促进产业升级和自主创新的推动力，是工业界与文化创意产业广泛应用的基础性、战略性工具技术，嵌入到现代工业与文化创意产业的整个流程，包括工业设计、工程设计、模具设计、数控编程、仿真分析、虚拟现实、展览展示、影视动漫、教育训练等，是各国争夺行业制高点的竞争焦点。

经过多年的快速发展与广泛应用，近年 3D 技术得到了显著的成熟与普及。一个以 3D 取代 2D、“立体”取代“平面”、“虚拟”模拟“现实”的 3D 浪朝正在各个领域迅猛掀起。

14.1.3 3D 的特性

人眼有一个特性就是近大远小，就会形成立体感。计算机屏幕是平面二维的，我们之所以能欣赏到真如实物般的三维图像，是因为显示在计算机屏幕上时色彩灰度的不同而使人眼产生视觉上的错觉，而将二维的计算机屏幕感知为三维图像。基于色彩学的有关知识，三维物体边缘的凸出部分一般显高亮度色，而凹下去的部分由于受光线的遮挡而显暗色。这一认识被广泛应用于网页或其他应用中对按钮、3D 线条的绘制，比如要绘制的 3D 文字，即在原始位置显示高亮度颜色，而在左下或右上等位置用低亮度颜色勾勒出其轮廓，这样在视觉上便会产生 3D 文字的效果。具体实现时，可用完全一样的字体在不同的位置分别绘制两个不同颜色的 2D 文字，只要使两个文字的坐标合适，就完全可以在视觉上产生出不同效果的 3D 文字。

14.1.4 3D 工具

选择 3D 图层时，3D 工具会变成使用中。使用 3D 对象工具可以变更 3D 模型的位置或缩放大小。图 14-3 所示为 3D 对象工具属性栏。

图 14-3 3D 对象工具属性栏

3D 对象工具组中各工具的含义如下。

1 旋转 3D 对象工具：单击鼠标左键并上下拖曳可将模型绕着其 X 轴旋转，单击鼠标左键左右拖曳则可将模型绕着 Y 轴旋转。

2 滚动 3D 对象工具：单击鼠标左键左右拖曳可以将模型绕着 Z 轴旋转。

3 拖到 3D 对象工具：可设置围绕中心、从中心向外和水池波纹 3 个样式。

4 滑动 3D 对象工具：单击鼠标左键左右拖曳可以水平移动模型，单击鼠标左键上下拖曳则可拉远或拉近模型

5 缩放 3D 对象工具：单击鼠标左键上下拖曳可以放大或缩小模型。

尤其值得一提的是，Photoshop CS6 全新添加了 3D 功能增强工具，这是该功能自 Photoshop CS4 引入以来变动最大的一次，共有以下两处。

- 颜料桶工具组中新增 3D Material Drop（3D 材质拖放工具），如图 14-4 所示。
- 吸管工具组增加 3D Material Eyedropper Tool（3D 材质吸管工具），如图 14-5 所示。

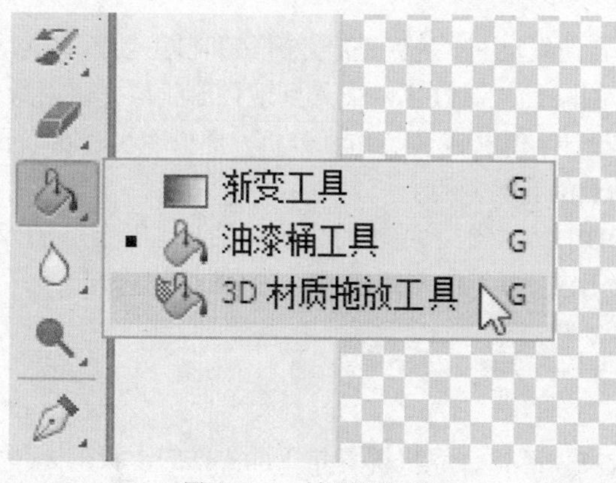

图 14-4 3D 材质拖放工具

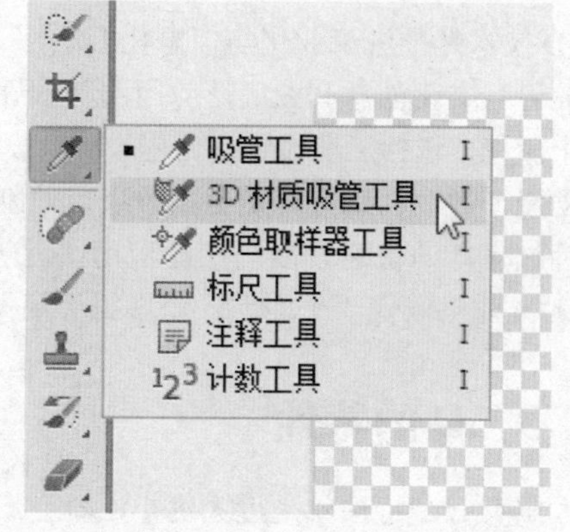

图 14-5 3D 材质吸管工具

14.2 3D 面板

选择 3D 图层时，3D 面板会显示其关联 3D 文件的组件。面板的顶端部位会列出文件中的网格、材质和光源。面板的底部会显示顶部所选取 3D 组件的设定和选项。

14.2.1 3D 场景

“3D 场景”面板，可更改演算模式、选取要绘图的纹理或建立横截面。若要存取场景设定，单击 3D 面板中的“滤镜：整个场景”按钮，再选择面板中的场景项目，即可选择该场景，如 14-6 所示。

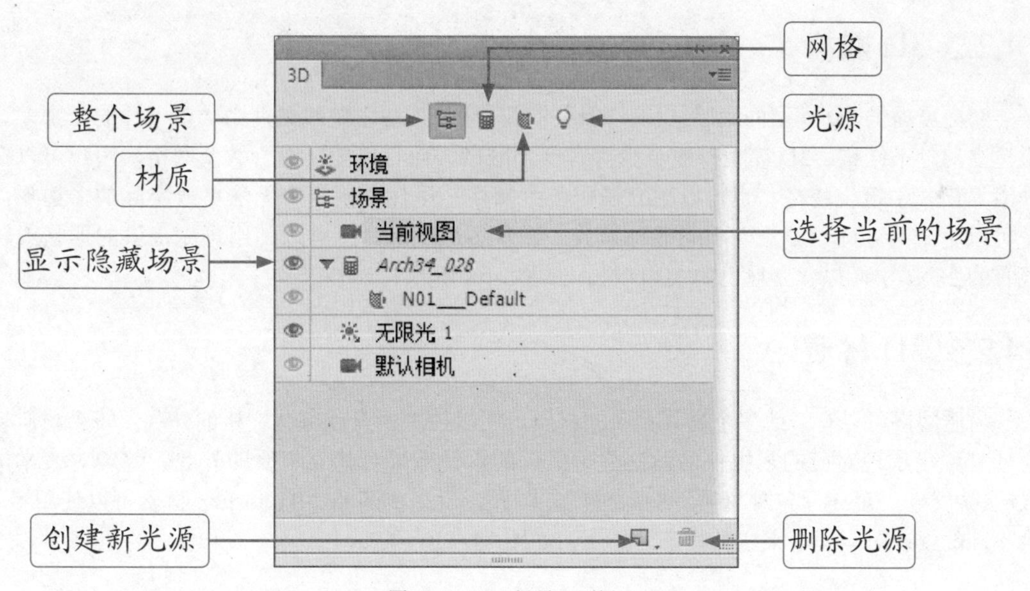

图 14-6 “3D 场景”面板

在图像编辑窗口中的相应图层上单击鼠标右键，即会弹出该图层的“图层 1”面板，如图 14-7 所示。

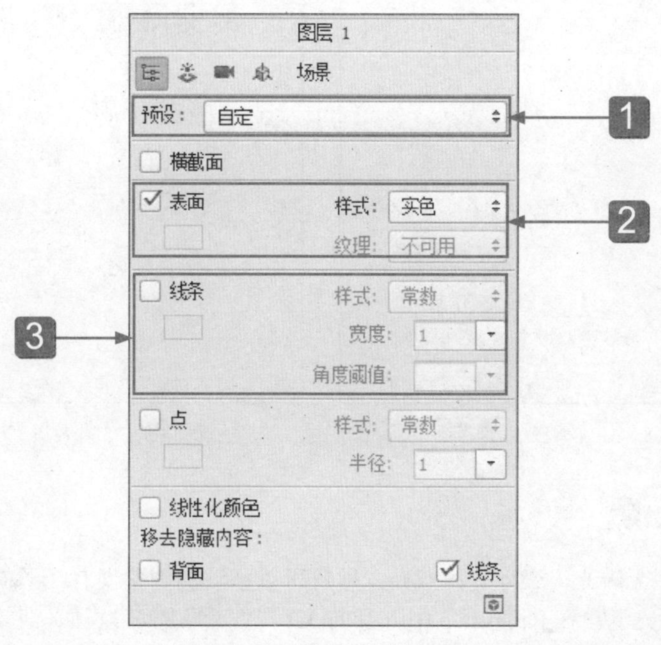

图 14-7 “图层 1”面板

1 渲染设置：指定模型的渲染预设。

2 样式设置：使用 OpenGL 进行渲染可以利用视频卡上的 GPU 产生高品质的效果，但缺乏细节的反射和阴影。

3 光线跟踪：使用计算机主板上的 CPU 进行渲染，具有草图品质的反射和阴影。如果系统有功能强大的显卡，则“交互”选项可以产生更快的结果。

14.2.2 3D 网格

网格可提供 3D 模型的底层结构。网格的可视化外观通常是线框，由数以千计的个别多边形所建立的骨干结构。3D 模型一般至少含有一个网格，而且可能会组合数个网格，用户可以在各种演算模式中检视网格，也可以独立操作各个网格。虽然在网格中无法更改实际的多边形，但是可以更改其方向，并沿着不同的轴缩放，让多边形变形。也可以使用预先提供的形状或转换现有的 2D 图层，以建立自己的 3D 网格，如图 14-8 所示。

14.2.3 3D 材质

材质网格可以有一或多个与其关联的材质，用以控制所有或部分网格的外观。每个材质接着会依赖称为纹理对应的子组件，而这些子组件的累计效果会建立材质的外观。纹理对应本身是 2D 影像文件，可建立各种材质，例如颜色、图样、反光或凹凸。Photoshop 材质可以使用多达 9 种不同的纹理对应类型来定义其整体外观，如图 14-9 所示。

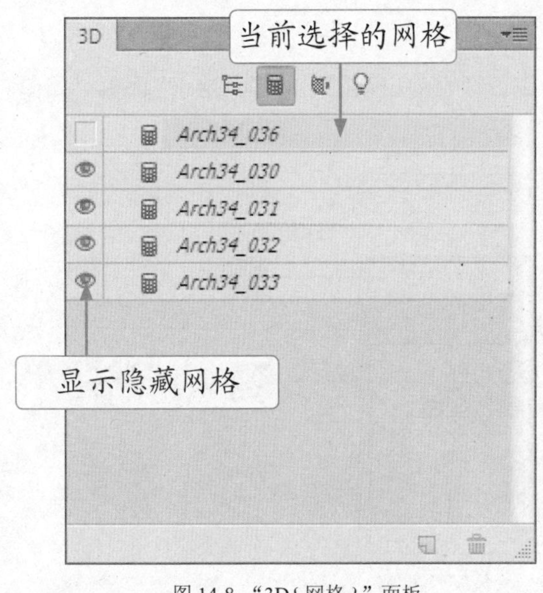

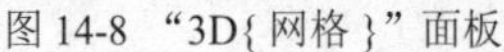
图 14-8 “3D{网格}”面板

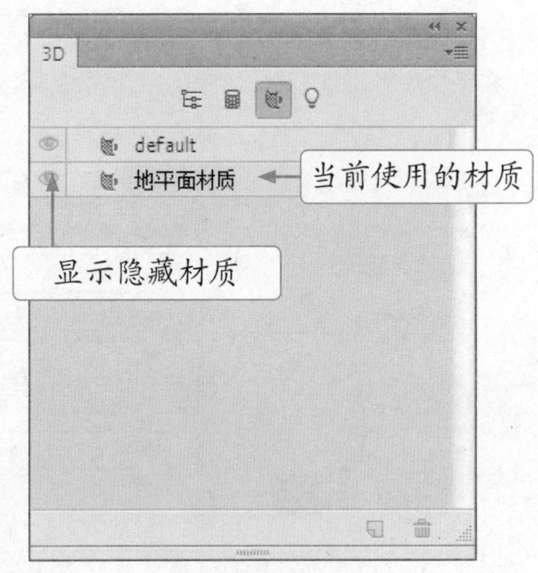

图 14-9 “3D{材质}”面板

14.2.4 3D 光源

光源类型包括无限光、聚光灯和点光。用户可以移动和调整现有光源的颜色与强度，以及为 3D 场景增加新光源。在 Photoshop 中打开的 3D 文件会保持其纹理、演算和光源信息，如图 14-10 所示。

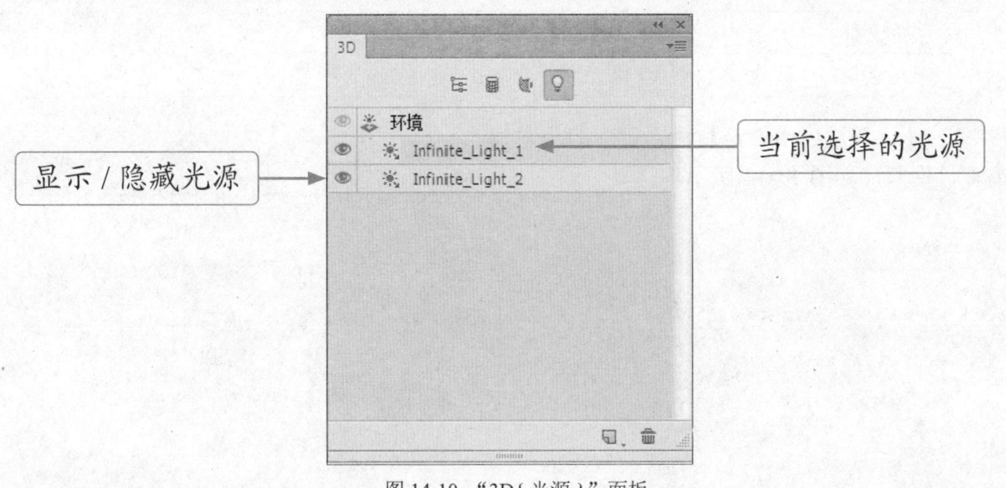

图 14-10 “3D{ 光源 }”面板

14.3 制作 3D 模型

使用 3D 图层功能，用户将能很轻松地将三维立体模型引入到当前操作的 Photoshop CS6 图像中，从而为平面图像增加三维元素。

14.3.1 新手练兵——导入三维模型

在 Photoshop CS6 中，可以通过“打开”命令，直接将三维模型引入当前操作的 Photoshop 图像编辑窗口中。

	实例文件	光盘 \ 实例 \ 第 14 章 \ 无
	所用素材	光盘 \ 素材 \ 第 14 章 \ 沙发 .3DS

Step 01 按【Ctrl ＋ O】组合键，**1** 弹出“打开”对话框，**2** 在其中选择一幅 3DS 格式的素材模型，如图 14-11 所示，**3** 单击“打开”按钮。

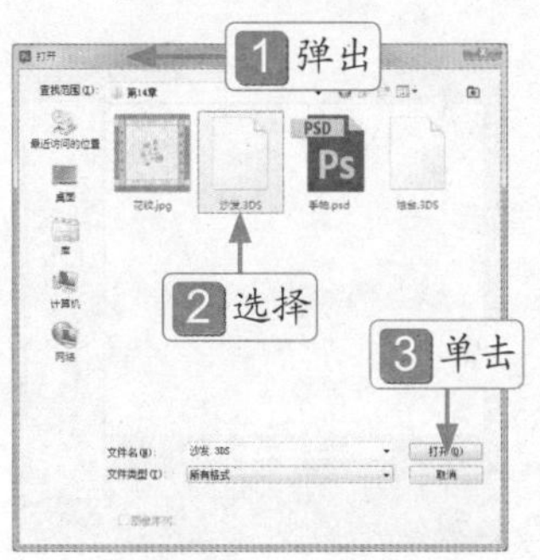

图 14-11 选择素材模型

Step 02 执行操作后，即可导入三维模型，效果如图 14-12 所示。

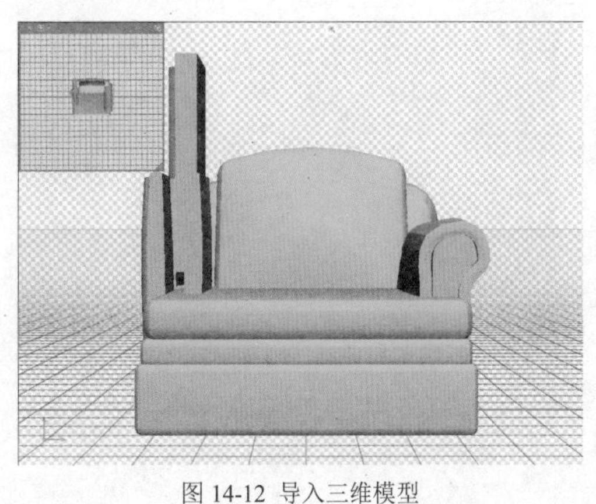

图 14-12 导入三维模型

14.3.2 新手练兵——创建 3D 模型纹理

在 Photoshop CS6 中为图像创建 3D 模型纹理后，可以使模型看起来更加生动和逼真。下面介绍创建 3D 模型纹理的操作方法。

	实例文件	光盘 \ 实例 \ 第 14 章 \ 手帕 .psd
	所用素材	光盘 \ 素材 \ 第 14 章 \ 手帕 .psd、花纹 .jpg

Step 01 按【Ctrl + O】组合键，打开一幅素材模型，如图 14-13 所示。

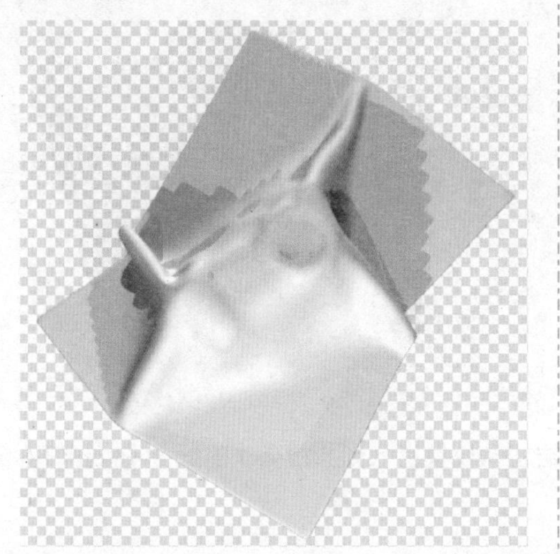

图 14-13 素材模型

Step 02 按【Ctrl + O】组合键，打开一幅素材图像，单击“选择”|“全部”命令，创建选区，按【Ctrl + C】组合键，复制图像，如图 14-14 所示。

图 14-14 复制图像

Step 03 确认“手帕”为当前模型编辑窗口，在“图层”面板中，移动鼠标指针至“图层 1”下方的“NO1-Default 默认纹理”文字上双击鼠标左键，如图 14-15 所示。

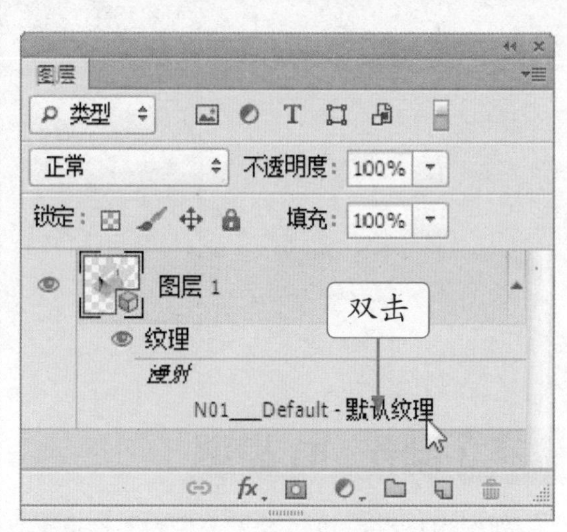

图 14-15 双击文字

Step 04 执行操作后，弹出“NO1-Default 默认纹理”窗口，按【Ctrl + V】组合键，粘贴图像，如图 14-16 所示。

Step 05 按【Ctrl + T】组合键，调整图像的大小，按【Enter】键，确认操作，如图 14-17 所示。

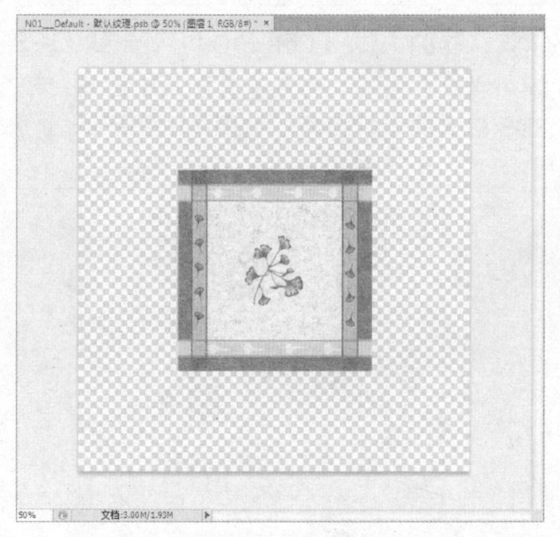

图 14-16 粘贴图像

Step 06 返回“手帕”模型窗口中，手帕的效果如图 14-18 所示。

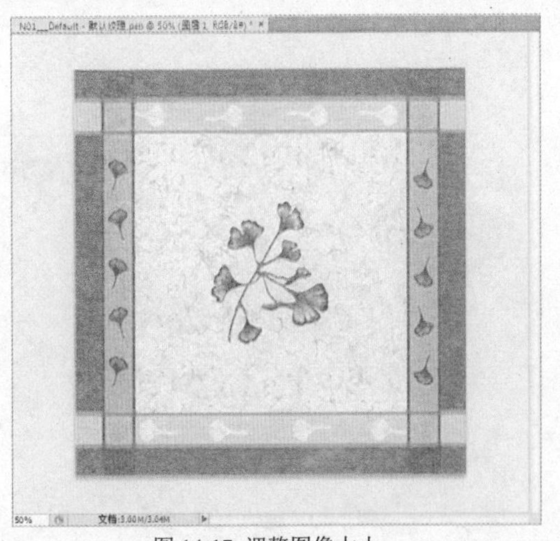
图 14-17 调整图像大小

图 14-18 图像效果

14.3.3 新手练兵——填充 3D 模型

在 Photoshop CS6 中，用户可以为 3D 模型填充相应的颜色，使创建的 3D 模型更加具有艺术效果。下面介绍填充 3D 模型的操作方法。

	实例文件	光盘 \ 实例 \ 第 14 章 \ 烛台 .psd
	所用素材	光盘 \ 素材 \ 第 14 章 \ 烛台 .3DS

Step 01 按【Ctrl + O】组合键，打开一幅素材模型，如图 14-19 所示。

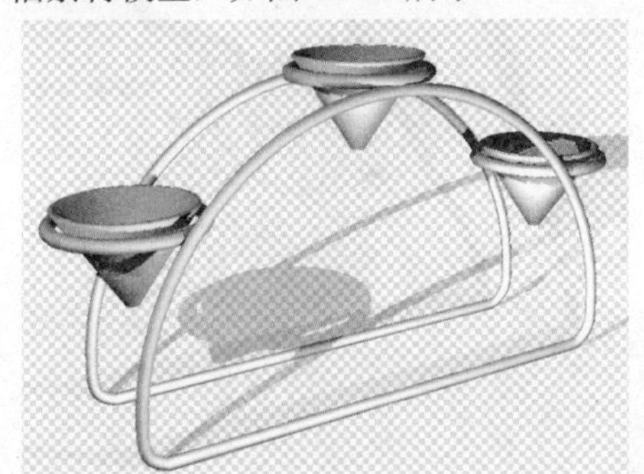
图 14-19 素材模型

Step 02 在“图层”面板中，选择“图层 1”图层，如图 14-20 所示。

图 14-20 选择“图层 1”图层

Step 03 在工具箱中，选取油漆桶工具，如图 14-21 所示。

Step 04 在工具箱中，单击前景色色块，1 弹出“拾色器（前景色）”对话框，2 设置颜色为紫色（RGB 参数值分别为 136、144、255），如图 14-22 所示，3 单击“确定”按钮。

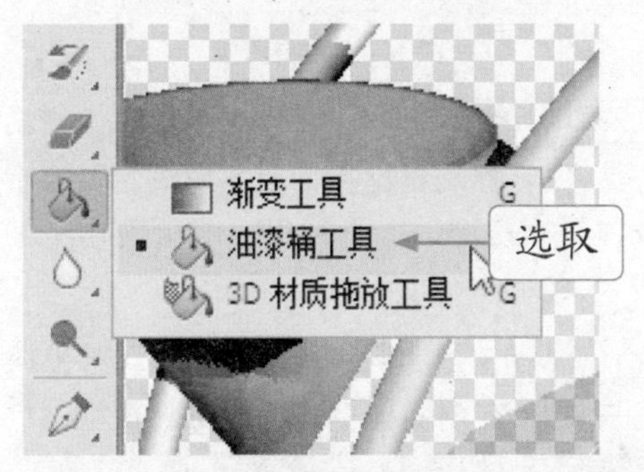

图 14-21 选取油漆桶工具

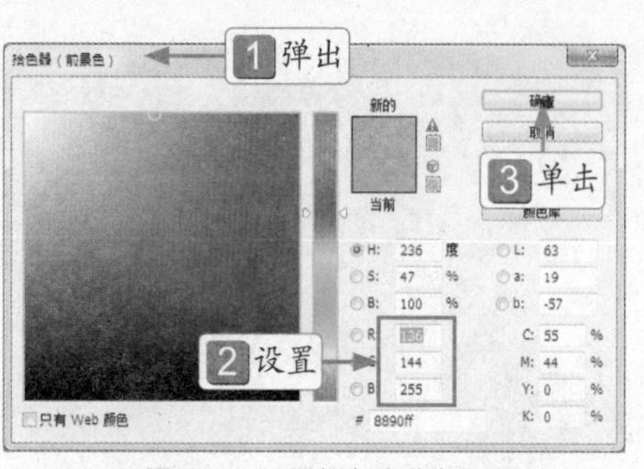

图 14-22 设置颜色为紫色

Step 05 移动鼠标指针至图像编辑窗口中，单击鼠标左键，即可绘制 3D 模型，如图 14-23 所示。

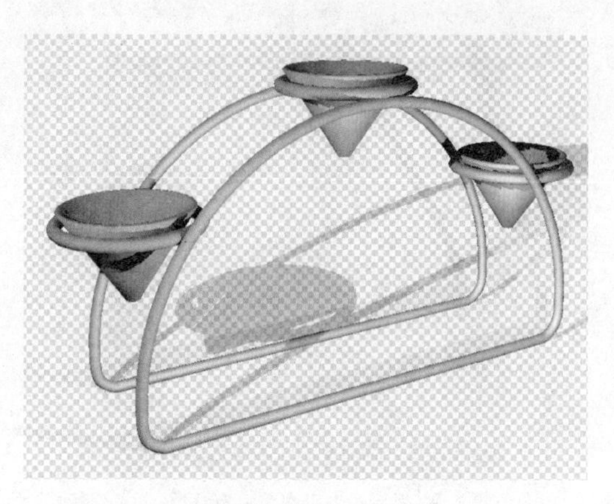

图 14-23 绘制 3D 模型

14.3.4 新手练兵——调整三维模型视角

在 Photoshop 中不能对三维模型进行修改，但可以对模型进行旋转、缩放、改变光照效果、材质等调整，从而使其更符合当前工作的需要。

	实例文件	光盘 \ 实例 \ 第 14 章 \ 猫 .psd
	所用素材	光盘 \ 素材 \ 第 14 章 \ 猫 .psd

Step 01 按【Ctrl ＋ O】组合键，打开一幅素材模型，如图 14-24 所示。

图 14-24 素材图像

Step 02 选取工具箱中的 3D 对象旋转工具，移动鼠标指针至图像编辑窗口中，按住鼠标左键并上下拖曳，即可使模型围绕其 X 轴旋转，如图 14-25 所示。

图 14-25 模型围绕其 X 轴旋转

Step 03 选取工具箱中的 3D 对象滚动工具，在两侧拖曳鼠标即可将模型围绕其 Z 轴旋转，如图 14-26 所示。

图 14-26 模型围绕其 Z 轴旋转

Step 04 选取工具箱中的 3D 对象平移工具 ，在两侧拖曳鼠标即可将模型沿水平方向移动，如图 14-27 所示。

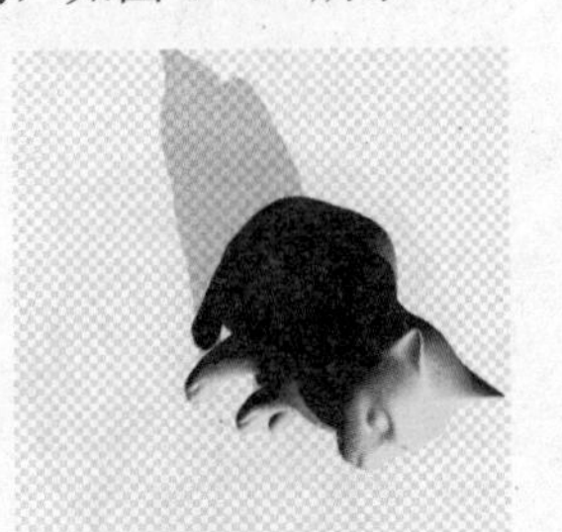

图 14-27 模型沿水平方向移动

Step 05 选取工具箱中的 3D 对象滑动工具 ，在两侧拖曳鼠标即可将模型沿水平方向滑动，如图 14-28 所示。

图 14-28 模型沿水平方向滑动

Step 06 选取工具箱中的 3D 对象比例工具 ，上下拖曳鼠标即可放大或缩小模型，效果如图 14-29 所示。

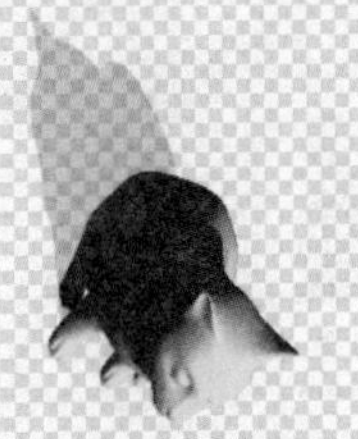

图 14-29 放大或缩小模型

技巧发送

按住【Shift】键的同时拖曳鼠标，即可将旋转、拖曳、滑动或缩放比例工具限制为沿单一方向运动。

14.3.5 新手练兵——改变模型光照

塑造对象光照除了利用所导入的三维模型自带的光照系统进行照明控制外，Photoshop 中也可以利用其内置的若干种光照选项，来改变当前三维模型的光照效果。

	实例文件	光盘 \ 实例 \ 第 14 章 \ 球 .psd
	所用素材	光盘 \ 素材 \ 第 14 章 \ 球 . psd

Step 01 按【Ctrl + O】组合键，打开一幅素材模型，如图 14-30 所示。

图 14-30 素材图像

Step 02 **1** 展开“3D{ 光源 }”面板，**2** 设置“预设”为“忧郁紫色”，即可更改 3D 图层的光照效果，如图 14-31 所示。

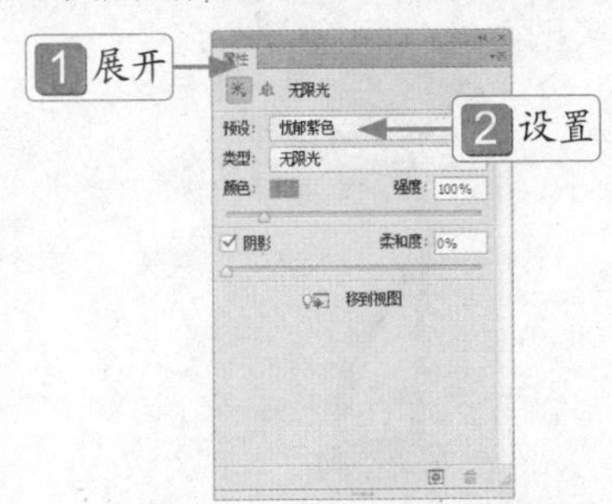

图 14-31 更改光照效果

Step 03 单击"颜色"色块，1 弹出"拾色器（光照颜色）"对话框，2 设置颜色为浅黄色，如图 14-32 所示，3 单击"确定"按钮。

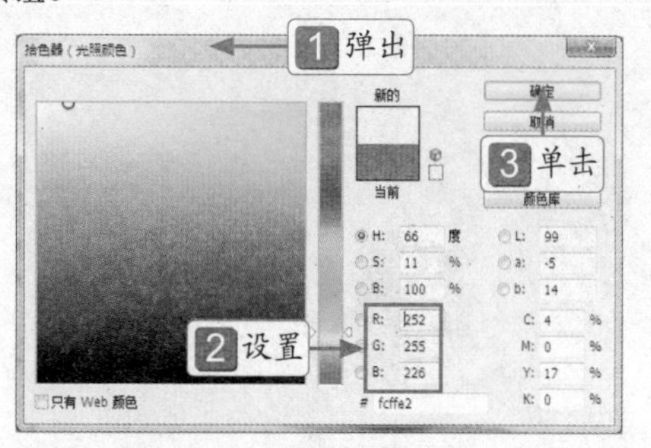

图 14-32 设置颜色为浅黄色

Step 04 执行操作后，即可更改 3D 图层的光照效果，效果如图 14-33 所示。

图 14-33 更改 3D 图层的光照效果

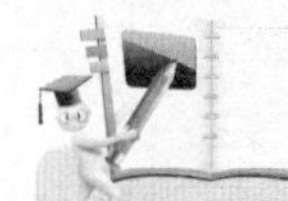

高手指引

必须启用 OpenGL 绘图才能显示 3D 轴、地面和光源，可单击"编辑" | "首选项" | "性能"命令，在弹出的对话框中选中"启用 OpenGL 绘图"复选框来启用该功能。

14.4 渲染与管理 3D 图像

借助 Adobe Repoussé 技术，从任何文本图层、选区、路径或图层蒙版都可创建 3D 徽标和图稿，通过扭转、旋转、凸出、倾斜和膨胀等操作可更完善 3D 效果。

14.4.1 新手练兵——渲染图像

Photoshop CS6 中提供了多种模型的渲染效果设置选项，以帮助用户渲染出不同效果的三维模型。

	实例文件	光盘 \ 实例 \ 第 14 章 \ 鹤 .psd
	所用素材	光盘 \ 素材 \ 第 14 章 \ 鹤 .psd

Step 01 按【Ctrl + O】组合键，打开一幅素材模型，如图 14-34 所示。

图 14-34 素材图像

Step 02 单击 3D | "渲染"命令，开始渲染图像，如图 14-35 所示，待渲染完成即可。

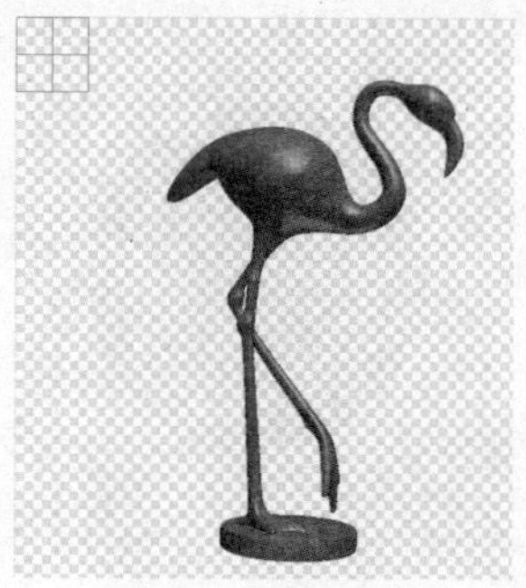

图 14-35 渲染图像

14.4.2 新手练兵——2D 转换为 3D

在 Photoshop CS6 中可以将 2D 转换为 3D，让其图像或者文字看上去更有视觉冲击力，下面介绍将 2D 转换为 3D 的操作方法。

实例文件	光盘 \ 实例 \ 第 14 章 \ 完美速度 .psd
所用素材	光盘 \ 素材 \ 第 14 章 \ 完美速度 .jpg

Step 01 按【Ctrl + O】组合键，打开一幅素材图像，如图 14-36 所示。

图 14-36 素材图像

Step 02 选取横排文字工具，在图像编辑窗口中输入文字并确认，如图 14-37 所示。

图 14-37 输入文字

Step 03 单击 3D |“从所选图层新建 3D 凸出”|“文本图层”命令，即可使文字产生立体效果，如图 14-38 所示。

图 14-38 文字产生立体效果

Step 04 选取 3D 对象旋转工具，旋转图像，此时图像编辑窗口中的图像效果如图 14-39 所示。

图 14-39 图像效果

14.4.3 新手练兵——编辑 3D 贴图

贴图是指在一个表面上贴上图像或文字，3D 贴图则是在立体的表面上贴上图像或文字。在 Photoshop 中不仅可在 3D 模型的基础上处理贴图的颜色等效果，对暗淡的贴图还可以调整其光照效果。

实例文件	光盘 \ 实例 \ 第 14 章 \ 帽子 .psd
所用素材	光盘 \ 素材 \ 第 14 章 \ 圆点 .jpg

Step 01 单击"文件"|"新建"命令，1 弹出"新建"对话框，2 设置各选项，如图 14-40 所示，3 单击"确定"按钮，即可新建一个空白文档。

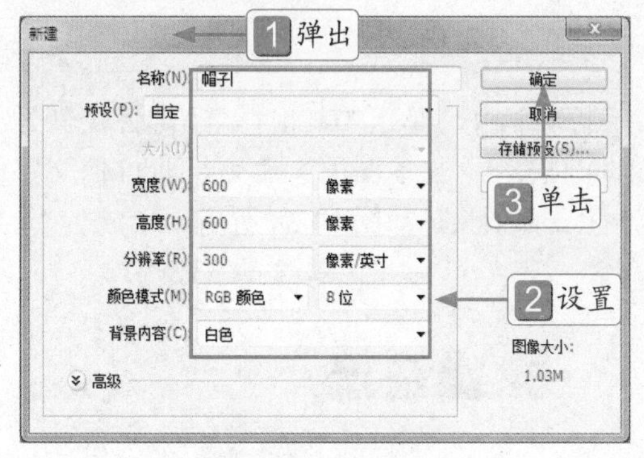

图 14-40 设置各选项

Step 02 在菜单栏中，单击 3D ｜"从图层新建网格"|"网格预设"|"帽子"命令，如图 14-41 所示。

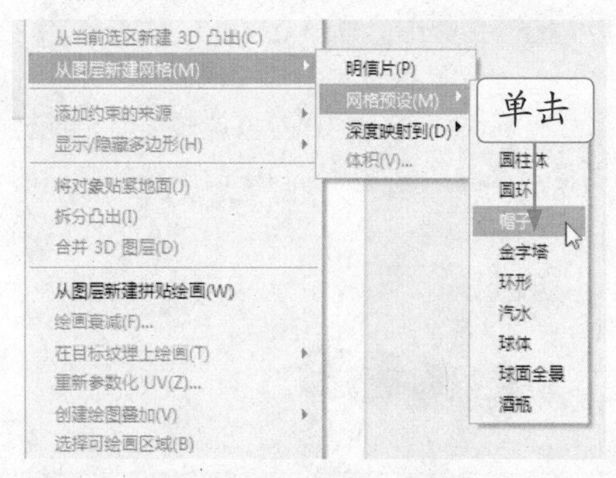

图 14-41 单击"帽子"命令

Step 03 执行操作后，即可新建 3D 形状，如图 14-42 所示。

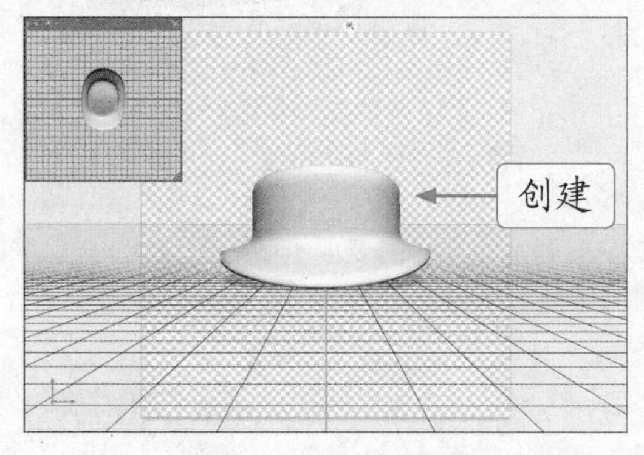

图 14-42 新建 3D 形状

Step 04 在 3D 面板中，选择"帽子材质"选项，如图 14-43 所示。

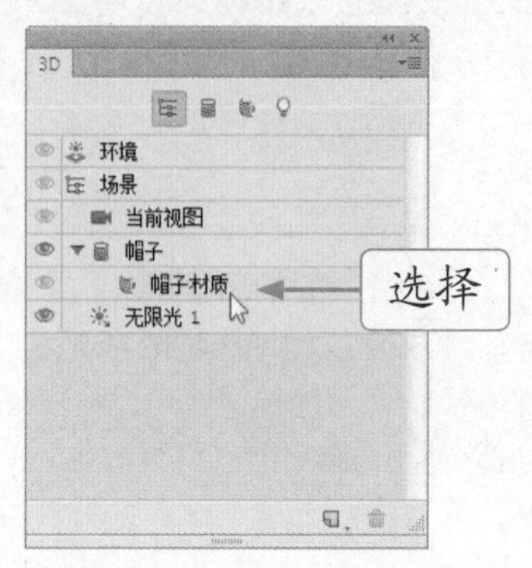

图 14-43 选择"帽子材质"选项

Step 05 在"属性"面板中，1 单击"编辑漫射纹理"按钮，2 在弹出的列表框中选择"替换纹理"选项，如图 14-44 所示。

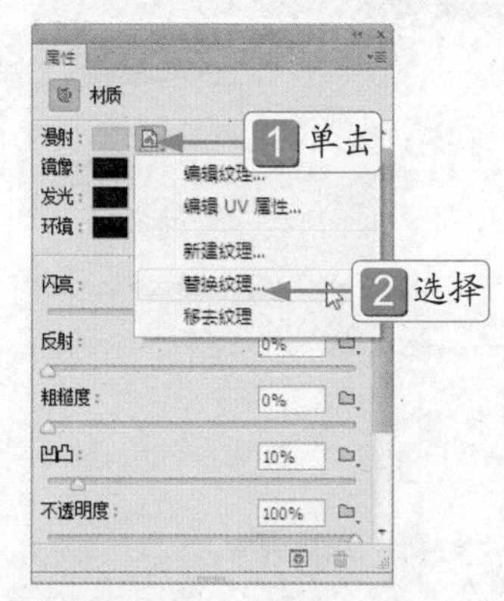

图 14-44 选择"替换纹理"选项

Step 06 1 弹出"打开"对话框，2 选择需要打开的文件，如图 14-45 所示，3 单击"打开"按钮。

图 14-45 选择文件

Step 07 执行操作后，即可载入纹理，单击“视图”|“显示额外内容”命令，此时图像编辑窗口中的图像效果如图 14-46 所示。

图 14-46 载入纹理

Step 08 将鼠标指针移至“图层”面板中的“圆点”文字上，即可显示贴图缩览图，如图 14-47 所示。

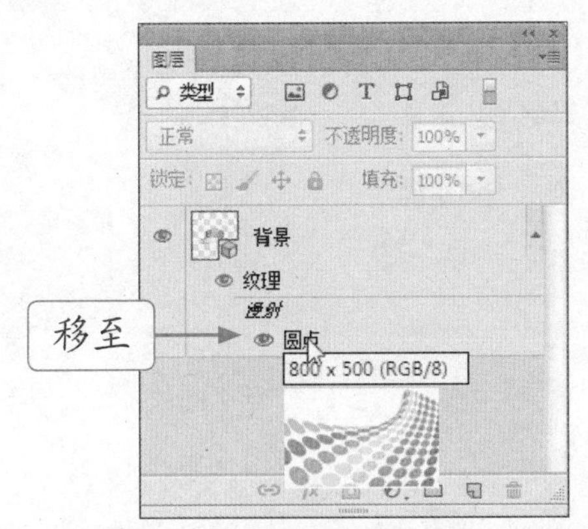

图 14-47 显示贴图缩览图

Step 09 移动鼠标指针至贴图左侧的“指示可见性”图标上，如图 14-48 所示。

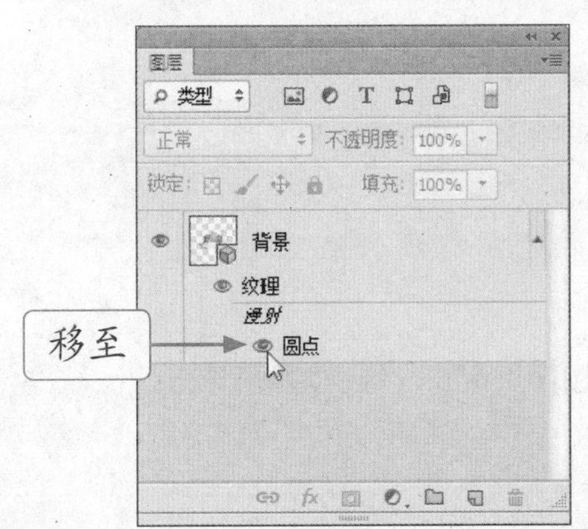

图 14-48 移动鼠标至“指示可见性”图标上

Step 10 单击鼠标左键，即可隐藏贴图，如图 14-49 所示。

图 14-49 隐藏贴图

Step 11 再次单击图标，即可显示贴图，此时图像编辑窗口中的图像显示效果如图 14-50 所示。

图 14-50 显示贴图

Step 12 设置前景色为白色，按【Alt + Delete】组合键，填充贴图，效果如图 14-51 所示。

图 14-51 填充贴图

高手指引

在 Photoshop CS6 的“从图层新建网格”|“网格预设”命令中，用户还可以根据需要选择创建锥形、金字塔、立体环绕等 3D 形状。

14.4.4 新手练兵——3D 转换为 2D

在 Photoshop 中 3D 图层不能进行直接操作，当 3D 模型的材质、光照设置完成后，用户可将 3D 图层转换为 2D 图层，再对其进行操作。

实例文件	光盘 \ 实例 \ 第 14 章 \ 莲花 .psd
所用素材	光盘 \ 素材 \ 第 14 章 \ 莲花 .psb

Step 01 按【Ctrl + O】组合键，打开一幅素材模型，如图 14-52 所示。

图 14-52 素材图像

Step 02 单击“图层”|“栅格化”|3D 命令，栅格化图层，如图 14-53 所示。

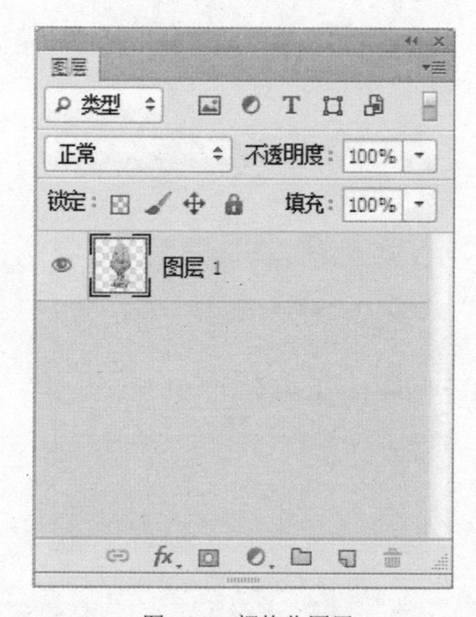

图 14-53 栅格化图层

技巧发送

除了运用上述方法可以栅格化 3D 图层外，用户还可以直接在 3D 图层中单击鼠标右键，从弹出的快捷菜单中选择“栅格化 3D”选项，栅格化图层。

14.4.5 新手练兵——导出 3D

在 Photoshop 中编辑 3D 图层后，可通过“导出 3D 图层”命令，将 3D 图层导出。

实例文件	光盘 \ 实例 \ 第 14 章 \ 雕像 .DAE
所用素材	光盘 \ 素材 \ 第 14 章 \ 雕像 .psd

Step 01 按【Ctrl + O】组合键，打开一幅素材模型，如图 14-54 所示。

图 14-54 素材图像

Step 02 单击 3D ｜“导出 3D 图层”命令，**1** 弹出“存储为”对话框，**2** 设置存储路径和文件名，如图 14-55 所示，**3** 单击“保存”按钮。

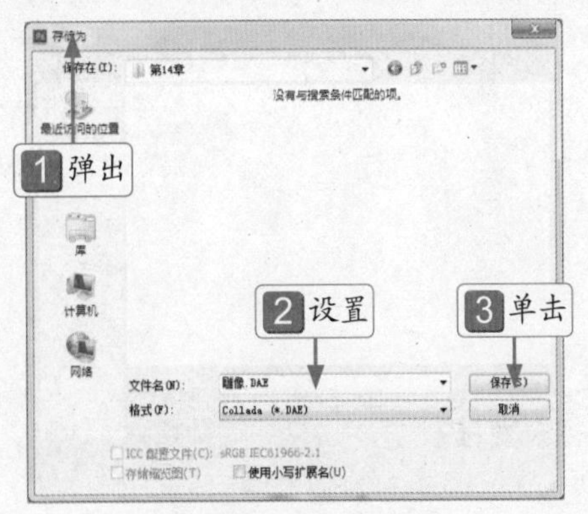

图 14-55 设置存储选项

Step 03 执行操作后，**1** 弹出“3D 导出选项”对话框，如图 14-56 所示，**2** 单击“确定”按钮，即可导出图层。

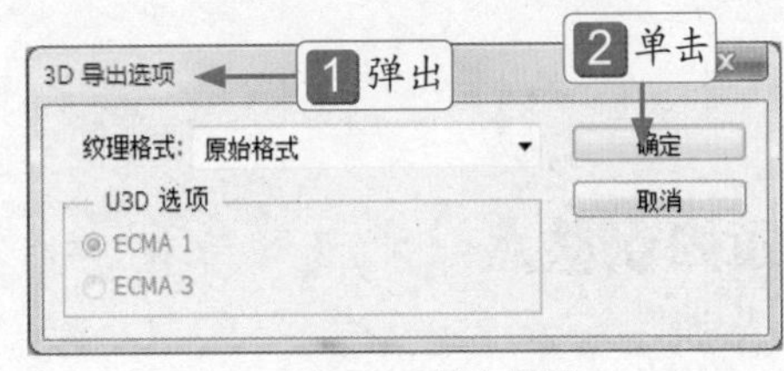

图 14-56 导出图层

第15章 创建与编辑视频对象

学前提示

视频泛指将一系列静态影像以电信号方式加以捕捉、纪录、处理、储存、传送，与重现的各种技术。连续的图像变化每秒超过 24 帧（frame）画面以上时，根据视觉暂留原理，人眼无法辨别单幅的静态画面，看上去是平滑连续的视觉效果，这样连续的画面称为视频。本章主要介绍了解与编辑视频图层、创建与导入视频、编辑视频文件的方法。

本章知识重点

- 了解与编辑视频图层
- 创建与导入视频
- 编辑视频文件

学完本章后应该掌握的内容

- 了解与编辑视频图层，如了解视频图层、编辑视频图层
- 掌握创建与导入视频的方法，如创建与导入视频
- 掌握编辑视频文件的方法，如设置视频不透明度、解释素材等

15.1 了解与编辑视频图层

Photoshop 可以编辑视频的各个帧和图像序列文件。除了使用任一 Photoshop 工具在视频上进行编辑和绘制之外，还可以应用滤镜、蒙版、变换、图层样式和混合模式。

15.1.1 了解视频图层

在 Photoshop 中打开视频文件或图像序列时，帧将包含在视频图层中。在“图层”面板中，视频图层以胶片图标进行标识。视频图层可让用户使用画笔工具和图章工具在各个帧上进行绘制和仿制。与使用常规图层类似，可以创建选区或应用蒙版以限定对帧的特定区域进行编辑。

15.1.2 编辑视频图层

通过调整混合模式、不透明度、位置和图层样式，可以像使用常规图层一样编辑视频图层，也可以在“图层”面板中对视频图层进行编组。调整图层可让用户将颜色和色调调整应用于视频图层，而不会造成任何破坏。如果在单独的图层上对帧进行编辑，可以创建空白视频图层。空白视频图层也可让用户创建手绘动画。因此，对视频图层进行编辑不会改变原始视频或图像序列文件。

高手指引

当“时间轴”面板处于帧模式时，视频图层不起作用。

15.2 创建与导入视频

在 Photoshop CS6 中，可以打开 QuickTime 支持的多种视频格式的文件，包括 MPEG-1、MPEG 4、MOV 和 AVI。如果计算机上已安装 MPEG-2 编码器，则支持 MPEG-2 格式，打开视频后，即可对视频进行编辑。

高手指引

要在 Photoshop CS6 中处理视频，必需在计算机上安装 QuickTime7.72 或以上的版本，此软件可以在 360 软件管家里面直接进行下载。

15.2.1 创建视频

Photoshop CS6 可以创建具有各种长宽比的图像，以便它们能够在设备（如视频显示器）上正确显示。可以选择特定的视频选项（使用“新建”对话框）以便对最终图像合并到视频中时进行的缩放提供补偿。

Step 01 单击“文件”|“新建”命令，1 弹出“新建”对话框，2 在其中设置各选项，如图 15-1 所示，3 单击“确定”按钮。

Step 02 执行操作后，1 弹出提示信息框，如图 15-2 所示，2 单击“确定”按钮。

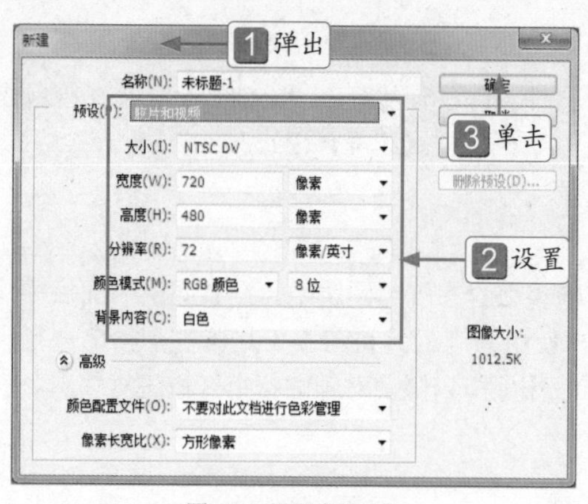

图 15-1 设置各选项

图 15-2 提示信息框

Step 03 执行操作后，即可创建视频图像，效果如图 15-3 所示。

图 15-3 创建视频图像

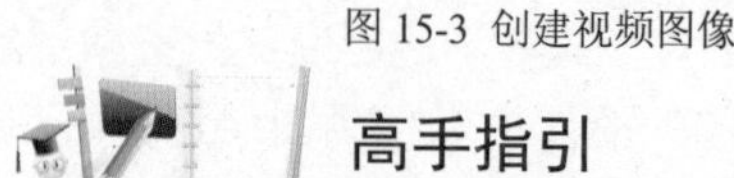

高手指引

默认情况下，在打开非方形像素文档时，“像素长宽比校正”处于启用状态。此设置会对图像进行缩放，就如同图像是在非方形像素输出设备（通常为视频显示器）上显示一样。

15.2.2 新手练兵——导入视频帧

当导入包含序列图像文件的文件夹时，每个图像都会变成视频图层中的帧。应确保图像文件位于一个文件夹中并按顺序命名，此文件夹应只包含要用作帧的图像。如果所有文件具有相同的像素尺寸，则可成功地创建动画。

	实例文件	光盘 \ 实例 \ 第 15 章 \ 花团锦簇 .psd
	所用素材	光盘 \ 素材 \ 第 15 章 \ 花团锦簇 .mp4

Step 01 单击“文件”|“导入”|“视频帧到图层”命令，如图 15-4 所示。

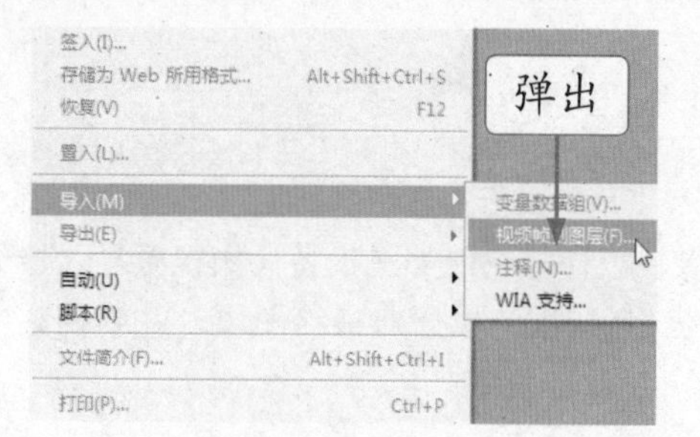

图 15-4 单击“视频帧到图层”命令

Step 02 1 弹出“打开”对话框，2 选择需要导入的视频文件，如图 15-5 所示，3 单击“打开”按钮。

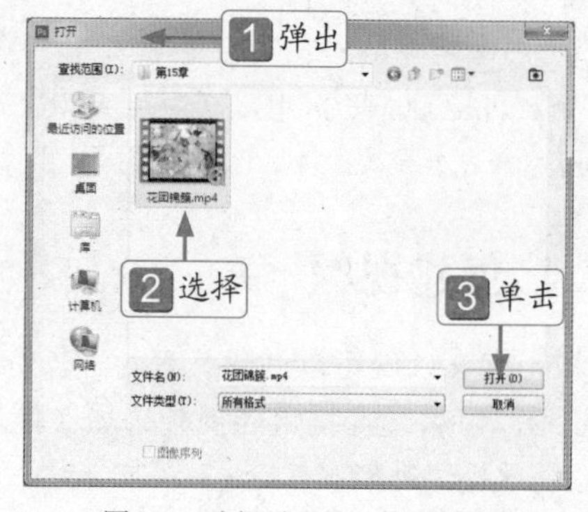

图 15-5 选择需要导入的视频文件

Step 03 执行操作后，1 弹出“将视频导入图层”对话框，如图 15-6 所示，2 单击“确定”按钮。

图 15-6 “将视频导入图层”对话框

Step 04 执行操作后，即可将视频导入到图层，效果如图 15-7 所示。

图 15-7 将视频导入到图层

15.3 编辑视频文件

视频是在一段时间内显示的一系列图像或帧，当每一帧的前一帧都有轻微的变化时，连续、快速地显示这些帧就会产生运动或其他变化的视觉效果。本节主要介绍设置视频的不透明度、解释素材、在图层中替换素材的操作方法。

15.3.1 新手练兵——设置视频不透明度

视频图层同普通图层一样可以设置其不透明度，可以使视频的效果更加丰富和富有变化。下面详细介绍设置视频不透明度的的操作方法。

实例文件	光盘 \ 实例 \ 第 15 章 \ 浪漫春天 .psd
所用素材	光盘 \ 素材 \ 第 15 章 \ 浪漫春天 .mp4

Step 01 按【Ctrl ＋ O】组合键，打开一个视频素材，如图 15-8 所示，按空格键播放视频，观察视频的内容。

图 15-8 视频素材

Step 02 在“时间轴”面板中，单击“视频组 1”前面的“展开”按钮 ▶，即可展开列表，如图 15-9 所示。

Step 03 在列表中，1 单击“不透明度”前面的“时间 - 变化秒表”按钮 ⏱，2 添加一个关键帧，如图 15-10 所示。

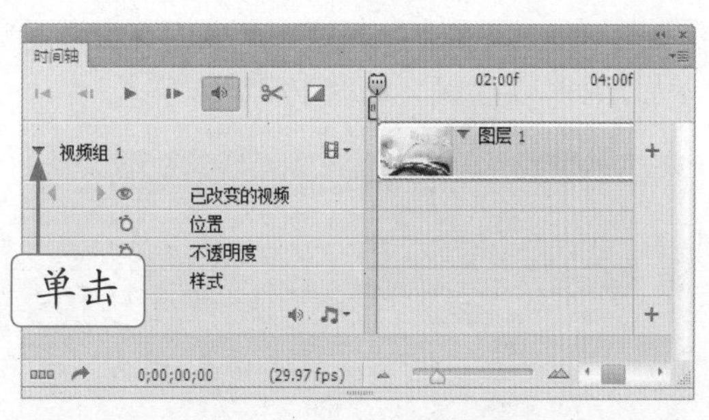

图 15-9 展开列表

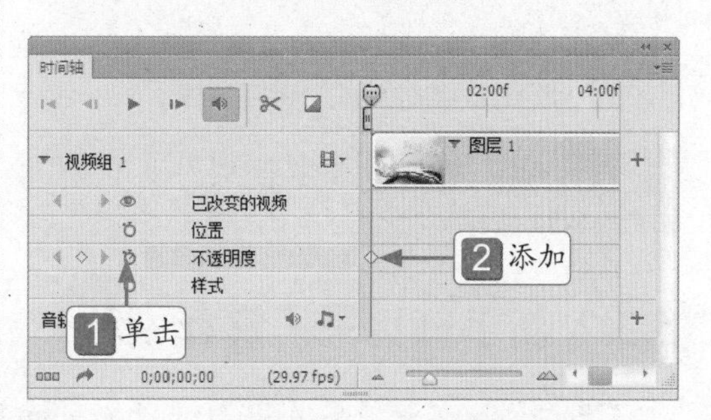

图 15-10 添加一个关键帧

Step 04 将当前的指示器拖到 15f 的位置，如图 15-11 所示。

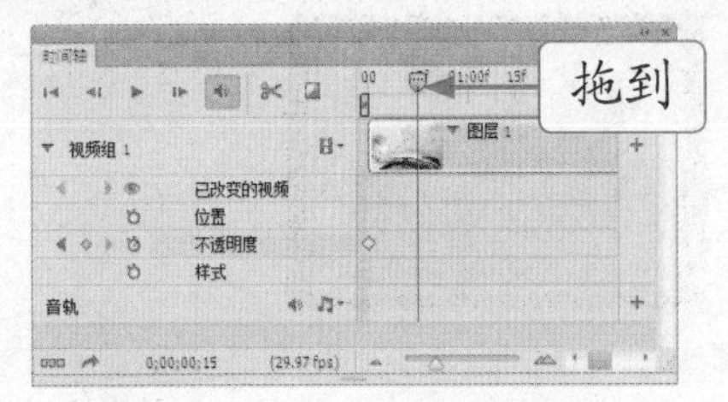

图 15-11 将指示器拖到 15f 的位置

Step 05 在“图层”面板中，选择“图层 1”图层，设置“不透明度”为 50%，如图 15-12 所示。

图 15-12 设置“不透明度”

Step 06 在“时间轴”面板中，将自动添加了一个关键帧，如图 15-13 所示。

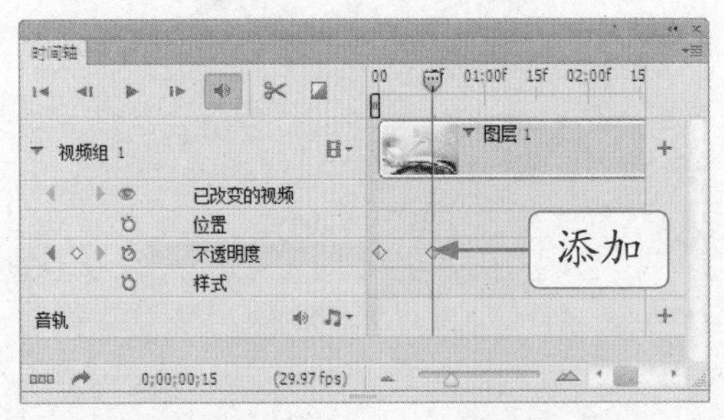

图 15-13 自动添加了一个关键帧

Step 07 将指示器拖到 1s 的位置，如图 15-14 所示。

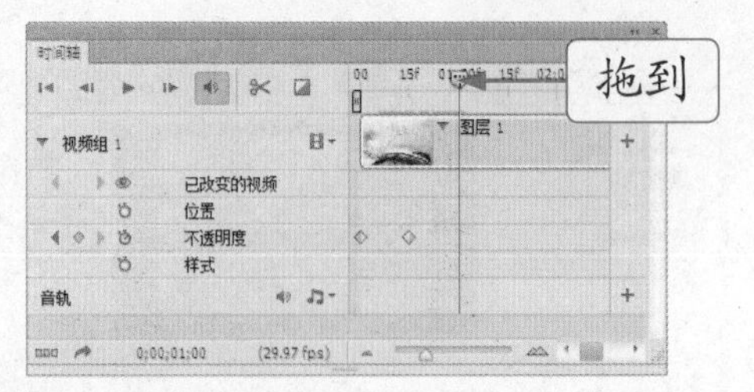

图 15-14 将指示器拖到 1s 的位置

Step 08 在“图层”面板中，选择“图层 1”图层，设置“不透明度”为 100%，在“时间轴”面板中，自动添加了一个关键帧，如图 15-15 所示。

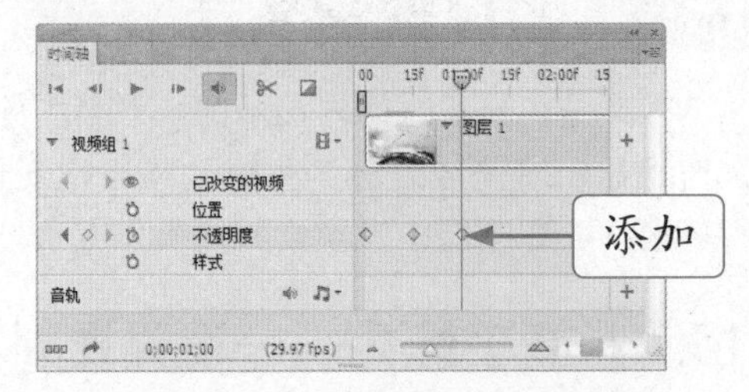

图 15-15 自动添加了一个关键帧

Step 09 单击“转到第一帧”按钮，切换到视频的起始点，单击“播放”按钮，即可播放视频，效果如图 15-16 所示。

图 15-16 播放视频

15.3.2 新手练兵——解释素材

在 Photoshop CS6 中，可以指定 Photoshop 如何解释已打开或导入的视频的 Alpha 通道和帧速率。

	实例文件	光盘 \ 实例 \ 第 15 章 \ 无
	所用素材	光盘 \ 素材 \ 第 15 章 \ 别墅 .mov

Step 01 按【Ctrl + O】组合键，打开一个视频素材，如图 15-17 所示。

图 15-17 视频素材

Step 02 在“时间轴”面板中，选择“图层 1”视频图层，如图 15-18 所示。

图 15-18 选择“图层 1”视频图层

Step 03 单击“图层”|“视频图层”|“解释素材”命令，弹出“解释素材”对话框，在其中查看素材相关信息，如图 15-19 所示。

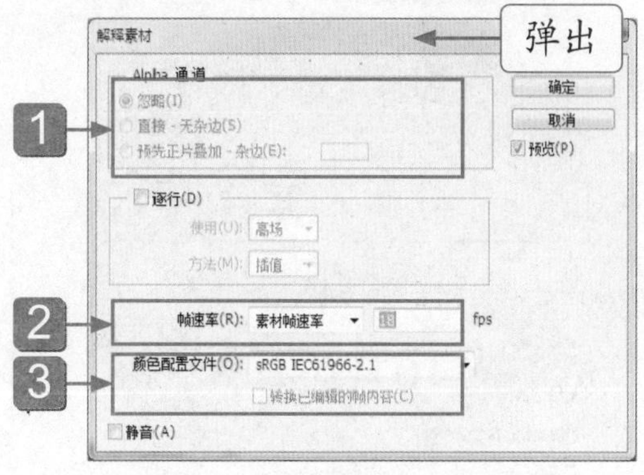

图 15-19 “解释素材”对话框

1 “Alpha 通道”选项：指定解释视频图层中的 Alpha 通道的方式。素材如果已选择“预先正片叠加 - 杂边”选项，则可以指定对通道进行预先正片叠底所使用的杂边颜色。

2 帧速率：用于指定每秒播放的视频帧数。

3 “颜色配置文件”菜单：对视频图层中的帧或图像进行色彩管理。

15.3.3 新手练兵——在视频图层中替换素材

用户可以随意选择一个图层替换其中的素材，下面介绍在视频图层中替换素材的操作方法。

	实例文件	光盘 \ 实例 \ 第 15 章 \ 烛台灯光 .psd
	所用素材	光盘 \ 素材 \ 第 15 章 \ 烛台灯光 .mp4、晶莹雪花 .mp4

Step 01 按【Ctrl + O】组合键，打开一个视频素材，如图 15-20 所示。

Step 02 在“图层”面板中，选择“图层 1”图层，如图 15-21 所示。

Step 03 单击“图层”|“视频图层”|“替换素材”命令，如图 15-22 所示。

Step 04 执行操作后，1 弹出“替换素材”对话框，2 选择相关素材文件，如图 15-23 所示，3 单击“打开”按钮。

图 15-20 视频素材

图 15-21 选择“图层 1”图层

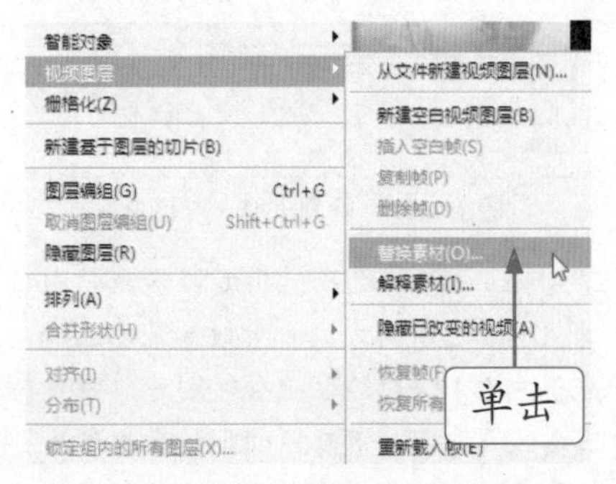

图 15-22 单击“替换素材”命令

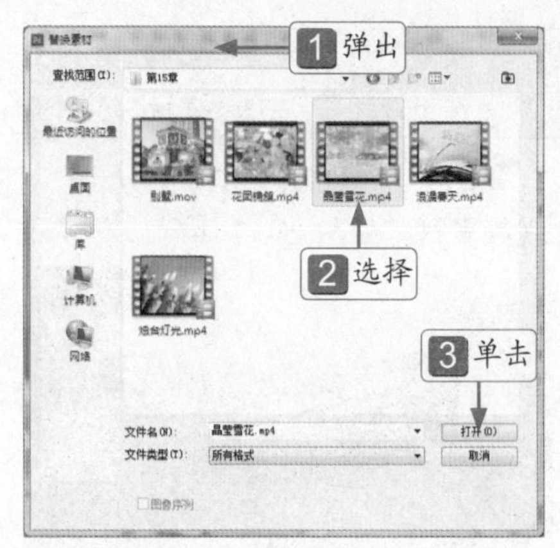

图 15-23 选择相关素材文件

Step 05 执行操作后，即可替换素材，效果如图 15-24 所示。

图 15-24 替换素材

高手指引

“替换素材”命令可以将由于某种原因导致视频图层和源文件之间的链接断开，重新链接到源文件或替换内容的视频图层，还可以将图像序列帧替换为不同的视频或图像序列源文件中的帧。

15.3.4 插入、复制和删除空白视频帧

创建空白视频图层以后，可在“时间轴”面板中，将当前时间指示器拖到所需帧处，单击“图层”|“视频图层”|“插入空白帧”命令，即可在当前的时间处插入空白视频帧；单击“图层”|“视频图层”|“复制帧”命令，可以添加一个处于当前时间的视频帧副本；单击“图层”|“视频图层”|“删除帧”命令，即可删除当前时间处的视频帧。

15.3.5 调整像素长宽比

像素长宽比用于描述帧中的单一的宽度与高度的像素比例。不同的视频标准使用不同的像素长宽比。计算机上的图像是由方形像素组成的，而视频编码设备则为非方形像素组成的，这就导致在两者之间交换图像时会由于像素的不一致而造成图像的扭曲，如图 15-25 所示。例如，圆形会扭曲成椭圆。不过，当在广播显示器上显示图像时，这些图像会按照正确的比例出现，因为广播显示器使用的是矩形像素。单击“视图”|“像素长宽比校正”命令，即可校正图像在计算机显示器（方形像素）上的显示，如图 15-26 所示。

图 15-25 图像发生扭曲

图 15-26 校正图像

15.3.6 在视频图层中恢复帧

如果要放弃对帧视频图层和空白视频图层所作的修改，可以在“时间轴”面板中选择视频图层，然后将当前时间指示器移动至特定的视频帧上，单击“图层”|“视频图层”|“恢复帧”命令恢复特定的帧。如果要恢复视频图层或空白视频图层中的所有帧，则可以单击“图层”|“视频图层”|“恢复所有帧”命令。

15.3.7 新手练兵——渲染和保存视频

可以将动画存储为 GIF 文件以便在 Web 上观看。在 Photoshop 中，可以将视频和动画存储为 QuickTime 影片或 PSD 文件。如果没有渲染视频，则最好将文件存储为 PSD，因为它将保留所进行的编辑，并用 Adobe 数字视频应用程序和许多电影编辑应用程序支持的格式存储文件。单击“文件”|“导出”|“渲染视频”命令，弹出“渲染视频”对话框，如图 15-27 所示。

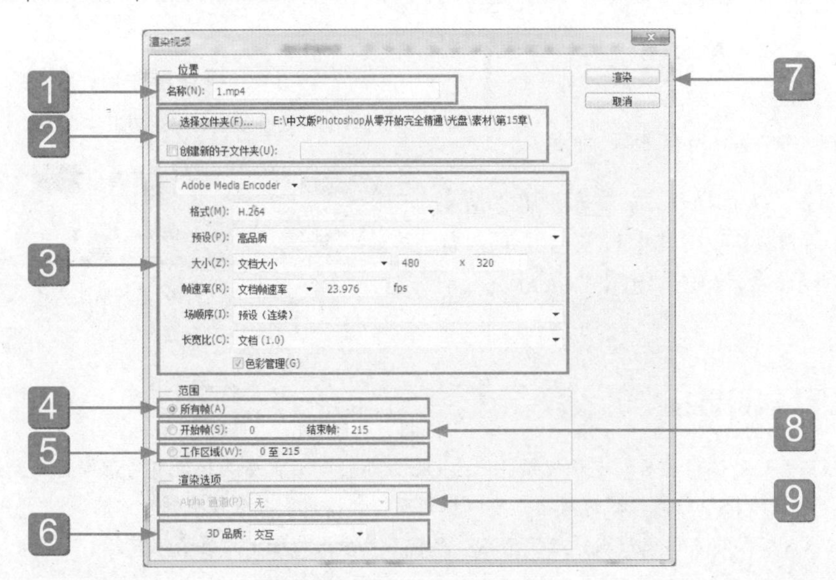

图 15-27 “渲染视频”对话框

在“渲染视频”对话框中，各主要选项含义如下。

1 “名称”文本框：输入视频或图像序列的名称。

2 选择文件夹：单击“选择文件夹”按钮，并浏览到用于导出文件的位置。要创建一个文件夹以包含导出的文件，可选中“创建新子文件夹”复选框并输入该子文件夹的名称。

3 Adobe Media Encoder 选项区：在 Adobe Media Encoder 下，可以设置渲染文件的格式（包含 DPX、H.264 或 QuickTime），预设相应的品质，帧速率（确定要为每秒视频或动画创建的帧数。“文档帧速率”选项反应 Photoshop 中的速率。设置图像序列的起始编号以及导出文件的像素大小），场顺序以及长宽比。

4 所有帧：渲染 Photoshop 文档中的所有帧。

5 当前所选帧：渲染“动画”面板中的工作区域栏选定的帧。

6 3D 品质：在下拉列表框中可以选择交互、光线跟着草图、光线跟踪最终效果，用户可以根据需要在其中选择相应的选项。

7 “渲染”按钮：单击“渲染”按钮即可导出视频文件。

8 开始帧和结束帧：指定要渲染的帧序列。

9 Alpha 通道：指定 Alpha 通道的渲染方式（此选项仅适用于支持 Alpha 通道的格式，如 PSD 或 TIFF）。

Step 01 制作完一段视频之后，单击“文件”|“导出”|“渲染视频”命令，如图 15-28 所示。

图 15-28 单击“渲染视频”命令

Step 02 执行操作后，1 弹出“渲染视频”对话框，2 在其中设置各选项，如图 15-29 所示，3 单击“渲染”按钮。

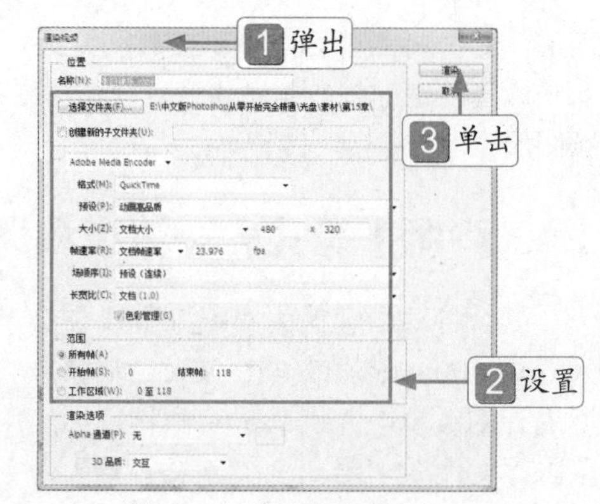

图 15-29 设置各选项

Step 03 执行操作后，1 弹出“进程”提示框，2 显示渲染进程，如图 15-30 所示。

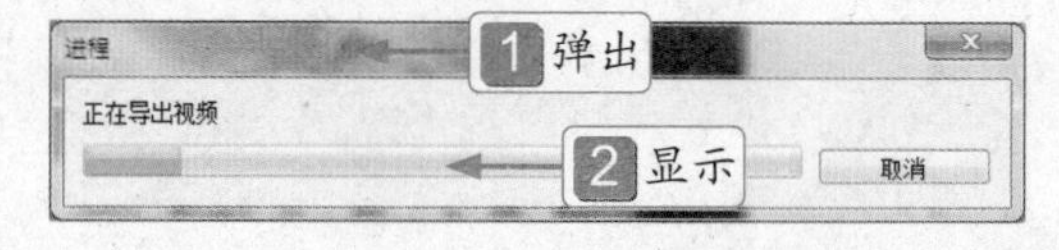

图 15-30 显示渲染进程

知识链接

对视频文件进行编辑之后，可将视频存储为 QuickTime 影片，如果还没有对视频进行渲染更新，则可以将文件存储为 PSD 格式，因为该格式可以保留所作的编辑，并且该文件可以在类似于 Premiere Pro 和 After Effects 之类的 Adobe 应用程序中播放，或在其他应用程序中为静态文件。

第16章 创建网页动画特效

学前提示

随着网络技术的飞速发展与普及，网页动画特效制作已经成为图像软件的一个重要应用领域。Photoshop CS6 提供了非常强大的图像制作功能，可以直接对网页图像进行优化操作，还可以在网页中制作动态的图像动画效果。本章主要介绍创建网页动画特效的操作方法，内容包括优化网络图像、制作动态图像、编辑切片图像以及管理切片等。

本章知识重点

- 优化网络图像
- 制作动态图像
- 编辑切片图像
- 管理切片

学完本章后应该掌握的内容

- 掌握优化网络图像的方法，如优化 GIF 格式和 JPEG 格式的图像
- 掌握制作动态图像的方法，如创建动态图像、制作动态图像等
- 掌握编辑切片图像的方法，如了解切片对象种类、创建切片等
- 掌握管理切片的方法，如移动切片、调整切片、转换切片等

16.1 优化网络图像

优化是微调图像显示品质和文件大小的过程，在压缩图像文件大小的同时又能优化在线显示的图像品质。Web 上应用的文件格式主要有 GIF、JPEG。

16.1.1 优化 GIF 格式图像

GIF 格式主要通过减少图像的颜色数目来优化图像，最多支持 256 色。将图像保存为 GIF 格式时，将丢失许多颜色，因此将颜色和色调丰富的图像保存为 GIF 格式，会使图像严重失真，所以 GIF 格式只适合保存色调单一的图像，而不适合颜色丰富的图像。

单击“文件”|“存储为 Web 所用格式”命令，弹出“存储为 Web 所用格式”对话框，如图 16-1 所示，在其中选择优化图像的选项以及预览优化的图像。

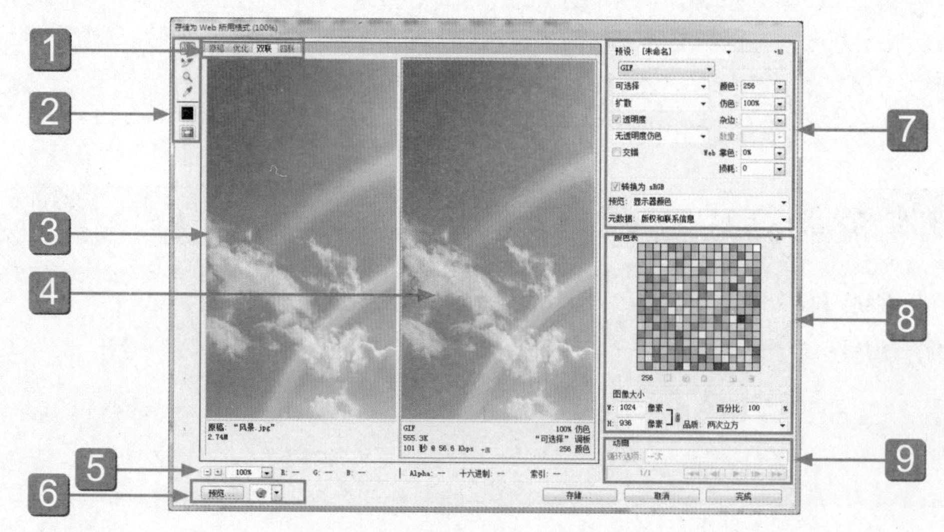

图 16-1 “存储为 Web 所用格式”对话框

1 显示选项：在“存储为 Web 所用格式”对话框中各选项卡的含义如下，原稿：显示没有优化的图像；优化：显示应用了当前优化设置的图像；双联：并排显示图像的两个版本；四联：并排显示图像的 4 个版本。

2 工具箱：如果在“存储为 Web 和设备所用格式”对话框中无法看到整个图稿，可以使用抓手工具来查看其他区域，可以使用缩放工具来放大或缩小视图。

3 原稿图像：优化前的图像，原稿图像的注释显示文件名和文件大小。

4 优化的图像：优化后的图像，优化图像的注释显示当前优化选项、优化文件的大小以及使用选中的调制解调器速率时的估计下载时间。

5 “缩放”文本框：可以设置图像预览窗口的显示比例。

6 “在浏览器中预览”菜单：单击“预览”按钮可以打开浏览器窗口，预览 Web 网页中的图片效果。

7 “优化”菜单：用于设置图像的优化格式及相应选项，可以在“预览”菜单中选取一种调制解调器速率。

8 “颜色表”菜单：用于设置 Web 安全颜色。

9 动画控件：用于控制动画的播放。

16.1.2 优化 JPEG 格式图像

JPEG 是用于压缩连续色调图像（如照片）的标准格式。将图像优化为 JPEG 格式的过程依赖于有损压缩，它有选择地扔掉数据。在“存储为 Web 所用格式”对话框右侧的“预设”列表框中选择“JPEG 高”选项，即会显示它的优化选项，如图 16-2 所示。

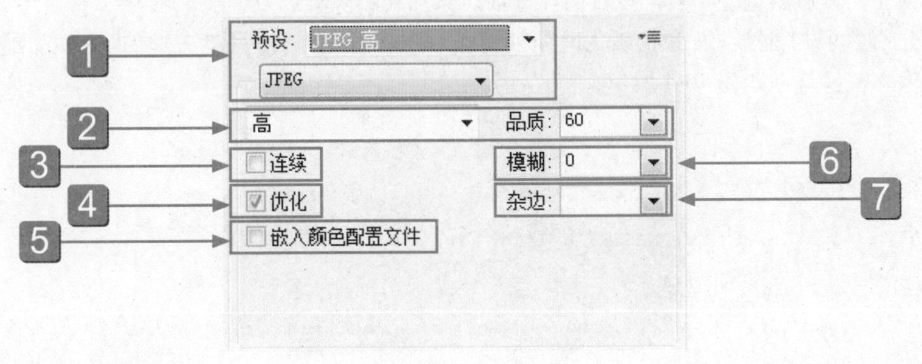

图 16-2 显示优化选项

1 预设：在预设列表框中，可以选择相应的图片预设格式。

2 “品质”选项：确定压缩程度，“品质”设置越高，压缩算法保留的细节越多。但是，使用高“品质”设置比使用低“品质”设置生成的文件大。

3 “连续”复选框：在 Web 浏览器中以渐进方式显示图像，图像将显示为叠加图形，从而使浏览者能够在图像完全下载前查看它的低分辨率版本。

4 “优化”复选框：创建文件大小稍小的增强 JPEG，要最大限度地压缩文件，建议使用优化的 JPEG 格式。某些旧版浏览器不支持此功能。

5 “嵌入颜色配置文件”复选框：在优化文件中保存颜色配置文件，某些浏览器使用颜色配置文件进行颜色校正。

6 “模糊”选项：指定应用于图像的模糊量，“模糊”选项应用与“高斯模糊”滤镜相同的效果，并允许进一步压缩文件以获得更小的文件大小。建议使用 0.1 ~ 0.5 之间的设置。

7 “杂边”选项：为对原始图像中透明的像素指定一个填充颜色，单击“杂边”色板以在拾色器中选择一种颜色，或者从“杂边”菜单中选择一个选项：“吸管”（使用吸管样本框中的颜色）、“前景色”、“背景色”、“白色”、“黑色”或“其他”（使用拾色器）。

高手指引

由于以 JPEG 格式存储文件时会丢失图像数据。因此，如果准备对文件进行进一步编辑或创建额外的 JPEG 版本，最好以原始格式（如 Photoshop 的 PSD）存储源文件。

16.2 制作动态图像

动态图像是连续渐变的静态图像或图形序列，沿时间轴顺次更换显示，从而构成运动视感的媒体。

16.2.1 “动画”面板

“动画”面板是 Photoshop 中的一个单独的面板，主要用来制作 GIF 格式的图像。另外，“动画”面板主要是用来制作逐帧动画的，即一帧一帧播放的动画。

在 Photoshop CS6 中，“时间轴”面板以帧模式出现，显示动画中的每个帧的缩览图。使用面板底部的工具可浏览各个帧，设置循环选项，添加和删除帧以及预览动画。

打开“时间轴”面板，如果面板为时间轴模式，如图 16-3 所示，可单击“转换为帧动画”按钮，将其切换为帧模式，如图 16-4 所示。

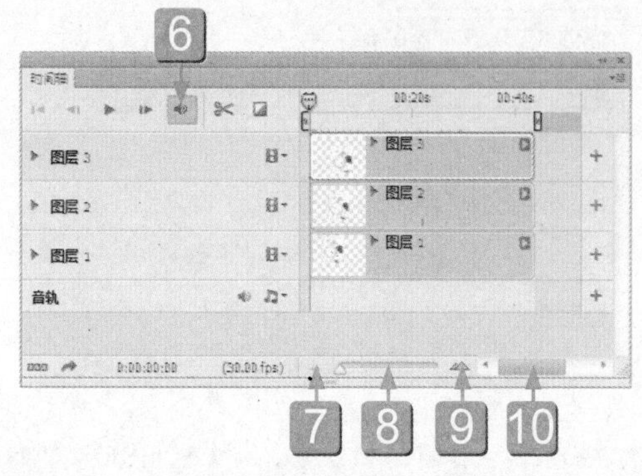

图 16-3 时间轴模式

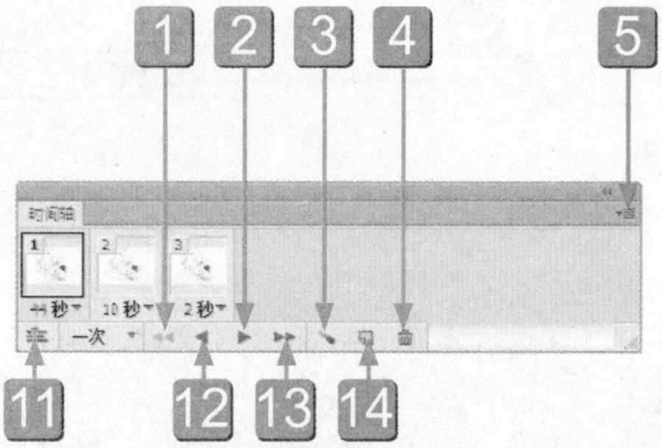

图 16-4 帧模式

1 选择第一个帧：可选择序列中的第一个帧作为当前帧。
2 播放动画：可在窗口中播放动画，再次单击则停止播放。
3 过渡动画帧：用于在两个现有帧之间添加一系列，让各帧之间的图层属性变化均匀。
4 删除选定的帧：可删除选择的帧。
5 “动画”面板菜单：包含影响关键帧、图层、面板外观、洋葱皮和文档设置的功能。
6 音频：可启用音频播放。
7 缩小：可缩小时间帧预览图。
8 缩放滑块：可缩小或放大时间帧预览图。
9 放大：可放大时间帧预览图。
10 水平滚动条：拖曳水平滚动条可以直接查看时间轴里面的内容。
11 转换为时间轴：将其切换为时间轴模式。
12 选择上一帧：可选择当前帧的前面一帧。
13 选择下一帧：可选择当前帧的下一帧。
14 复制选定的帧：可向面板中添加帧。

16.2.2 新手练兵——创建动态图像

动画的工作原理与电影放映的工作原理十分相似，都是将一些静止的、表现连续动作的画面以较快的速度播放出来，利用图像在人眼中具有暂存的原理产生连续的动画效果。

	实例文件	光盘 \ 实例 \ 第 16 章 \ 雪人 .psd
	所用素材	光盘 \ 素材 \ 第 16 章 \ 雪人 .psd

Step 01 按【Ctrl + O】组合键，打开一幅素材图像，如图 16-5 所示。

图 16-5 素材图像

Step 02 单击“窗口”|“时间轴”命令，弹出“时间轴”面板，如图 16-6 所示。

图 16-6 “时间轴”面板

Step 03 在“图层”面板中，选择“图层 1”图层，如图 16-7 所示。

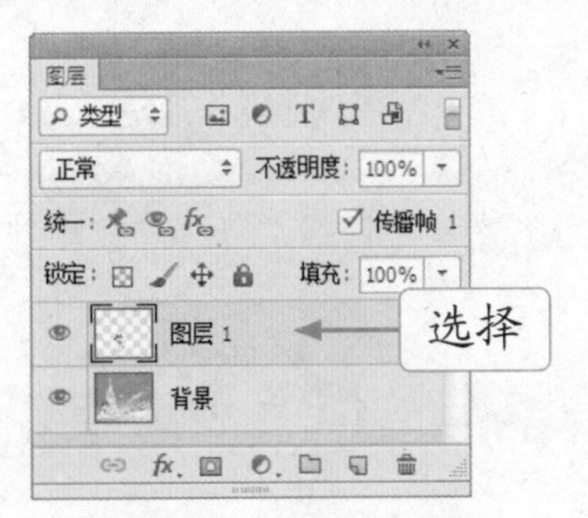

图 16-7 选择“图层 1”图层

Step 04 在“时间轴”面板中，选择“创建帧动画”按钮，单击“创建帧动画”按钮，在“时间轴”面板中得到 1 个动画帧，如图 16-8 所示。

图 16-8 得到 1 个动画帧

Step 05 在面板底部连续单击“复制所选帧”按钮 两次，在“时间轴”面板中得到 3 个动画帧，如图 16-9 所示。

图 16-9 得到 3 个动画帧

16.2.3 新手练兵——制作动态图像

在浏览网页时，会看到各式各样的动态图像，它为网页增添了动感和趣味性。下面介绍制作动态图像的操作方法。

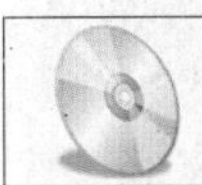

	实例文件	光盘 \ 实例 \ 第 16 章 \ 雪人 1.psd
	所用素材	光盘 \ 素材 \ 第 16 章 \ 雪人 .psd

Step 01 以 16.2.2 小节的效果为素材，选择“帧 2”选项，如图 16-10 所示。

Step 02 选取移动工具，在图像编辑窗口中，调整“帧 2”图像的位置，如图 16-11 所示。

图 16-10 选择“帧 2”选项

图 16-11 调整“帧 2”图像位置

Step 03 选择“帧 3”选项，用与上述相同的方法，调整“帧 3”图像的位置，如图 16-12 所示。

图 16-12 调整“帧 3”图像位置

Step 04 确认“帧 3”为选中状态，按住【Ctrl】键的同时，分别选择“帧 1”和“帧 2”，同时选择 3 个动画帧，1 单击“选择帧延迟时间”下拉按钮，2 在弹出的时间列表中选择 0.5 秒，如图 16-13 所示。

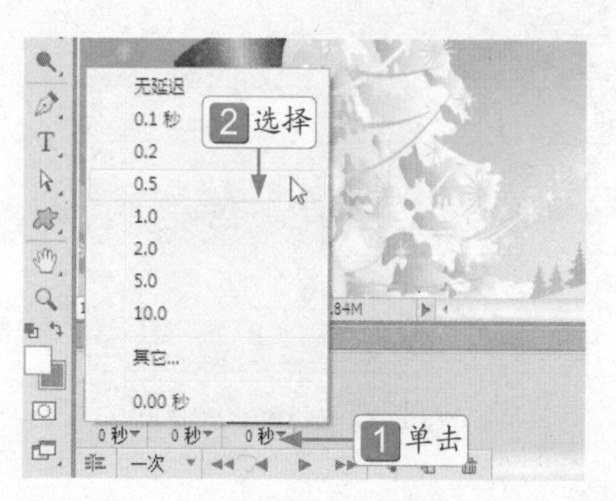

图 16-13 选择 0.5 秒

Step 05 在“时间轴”面板中，1 单击“一次”右侧的“选择循环选项”下拉按钮，2 在弹出的列表框中选择“永远”选项，如图 16-14 所示。

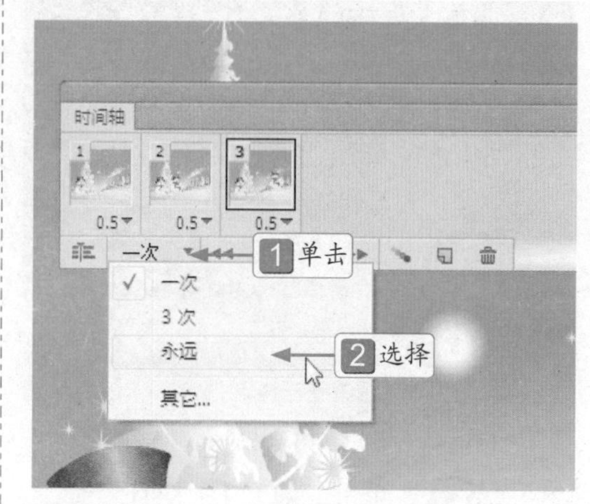

图 16-14 选择“永远”选项

Step 06 单击“播放动画”按钮 ▶，即可浏览动态图像效果，效果如图 16-15 所示。

图 16-15 浏览动态图像效果

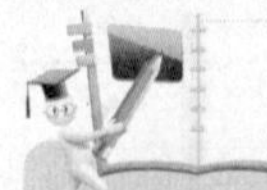

高手指引

以上制作的雪人动画，是利用图层的位置来制作的动画效果，用户如果希望在雪人行走的过程中，雪人运动方向和大小能同时改变，则需要复制多个雪人图层，调整各图层雪人图像的运动方向和大小，然后通过控制各图层的可视性来制作动画。

16.2.4 新手练兵——保存动态效果

在 Photoshop CS6 中，动画制作完毕后，可将动画输出为 GIF 格式。下面介绍保存动态效果的操作方法。

实例文件	光盘 \ 实例 \ 第 16 章 \ 雪人 1.gif
所用素材	光盘 \ 素材 \ 第 16 章 \ 雪人 1.psd

Step 01 以 16.2.3 的效果为例，单击“文件” | “存储为 Web 所用格式”命令，如图 16-16 所示。

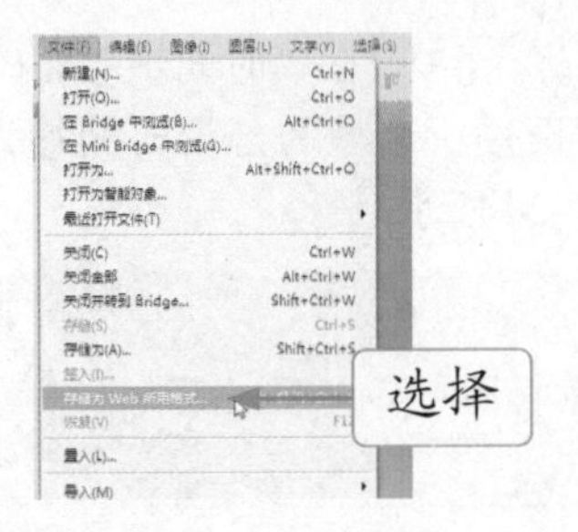

图 16-16 单击“存储为 Web 所用格式”命令

Step 02 1 弹出“存储为 Web 和设备所用格式”对话框，2 在“优化的文件格式”列表框中选择 GIF 选项，效果如图 16-17 所示，3 单击“存储”按钮。

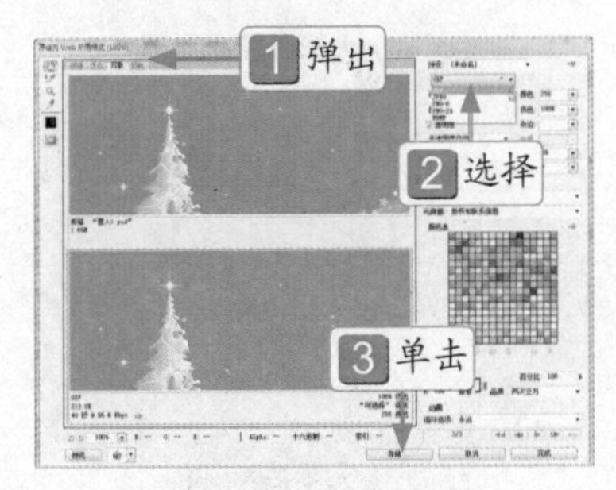

图 16-17 选择 GIF 选项

Step 03 执行操作后，1 弹出“将优化结果存储为”对话框，2 设置保存路径和名称，如图 16-18 所示，3 单击“保存”按钮。

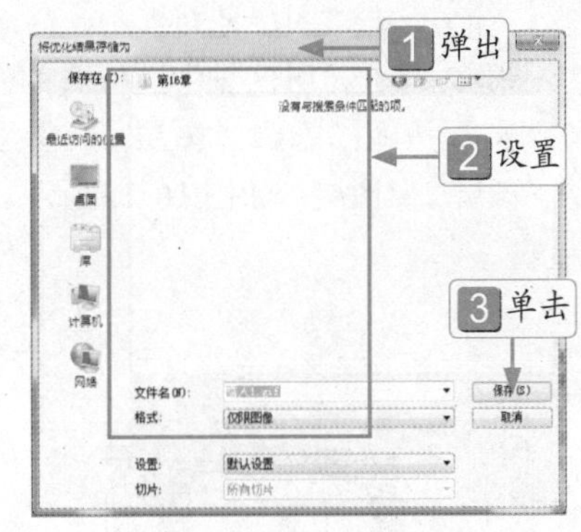

图 16-18 设置保存路径和名称

Step 04 执行操作后，1 弹出提示信息框，如图 16-19 所示，2 单击“确定”按钮，即可将动画输出为 GIF 动画。

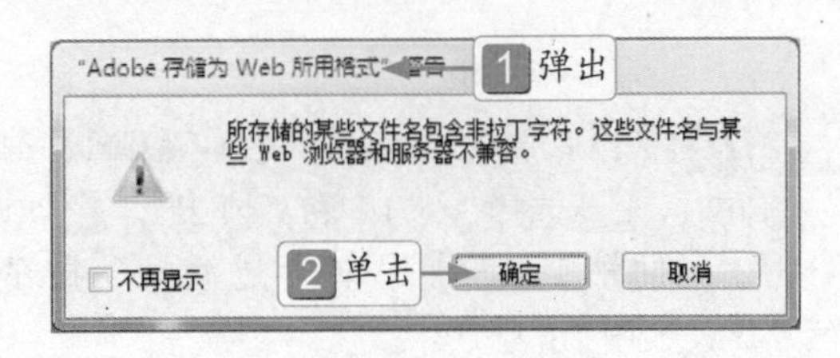

图 16-19 弹出提示信息框

16.2.5 新手练兵——创建过渡动画

在 Photoshop 中，除了可以逐帧地修改图像以创建动画外，也可以使用“过渡”命令让系统自动在两帧之间产生位置、不透明度或图层效果的变化动画。

	实例文件	光盘 \ 实例 \ 第 16 章 \ 电视机 .psd
	所用素材	光盘 \ 素材 \ 第 16 章 \ 电视机 .psd

Step 01 按【Ctrl + O】组合键，打开一幅素材图像，如图 16-20 所示，单击“窗口”|“时间轴”命令，展开“时间轴”面板。

图 16-20 素材图像

Step 02 在“图层”面板中，隐藏“图层 2”图层，单击“时间轴”面板底部的“复制所选帧”按钮，隐藏“图层 1”图层，并显示“图层 2”图层，如图 16-21 所示。

图 16-21 显示“图层 2”图层

Step 03 执行操作后，按住【Ctrl】键的同时，1 选择“帧 1”和“帧 2”，2 单击“时间轴”面板底部的“过渡帧”按钮 ，如图 16-22 所示。

图 16-22 单击“过渡帧”按钮

Step 04 执行操作后，1 弹出“过渡”对话框，2 设置各选项，如图 16-23 所示，3 单击“确定”按钮。

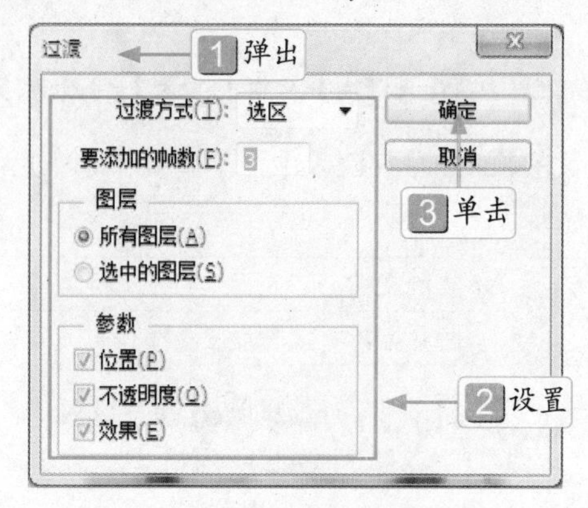

图 16-23 设置各选项

Step 05 在“时间轴”面板中，选中所有帧设置所选帧的延迟时间均为 0.2 秒，如图 16-24 所示。

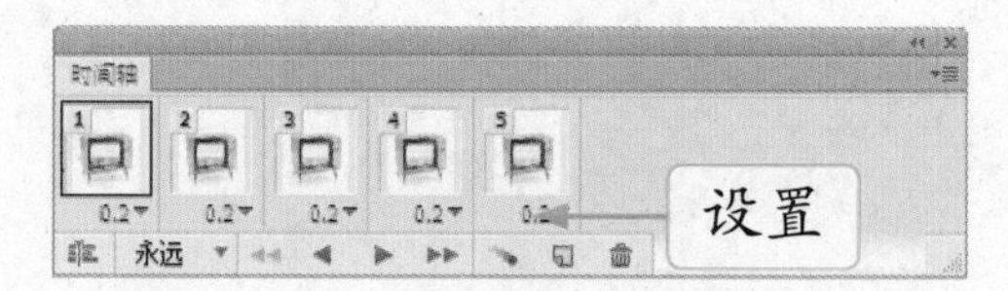

图 16-24 设置帧延迟时间为 0.2 秒

Step 06 单击“播放”按钮，即可浏览过渡动画效果，效果如图 16-25 所示。

图 16-25 浏览过渡动画效果

16.2.6 新手练兵——创建照片切换动画

在 Photoshop CS6 中，用户可以根据需要制作照片切换动画效果。下面介绍创建照片切换动画的操作方法。

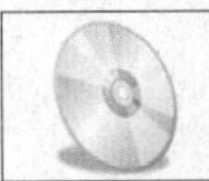	实例文件	光盘 \ 实例 \ 第 16 章 \ 生如夏花 .psd
	所用素材	光盘 \ 素材 \ 第 16 章 \ 生如夏花 .psd

Step 01 按【Ctrl + O】组合键，打开一幅素材图像，如图 16-26 所示。

图 16-26 素材图像

Step 02 在“图层”面板中，隐藏“图层 2”图层，单击“时间轴”面板底部的“复制所选帧”按钮，执行操作后，在“图层”面板中，显示“图层 2”图层，隐藏“图层 3”图层，如图 16-27 所示。

图 16-27 隐藏“图层 3”图层

Step 03 按住【Ctrl】键的同时，选择“帧 1”和“帧 2”，单击“时间轴”面板底部的“过渡帧”按钮，1 弹出“过渡”对话框，2 在“要添加的帧数”文本框中输入 5，如图 16-28 所示，3 单击“确定”按钮。

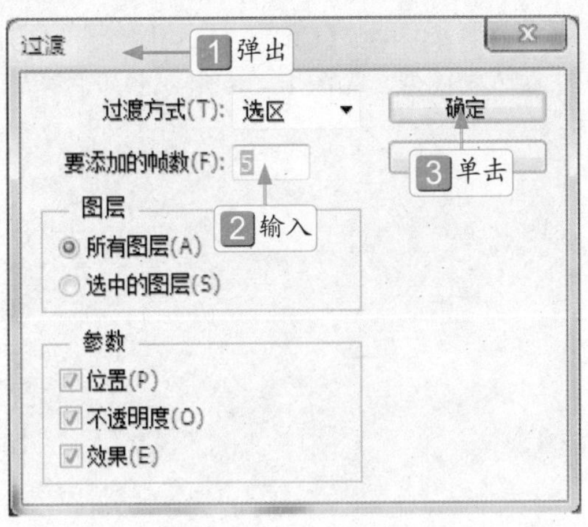

图 16-28 在文本框中输入 5

Step 04 设置所有的帧延迟时间均为 0.5 秒，单击“播放”按钮，即可浏览创建的照片切换动画，效果如图 16-29 所示。

图 16-29 浏览照片切换动画

16.2.7 新手练兵——创建文字变形动画

在浏览网页时，会看到各式各样的文字动画效果，如闪动的文字、五彩的文字、变形的文字以及跳动的文字等。下面介绍创建文字变形动画的操作方法。

实例文件	光盘 \ 实例 \ 第 16 章 \ 粉色 .psd
所用素材	光盘 \ 素材 \ 第 16 章 \ 粉色 .psd

Step 01 按【Ctrl + O】组合键，打开一幅素材图像，如图 16-30 所示。

图 16-30 素材图像

Step 02 在“图层”面板中，复制“粉色记忆”文字图层，得到“粉色记忆 副本”文字图层，如图 16-31 所示。

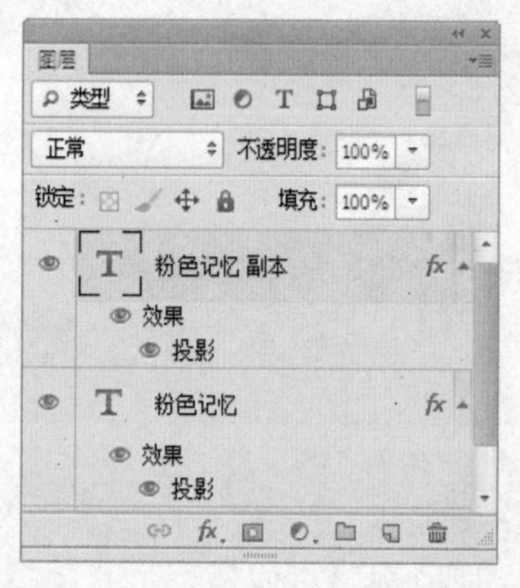

图 16-31 得到“粉色记忆 副本”文字图层

Step 03 在工具箱中，选取横排文字工具，在工具属性栏中单击“创建文字变形”按钮，1 弹出“变形文字”对话框，2 设置“样式”为“花冠”，3 设置“弯曲”为 50，如图 16-32 所示，4 单击“确定”按钮。

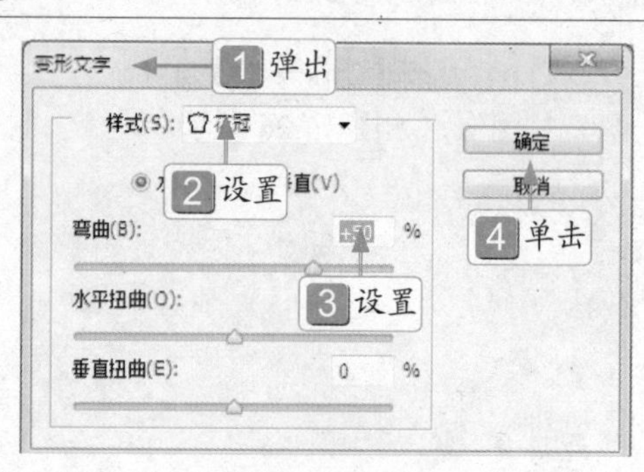

图 16-32 设置“弯曲”为 50

Step 04 此时，“粉色记忆 副本”文字图层自动更改为“粉色记忆”变形文字图层，执行操作后，即可将文字变形，效果如图 16-33 所示。

图 16-33 将文字变形

Step 05 单击“窗口”|“时间轴”命令，1 展开“时间轴”面板，单击“创建帧动画”按钮，2 得到“帧 1”，如图 16-34 所示。

图 16-34 得到“帧 1”

Step 06 在“图层”面板中，隐藏路径文字图层，单击“时间轴”面板底部的“复制所选帧”按钮，隐藏文字图层，显示路径文字图层，得到“帧 2”效果，如图 16-35 所示。

图 16-35 “帧 2”效果

Step 07 按住【Ctrl】键的同时，选择“帧 1”和“帧 2”，单击“时间轴”面板底部的“过渡帧”按钮，1 弹出“过渡”对话框，2 在“要添加的帧数”文本框中输入 5，如图 16-36 所示，3 单击“确定”按钮。

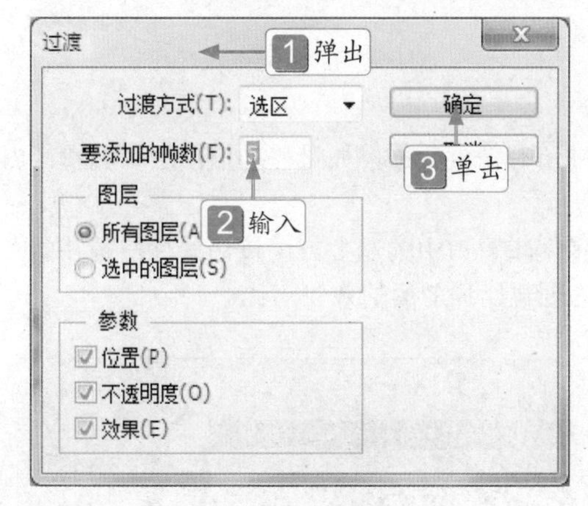

图 16-36 在文本框中输入 5

Step 08 执行操作后，设置所有的帧延迟时间均为 0.2 秒，单击“播放”按钮，即可浏览变形文字动画，效果如图 16-37 所示。

图 16-37 浏览创建变形文字动画

高手指引

根据格式的不同，网页中的动画大致可分为两大类，一类是 GIF 格式，另一类便是 Flash 动画。

16.3 编辑切片图像

切片主要用于定义一幅图像的指定区域，用户一旦定义好切片后，这些图像区域可以用于模拟动画和其他的图像效果。本节主要介绍切片对象种类、创建切片和创建自动切片的操作方法。

16.3.1 了解切片对象种类

在 ImageReady 中，切片被分为 3 种类型，即用户切片、自动切片和子切片，如图 16-38 所示。

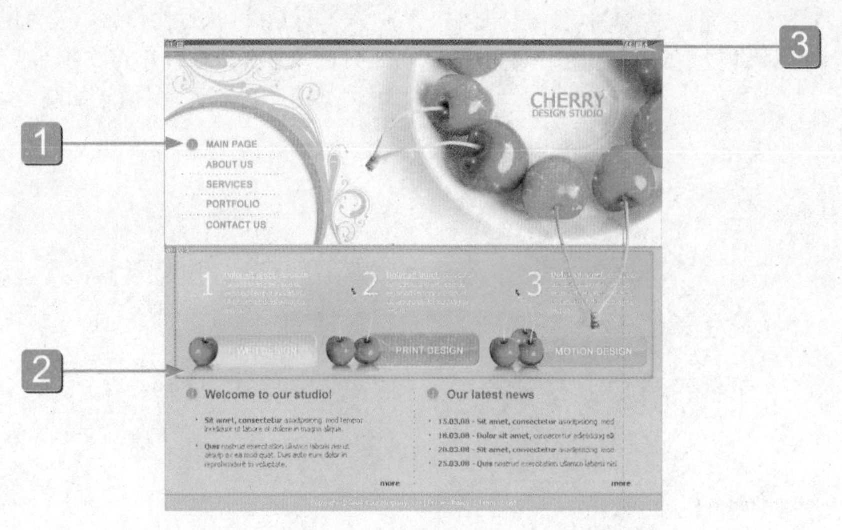

图 16-38 了解切片

1 用户切片：表示用户使用切片工具创建的切片。

2 自动切片：当使用切片工具创建用户切片区域，在用户切片区域之外的区域将生成自动切片，每次添加或编辑用户切片时，都重新生成自动切片。

3 子切片：它是自动切片的一种类型。当用户切片发生重叠时，重叠部分会生成新的切片，这种切片称为子切片，子切片不能在脱离切片存在的情况下独立选择或编辑。

16.3.2 创建切片

从图层中创建切片时，切片区域将包含图层中的所有像素数据，如果移动该图层或编辑其内容，切片区域将自动调整以包含改变后图层的新像素。

选取工具箱中的切片工具，移动鼠标指针至图像编辑窗口中的左上方，按住鼠标左键并向右下方拖曳，即可创建一个用户切片。图 16-39 所示为创建切片前后的效果对比。

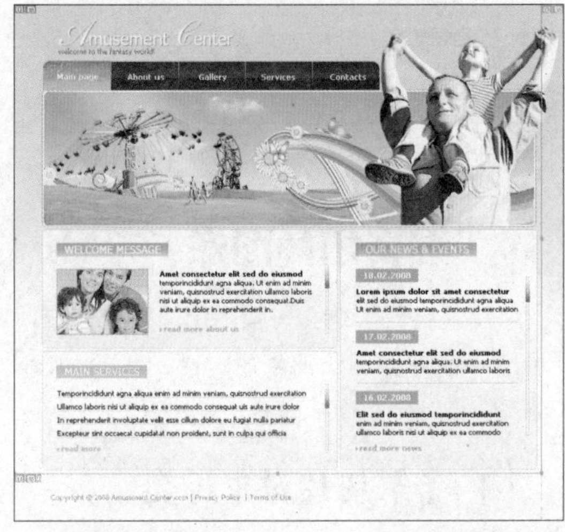

图 16-39 创建切片前后的效果对比

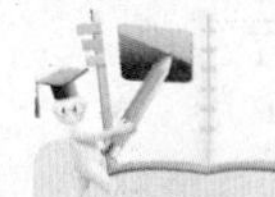

高手指引

在 Photoshop 和 Ready 中都可以使用切片工具定义切片或将图层转换为切片，也可以通过参考线来创建切片。此外，ImageReady 还可以将选区转换为定义精确的切片。

在要创建切片的区域上，按住【Shift】键并拖曳鼠标，可以将切片限制为正方形。

16.3.3 创建自动切片

通过 Photoshop 中的切片工具创建切片后，将自动生成自动切片。

选取工具箱中的切片工具，拖曳鼠标至图像编辑窗口中的中间，按住鼠标左键并向右下方拖曳，创建一个用户切片，同时自动生成自动切片。图 16-40 所示为创建自动切片前后的效果对比。

图 16-40 创建自动切片前后的效果对比

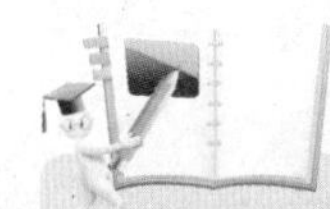

高手指引

当使用切片工具创建用户切片区域时，在用户切片区域之外的区域将生成自动切片，每次添加或编辑用户切片时都将重新生成自动切片，自动切片是由点线定义的。

可以将两个或多个切片组合为一个单独的切片，Photoshop CS6 通过连接组合切片的外边缘创建的矩形来确定所生成切片的尺寸和位置。如果组合切片不相邻，或者比例或对齐方式不同，则新组合的切片可能会与其他切片重叠。

16.4 管理切片

在 Photoshop CS6 中，用户可以对创建的切片进行管理。本节主要介绍移动切片、调整切片、转换切片以及锁定切片的操作方法。

16.4.1 新手练兵——移动切片

在 Photoshop CS6 中创建切片后，用户可运用切片选择工具移动切片。

实例文件	光盘 \ 实例 \ 第 16 章 \ 蘑菇 .psd
所用素材	光盘 \ 素材 \ 第 16 章 \ 蘑菇 .psd

Step 01 按【Ctrl + O】组合键，打开一幅已创建切片的素材图像，如图 16-41 所示。

图 16-41 素材图像

Step 02 在工具箱中，选取切片选择工具，如图 16-42 所示。

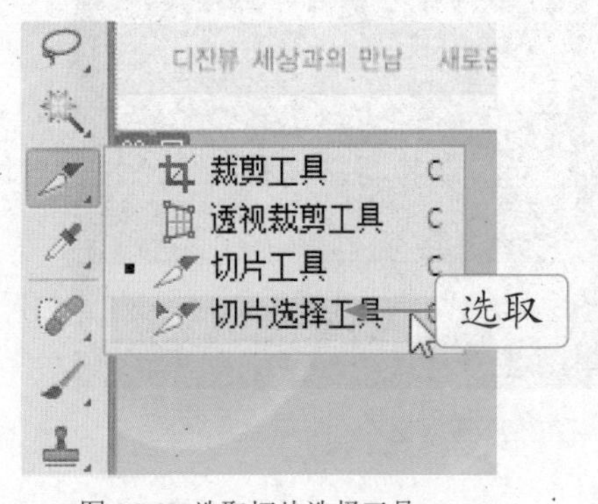

图 16-42 选取切片选择工具

Step 03 移动鼠标指针至图像编辑窗口中的用户切片内，单击鼠标左键，即可选择切片，并调出变换控制框，如图 16-43 所示。

图 16-43 调出变化控制框

Step 04 在控制框内按住鼠标左键并向右拖曳，移动切片，效果如图 16-44 所示。

图 16-44 移动切片

16.4.2 新手练兵——调整切片

在 Photoshop CS6 中，使用切片选择工具选定要调整的切片，此时切片的周围会出现 8 个控制柄，可以对这 8 个控制柄进行拖移，来调整切片的位置和大小。

实例文件	光盘 \ 实例 \ 第 16 章 \ 鲜花 .jpg
所用素材	光盘 \ 素材 \ 第 16 章 \ 鲜花 .jpg

Step 01 按【Ctrl + O】组合键，打开一幅已创建切片的素材图像，如图 16-45 所示。

Step 02 在工具箱中，选取工具箱中的切片选择工具，如图 16-46 所示。

Step 03 将鼠标指针移至图像编辑窗口中的切片内，单击鼠标左键，调出变换控制框，如图 16-47 所示。

图 16-45 素材图像

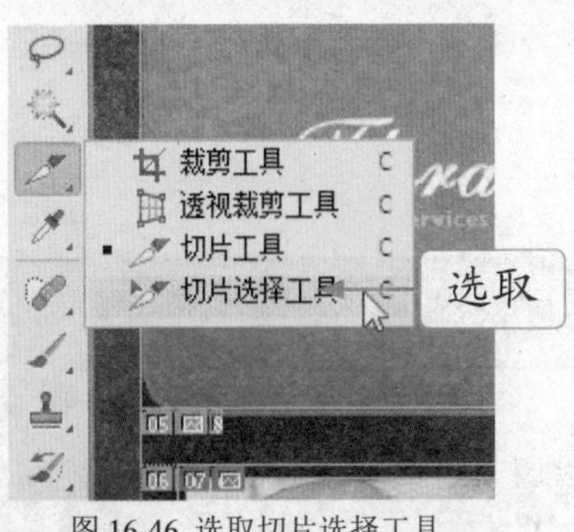

图 16-46 选取切片选择工具

图 16-47 调出变化控制框

Step 04 将鼠标指针移至变换控制框下方的控制柄上，此时鼠标指针呈双向箭头形状，按住鼠标左键并向下方拖曳，调整切片，效果如图 16-48 所示。

图 16-48 调整切边

16.4.3 新手练兵——转换切片

在 Photoshop CS6 中，当创建用户切片后，用户切片与自动切片之间可以相互进行转换。使用切片选择工具 选定要转换的自动切片，单击工具属性栏上的“提升”按钮 提升 ，可以转换切片。

	实例文件	光盘 \ 实例 \ 第 16 章 \ 户外 .jpg
	所用素材	光盘 \ 素材 \ 第 16 章 \ 户外 .jpg

Step 01 按【Ctrl + O】组合键，打开一幅素材图像，如图 16-49 所示。

图 16-49 素材图像

Step 02 在工具箱中，选取切片工具，移动鼠标指针至图像编辑口中，按住鼠标左键并拖曳，创建切片，如图 16-50 所示。

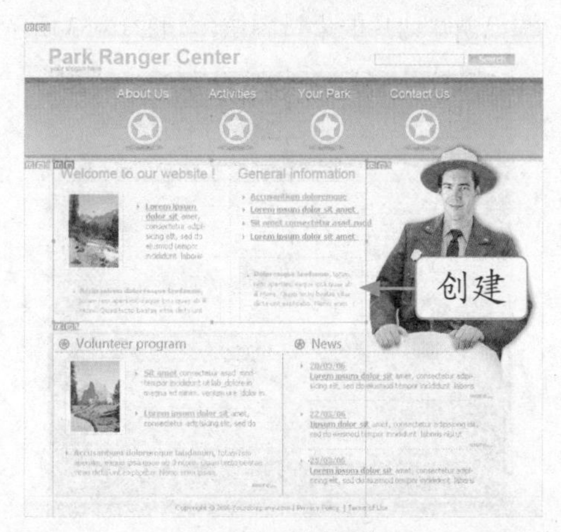

图 16-50 创建切片

Step 03 选取工具箱中的切片选择工具 ，将鼠标指针移至图像编辑窗口中下侧的自动切片内，单击鼠标右键，在弹出的快捷菜单中选择“提升到用户切片”选项，如图 16-51 所示。

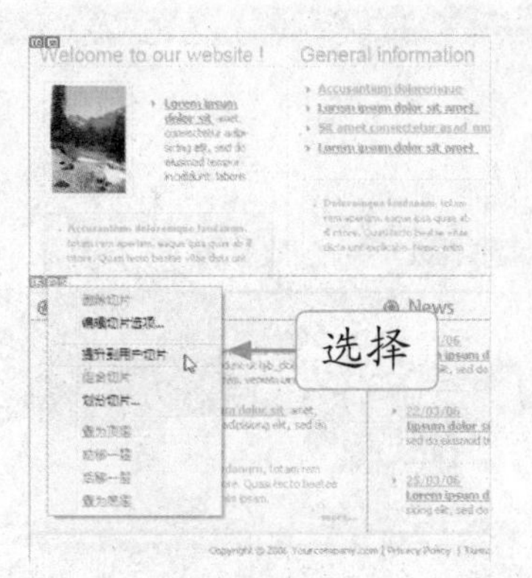

图 16-51 选择“提升到用户切片”选项

Step 04 执行操作后，即可转换切片，效果如图 16-52 所示。

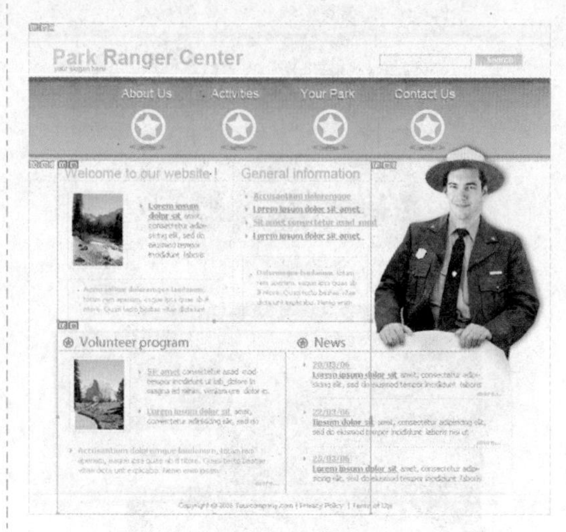

图 16-52 转换切片

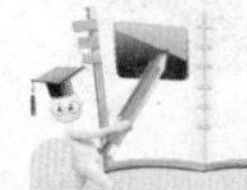

高手指引

用户将自动切片转换为用户切片，可以防止自动切片在重新生成时更改，自动切片的“划分”、“组合”、“连接”和“设置”选项会自动转换为用户切片的各个选项。

16.4.4 新手练兵——锁定切片

在 Photoshop CS6 中，运用锁定切片功能可以阻止在编辑操作中重新调整切片的尺寸、移动切片，甚至变更切片。

	实例文件	光盘 \ 实例 \ 第 16 章 \ 笔记 .jpg
	所用素材	光盘 \ 素材 \ 第 16 章 \ 笔记 .jpg

Step 01 按【Ctrl + O】组合键，打开一幅已创建切片的素材图像，如图 16-53 所示。

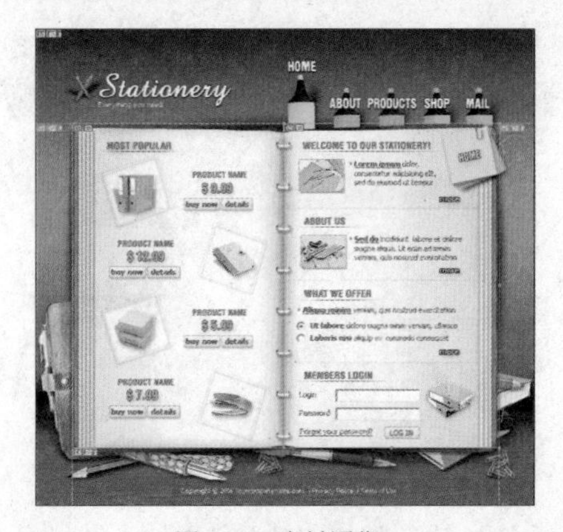

图 16-53 素材图像

Step 02 单击“视图”|“锁定切片”命令，如图 16-54 所示，即可锁定切片。

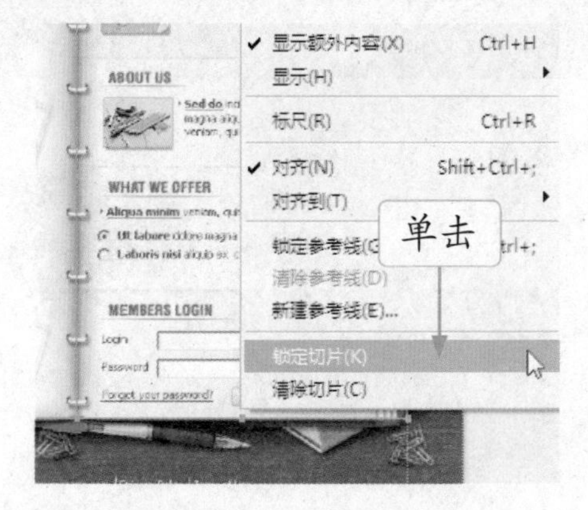

图 16-54 单击“锁定切片”命令

16.4.5 新手练兵——隐藏切片

在 Photoshop CS6 中，运用“隐藏切片”命令，可以隐藏当前图像的所有切片。下面介绍隐藏切片的操作方法。

	实例文件	光盘 \ 实例 \ 第 16 章 \ 教育 1.jpg
	所用素材	光盘 \ 素材 \ 第 16 章 \ 教育 .jpg

Step 01 按【Ctrl + O】组合键，打开一幅已创建切片的素材图像，如图 16-55 所示。

图 16-55 素材图像

Step 02 单击“视图” | “显示” | “切片”命令，如图 16-56 所示，隐藏“切片”命令前的对勾符号 ☑。

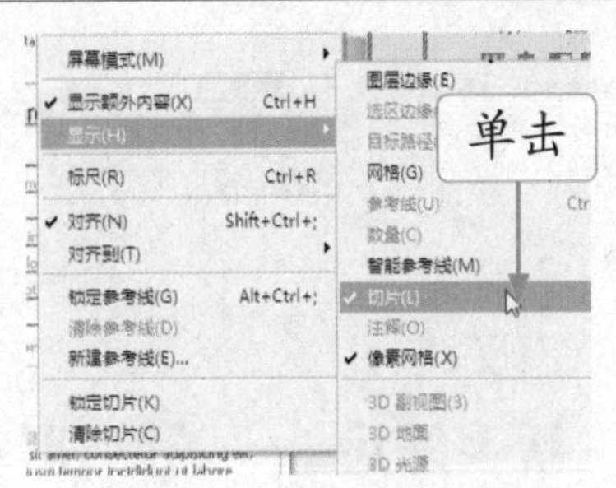

图 16-56 单击“切片”命令

Step 03 执行操作后，隐藏切片，效果如图 16-57 所示。

图 16-57 隐藏切片

16.4.6 新手练兵——显示切片

在 Photoshop CS6 中，运用“显示” | “切片”命令，即可显示当前图像的所有切片。下面介绍显示切片的操作方法。

	实例文件	光盘 \ 实例 \ 第 16 章 \ 教育 2.jpg
	所用素材	光盘 \ 素材 \ 第 16 章 \ 教育 1.jpg

Step 01 以 16.4.5 的效果为本例的素材，打开一幅素材图像，如图 16-58 所示。

Step 02 单击“视图” | “显示” | “切片”命令，如图 16-59 所示。

Step 03 显示“切片”命令前的对勾符号 ☑，即可显示切片，效果如图 16-60 所示。

图 16-58 素材图像

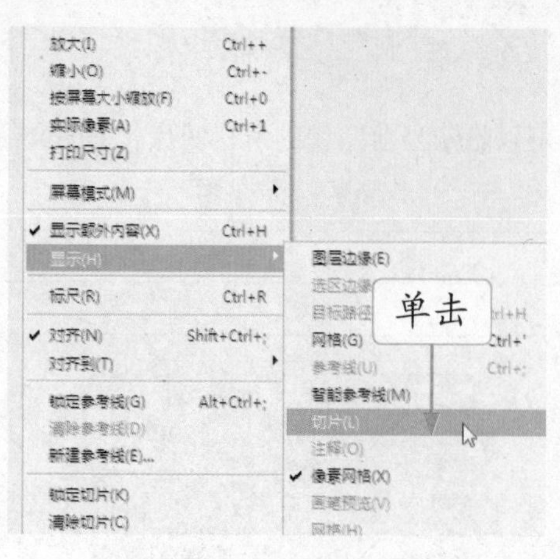

图 16-59 单击“切片”命令

图 16-60 显示切片

16.4.7 新手练兵——清除切片

在 Photoshop CS6 中，运用“清除切片”命令可以清除当前图像编辑窗口中的所有切片。下面介绍清除切片的操作方法。

	实例文件	光盘 \ 实例 \ 第 16 章 \ 商务网页 .psd
	所用素材	光盘 \ 素材 \ 第 16 章 \ 商务网页 .psd

Step 01 按【Ctrl + O】组合键，打开一幅已创建切片的素材图像，如图 16-61 所示。

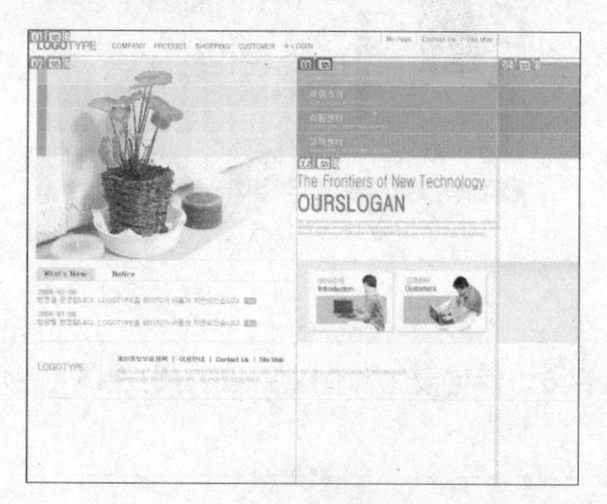

图 16-61 素材图像

Step 02 单击“视图”|“清除切片”命令，即可清除切片，如图 16-62 所示。

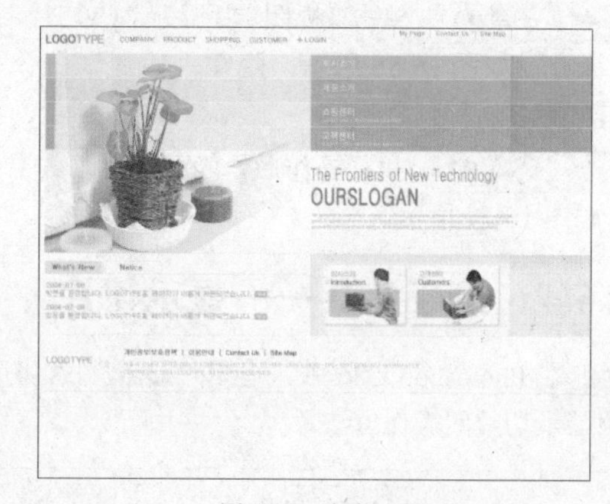

图 16-62 清除切片

第17章 运用动作处理图像

学前提示

用户在使用 Photoshop CS6 处理图像的过程中，有时需要对许多图像进行相同的效果处理，若是重复操作，将会耗费大量的时间，为了提高设计效率，用户可以通过 Photoshop CS6 提供的自动化功能。自动化功能是提高工作效率的专家，将编辑图像的许多步骤简化为一个动作。动作是用于处理单个或一批文件的一系列命令，能极大地提高设计师们的工作效率。

本章知识重点

- 动作的基本概念
- 创建与编辑动作
- 运用动作制作特效
- 批量自动处理图像

学完本章后应该掌握的内容

- 了解动作的基本概念，如动作的基本概括、动作与自动化命令的关系等
- 掌握创建与编辑动作的方法，如创建动作、录制动作、播放动作等
- 掌握运用动作制作特效的方法，如快速制作木质相框、快速制作暴风雪等
- 掌握批量自动处理图像的方法，如批处理图像、创建快捷批处理等

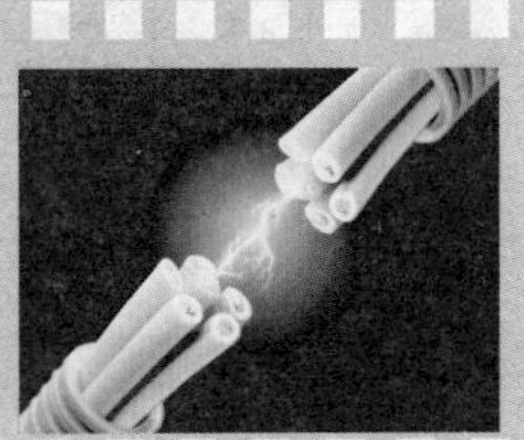

17.1 动作的基本概念

在 Photoshop 中，设计师们不断追求更高的设计效率，动作的出现无疑极大地提高了设计师们的操作效率。使用动作可以减少许多操作，大大降低了工作的重复度。例如，在转换百张图像的格式时，用户无需一一进行操作，只需对这些图像文件应用一个设置好的动作，即可一次性完成对所有图像文件的相同操作。

17.1.1 动作的基本概括

Photoshop 提供了许多现成的动作以提高操作人员的工作效率，但在大多数情况下，操作人员仍然需要自己录制大量新的动作，以适应不同的工作情况。

1. 将常用操作录制成为动作

用户根据自己的习惯将常用操作的动作记录下来，以便在设计工作中简化操作。

2. 与“批处理”结合使用

单独使用动作尚不足以充分显示动作的优点，如果将动作与“批处理”命令结合起来，则能够成倍放大动作的威力。

17.1.2 动作与自动化命令的关系

动作与自动化命令都被用于提高工作效率，不同之处在于，动作的灵活性更大，而自动化命令类似于由 Photoshop 录制完成的动作。

自动化命令包括“批处理”、“创建快捷批处理”、“裁剪并修齐图像”、Photomerge、“合并到 HDR Pro”、“镜头校正”、“条件模式更改”、“限制图像”等命令。

17.1.3 “动作”控制面板

“动作”面板是建立、编辑和执行动作的主要场所，在该面板中用户可以记录、播放、编辑或删除单个动作，也可以存储和载入动作文件。

“动作”面板以标准模式和按钮模式存在，如图 17-1 和图 17-2 所示。

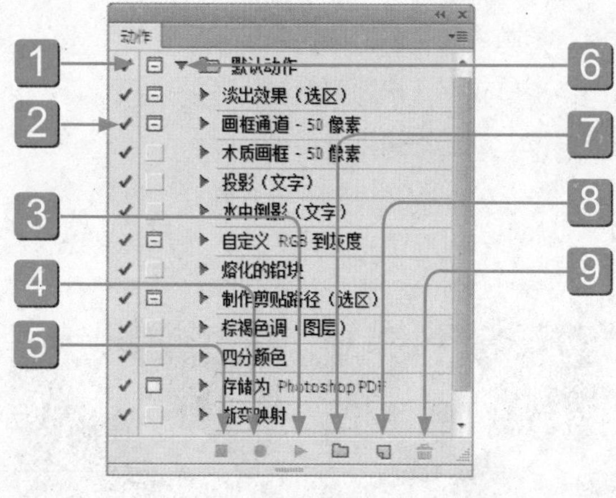

图 17-1 标准模式

图 17-2 按钮模式

1 "切换对话开/关"图标：当面板中出现这个图标时，动作执行到该步时将暂停。

2 "切换项目开/关"图标 ✓：可设置允许/禁止执行动作组中的动作、选定的部分动作或动作中的命令。

3 "播放选定的动作"按钮：单击该按钮 ▶，可以播放当前选择的动作。

4 "开始记录"按钮 ●：单击该按钮，可以开始录制动作。

5 "停止播放/记录"按钮 ■：该按钮只有在记录动作或播放动作时才可以使用，单击该按钮，可以停止当前的记录或播放操作。

6 "展开/折叠"图标 ▼：单击该图标可以展开/折叠动作组，以便存放新的动作。

7 "创建新组"按钮：单击该按钮，可以创建一个新的动作组。

8 "创建新动作"按钮：单击该按钮，可以创建一个新的动作。

9 "删除"按钮：删除所选动作。

技巧发送

打开"动作"面板有以下两种方法。

命令：单击"窗口"|"动作"命令。

快捷键：按【Alt + F9】组合键。

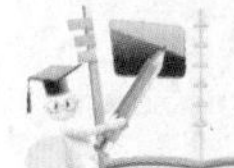

高手指引

要切换标准模式与按钮模式，可以在"动作"面板右上角的黑色小三角按钮上单击鼠标左键，在弹出的"动作"面板菜单中选择"标准模式"或"按钮模式"选项。

17.2 创建与编辑动作

使用"动作"面板可以对动作进行记录，在记录完成之后，还可以执行插入等编辑操作。本节主要介绍创建动作、录制动作、播放动作、再次记录动作、新增动作组、插入停止、插入菜单选项等操作方法。

17.2.1 新手练兵——创建动作

在使用动作之前，需要对动作进行创建。下面介绍创建动作的操作方法。

Step 01 单击"窗口"|"动作"命令，1 弹出"动作"面板，2 单击"动作"面板底部的"创建新动作"按钮，如图 17-3 所示。

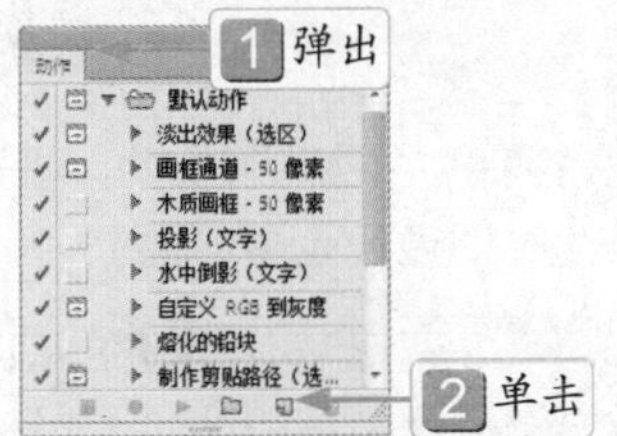

图 17-3 单击"创建新动作"按钮

Step 02 执行操作后，1 弹出"新建动作"对话框，2 在其中设置"名称"为"动作 1"，如图 17-4 所示，● 单击"记录"按钮，创建新的动作。

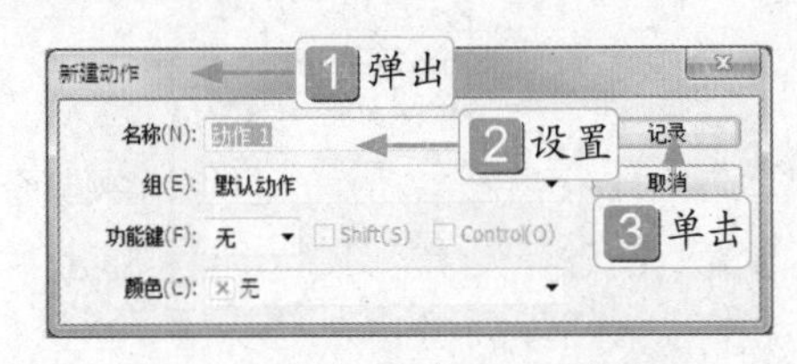

图 17-4 设置"名称"为"动作 1"

知识链接

“新建动作”对话框中功能键和颜色的含义如下。

- 功能键：在列表框中可以选择一个功能键，在播放动作时，可直接按该功能键播放动作。
- 颜色：在列表框中可以选择一种颜色，作为在命令按钮显示模式下新动作的颜色。

17.2.2 新手练兵——录制动作

在创建动作之后，需要对动作进行录制。下面介绍录制动作的操作方法。

	实例文件	光盘 \ 实例 \ 第 17 章 \ 爆发 .psd
	所用素材	光盘 \ 素材 \ 第 17 章 \ 爆发 .psd

Step 01 按【Ctrl + O】组合键，打开一幅素材图像，如图 17-5 所示。

图 17-5 素材图像

Step 02 在“图层”面板中，选择“背景”图层，如图 17-6 所示。

图 17-6 选择“背景”图层

Step 03 展开“动作”面版，单击面板底部的“创建新动作”按钮，1 弹出“新建动作”对话框，如图 17-7 所示，2 单击“记录”按钮，即可开始录制动作。

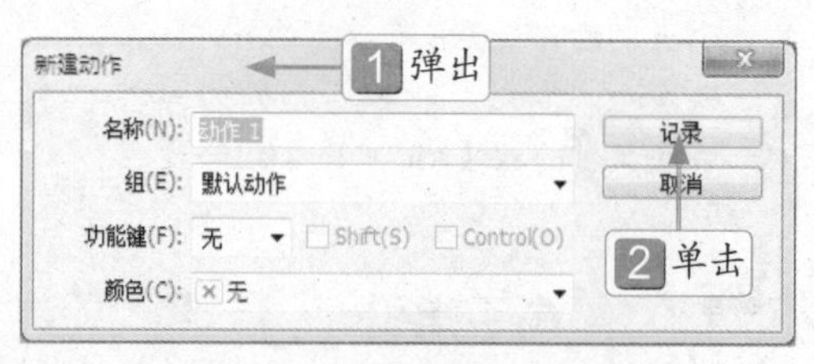

图 17-7 “新建动作”对话框

Step 04 单击“滤镜”|“模糊”|“径向模糊”命令，1 弹出“径向模糊”对话框，2 在其中设置各选项，如图 17-8 所示，3 单击“确定”按钮。

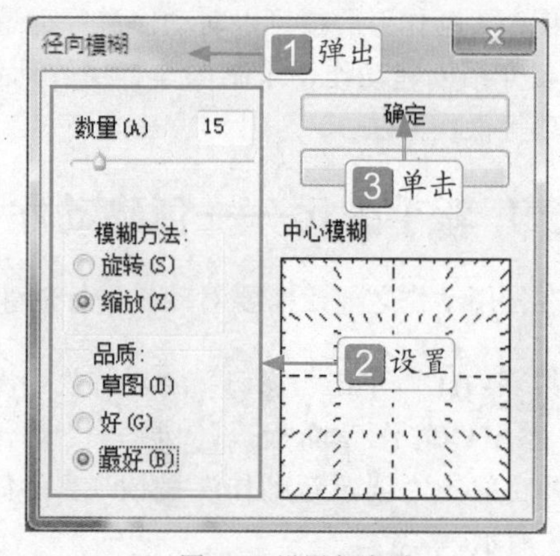

图 17-8 设置各选项

Step 05 执行操作后，即可径向模糊图像，此时图像的效果如图 17-9 所示。

Step 06 单击“动作”面板底部的“停止播放 / 记录”按钮 ■ ，如图 17-10 所示，完成新动作的录制。

图 17-9 径向模糊图像

图 17-10 单击“停止播放 / 记录”按钮

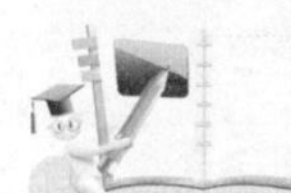

高手指引

在录制状态中应该尽量避免执行无用操作，例如在执行某个命令后虽然可按【Ctrl + Z】组合键，撤销此命令，但在“动作”面板中仍然记录了曾执行过的命令。

17.2.3 新手练兵——播放动作

在 Photoshop CS6 中，预设了一系列的动作，用户可以选择任意一种动作，进行播放。下面介绍播放动作的操作方法。

	实例文件	光盘 \ 实例 \ 第 17 章 \ 糕点 .psd
	所用素材	光盘 \ 素材 \ 第 17 章 \ 糕点 .jpg

Step 01 按【Ctrl + O】组合键，打开一幅素材图像，如图 17-11 所示。

图 17-11 素材图像

Step 02 单击“窗口”|“动作”命令，展开“动作”面板，选择“渐变映射”动作，单击面板底部的“播放选定的动作”按钮，即可播放动作，效果如图 17-12 所示。

图 17-12 播放动作后的效果

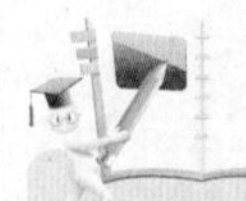

高手指引

由于动作是一系列命令，因此单击“编辑”|“还原”命令只能还原动作中的最后一个命令，若要还原整个动作系列，只需在播放动作前在“历史记录”面板中创建新快照，即可还原整个动作系列。

17.2.4 新手练兵——再次记录动作

再次记录动作时仍以动作中原有的命令为基础，打开对话框，让用户重新设置对话框中的参数。下面介绍再次记录动作的操作方法。

Step 01 在“动作”面板中，选择“渐变映射”动作，并单击面板右上方的下三角按钮，如图17-13所示。

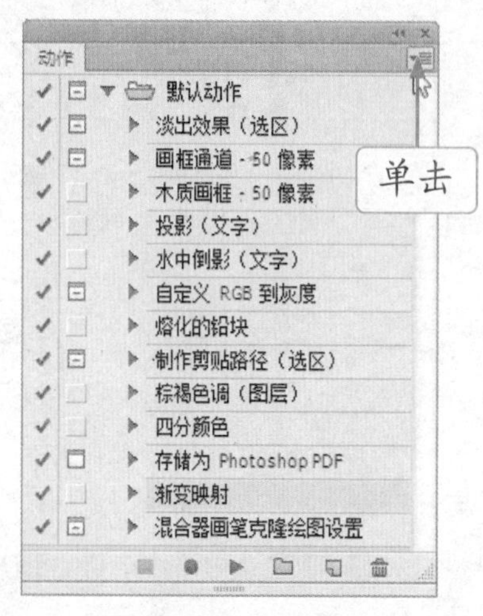

图17-13 单击下三角按钮

Step 02 在弹出的面板菜单上选择“再次记录”选项，如图17-14所示，即可将动作重新记录。

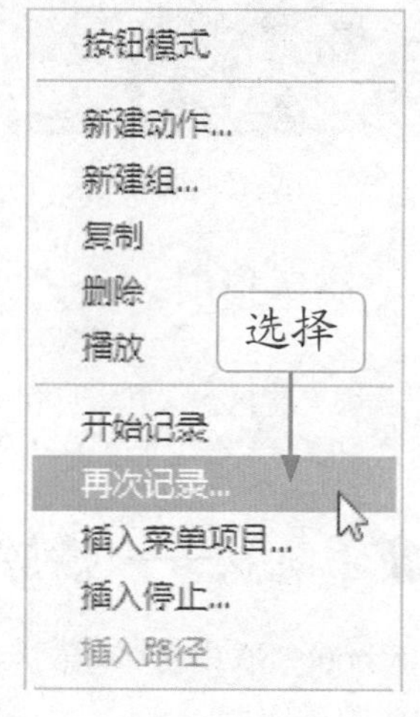

图17-14 选择“再次记录”选项

17.2.5 新手练兵——新增动作组

“动作”面板在默认状态下只显示“默认动作”组，单击面板右上角的面板菜单按钮，在弹出的面板菜单中选择“载入动作”选项，可载入Photoshop中预设的或其他用户录制的动作组。

Step 01 展开“动作”面板，单击面板右上方的下三角按钮，在弹出的菜单中选择“图像效果”选项，如图17-15所示。

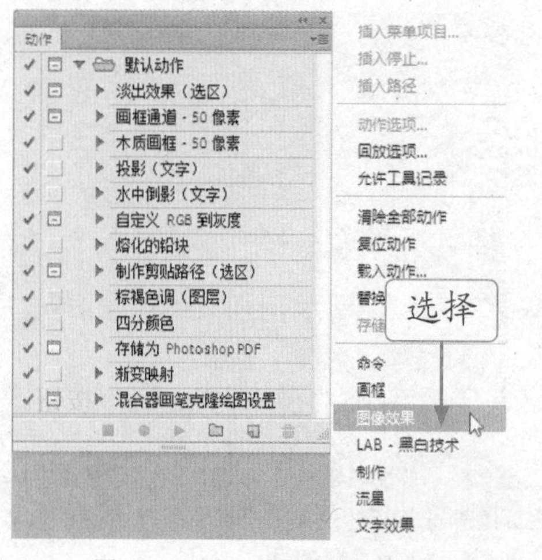

图17-15 选择“图像效果”选项

Step 02 执行操作后，即可新增“图像效果”动作组，如图17-16所示。

图17-16 新增“图像效果”动作组

17.2.6 新手练兵——插入停止

由于动作无法记录用户在 Photoshop CS6 中执行的所有操作（例如绘制类操作就无法被记录在动作中），因此如果在录制动作的过程中，某些操作无法被录制，但又必须执行，则可以在录制过程中插入一个“停止”提示框，以提示用户手动执行这些操作。

执行“插入停止”命令后，在执行动作时就可以手动调整动作参数。

	实例文件	光盘 \ 实例 \ 第 17 章 \ 破壳 .psd
	所用素材	光盘 \ 素材 \ 第 17 章 \ 破壳 .jpg

Step 01 按【Ctrl + O】组合键，打开一幅素材图像，如图 17-17 所示。

图 17-17 素材图像

Step 02 1 在“动作”面板中选择“木制画框 -50 像素”选项，2 单击面板右上方的下三角按钮，3 在弹出的面板菜单中选择“插入停止”选项，如图 17-18 所示。

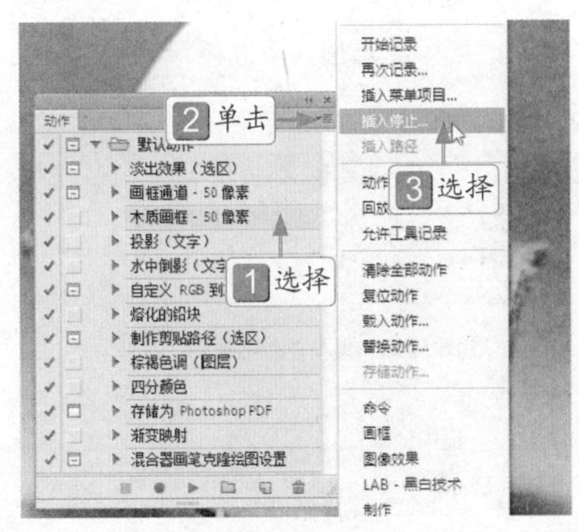

图 17-18 选择“插入停止”选项

Step 03 执行操作后，2 弹出“记录停止”对话框，3 选中“允许继续”复选框，如图 17-19 所示，3 单击“确定”按钮。

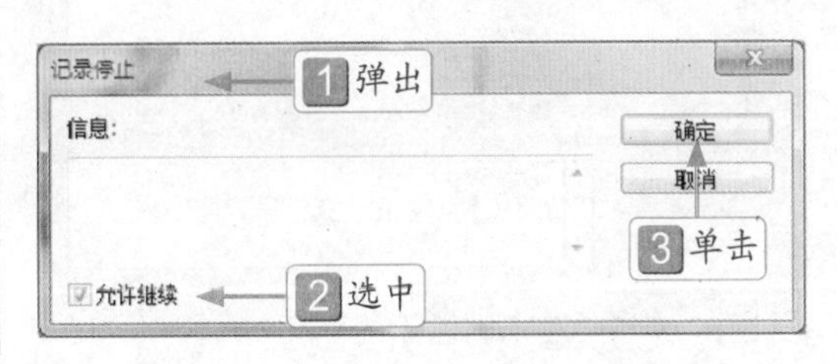

图 17-19 选中“允许继续”复选框

执行操作后，即可在“动作”面板的“设置选区”动作下方插入“停止”命令，如图 17-20 所示。

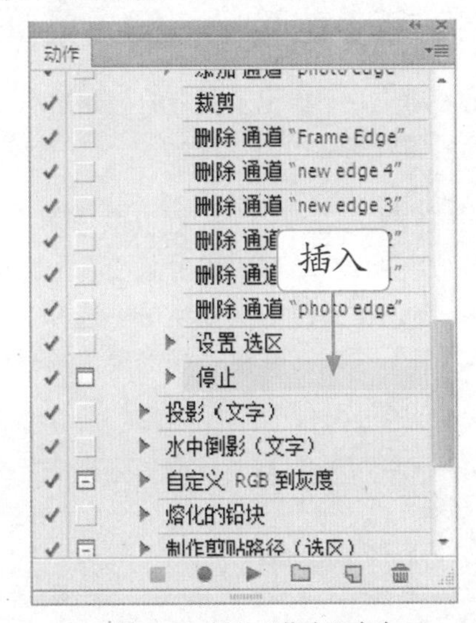

图 17-20 插入“停止”命令

Step 05 选择“动作”面板中的“木质画框 -50 像素”动作，单击面板底部的“播放选定的动作”按钮，1 弹出提示信息框，如图 17-21 所示，2 单击“继续”按钮。

Step 06 执行操作后，继续播放动作，1 此时弹出提示信息框，如图 17-22 所示，2 单击“继续”按钮。

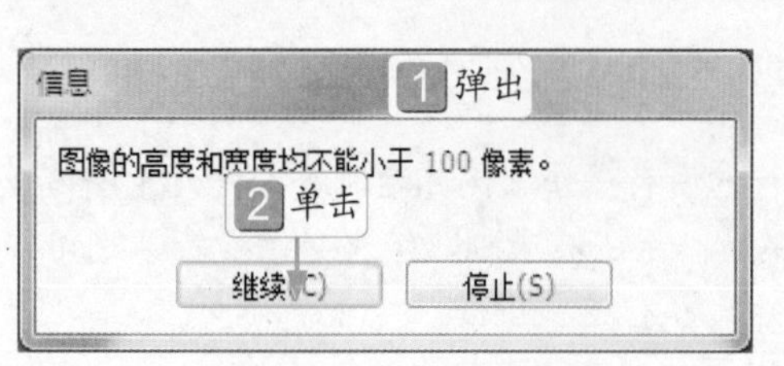

图 17-21 提示信息框

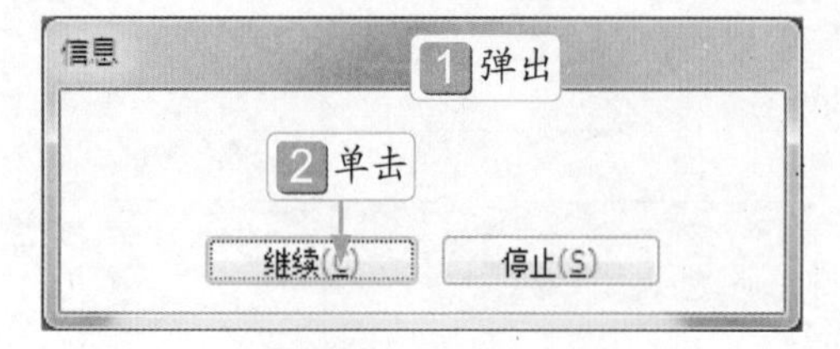

图 17-22 提示信息框

Step 07 执行操作后，继续播放动作，此时图像编辑窗口中图像效果如图17-23所示。

图 17-23 图像效果

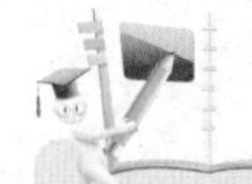

高手指引

选中“允许继续”复选框，表示在以后执行“插入停止”命令时，所显示的提示信息框中显示“继续”按钮，单击该按钮可以继续执行动作中的操作，执行“插入停止”命令后，便不必对该动作进行修改了。

17.2.7 新手练兵——插入菜单选项

由于动作并不能记录所有的命令操作，此时就需要用户插入菜单命令，以在播放动作时正确地执行所插入的动作。

Step 01 在“动作”面板中选择“水中倒影（文字）”动作，单击面板右上方的下三角按钮，在弹出的面板菜单中选择“插入菜单项目”选项，弹出“插入菜单项目”对话框，如图17-24所示。

图 17-24 “插入菜单项目”对话框

Step 02 在菜单栏中，单击“滤镜”|“模糊”|“动感模糊”命令，即可插入“动感模糊”选项，如图17-25所示，单击“确定”按钮，即可在面板中显示插入“动感模糊”选项。

图 17-25 插入“动感模糊”选项

17.2.8 复制、删除与保存动作

进行动作操作时，有些动作是相同的，可以将其复制，提高工作效率，在编辑动作时，用户可以删除不需要的动作，也可以将新的动作保存。

在“动作”面板中，选择“投影（文字）”动作，单击面板右上方的下三角按钮，在弹出的面板菜单中选择“复制”选项，即可复制动作。图17-26所示为复制动作前后的效果对比。

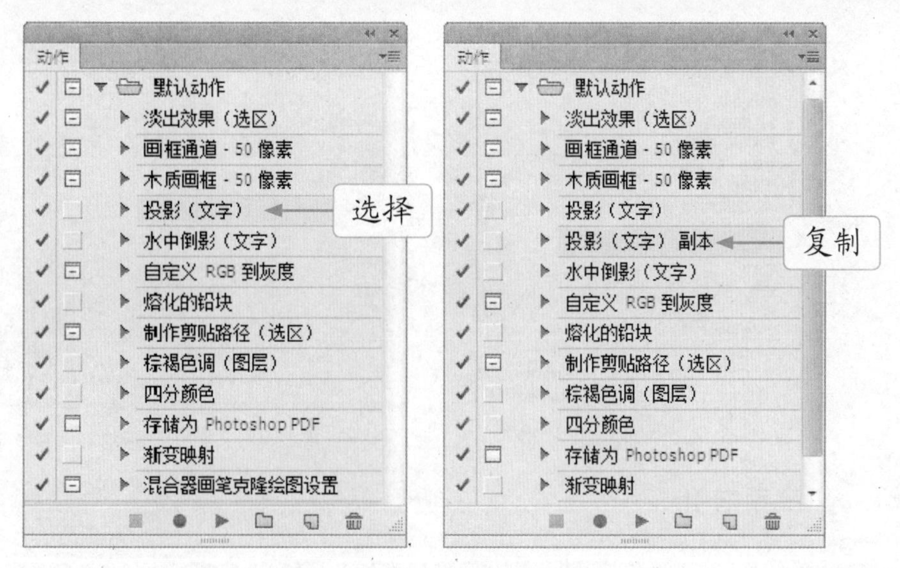

图 17-26 复制动作前后的效果对比

技巧发送

复制动作也只需按住【Alt】键的同时，将要复制的命令或动作拖曳至“动作”面板中的新位置，或者将动作拖曳至“动作”面板底部的“创建新动作”按钮上即可。

在“动作”面板中，选择“四分颜色”动作，单击“动作”面板右上方的下三角按钮，在弹出的面板菜单中，选择“删除”选项，弹出提示信息框，单击“确定”按钮，即可删除动作。图 17-27 所示为删除动作前后的效果对比。

图 17-27 删除动作前后的效果对比

在“动作”面板中，选择“图像效果”动作组，单击面板右上方的下三角按钮，在弹出的面板菜单中，选择“存储动作”选项，如图 17-28 所示，弹出“存储”对话框，如图 17-29 所示，单击“保存”按钮，即可存储动作。

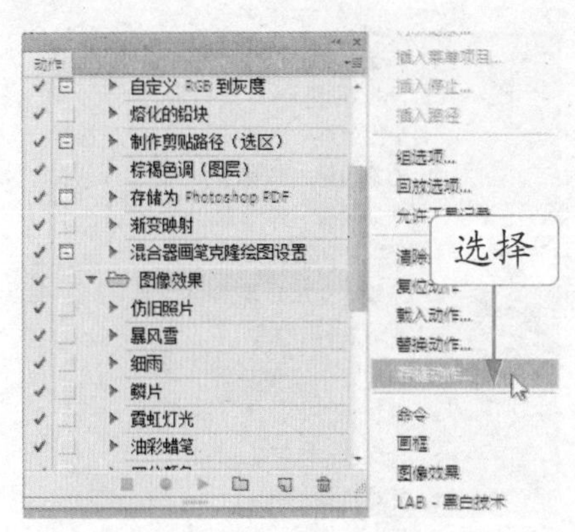

图 17-28 选择“存储动作”选项

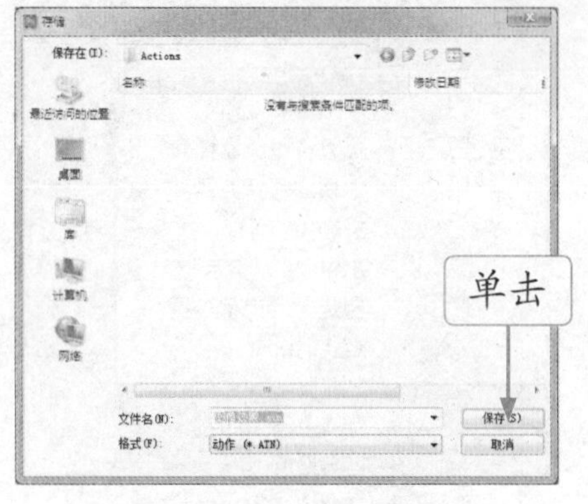

图 17-29 “存储”对话框

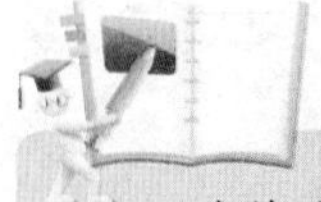

高手指引

“存储动作”选项只能存储动作组，而不能存储单个的动作，而载入动作可将在网上下载的或者磁盘中所存储的动作文件添加到当前的动作列表中。

17.2.9 载入、替换与复位动作

在 Photoshop CS6 中，加载动作可将在网上下载的或者磁盘中所存储的动作文件添加到当前的动作列表之后，替换动作可以将当前所有动作替换为从硬盘中装载的动作文件，复位动作将使用安装时的默认动作代替当前“动作”面板中的所有动作。

在“动作”面板中，单击面板右上方的下三角形按钮，在弹出的面板菜单中选择“载入动作”选项，弹出“载入”对话框，如图 17-30 所示，选择需要载入的动作选项，单击“载入”按钮，即可在“动作”面板中载入“图像效果”动作组，如图 17-31 所示。

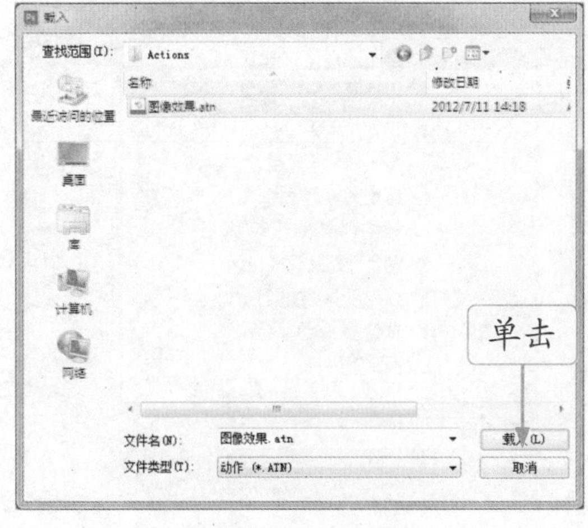

图 17-30 “载入”对话框

图 17-31 载入“图像效果”动作组

在“动作”面板中单击面板右上方的下三角形按钮，在弹出的面板菜单中，选择“替换动作”选项，弹出“载入”对话框，如图 17-32 所示，选择“图像效果”选项，单击“载入”按钮，即可在“动作”面板中用“图像效果”动作组替换“默认动作”动作组，如图 17-33 所示。

图 17-32 “载入”对话框

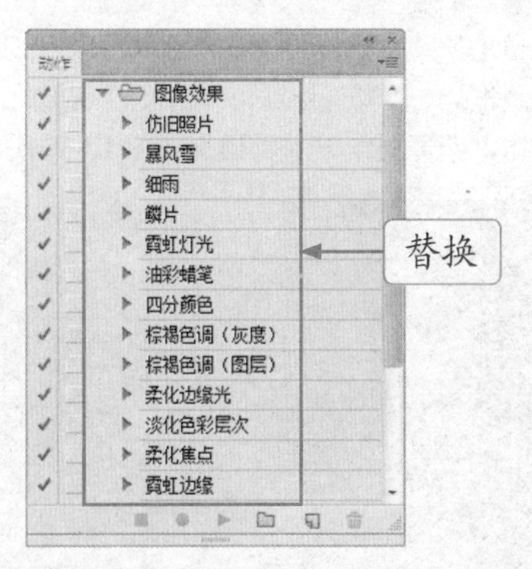

图 17-33 替换“默认动作”动作组

在“动作”面板中，单击面板右上方的下三角形按钮，在弹出的面板菜单中选择“复位动作”选项，弹出提示信息框，如图 17-34 所示，单击“确定”按钮，即可复位动作，如图 17-35 所示。

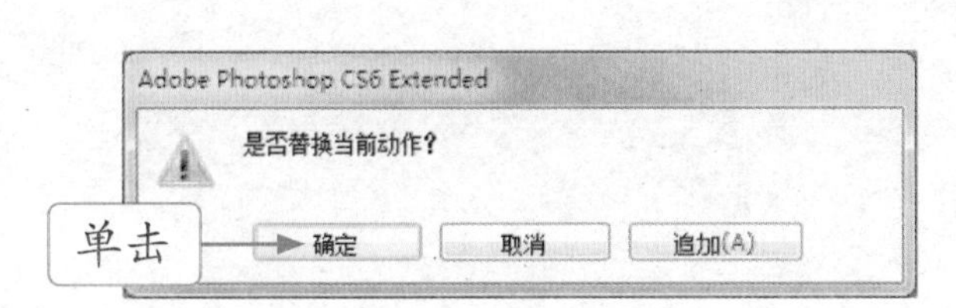

图 17-34 提示信息框

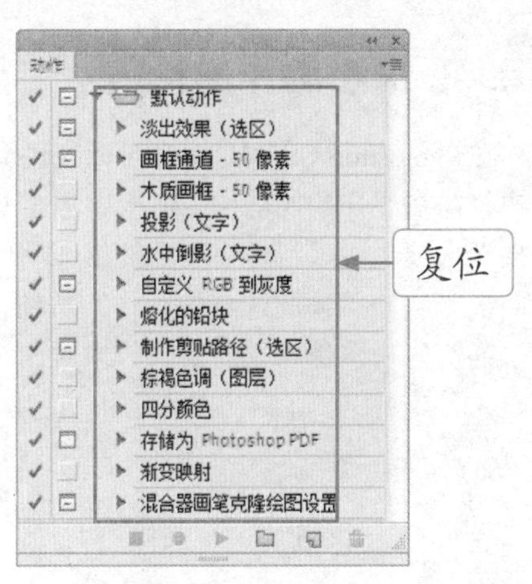

图 17-35 复位动作

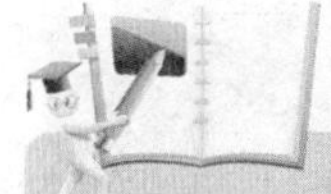

高手指引

选择“复位动作”选项后，在弹出的信息提示框中，单击“确定”按钮，将“动作”面板恢复为安装时的状态；单击“追加”按钮，将在默认的基础上载入其他的动作。

17.3 运用动作制作特效

Photoshop CS6 提供了大量预设动作，利用这些动作可以快速得到各种字体、纹理、边框等效果。本节主要介绍快速制作木质相框、快速制作暴风雪的操作方法。

17.3.1 快速制作木质相框

在 Photoshop CS6 中，用户可以应用动作快速制作木质相框。快速制作木质相框的方法很简单，用户只需单击“窗口”|“动作”命令，在展开的“动作”面板中单击右上方的下三角形按钮，

在弹出的菜单面板中选择“画框”选项，即可新增“画框”动作组，在“画框”动作组中选择“木质画框 -50 像素”选项，单击面板底部的“播放选定动作”按钮，弹出提示信息框，单击“继续”按钮，即可制作出木质相框。图 17-36 所示为快速制作木质相框前后的效果对比。

图 17-36 快速制作木质相框前后的效果对比

17.3.2 快速制作暴风雪

在 Photoshop CS6 中，用户可以应用动作快速制作暴风雪效果。快速制作暴风雪的方法很简单，用户只需在展开的“动作”面板中单击右上方的下三角形按钮，在弹出的菜单面板中选择“图像效果”选项，即可新增“图像效果”动作组，在“图像效果”动作组中选择“暴风雪”选项，单击面板底部的“播放选定的动作”按钮，在“图层”面板中，将“填充”设置为 70%。图 17-37 所示为快速制作暴风雪前后的效果对比。

图 17-37 快速制作暴风雪前后的效果对比

高手指引

动作为用户提供了一条大幅度提高工作效率的捷径，通过应用动作，能够让 Photoshop CS6 按预定的顺序执行已经设置的数个甚至数十个操作步骤，从而提高工作效率，通过制作动画，可以增添图像的动感和趣味。

17.4 批量自动处理图像

在进行图像编辑过程中，经常会用到批处理命令，用户应熟练掌握其操作方法。

17.4.1 新手练兵——批处理图像

批处理就是将一个指定的动作应用于某文件夹下的所有图像或当前打开的多个图像。在使用批处理命令时，需要进行批处理操作的图像必须保存于同一个文件夹中或全部打开，执行的动作也需要提前载入至“动作”面板。

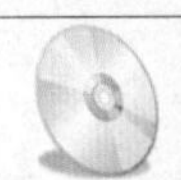	实例文件	光盘 \ 实例 \ 第 17 章 \ 帽子男孩 .psd、可爱婴儿 .psd
	所用素材	光盘 \ 素材 \ 第 17 章 \ 批处理文件夹

Step 01 单击“文件”|“自动”|“批处理”命令，1 弹出“批处理”对话框，2 在其中设置各选项，如图 17-38 所示，3 单击“确定”按钮。

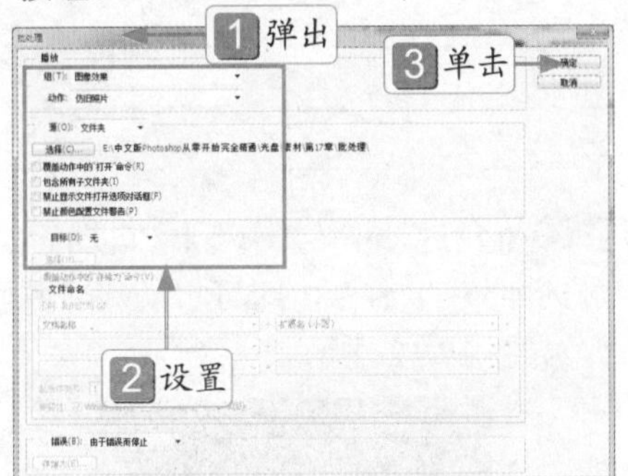

图 17-38 设置各选项

Step 02 执行操作后，即可批处理同文件夹内的图像，单击“窗口”|“排列”|“平铺”命令，效果如图 17-39 所示。

图 17-39 批处理图像

高手指引

“批处理”命令是以一个动作为依据，对指定位置的图层进行处理的智能化命令。使用“批处理”命令，用户可以对多个图像执行相同的动作，从而实现图像处理的自动化。不过，在执行自动化之前应先确定要处理的图像文件。

17.4.2 新手练兵——创建快捷批处理

快捷批处理可以看作用来批处理动作的一个快捷方式。动作是创建快捷批处理的基础。在创建快捷批处理之前，必须在“动作”面板中创建所需要的动作。

Step 01 单击“文件”|“自动”|“创建快捷批处理”命令，即会弹出“创建快捷批处理”对话框，如图 17-40 所示，单击“选择”按钮。

Step 02 1 弹出“储存”对话框，2 设置各选项，如图 18-41 所示，3 单击“保存”按钮，再单击“确定”按钮，即可保存快捷批处理。

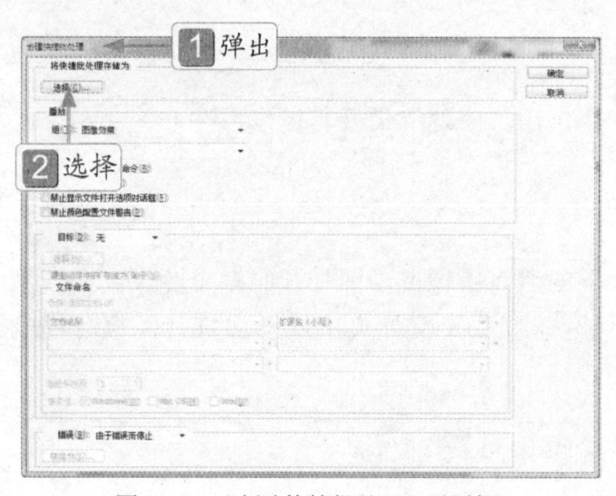

图 17-40 “创建快捷批处理”对话框

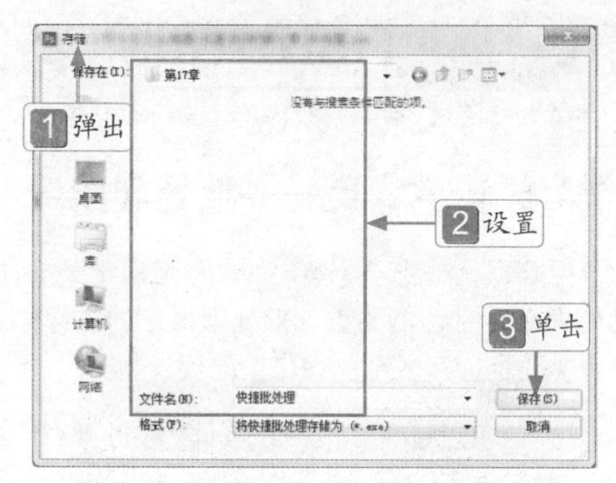

图 17-41 设置各选项

17.4.3 新手练兵——裁剪并修齐照片

在扫描图片时，如果同时扫描了多张，可以通过“裁剪并修齐”命令将扫描的图片从大的图像中分割出来，并生成单独的图像文件。

	实例文件	光盘 \ 实例 \ 第 17 章 \ 沉思 副本 .jpg
	所用素材	光盘 \ 素材 \ 第 17 章 \ 沉思 .jpg

Step 01 按【Ctrl + O】组合键，打开一幅素材图像，如图 17-42 所示。

图 17-42 素材图像

Step 02 单击“文件”|“自动”|“裁剪并修齐照片”命令，即可自动裁剪并修齐照片，如图 17-43 所示。

图 17-43 自动裁剪并修齐照片

高手指引

使用“裁剪并修齐照片”命令可以将一次扫描的多个图像分成多个单独的图像文件，但应该注意，扫描的多个图像之间应该保持 1/8 英寸的间距，并且背景应该是均匀的单色。

17.4.4 新手练兵——条件模式更改

利用“条件模式更改”命令可根据图像原来的模式将图像的颜色模式更改为用户指定的模式。

	实例文件	光盘 \ 实例 \ 第 17 章 \ 吸引 .jpg
	所用素材	光盘 \ 素材 \ 第 17 章 \ 吸引 .jpg

Step 01 按【Ctrl + O】组合键，打开一幅素材图像，如图 17-44 所示。

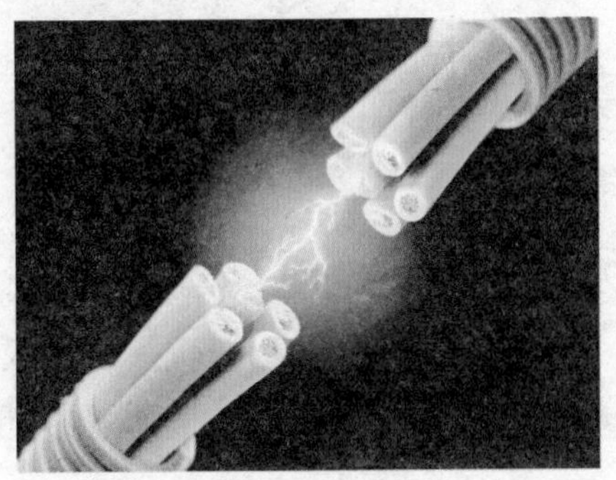

图 17-44 素材图像

Step 02 单击“文件”|“自动”|“条件模式更改”命令，1 弹出“条件模式更改”对话框，2 设置各选项，如图 17-45 所示，3 单击“确定”按钮。

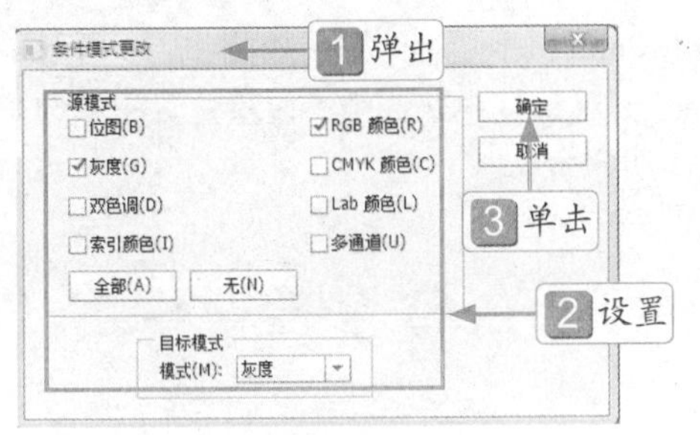

图 17-45 设置各选项

Step 03 执行操作后，1 弹出提示信息框，如图 17-46 所示，2 单击“扔掉”按钮。

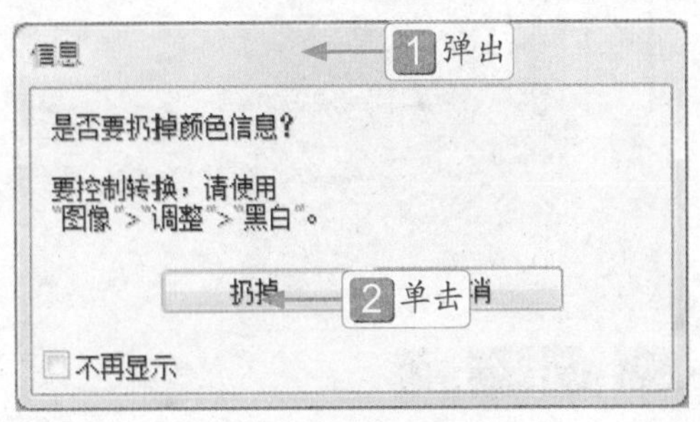

图 17-46 提示信息框

Step 04 执行操作后，即可更改图像的条件模式，效果如图 17-47 所示。

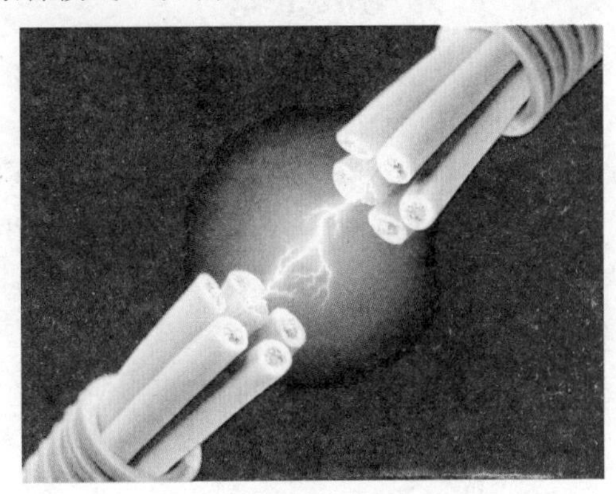

图 17-47 更改图像的条件模式

知识链接

“条件模式更改”对话框中主要选项的含义如下。

❁ 源模式：用来选择源文件的颜色模式，只有与选择的颜色模式相同的文件才可以被更改。单击“全部”按钮，可选择所有可能的模式；单击“无”按钮，则不需安装任何模式。

❁ 目标模式：用来设置图像转换后的颜色模式。

17.4.5 HDR Pro 合并图像

HDR 图像是通过合成多幅以不同曝光度拍摄的同一场景或同一人物的照片而创建的高动态范围图片，主要用于影片、特殊效果、3D 作品及某些高端图片。

单击“文件”|“自动”|“合并到 HDR Pro”命令，弹出“合并到 HDR Pro”对话框，单击“浏览”按钮，选择 4 幅素材图片，依次单击“确定”按钮，弹出“手动设置曝光值”对话框，设置 ISO

均为 100，单击“确定”按钮，弹出“合并到 HDR Pro”对话框，如图 17-48 所示，设置各选项，单击“确定”按钮，即可将 4 幅曝光不同的图像合成，如图 17-49 所示。

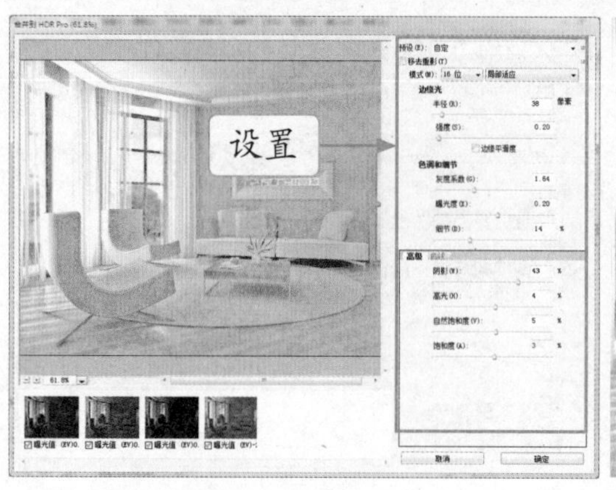

图 17-48 “合并到 HDR Pro”对话框

图 17-49 合成后的图像

17.4.6 合并生成全景

Photoshop 提供了一系列可以自动处理照片的命令，通过这些命令可以合并全景照片、裁剪照片、限制图像的尺寸、自动对齐图层等。

单击“文件”|“自动”| Photomerge 命令，弹出 Photomerge 对话框，如图 17-50 所示，单击“浏览”按钮，打开如下 3 幅素材图像，在 Photomerge 对话框中，选中“调整位置”单选按钮，单击“确定”按钮，合并全景图像，效果如图 17-51 所示。

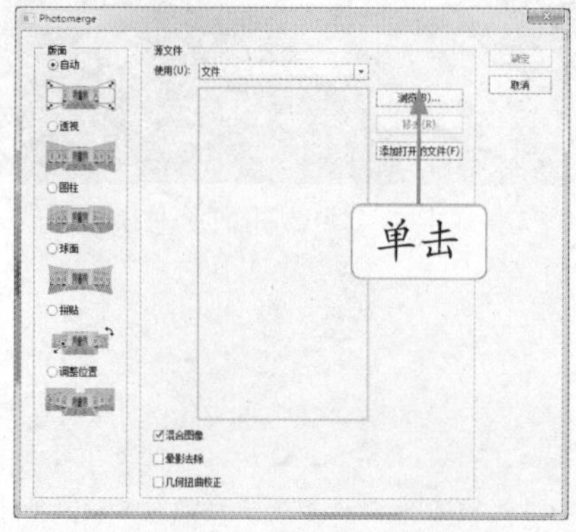

图 17-50 Photomerge 对话框

图 17-51 合并全景图像

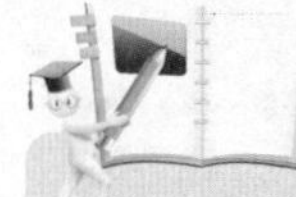

高手指引

用于合成全景图的各张照片都要有一定的重叠内容，Photoshop 需要识别这些重叠的地方才能拼接照片，一般来说，重叠处应该占照片的 10% ~ 15%。

17.4.7 新手练兵——创建 PDF 演示文稿

PDF 格式是一种跨平台的文件格式，Adobe Illustrator 和 Adobe Photoshop 都可以直接将文件存储为 PDF 格式。

实例文件	光盘 \ 实例 \ 第 17 章 \ 演示文稿 .pdf
所用素材	光盘 \ 素材 \ 第 17 章 \ 演示 1.jpg、演示 2.jpg、演示 3.jpg、演示 4.jpg

Step 01 单击“文件”|“自动”|“PDF 演示文稿”命令，1 弹出“PDF 演示文稿”对话框，如图 17-52 所示，2 单击“浏览”按钮。

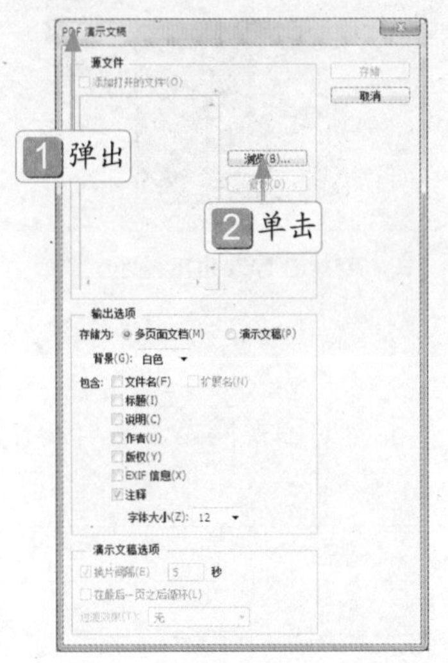

图 17-52 “PDF 演示文稿”对话框

Step 02 执行操作后，1 弹出“打开”对话框，2 选择相应文件，如图 17-53 所示，3 单击“打开”按钮。

图 17-53 选择相应文件

Step 03 执行操作后，1 在“源文件”列表框中显示添加的相应文件，如图 17-54 所示，2 单击“存储”按钮。

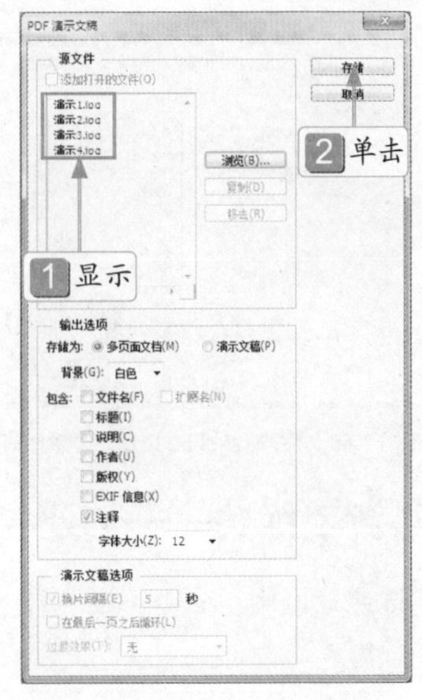

图 17-54 显示添加的相应文件

Step 04 执行操作后，1 弹出“存储”对话框，2 设置保存路径和名称，如图 17-55 所示，3 单击“保存”按钮。

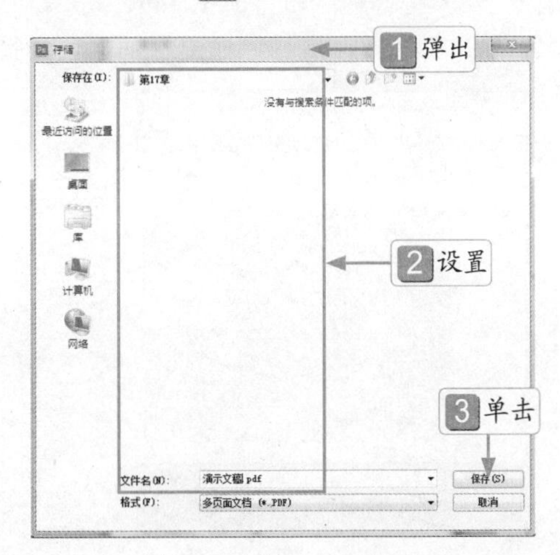

图 17-55 设置保存路径和名称

Step 05 执行操作后，1 弹出“存储 Adobe PDF”对话框，如图 17-56 所示，2 单击“存储 PDF”按钮。

Step 06 执行操作后，即可将文件存储为 PDF 格式，在相应文件夹中可以查看该 PDF 演示文稿，如图 17-57 所示。

图 17-56 “存储 Adobe PDF”对话框

图 17-57 查看该 PDF 演示文稿

17.4.8 新手练兵——创建 Web 照片画廊

“Web 照片画廊”命令可以从许多图像中自动合成一个小型的图像网站，适合制作网页的专业人士使用。

实例文件	光盘 \ 实例 \ 第 17 章 \Adobe Web Gallery 文件夹
所用素材	光盘 \ 素材 \ 第 17 章 \Web 照片画廊文件夹

Step 01 单击“文件”|“在 Bridge 中浏览（B）…”命令，打开 Bridge 窗口，单击“输出”标签，展开“输出”面板，如图 17-58 所示。

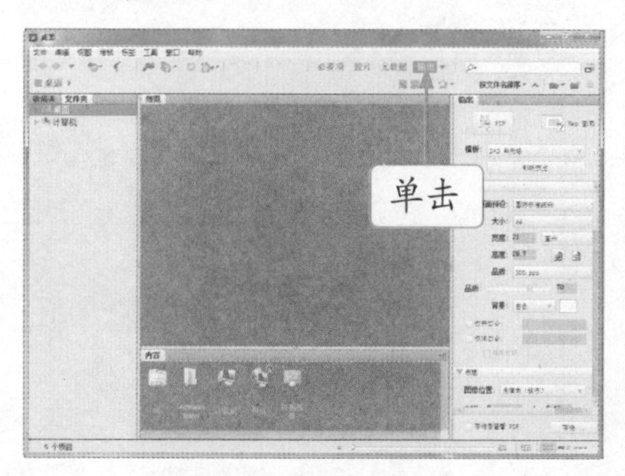

图 17-58 展开“输出”面板

Step 02 单击“文件夹”选项卡，在其中选择需要的文件夹，在“内容”选项面板中，按住【Ctrl】键的同时，单击鼠标左键选择多张图片，即可在“预览”选项区中查看图片内容，如图 17-59 所示。

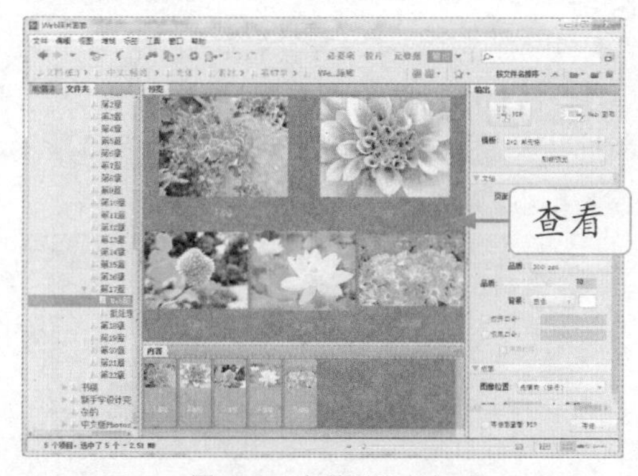

图 17-59 查看图片内容

Step 03 执行操作后，设置“输出”选项区中的各选项，如图 17-60 所示。

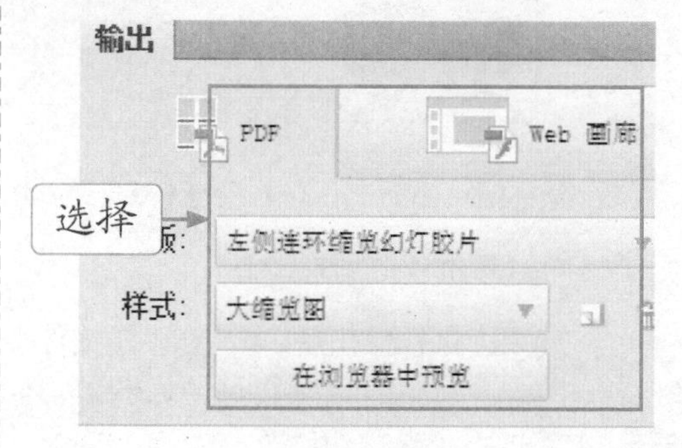

图 17-60 设置各选项

Step 04 单击“输出”选项面板中的“在浏览器中预览”按钮，即可预览照片画廊，如图 17-61 所示。

图 17-61 预览照片画廊

Step 05 在“创建画廊”选项区中，单击“存储位置”右侧的“浏览”按钮，1 弹出“选择文件夹”对话框，2 设置“选择 Adobe Web 画廊的位置”的存储位置，如图 17-62 所示，3 单击“确定”按钮。

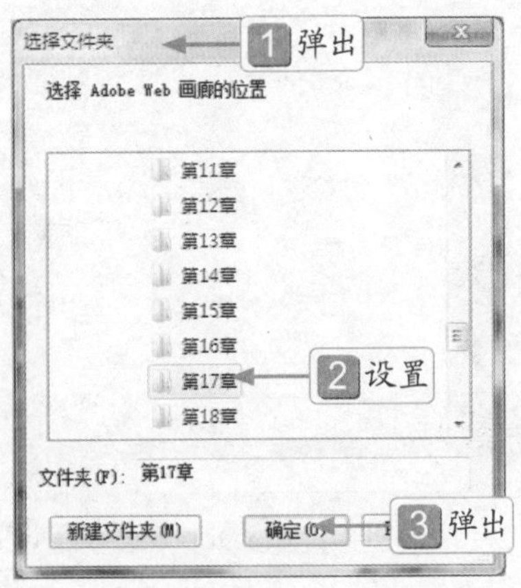

图 17-62 设置存储位置

Step 06 在“Web 照片画廊”选项面板中，单击“存储”按钮，1 弹出提示信息框，如图 17-63 所示，2 单击“确定”按钮，即可创建 Web 照片画廊。

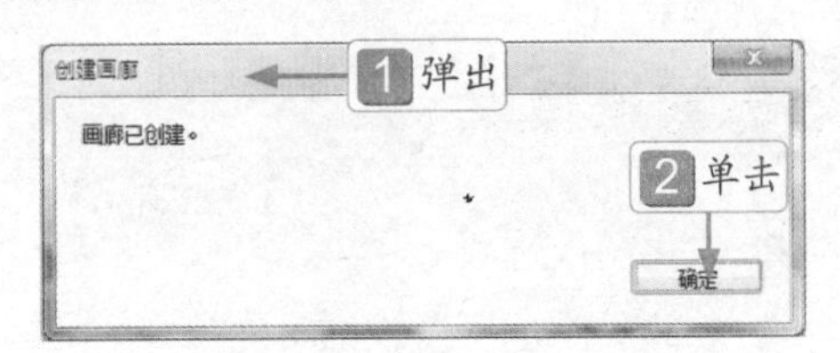

图 17-63 提示信息框

第18章 打印与输出图像文件

学前提示

用户使用 Photoshop CS6 编辑图像时，需要经常用到图像资料，这些图像资料可以通过不同的途径获取。在制作好图像效果之后，有时需要以印刷品的形式输出图像，这就需要将其打印输出。在对图像进行打印输出之前，用户可以根据需要设置不同的打印选项参数，以更加合适的方式打印输出图像。本章主要介绍优化图像选项、图像印前处理准备工作等。

本章知识重点

- 优化图像选项
- 安装、添加、设置打印机
- 图像印前处理准备工作
- 设置输出属性

学完本章后应该掌握的内容

- 掌握优化图像选项的操作方法，如优化 PNG-8 格式、PNG-24 格式等
- 掌握图像印前处理准备工作的操作方法，如选择文件存储格式等
- 掌握安装、添加、设置打印机的操作方法，如安装打印机、添加打印机等
- 掌握设置输出属性的操作方法，如设置输出背景、设置出血边等

18.1 优化图像选项

在针对 Web 和其他联机介质准备图像时，通常需要在图像显示品质和图像文件大小之间加以折中，所以就需要优化图像。本节主要介绍如何优化图像。

18.1.1 优化 PNG-8 格式

与 GIF 格式一样，PNG-8 格式可有效地压缩纯色区域，同时保留清晰的细节。

在“存储为 Web 所用格式”对话框右侧的列表框中，选择 PNG-8 选项，即可显示优化选项，如图 18-1 所示。

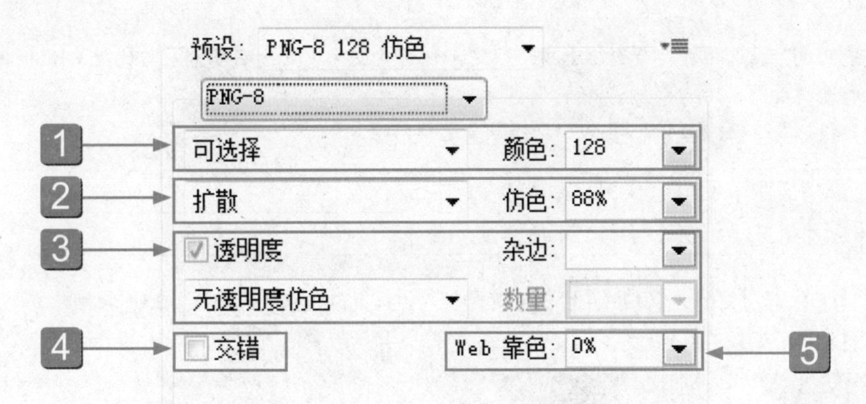

图 18-1 显示优化选项

1 “减低颜色深度算法”选项：指定用于生成颜色查找表的方法，以及想要在颜色查找表中使用的颜色数量。

2 “仿色算法”选项：确定应用程序仿色的方法和数量。“仿色”是指模拟计算机的颜色显示系统中未提供的颜色的方法。较高的仿色百分比使图像中出现更多的颜色和更多的细节，但同时也会增大文件的大小。

3 “透明度”和“杂边”选项：确定如何优化图像中的透明像素。要使完全透明的像素透明并将部分透明的像素与一种颜色相混合，选中“透明度”复选框，选择一种杂边颜色。

4 “交错”复选框：当图像文件正在下载时，在浏览器中显示图像的低分辨率版本，使下载时间感觉更短，但也会增加文件大小。

5 “Web 靠色”选项：指定将颜色转换为最接近的 Web 调板等效颜色的容差级别（并防止颜色在浏览器中进行仿色），值越大，转换的颜色越多。

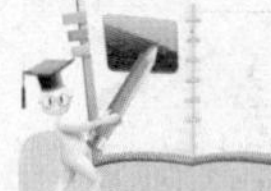

高手指引

减少颜色数量通常可以减小图像的文件大小，同时保持图像品质。可以在颜色表中添加和删除颜色，将所选颜色转换为 Web 安全颜色，并锁定所选颜色以防从调板中删除它们。

18.1.2 新手练兵——优化 PNG-24 格式

PNG-24 适合于压缩连续色调图像，优点在于可在图像中保留多达 256 个 透明度级别，但它所生成的文件比JPEG格式生成的文件要大得多。在“存储为Web所用格式”对话框右侧的列表框中选择PNG-24选项，即可显示它的优化选项，如图18-2所示。

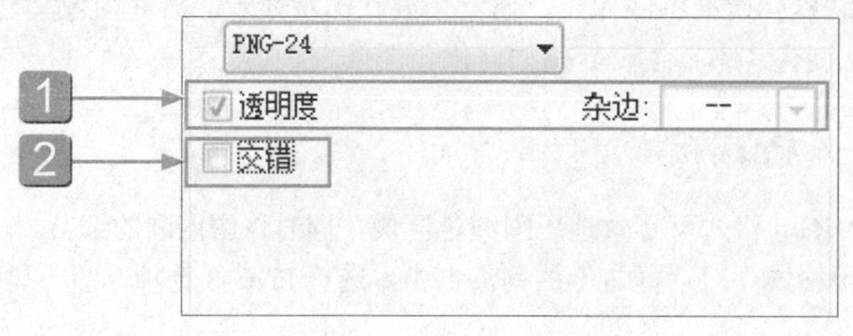

图18-2 显示优化选项

1 “透明度”复选框和“杂边”选项：确定如何优化图像中的透明像素，与优化GIF和PNG图像中的透明度同理。

2 “交错”复选框：与PNG-8的“交错”复选框同理。

实例文件	光盘\实例\第18章\女孩.png
所用素材	光盘\素材\第18章\女孩.jpg

Step 01 按【Ctrl＋O】组合键，打开一幅素材图像，如图18-3所示。

图18-3 素材图像

Step 02 单击“文件”|“存储为Web所用格式”命令，如图18-4所示。

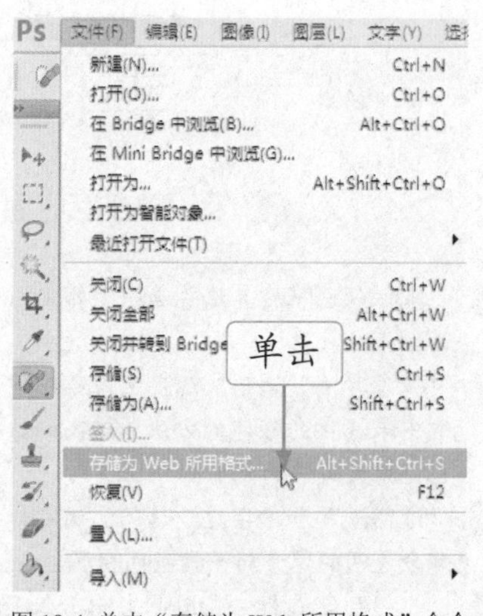

图18-4 单击“存储为Web所用格式”命令

Step 03 执行操作后，1 弹出“存储为Web所用格式”对话框，2 设置各选项，如图18-5所示，3 单击“存储“按钮。

图18-5 设置各选项

Step 04 执行操作后，1 弹出“将优化结果存储为”对话框，2 设置各选项，如图18-6所示，3 单击“保存”按钮。

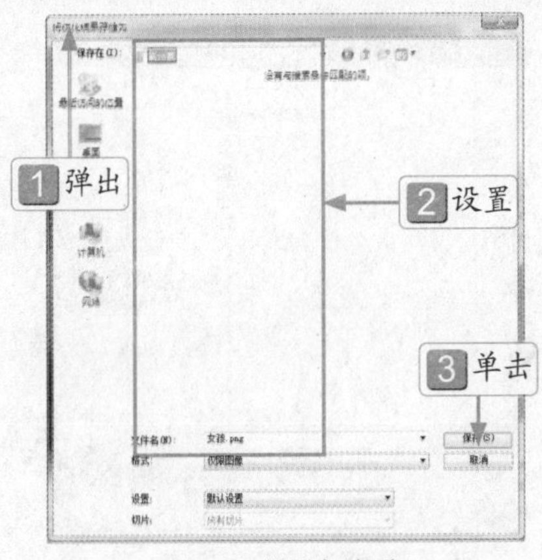

图 18-6 设置各选项

Step 05 执行操作后，1 弹出提示信息框，如图 18-7 所示，2 单击"确定"按钮，即可优化图像。

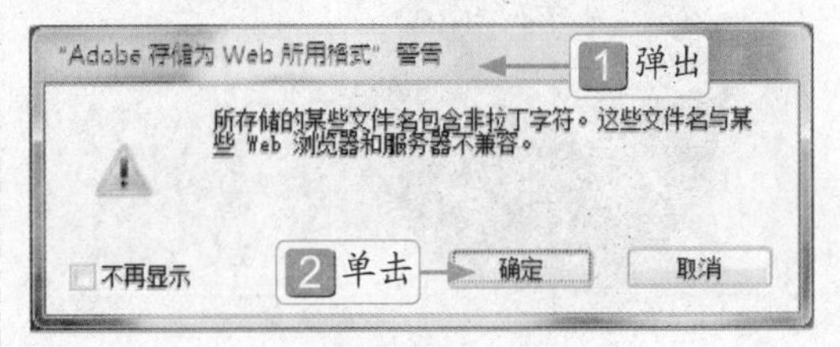

图 18-7 提示信息框

18.1.3 新手练兵——优化 WBMP 格式

WBMP 格式是用于优化移动设备（如移动电话）图像的标准格式。WBMP 支持一位颜色，意即 WBMP 图像只包含黑色和白色像素。在"存储为 Web 和设备所用格式"对话框右侧的列表框中选择 WBMP 选项，即可显示它的优化选项，如图 18-8 所示。

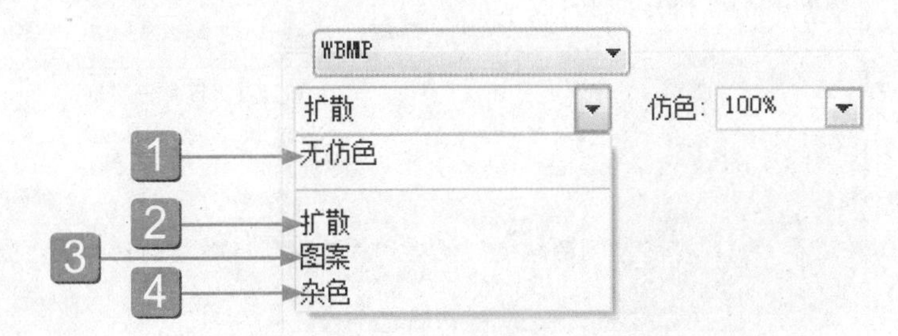

图 18-8 显示优化选项

1 "无仿色"选项：根本不应用仿色，同时用纯黑和纯白像素渲染图像。

2 "扩散"选项：应用与"图案"仿色相比通常不太明显的随机图案，仿色效果在相邻像素间扩散。

3 "图案"选项：应用类似半调的方块图案来确定像素值。

4 "杂色"选项：应用与"扩散"仿色相似的随机图案，但不在相邻像素间扩散图案，使用该算法时不会出现接缝。

	实例文件	光盘 \ 实例 \ 第 18 章 \ 爱心杯 .wbm
	所用素材	光盘 \ 素材 \ 第 18 章 \ 爱心杯 .jpg

Step 01 按【Ctrl + O】组合键，打开一幅素材图像，如图 18-9 所示。

Step 02 单击"文件" | "存储为 Web 所用格式"命令，1 弹出"存储为 Web 所用格式"对话框，2 设置各选项，如图 18-10 所示，3 单击"存储"按钮。

图 18-9 素材图像

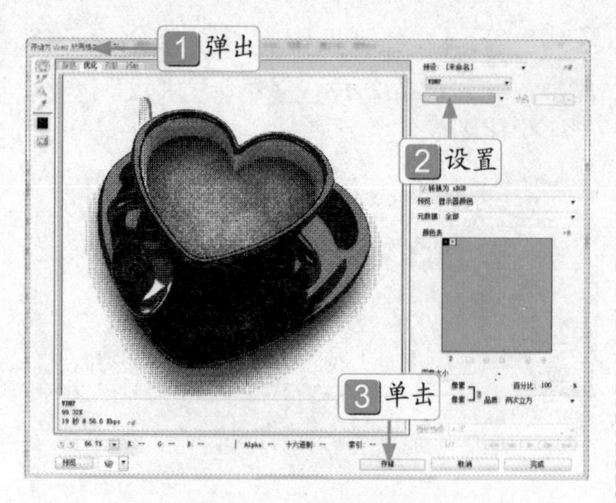

图 18-10 设置各选项

Step 03 执行操作后，1 弹出“将优化结果，存储为”对话框，2 设置各选项，如图 18-11 所示，3 单击“保存”按钮。

Step 04 执行操作后，1 弹出提示信息框，如图 18-12 所示，2 单击“确定”按钮，即可优化图像。

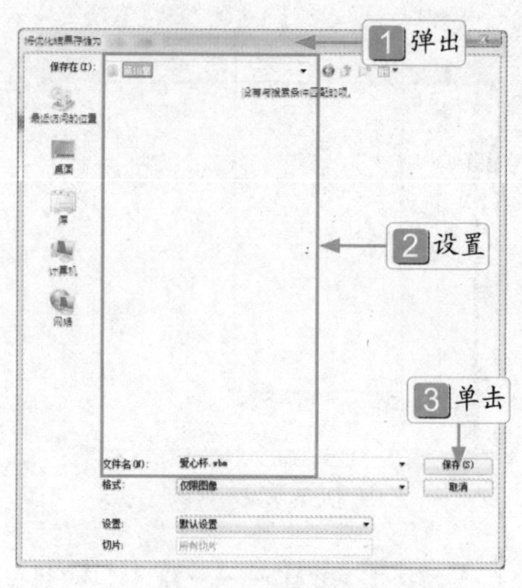

图 18-11 设置各选项

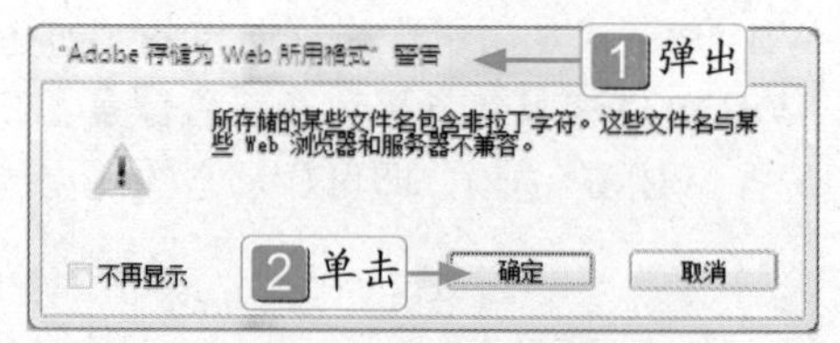

图 18-12 提示信息框

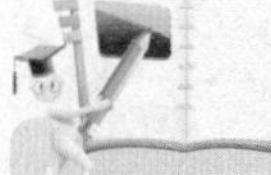

高手指引

扩散仿色可能导致切片边界上出现可觉察到的接缝。链接切片可在所有链接的切片上扩散仿色图案并消除接缝。

18.1.4 Web 图像输出

Web 图形格式可以是位图（栅格）或矢量。

- 位图格式（GIF、JPEG、PNG 和 WBMP）与分辨率有关，这意味着位图图像的尺寸随显示器分辨率的不同而发生变化，图像品质也可能会发生变化。

- 矢量格式（SVG 和 SWF）与分辨率无关，用户可以对图像进行放大或缩小，而不会降低图像品质。矢量格式也可以包含栅格数据。可以从“存储为 Web 所用格式”中将图像导出为 SVG 和 SWF（仅限在 Adobe Illustrator 中）。

18.2 图像印前处理准备工作

为了获得高质量、高水准的作品，除了进行精心设计与制作外，还应了解一些关于打印的基本知识，这样能使打印工作更顺利地完成。

18.2.1 新手练兵——选择文件存储格式

作品制作完成后，根据需要将图像存储为相应的格式。如用于观看的图像，可将其存储为 JPGE 格式；用于印刷的图像，则可将其存储为 TIFF 格式。

实例文件	光盘 \ 实例 \ 第 18 章 \ 船 .tif
所用素材	光盘 \ 素材 \ 第 18 章 \ 船 .jpg

Step 01 按【Ctrl + O】组合键，打开一幅素材图像，如图 18-13 所示。

图 18-13 素材图像

Step 02 单击“文件”|“存储为”命令，**1** 弹出“存储为”对话框，**2** 并设置存储路径，如图 18-14 所示，

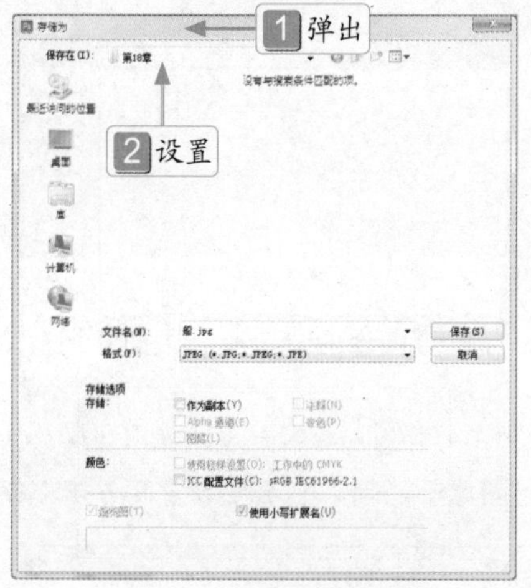

图 18-14 设置存储路径

Step 03 单击“格式”右侧的下拉按钮，在弹出的格式菜单中选择 TIFF 格式，如图 18-15 所示。

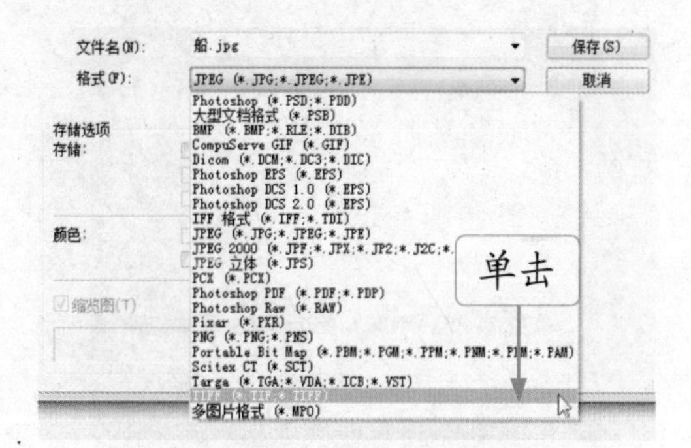

图 18-15 选择 TIFF 格式

Step 04 单击“保存”按钮，**1** 弹出“TIFF 选项”对话框，如图 18-16 所示，**2** 单击“确定”按钮，即可保存文件。

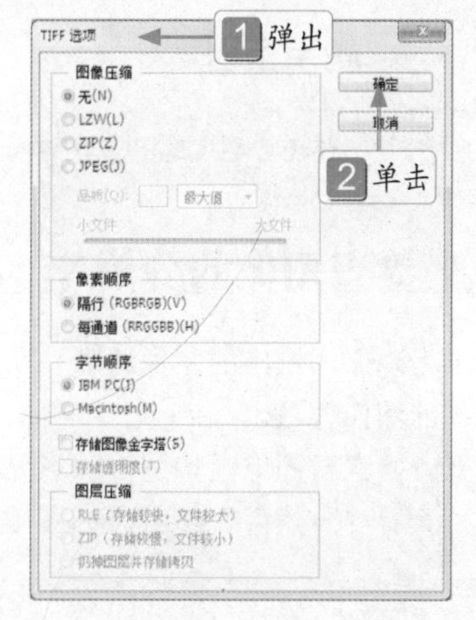

图 18-16 “TIFF 选项”对话框

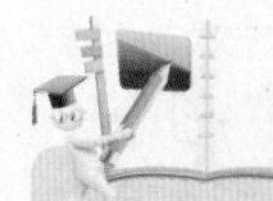

高手指引

TIFF 格式是印刷行业标准的图像格式，通用性很强，几乎所有的图像处理软件和排版软件都对该格式提供了很好的支持，因此其广泛用于程序和计算机平台之间进行图像数据交换。

18.2.2 新手练兵——转换图像色彩模式

用户在设计作品的过程中要考虑作品的用途和输出方式，不同的输出要求所设置的色彩模式也不同。例如，输出至电视设备中供观看的图像，必须经过“NTSC 颜色”滤镜等颜色校正工具进行校正后，才能在电视上正常显示。

实例文件	光盘 \ 实例 \ 第 18 章 \ 世外桃源 .jpg
所用素材	光盘 \ 素材 \ 第 18 章 \ 世外桃源 .jpg

Step 01 按【Ctrl + O】组合键，打开一幅素材图像，如图 18-17 所示。

图 18-17 素材图像

Step 02 单击“图像”|“模式”|“CMYK 颜色”命令，弹出提示信息框，单击“确定”按钮，即可将 RGB 模式的图像转换成 CMYK 模式，效果如图 18-18 所示。

图 18-18 转换成 CMYK 模式

高手指引

用户在打印前还需要注意图像分辨率应不低于 300dpi。

18.2.3 检查图像的分辨率

用户为确保印刷出的图像清晰，在印刷图像之前，需检查图像的分辨率。下面介绍检查图像的分辨率的操作方法。

打开一幅素材图像，如图 18-19 所示，单击“图像”|“图像大小”命令，弹出“图像大小”对话框，查看“分辨率”参数，如图 18-20 所示，如果图像不清晰，则需要设置高分辨率参数。

图 18-19 素材图像

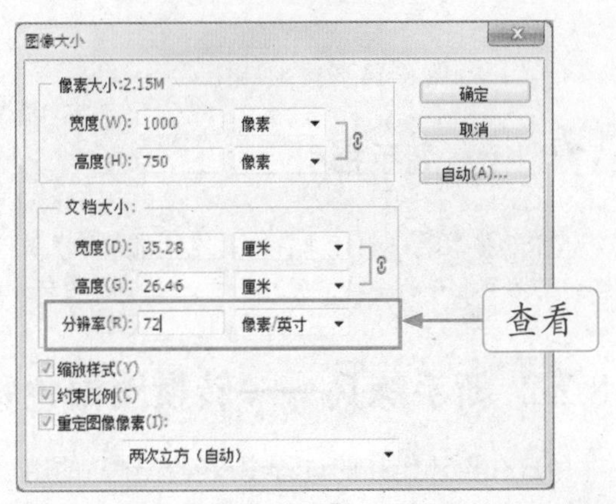

图 18-20 查看“分辨率”参数

18.3 安装、添加与设置打印机

制作图像效果之后，有时需要以印刷品的形式输出图像，需要将其打印输出。在对图像进行打印输出之前，需要对打印选项作一些基本的设置。

18.3.1 新手练兵——安装打印机

安装打印机的驱动程序是使用打印机前必须执行的操作，无论用户使用的是网络打印机，还是本地打印机，都需要安装打印机驱动程序。

Step 01 打开“打印机驱动程序HP1020”文件夹，找到SETUP.EXE图标，单击鼠标右键，在弹出的快捷菜单中选择“打开”选项，如图18-21所示。

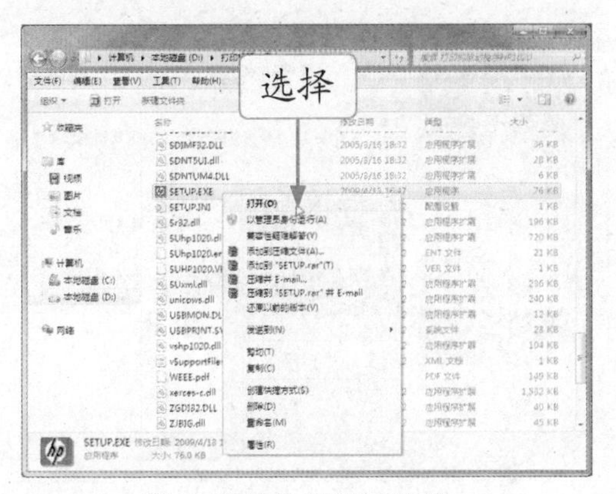

图 18-21 选择“打开”选项

Step 02 1 弹出“欢迎”对话框，欢迎用户使用该打印机，如图18-22所示，2 单击“下一步”按钮。

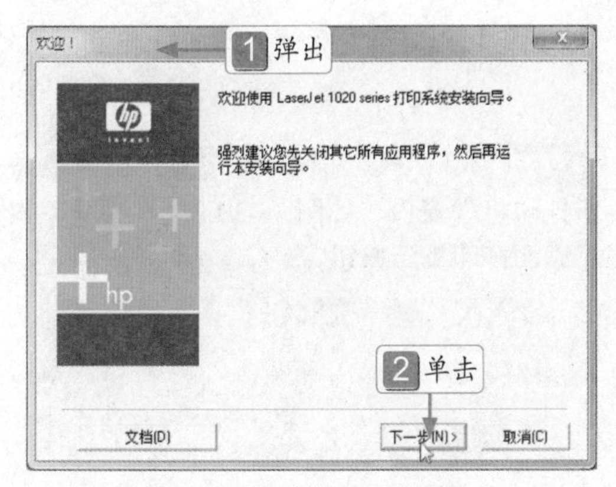

图 18-22 欢迎用户使用该打印机

Step 03 1 弹出“最终用户许可协议”页面，请用户仔细阅读许可协议内容，如图18-23所示，2 单击“是”按钮。

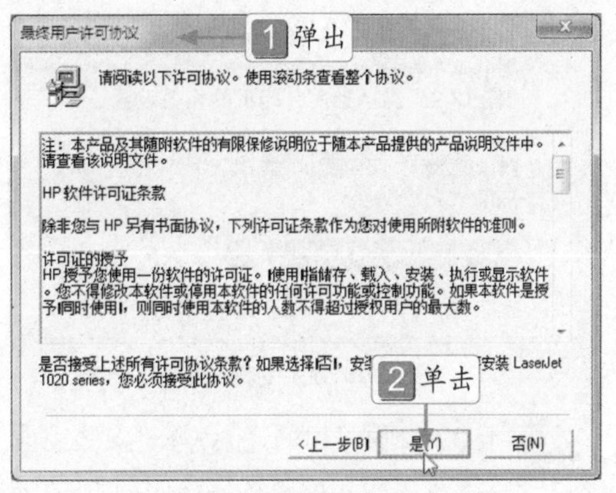

图 18-23 请仔细阅读许可协议内容

Step 04 1 弹出“型号”对话框，2 选择打印机的型号，如图18-24所示，3 单击“下一步”按钮。

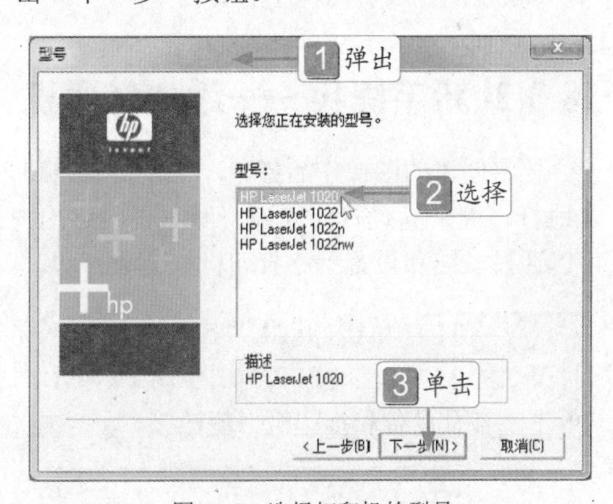

图 18-24 选择打印机的型号

Step 05 1 弹出“开始复制文件”对话框，在列表框中显示了当前打印机的相关设置，如图18-25所示，2 单击“下一步”按钮。

Step 06 执行操作后，开始复制系统文件，并显示复制进度，如图18-26所示。

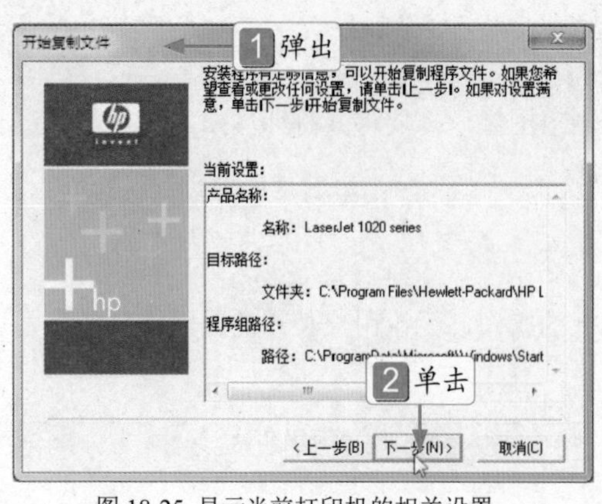

图 18-25 显示当前打印机的相关设置

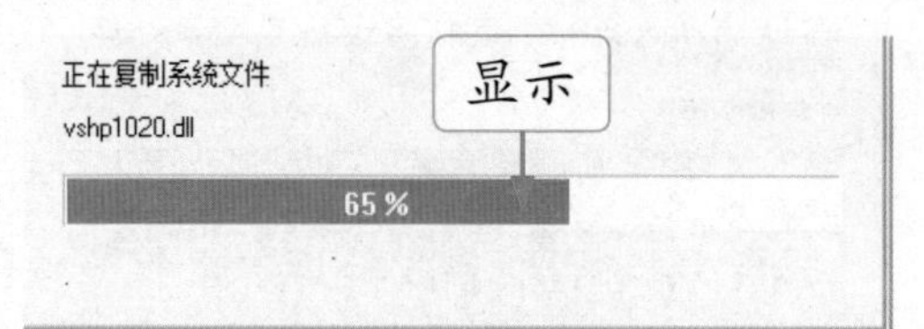

图 18-26 显示复制进度

Step 07 稍等片刻，**1** 弹出“安装完成”对话框，**2** 选中相应复选框，如图 18-27 所示，**3** 单击“完成”按钮。

Step 08 进入相应页面，其中显示了打印机的相关信息，如图 18-28 所示，单击“确定”按钮，完成驱动程序的安装操作。

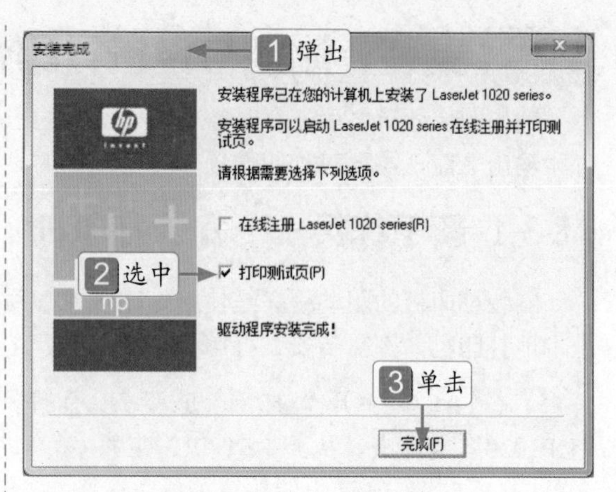

图 18-27 选中相应复选框

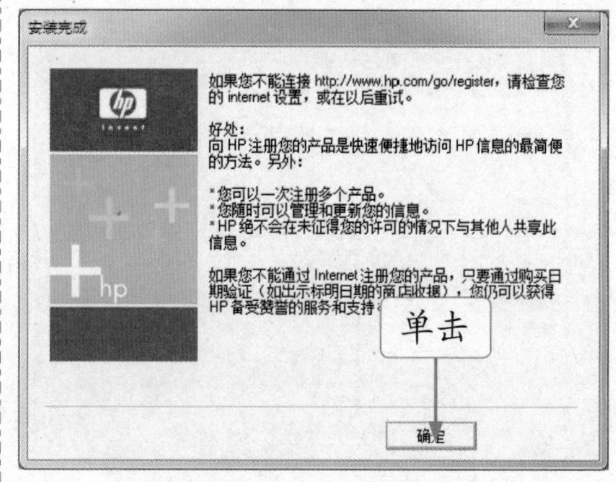

图 18-28 显示打印机的相关信息

18.3.2 新手练兵——添加打印机

要将创建的图像作品打印，首先要安装和设置打印机。对于个人用户，可以通过安装和设置本地打印机来满足打印需要；而对于网络用户来说，不但可以安装和设置本地打印机，而且还可以通过安装和设置网络打印机来完成打印。

Step 01 单击“开始”|“控制面板”命令，打开“控制面板”窗口，如图 18-29 所示，单击“查看设备和打印机”超链接。

图 18-29 “控制面板”窗口

Step 02 执行操作后，**1** 弹出“设备和打印机”窗口，如图 18-30 所示，**2** 单击“添加打印机”按钮。

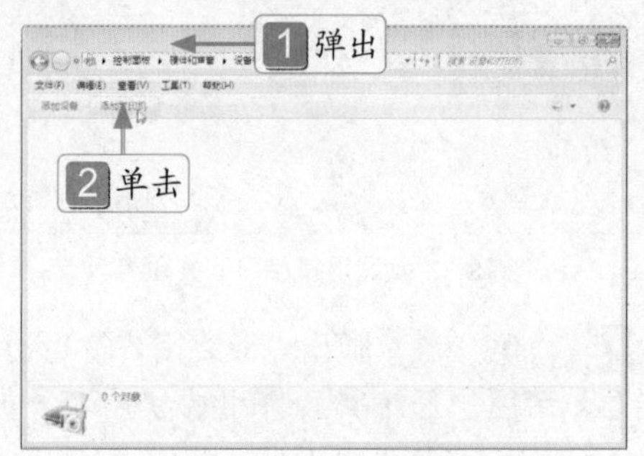

图 18-30 “设备和打印机”窗口

Step 03 弹出“要安装什么类型的打印机”界面，选择“添加本地打印机”选项，**1** 弹出“安装打印机驱动程序”界面，在“厂商”下拉列表框中选择 Microsoft 选项，在“打印机”下拉列表框中，**2** 选择 Microsoft XPS Document Writer 选项，如图 18-31 所示，**3** 单击“下一步”按钮。

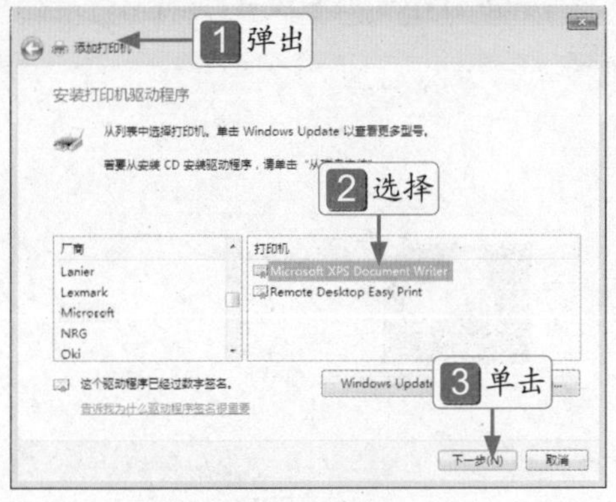

图 18-31 选择相应选项

Step 04 执行操作后，依次单击“下一步”按钮，弹出“键入打印机名称”界面，在“打印机名称”右侧的文本框中输入打印机名称，依次单击“下一步”按钮，**1** 弹出“您已成功添加 Microsoft XPS Document Writer（副本 1）”界面，如图 18-32 所示，**2** 单击“完成”按钮，完成添加打印机的操作。

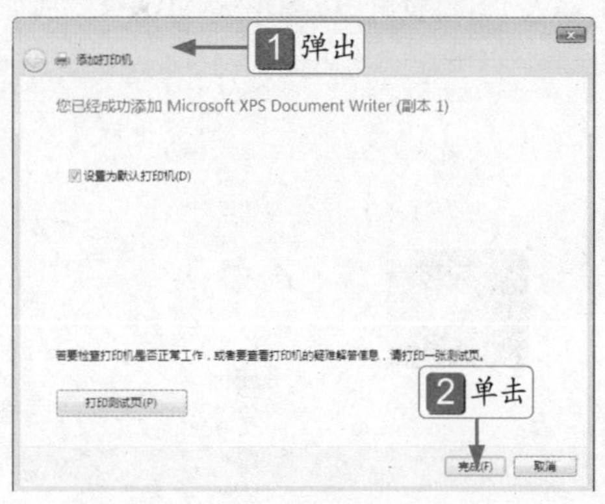

图 18-32 “您已经成功添加……”界面

18.3.3 设置打印页面

在图像进行打印输出之前，用户可以根据需要对页面进行设置，从而达到设计作品所需要的效果。

单击“开始”|“设备和打印机”命令，打开“设备和打印机”窗口，拖曳鼠标指针至 Microsoft XPS Document Writer（副本 1）图标上，单击鼠标右键，在弹出的快捷菜单中选择“打印机属性”选项，弹出“Microsoft XPS Document Writer（副本 1）属性”对话框，单击“首选项”按钮，如图 18-33 所示。

弹出“Microsoft XPS Document Writer（副本 1）打印首选项”对话框，单击右下角的“高级”按钮，弹出“Microsoft XPS Document Writer（副本 1）高级选项”对话框，在“纸张规格”下拉别表框中选择 A4 选项，依次单击“确定”按钮，如图 18-34 所示，设置纸张尺寸。

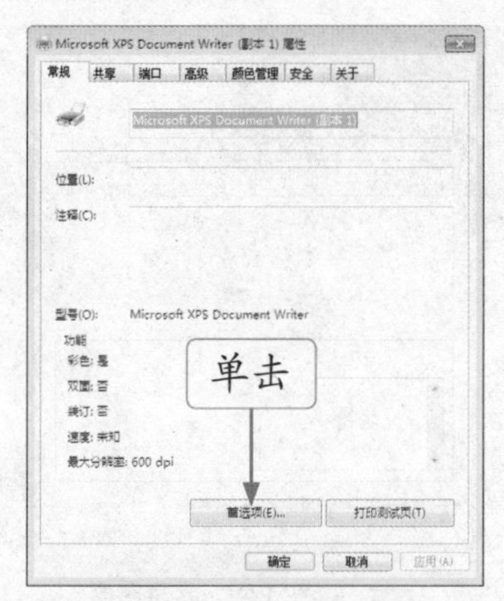

图 18-33 单击“首选项”按钮

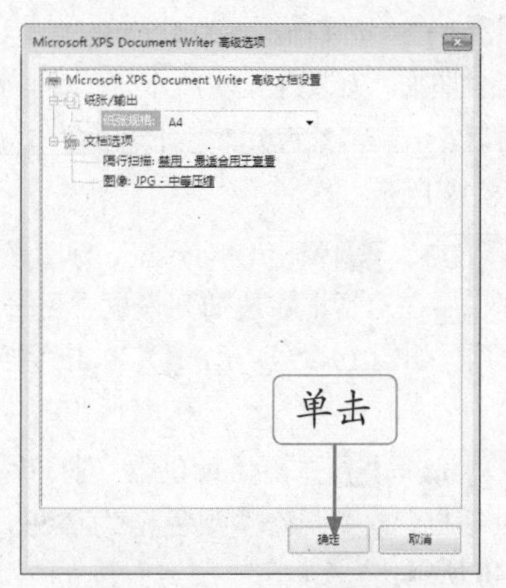

图 18-34 单击“确定”按钮

18.3.4 设置打印选项

添加打印机后，用户还可以根据不同的工作对打印选项进行合理的设置，这样打印机才会按照用户的要求打印出各种精美的效果。

单击“文件”|“打印”命令，弹出“Photoshop 打印设置”对话框，在该对话框的右侧，选中“居中”复选框，如图 18-35 所示。单击“打印机”右侧的下三角按钮，在弹出的列表框中选择“Microsoft XPS Document Writer（副本 1）”选项，如图 18-36 所示，在“份数”右侧的数值框中输入 1，设置打印为 1 份，单击“完成”按钮，即可完成打印选项的设置。

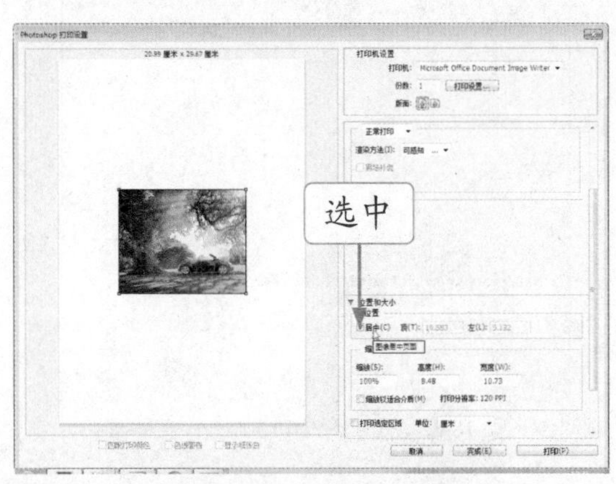

图 18-35 选中“居中”复选框

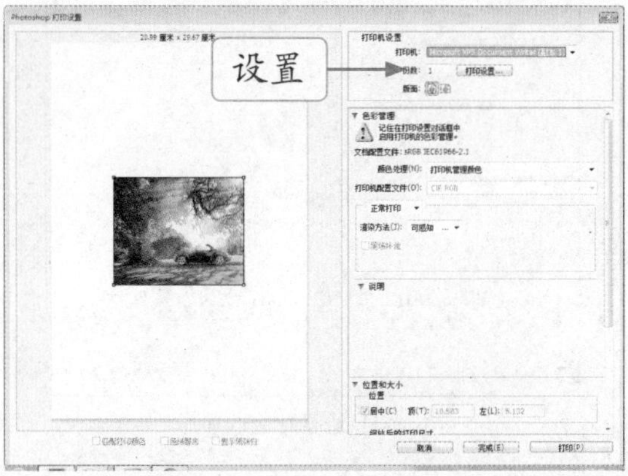

图 18-36 选择相应选项

18.4 设置输出属性

Photoshop CS6 提供了专用的打印选项设置功能，用户可根据不同的工作需要进行合理的设置。

18.4.1 新手练兵——设置输出背景

设置图像区域外打印的背景色，有利于更精确地裁剪图像。

	实例文件	光盘 \ 实例 \ 第 18 章 \ 无
	所用素材	光盘 \ 素材 \ 第 18 章 \ 亲吻 .jpg

Step 01 按【Ctrl + O】组合键，打开一幅素材图像，如图 18-37 所示。

Step 02 单击“文件”|“打印”命令，如图 18-38 所示。

Step 03 **1** 弹出“Photoshop 打印设置”对话框，**2** 在对话框右边的列表框中展开“函数”选项，如图 19-39 所示，**3** 单击“背景”按钮。

Step 04 **1** 弹出“拾色器（打印背景色”对话框，**2** 设置“颜色”为黑色，如图 18-40 所示，**3** 单击“确定”按钮。

图 18-37 素材图像

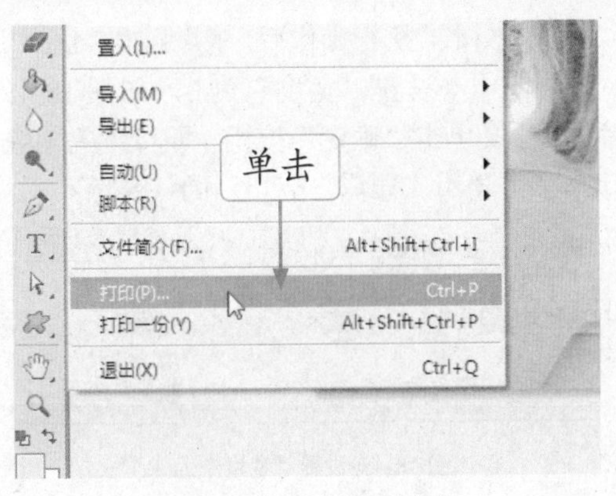

图 18-38 单击“打印”命令

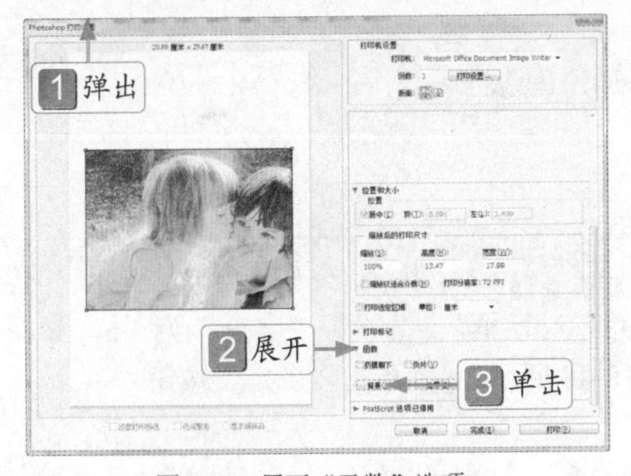

图 18-39 展开“函数”选项

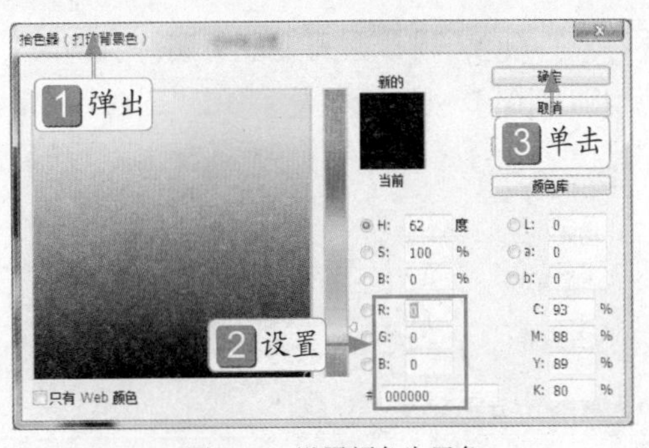

图 18-40 设置颜色为黑色

Step 05 执行操作后，即可设置输出背景色，如图 19-41 所示，单击“完成”按钮，确认操作。

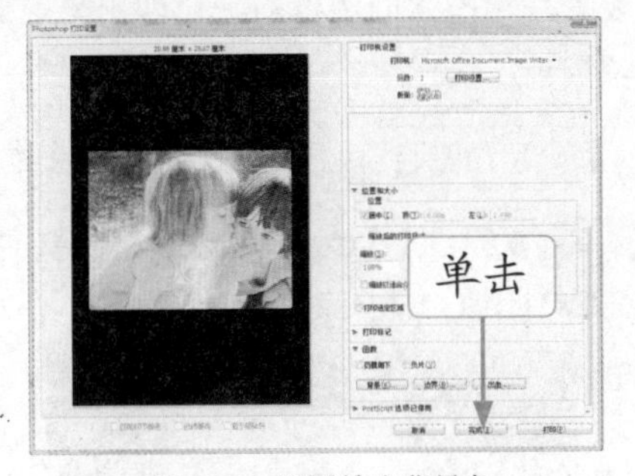

图 18-41 设置输出背景色

18.4.2 新手练兵——设置出血边

“出血”是指印刷后的作品在经过裁切成为成品的过程中，4 条边上都会被裁剪约 3mm 左右，这个宽度即被称为“出血边”。

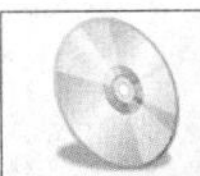	实例文件	光盘 \ 实例 \ 第 18 章 \ 无
	所用素材	光盘 \ 素材 \ 第 18 章 \ 散落 .jpg

Step 01 按【Ctrl + O】组合键，打开一幅素材图像，如图 18-42 所示。

图 18-42 素材图像

Step 02 单击“文件” | “打印”命令，弹出“Photoshop 打印设置”对话框，如图 18-43 所示。

图 18-43 “Photoshop 打印设置”对话框

Step 03 1 在列表框中展开“函数”选项，如图 18-44 所示，2 单击“出血”按钮。

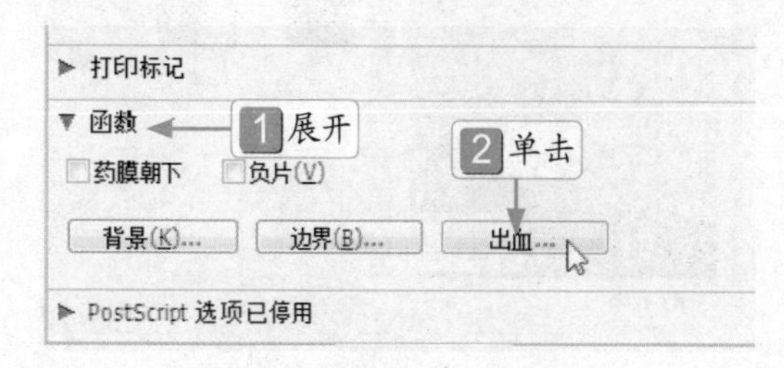

图 18-44 展开“函数”选项

Step 04 执行操作后，1 弹出“出血”对话框，2 设置“宽度”为 3，如图 18-45 所示，3 单击“确定”按钮，即可设置图像出血边，单击“完成”按钮，确认操作。

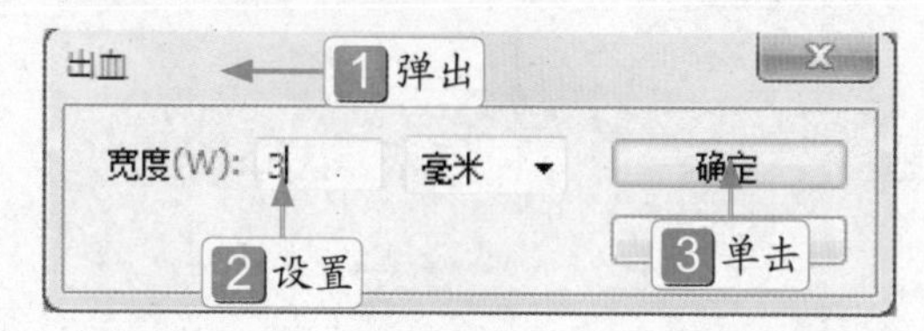

图 18-45 设置“宽度”为 3

18.4.3 新手练兵——设置图像边框

设置打印图像的边框后，打印出来的成品将添加黑色边框。

	实例文件	光盘 \ 实例 \ 第 18 章 \ 无
	所用素材	光盘 \ 素材 \ 第 18 章 \ 融洽 .jpg

Step 01 按【Ctrl ＋ O】组合键，打开一幅素材图像，如图 18-46 所示。

图 18-46 素材图像

Step 02 单击“文件”|“打印”命令，弹出“Photoshop 打印设置”对话框，设置“版面”为“横向纸张打印”，如图 18-47 所示，单击“边界”按钮。

图 18-47 设置“版面”为“横向纸张打印”

Step 03 执行操作后，1 弹出“边界”对话框，2 设置“宽度”为 3.5，如图 18-48 所示，3 单击“确定”按钮。

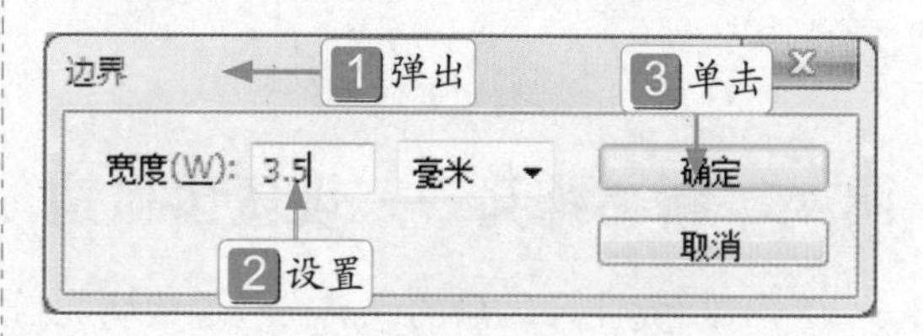

图 18-48 设置“宽度”为 3.5

Step 04 执行操作后，设置图像边框，如图 18-49 所示，单击“完成”按钮确认操作。

图 18-49 设置图像边框

18.4.4 新手练兵——设置打印份数

在 Photoshop CS6 中打印图像时，可以对其设置打印的份数。下面介绍设置打印份数的操作方法。

实例文件	光盘 \ 实例 \ 第 18 章 \ 无
所用素材	光盘 \ 素材 \ 第 18 章 \ 点心 .jpg

Step 01 按【Ctrl + O】组合键，打开一幅素材图像，单击“文件”|“打印”命令，弹出“Photoshop 打印设置”对话框，如图 18-50 所示。

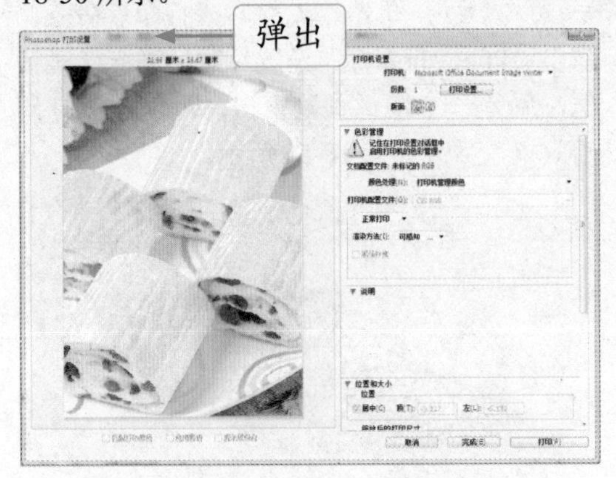

图 18-50 “Photoshop 打印设置”对话框

Step 02 在“打印”对话框的右侧，设置“份数”为 3，效果如图 18-51 所示。

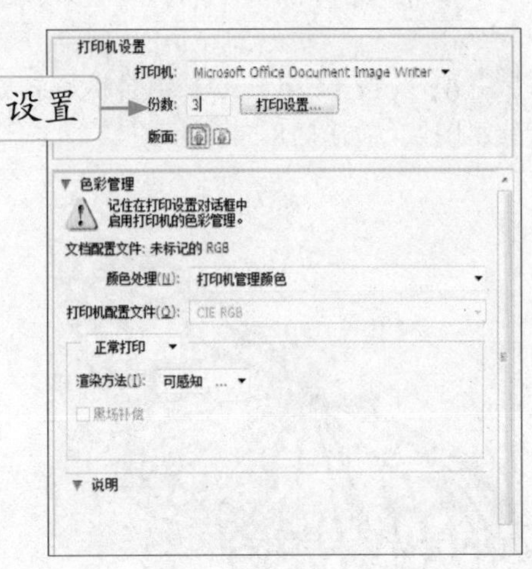

图 18-51 设置“份数”为 3

高手指引

用户在打印前还需要注意图像分辨率应不低于 300dpi。

18.4.5 设置双页打印

双页打印不仅可以节省纸张，还可以节约用户打印的时间，因此双页打印是一种方便又快捷的打印方法。

单击“文件”|“打印”命令，弹出“Photoshop 打印设置”对话框，如图 18-52 所示，单击“打印设置”按钮，弹出“Microsoft Office Document Image Writer 属性”对话框，切换至“完成”选项卡，选中“双面打印”复选框，如图 18-53 所示，单击“确定”按钮，回到“打印”对话框，单击“完成”按钮，确认操作。

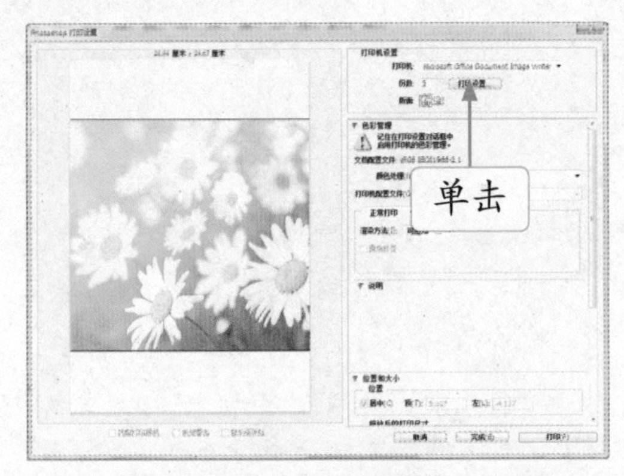

图 18-52 “Photoshop 打印设置”对话框

图 18-53 选中“双面打印”复选框

18.4.6 新手练兵——预览打印效果

在页面设置完成后，用户还需进行打印预览，查看图像在打印纸上的位置是否正确。

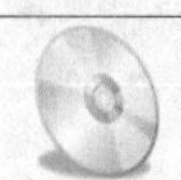

实例文件	光盘 \ 实例 \ 第 18 章 \ 无
所用素材	光盘 \ 素材 \ 第 18 章 \ 蝴蝶 .jpg

Step 01 按【Ctrl ＋ O】组合键，打开一幅素材图像，如图 18-54 所示。

图 18-54 素材图像

Step 02 单击“文件”|“打印”命令，弹出“Photoshop 打印设置”对话框，该对话框左侧是一个图像预览窗口，可以预览打印的效果，效果如图 18-55 所示。

图 18-55 预览打印的效果

第19章 照片处理案例实战

学前提示

随着人们生活水平的不断提高，数码相机也越来越普及，受拍摄者的技术水平、数码相机的品质高低以及一系列自然因素的影响，拍出来的照片会存在一些问题。因此，很多计算机用户和摄影爱好者都对处理照片产生了浓厚兴趣。运用 Photoshop CS6 可以将一张普通的照片处理得很完美，而且还可以将其处理为具有其他风格的照片效果。

本章知识重点

- 绚丽妆容——完美彩妆
- 儿童照片——金色童年

学完本章后应该掌握的内容

- 掌握绚丽妆容的制作方法
- 掌握儿童照片的制作方法

19.1 绚丽妆容——完美彩妆

人物数码照片中往往含有各种各样不尽如人意的瑕疵需要处理，Photoshop 在对人物图像处理上有着强大的修复功能，利用这些功能可以将缺陷消除。同时，还可以对相片中的人物进行必要的美容与修饰，使人物以一个近乎完美的姿态展现出来，留住美丽的容颜与身材。

本实例效果如图 19-1 所示。

图 19-1 绚丽妆容——完美彩妆

	实例文件	光盘 \ 实例 \ 第 19 章 \ 完美彩妆 .psd
	所用素材	光盘 \ 素材 \ 第 19 章 \ 完美彩妆 .jpg、蝴蝶 .psd

19.1.1 制作绚丽眼影

Step 01 按【Ctrl ＋ O】组合键，打开一幅素材图像，如图 19-2 所示。

图 19-2 素材图像

Step 02 复制"背景"图层，得到"背景 副本"图层，适当调整图像的色调，如图 19-3 所示。

图 19-3 调整图像的色调

Step 03 在工具箱中，单击前景色色块，1 弹出"拾色器（前景色）"对话框，2 设置前景色为浅洋红色（RGB 参数值分别为 234、148、206），如图 19-4 所示，3 单击"确定"按钮。

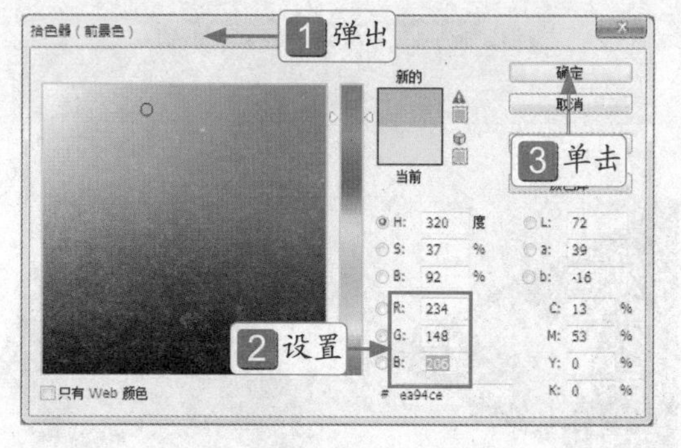

图 19-4 设置前景色为浅洋红色

Step 04 选取套索工具，在工具属性栏中设置“羽化”为 15 像素，在图像编辑窗口中人物的右眼处创建一个选区，如图 19-5 所示。

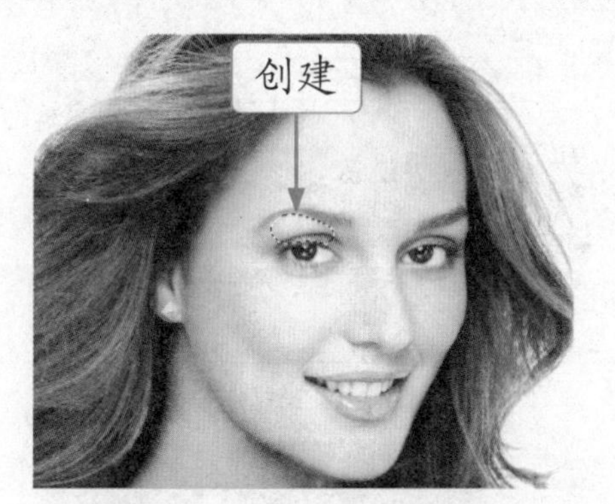

图 19-5 右眼处创建一个选区

Step 05 新建“图层 1”图层，按【Alt + Delete】组合键，填充前景色，按【Ctrl + D】组合键，取消选区，如图 19-6 所示。

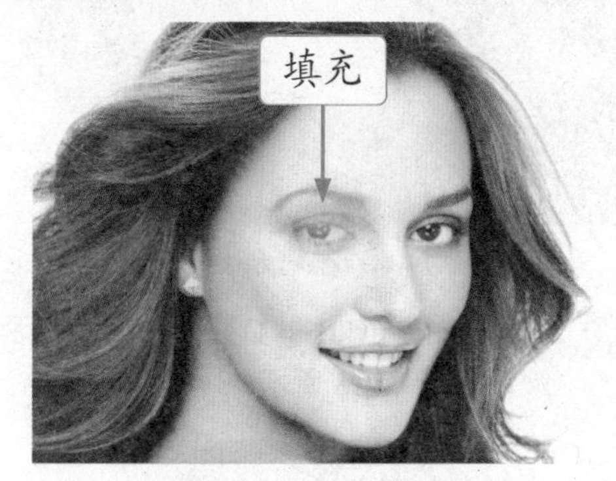

图 19-6 填充前景色

Step 06 在“图层”面板中，选择“图层 1”图层，设置“图层 1”图层的混合模式为“正片叠底”，此时图像编辑窗口中的图像效果如图 19-7 所示。

图 19-7 设置混合模式为“正片叠底”

Step 07 单击“图层”|“复制图层”命令，即可得到“图层 1 副本”图层，在“图层”面板中，设置“不透明度”为 15%，如图 19-8 所示。

图 19-8 设置“不透明度”为 15%

Step 08 用与上述相同的方法，新建“图层 2”图层，制作出人物左眼的眼影效果，如图 19-9 所示。

图 19-9 人物左眼的眼影效果

Step 09 复制“图层 2”图层，得到“图层 2 副本”图层，设置图层的不透明度为 15%，此时图像编辑窗口中的图像效果如图 19-10 所示。

图 19-10 设置“不透明度”为 15%

19.1.2 制作绚丽唇彩

Step 01 选取钢笔工具，在图像编辑窗口中人物嘴唇处绘制一条闭合路径，并转换为选区，如图 19-11 所示。

图 19-11 转换为选区

Step 02 按【Shift + F6】组合键，1 即会弹出“羽化选区”对话框，2 设置“羽化半径”为 5，如图 19-12 所示，3 单击“确定”按钮。

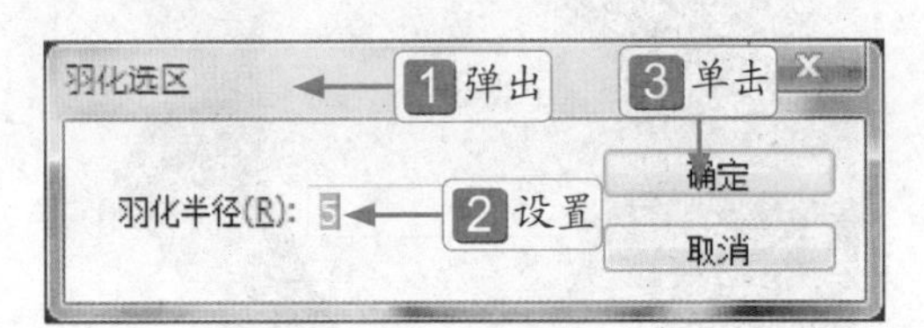

图 19-12 设置“羽化半径”为 5

Step 03 选择“背景 副本”图层，单击“图像”|“调整”|“色彩平衡”命令，1 弹出“色彩平衡”对话框，2 设置各选项，如图 19-13 所示，3 单击“确定”按钮 。

Step 04 执行操作后，即可调整嘴唇的色调，此时图像编辑窗口中图像效果如图 19-14 所示。

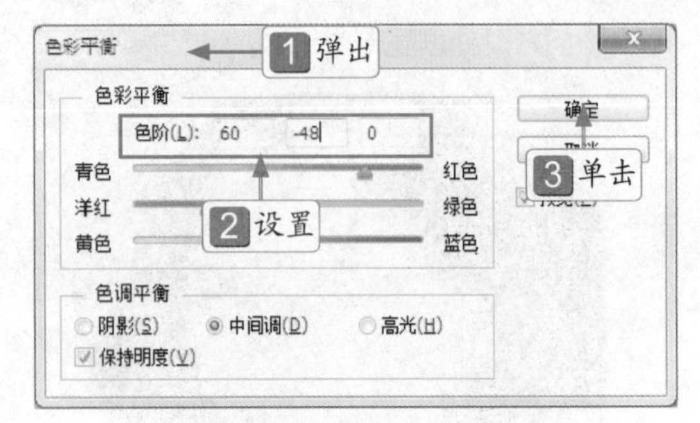

图 19-13 设置各选项

图 19-14 调整嘴唇的色调

Step 05 按【Ctrl + D】组合键，取消选区，效果如图 19-15 所示。

图 19-15 取消选区

19.1.3 添加装饰物

Step 01 按【Ctrl + O】组合键，打开一幅素材图像，将该素材拖曳至“完美彩妆”图像编辑窗口中的合适位置，并调整图像的大小，如图 19-16 所示。

Step 02 在“图层”面板中，选择“图层 3”图层，在图层的右侧，双击鼠标左键，执行操作后，弹出“图层样式”对话框，如图 19-17 所示。

图 19-16 调整图像的大小

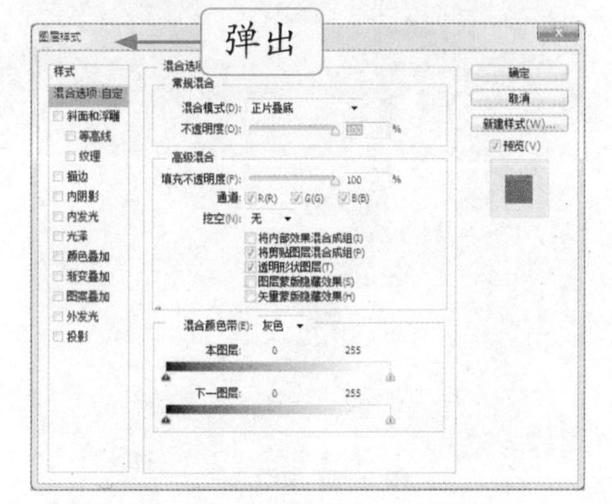

图 19-17 “图层样式”对话框

Step 03 1 选中“投影”复选框，2 设置各选项，如图 19-18 所示，3 单击“确定”按钮。

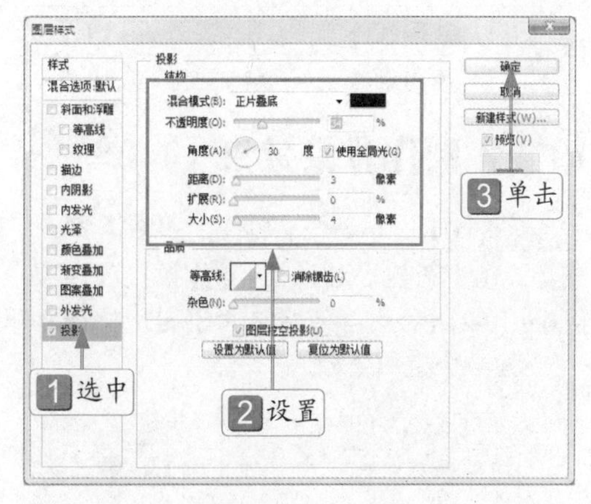

图 19-18 设置各选项

Step 04 执行操作后，图像编辑窗口中的图像效果如图 19-19 所示。

图 19-19 图像效果

19.2 儿童照片——金色童年

将儿时的成长照片拍摄下来，多年以后再去翻开那些陈旧的回忆，是一件多么幸福的事情。本案例制作的是儿童照片——金色童年的效果，希望读者熟练掌握，举一反三，制作出更多更漂亮的儿童照片。

本实例效果如图 19-20 所示。

图 19-20 儿童照片——金色童年

实例文件	光盘 \ 实例 \ 第 19 章 \ 金色童年 .psd
所用素材	光盘 \ 素材 \ 第 19 章 \ 小男孩 1.jpg、小男孩 2.jpg、小男孩 3.jpg

19.2.1 制作背景效果

Step 01 单击"文件"|"新建"命令，**1** 弹出"新建"对话框，**2** 设置各选项，如图 19-21 所示，**3** 单击"确定"按钮，即可新建一个空白文档。

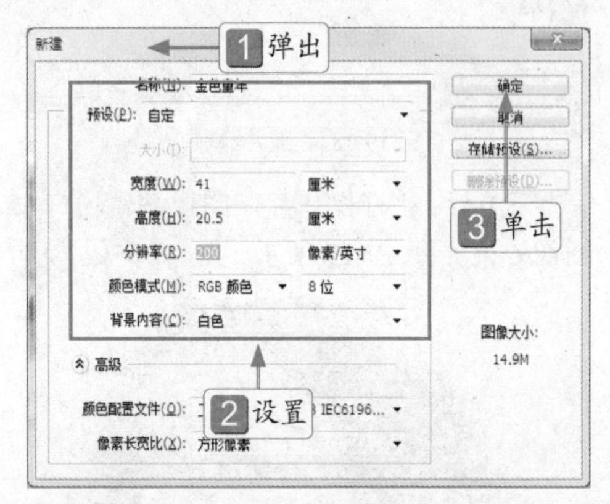

图 19-21 设置各选项

Step 02 新建"图层 1"图层，运用钢笔工具在图像编辑窗口中绘制一条闭合的曲线路径，如图 19-22 所示。

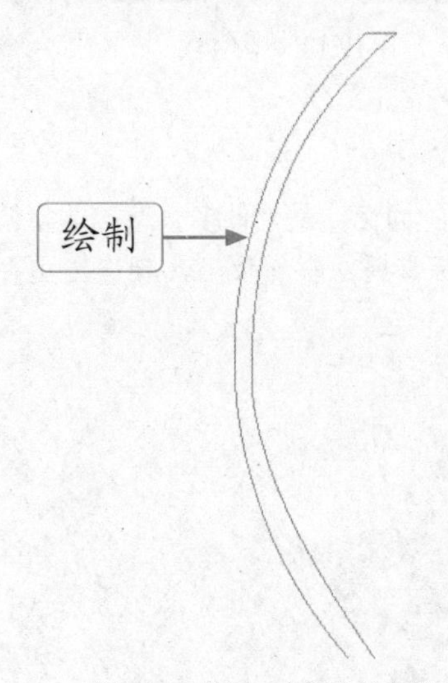

图 19-22 绘制一个闭合的曲线路径

Step 03 设置前景色为草绿色（RGB 参数值分别为 145、186、14），按【Ctrl + Enter】组合键，将路径转换为选区，在选区内填充前景色，取消选区，如图 19-23 所示。

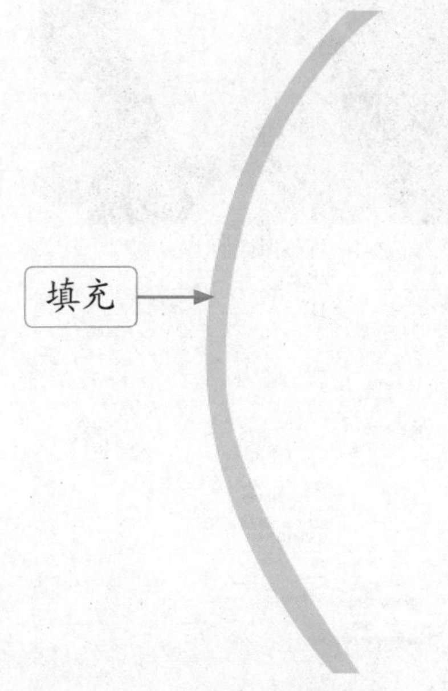

图 19-23 取消选区

Step 04 用与上述相同的方法，绘制一条闭合曲线路径，将其转换为选区，并在选区内填充黄色，取消选区，如图 19-24 所示。

图 19-24 在选区内填充黄色

Step 05 新建"图层 2"图层，设置前景色为黄色（RGB 参数值分别为 228、234、4），在工具箱中选取椭圆选框工具，在图像编辑窗口中的适当位置绘制一个圆形选区，在选区内填充前景色，取消选区，如图 19-25 所示。

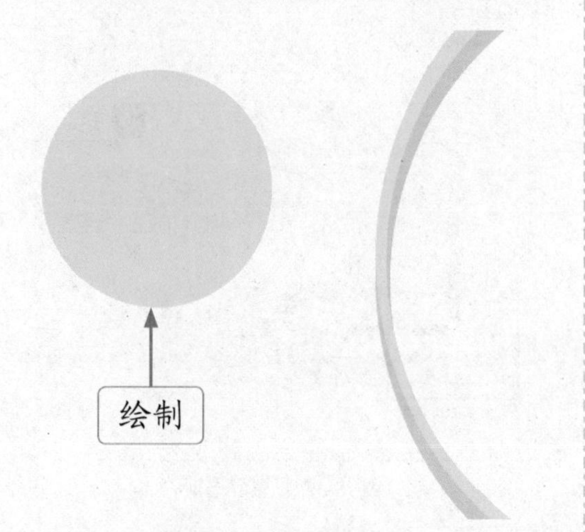

图 19-25 绘制一个圆形

Step 06 复制“图层 2”图层，得到“图层 2 副本”图层，单击“编辑”|“变换”|“缩放”命令，将其适当缩放，拖曳至合适的位置，按【Enter】键确认，如图 19-26 所示。

图 19-26 拖曳至合适的位置

Step 07 用与上述相同的方法，复制“图层 2”图层，将复制后的图像进行适当缩放，并拖曳至合适的位置，如图 19-27 所示。

Step 08 在“图层“面板中，选择“图层 2”和“图层 2 副本”进行复制，再按【Ctrl＋E】组合键，合并图层，调整图像的大小和位置，如图 19-28 所示。

图 19-27 拖曳至合适的位置

图 19-28 调整图像的大小和位置

Step 09 复制“图层 2 副本 4”图层，即可得到“图层 2 副本 5”图层，将图像进行适当缩放，并拖曳至合适的位置，效果如图 19-29 所示。

图 19-29 拖曳至合适的位置

19.2.2 制作相片效果

Step 01 按【Ctrl + O】组合键，打开一幅素材图像，将该素材拖曳至“金色童年”图像编辑窗口中，将其适当放大，并将自动生成的“图层 3”图层拖曳至“图层 1”图层的下方如图 19-30 所示。

图 19-30 拖曳图层

Step 02 为“图层 3”图层添加图层蒙版，运用黑色的画笔工具在图像编辑窗口中涂抹，隐藏部分图像，如图 19-31 所示。

图 19-31 隐藏部分图像

Step 03 按【Ctrl + O】组合键，打开一幅素材图像，如图 19-32 所示。

图 19-32 素材图像

Step 04 单击“图像”|“调整”|“曲线”命令，**1** 弹出“曲线”对话框，**2** 设置各选项，如图 19-33 所示，**3** 单击“确定”按钮。

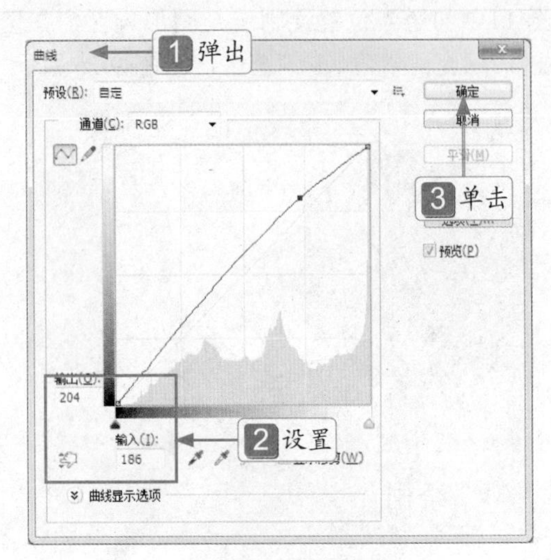

图 19-33 设置各选项

Step 05 执行操作后，图像编辑窗口中的图像效果如图 19-34 所示。

图 19-34 图像效果

Step 06 按【Ctrl + O】组合键，打开一幅素材图像，如图 19-35 所示。

图 19-35 素材图像

Step 07 复制“背景”图层，得到“背景 副本”图层，单击“滤镜”|“模糊”|“表面模糊”命令，弹出“表面模糊”对话框，设置“半径”为 5、“阈值”为 15，单击“确定”按钮，即可表面模糊图像，如图 19-36 所示。

图 19-36 表面模糊图像

Step 08 设置“背景 副本”图层的混合模式为“滤色”、“不透明度”为 50%，按【Shift + Alt + Ctrl + E】组合键盖印图层，得到“图层 1”图层，如图 19-37 所示。

图 19-37 得到“图层 1”图层

Step 09 按【Ctrl + O】组合键，打开一幅素材图像，如图 19-38 所示。

图 19-38 素材图像

Step 10 用与上述相同的方法，复制“背景”图层，将复制后的图像表面模糊 5 个像素，设置图层混合模式为“滤色”、“不透明度”为 100%，并盖印图层，得到“图层 1”图层，如图 19-39 所示。

图 19-39 盖印图层

Step 11 将编辑后的“小男孩 2”、“小男孩 3”和“小男孩 4”3 张素材分别拖曳至“金色童年”图像编辑窗口中，分别调整图像的大小，隐藏“图层 5”和“图层 6”图层，如图 19-40 所示。

图 19-40 图像效果

Step 12 运用椭圆选框工具，在图像编辑窗口中绘制一个圆形选区，如图19-41所示。

图 19-41 绘制一个圆形选区

Step 13 单击“选择”|“反向”命令，反选选区，按【Delete】键，删除选区内的图像，并取消选区，效果如图19-42所示。

图 19-42 删除选区内的图像

Step 14 分别显示“图层5”和“图层6”图层，适当缩放图像，并用与上述相同的方法对图像进行编辑，效果如图19-43所示。

图 19-43 图像效果

19.2.3 制作文字效果

Step 01 选取工具箱中的横排文字工具，在工具属性栏中设置各属性，并在图像编辑窗口中输入文字，如图19-44所示。

图 19-44 输入文字

Step 02 在“图层”面板中，选中“金色童年”文本图层，设置“不透明度”为30%，如图19-45所示。

图 19-45 设置“不透明度”为30%

Step 03 选取工具箱中的横排文字工具，在图像编辑窗口中输入其他文字，将输入的文字放至合适位置，效果如图19-46所示。

图 19-46 图像效果

第20章 报纸广告案例实战

学前提示

报纸广告属于平面广告范畴，因其实效性、易于携带、阅读方便、读者面广的优势，成为大众所熟悉的宣传媒体，在众多的广告媒体中，报纸是仅次于电视的最大也是最受重视的广告媒体。本章以案例的形式详细介绍了数码产品和通信产品案例的设计，让读者掌握各类报纸广告设计的技法、特点及其整个制作流程，从而轻松胜任报纸广告的设计工作。

本章知识重点

- 数码报纸广告——捷达数码
- 通信报纸广告——卡儿手机

学完本章后应该掌握的内容

- 掌握数码报纸广告的制作方法
- 掌握通信报纸广告的制作方法

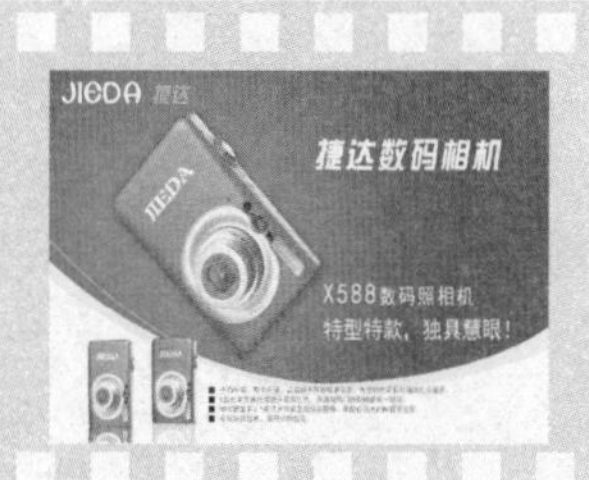

20.1 数码报纸广告——捷达数码

本案例设计的是一款数码相机报纸广告，作品以蓝色调为主，并以数码相机作为画面的主体，直接表现主题，让人一目了然，同时加以曲线色块来增加视觉冲击力、活跃画面，使整个画面新颖、和谐、饱满。

本实例效果如图 20-1 所示。

图 20-1 数码报纸广告——捷达数码

	实例文件	光盘 \ 实例 \ 第 20 章 \ 捷达数码相机 .psd
	所用素材	光盘 \ 素材 \ 第 20 章 \ 数码相机 .jpg、数码相机 .psd

20.1.1 制作背景效果

Step 01 单击“文件”|“新建”命令，**1** 弹出“新建”对话框，**2** 设置各选项，如图 20-2 所示，**3** 单击“确定”按钮。

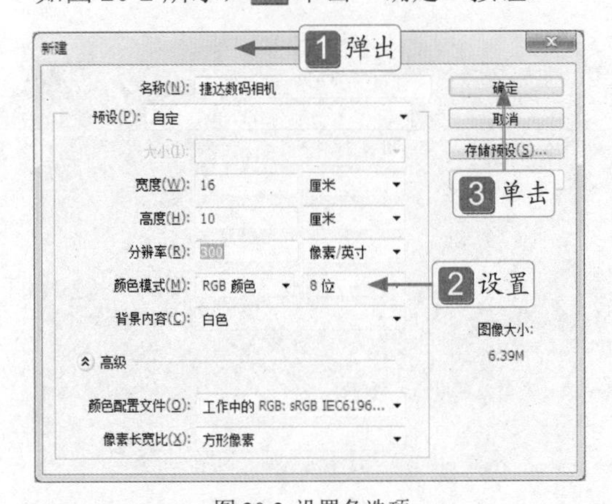

图 20-2 设置各选项

Step 02 单击“图层”|“新建”|“图层”命令，**1** 弹出“新建图层”对话框，保持默认设置，如图 20-3 所示，**2** 单击“确定”按钮，新建“图层 1”图层。

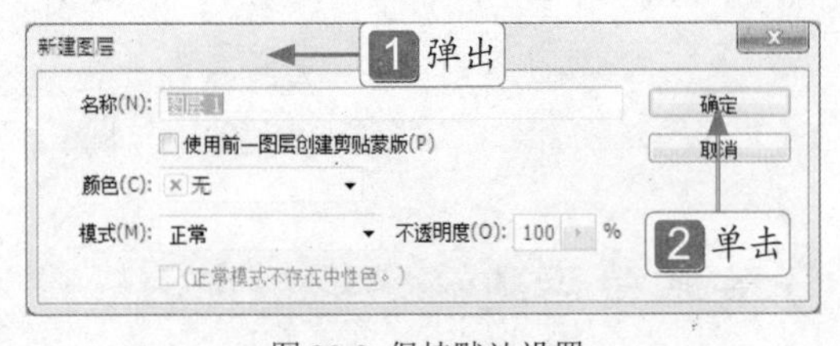

图 20-3 保持默认设置

Step 03 选取工具箱中的矩形选框工具，在图像编辑窗口的左上角按住鼠标左键并向右下角拖曳鼠标，创建一个矩形选区，如图 20-4 所示。

图 20-4 创建一个矩形选区

Step 04 选取工具箱中的渐变工具，在工具属性栏上，单击“径向填充”按钮，然后单击“点按可编辑渐变器”按钮，**1** 弹出“渐变编辑器”对话框，**2** 设置渐变矩形条下方的两个色标从左到右依次为“蓝色”（RGB 的参数值分别为 36、88、167）和“深蓝色”（RGB 的参数值分别为 22、34、68），如图 20-5 所示，**3** 单击“确定”按钮。

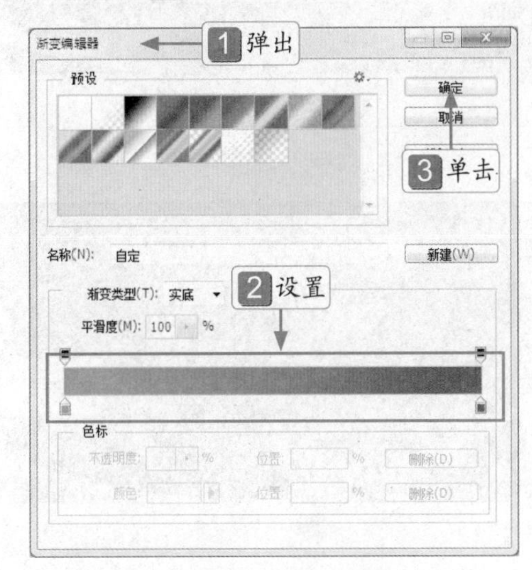

图 20-5 设置渐变矩形条下方的两个色标

Step 05 在图像编辑窗口中的偏左中间处按住鼠标左键并向上拖曳，填充渐变色，按【Ctrl + D】组合键，取消选区，如图 20-6 所示。

图 20-6 填充渐变色

Step 06 新建“图层 2”图层，单击工具箱中的“前景色”色块，**1** 弹出“拾色器（前景色）”对话框，**2** 设置颜色为浅蓝色，如图 20-7 所示，**3** 单击“确定”按钮。

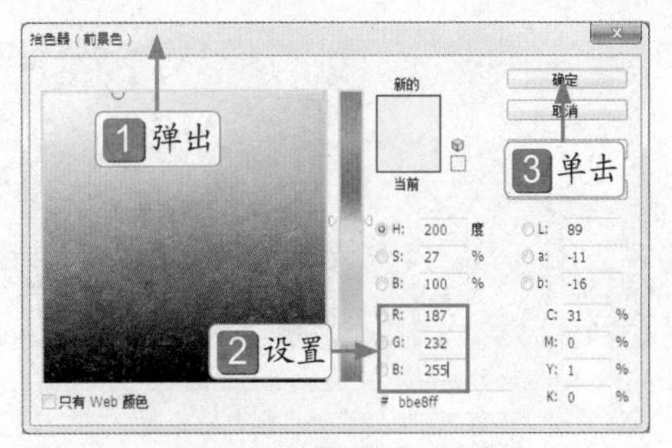

图 20-7 设置颜色为浅蓝色

Step 07 在工具箱中，选取钢笔工具，在工具属性栏上，选择“路径”按钮，在图像编辑窗口的合适位置单击鼠标左键，确认起始点，移动鼠标指针至合适位置单击第 2 点并拖动鼠标至合适位置，调出控制柄绘制曲线路径，如图 20-8 所示。

图 20-8 调出控制柄绘制曲线路径

Step 08 用与上述相同的方法，绘制其他曲线效果，将鼠标指针移至起始点上，鼠标指针的下方会出现一个圆形，单击鼠标左键，即可绘制一条闭合路径，如图 20-9 所示。

图 20-9 绘制出一个闭合路径

Step 09 按住【Ctrl】键的同时单击第 2 点激活路径，拖曳第 2 点至合适位置，如图 20-10 所示。

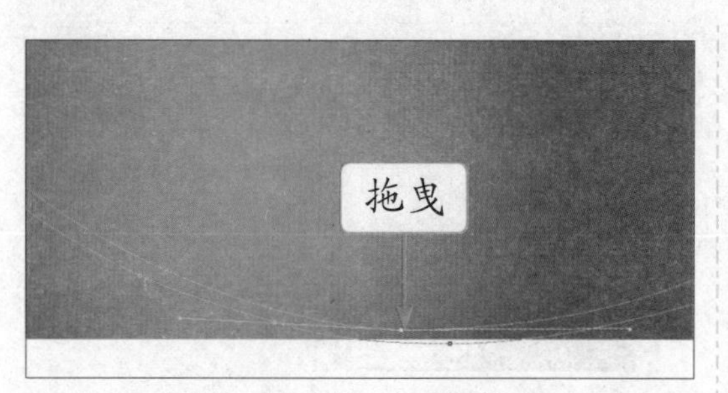

图 20-10 拖曳第 2 点至合适位置

Step 10 用与上述相同的方法，分别单击其他节点，调整控制柄至合适位置，如图 20-11 所示。

图 20-11 调整控制柄至合适位置

Step 11 按【Ctrl + Enter】组合键，将路径转换为选区，如图 20-12 所示。

图 20-12 将路径转换为选区

Step 12 按【Alt + Delete】组合键，填充前景色，按【Ctrl + D】组合键，取消选区，如图 20-13 所示。

Step 13 在工具箱中，选取钢笔工具，在图像编辑窗口合适位置单击鼠标左键，确认起始点，移动鼠标指针至合适位置单击第 2 点并拖动鼠标至合适位置，按【Esc】键，确认所绘制的曲线路径，绘制一条开放路径，如图 20-14 所示。

图 20-13 填充前景色

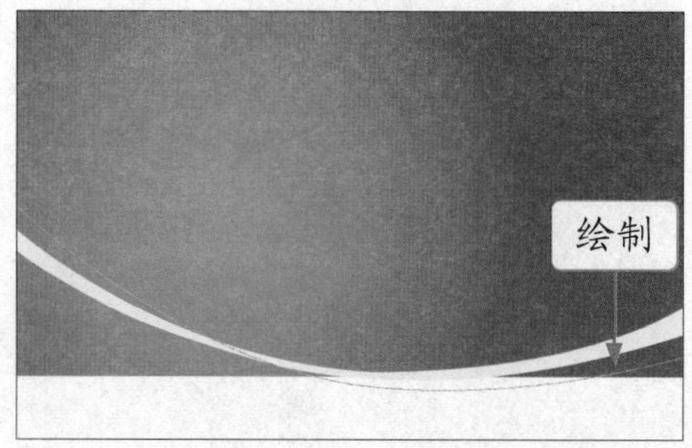

图 20-14 绘制一条开放路径

Step 14 新建"图层 3"图层，选取工具箱中的画笔工具，在其属性栏上，单击"画笔"选项右侧的下拉按钮，展开"画笔预设"面板，设置"大小"为 3 像素、"硬度"为 100%，如图 20-15 所示。

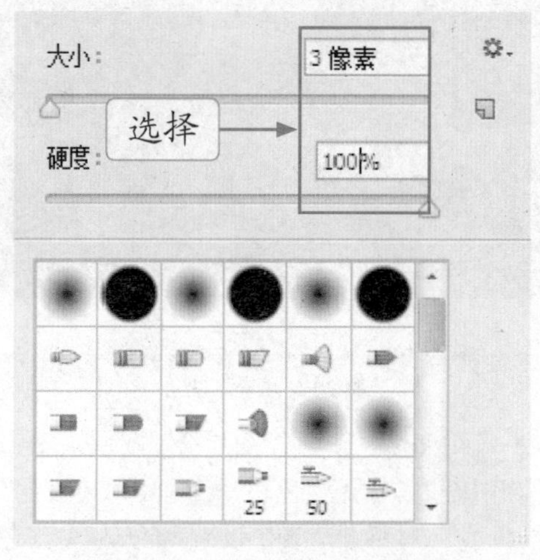

图 20-15 设置"硬度"为 100%

Step 15 展开“路径”面板，单击面板底部的“用画笔描边路径”按钮，用画笔描边路径，然后在面板中的灰色空白处单击鼠标左键，隐藏路径，如图 20-16 所示。

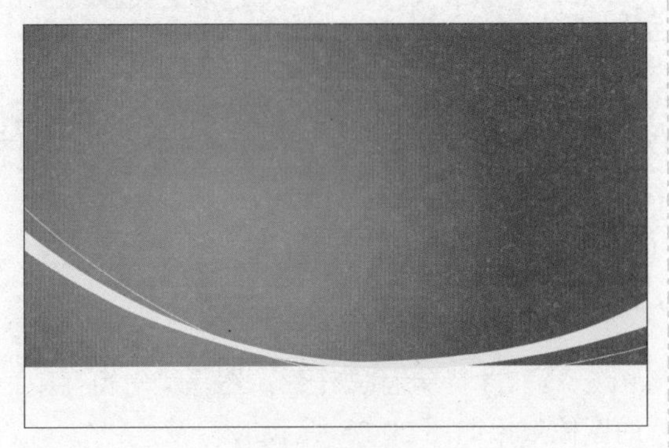

图 20-16 隐藏路径

Step 16 在“图层”面板中，选择“图层 1”图层，单击“编辑”|“变换”|“变形”命令，调出变换控制网格，将鼠标指针移至于变换控制网格左下角的控制柄上按住鼠标左键并向上拖曳至合适位置，调整形状，如图 20-17 所示。

Step 17 用与上述相同的方法，拖曳其他控制柄，并按【Enter】键，确认变形操作，如图 20-18 所示。

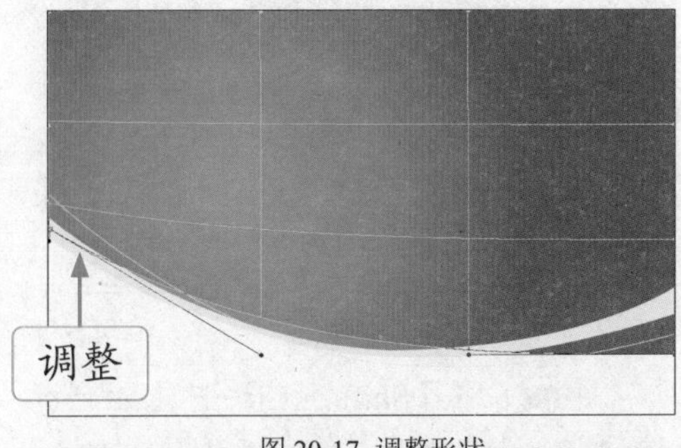

图 20-17 调整形状

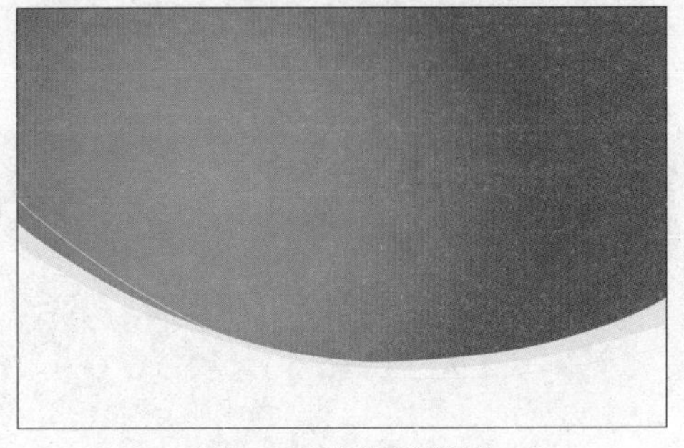

图 20-18 确认变形操作

20.1.2 制作主体效果

Step 01 按【Ctrl＋O】组合键，弹出“打开”对话框，如图 20-19 所示。

图 20-19 “打开”对话框

Step 02 在其中选中所需的素材图像，单击“打开”按钮，打开一幅素材图像，如图 20-20 所示。

图 20-20 素材图像

Step 03 选取工具箱中的魔棒工具，在工具属性栏中，设置“容差”为 10，在图像编辑窗口中的白色背景上单击鼠标左键，创建选区，如图 20-21 所示。

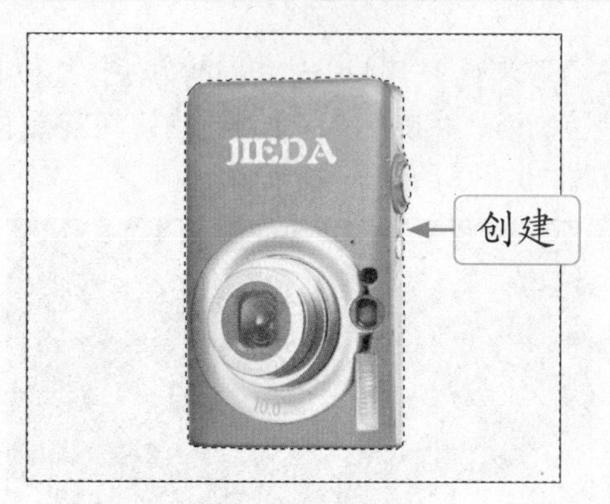

图 20-21 创建选区

Step 04 按【Shift + Ctrl + I】组合键，反选选区，选取移动工具，移动鼠标指针至选区内，按住鼠标左键并拖曳图像至“捷达数码相机”图像编辑窗口中，如图 20-22 所示。

图 20-22 拖曳图像

Step 05 按【Ctrl + T】组合键，调出变换控制框，调整图像的大小和位置，按【Enter】键确认操作，如图 20-23 所示。

图 20-23 调整图像的大小和位置

Step 06 单击“图层”|“图层样式”|“投影”命令，**1** 弹出“图层样式”对话框中，**2** 设置各选项，如图 20-24 所示，**3** 单击“确定”按钮。

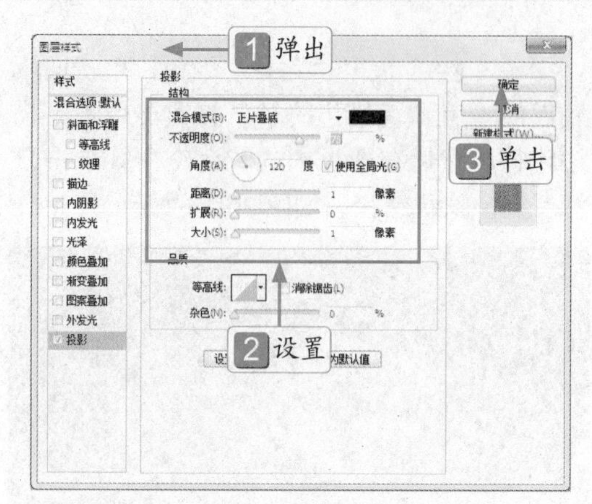

图 20-24 设置各选项

Step 07 执行操作后，图像编辑窗口中的图像效果如图 20-25 所示。

图 20-25 图像效果

Step 08 按【Ctrl + O】组合键，打开一幅素材图像，如图 20-26 所示。

图 20-26 素材图像

Step 09 选取移动工具，将打开的素材拖曳至“捷达数码相机”窗口中，按【Ctrl + T】组合键，调出变换控制框，调整图像大小和位置，按【Enter】键确认，如图 20-27 所示。

图 20-27 调整图像的大小和位置

Step 10 单击“图层”|“复制图层”命令，**1** 弹出“复制图层”对话框，保持默认设置，20-28 所示，**2** 单击“确定”按钮。

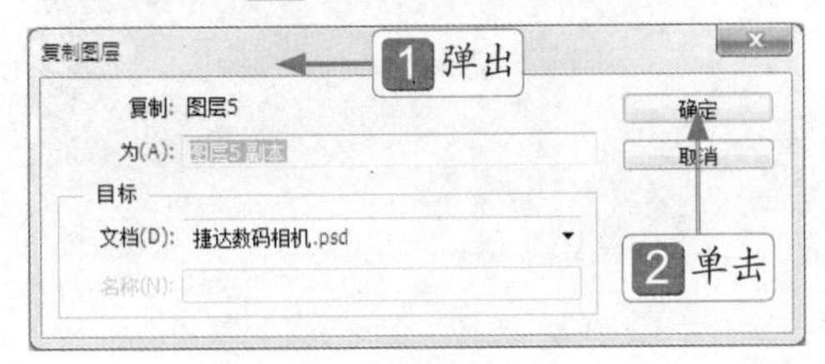

图 20-28 保存默认设置

Step 11 单击“编辑”|“变换”|“垂直翻转”命令，即可垂直翻转图像，如图 20-29 所示。

图 20-29 垂直翻转图像

Step 12 在工具箱中，选取移动工具，按住【Shift】键的同时，在图像编辑窗口中按住鼠标左键并向下拖曳图像至合适位置，如图 20-30 所示。

图 20-30 拖曳图像至合适位置

Step 13 在“图层”面板中，设置“不透明度”为 30%，如图 20-31 所示。

图 20-31 设置“不透明度”为 30%

Step 14 确认“图层 5”图层为当前图层，复制“图层 5”图层，得到“图层 5 副本 2”图层，然后使用移动工具，将其向右移动至合适位置，如图 20-32 所示。

Step 15 单击“图像”|“调整”|“色相 / 饱和度”命令，**1** 弹出“色相 / 饱和度”对话框，**2** 设置各选项，如图 20-33 所示，**3** 单击“确定”按钮。

图 20-32 右移动至合适位置

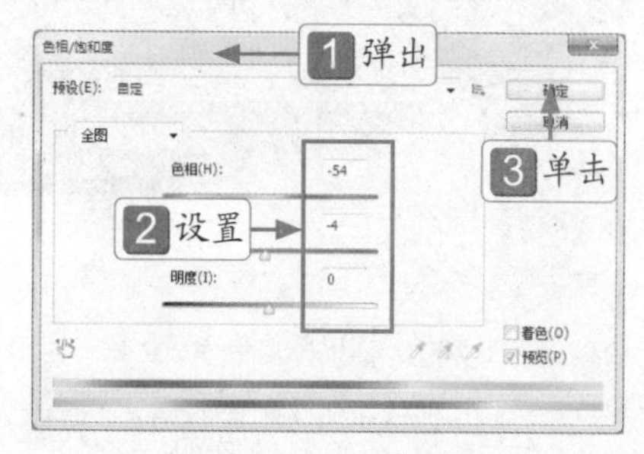

图 20-33 设置各选项

Step 16 执行操作后，图像编辑窗口中的图像效果如图 20-34 所示。

Step 17 重复步骤（10）～（13）的操作，复制“图层 5 副本 2”图层，得到“图层 5 副本 3”图层，并进行垂直翻转操作，在“图层”面板中，设置“不透明度”为 30%，效果如图 20-35 所示。

图 20-34 图像效果

图 20-35 设置“不透明度”为 30%

20.1.3 制作文字效果

Step 01 选取工具箱中的横排文字工具，单击“窗口”|“字符”命令，**1** 展开“字符”面板，**2** 设置各选项，如图 20-36 所示。

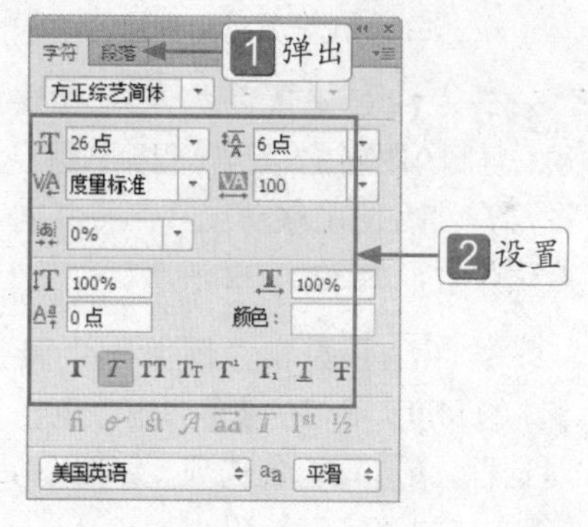

图 20-36 设置各选项

Step 02 在图像编辑窗口中，单击鼠标左键确认文字的输入点，输入文字“捷达数码相机”，如图 20-37 所示。

图 20-37 输入文字

Step 03 选中“捷达”两个字文符，设置“字体大小”为 36 点，按【Ctrl + Enter】组合键，确认文字的输入，如图 20-38 所示。

图 20-38 确认文字的输入

Step 04 用与上述相同的方法，输入其他的文字，并设置好字体、字号、字间距及位置，效果如图 20-39 所示。

图 20-39 最终效果

20.2 通信报纸广告——卡儿手机

本案例设计的是一款卡儿手机报纸广告，作品以智能手机和清纯的美女进行组合，并以大自然作为背景，使整个画面清新、甜美。

本实例效果如图 20-40 所示。

图 20-40 通信报纸广告——卡儿手机

	实例文件	光盘 \ 实例 \ 第 20 章 \ 卡儿手机 .psd
	所用素材	光盘 \ 素材 \ 第 20 章 \ 人物 .jpg、手机 .psd、春天 .jpg、装饰 .psd

20.2.1 制作背景效果

Step 01 单击“文件”|“新建”命令，1 弹出“新建”对话框，2 设置各选项，如图 20-41 所示，3 单击“确定”按钮。

Step 02 按【Ctrl + O】组合键，1 弹出“打开”对话框，2 在其中选择需要打开的素材文件，如图 20-42 所示，3 单击“打开”按钮。

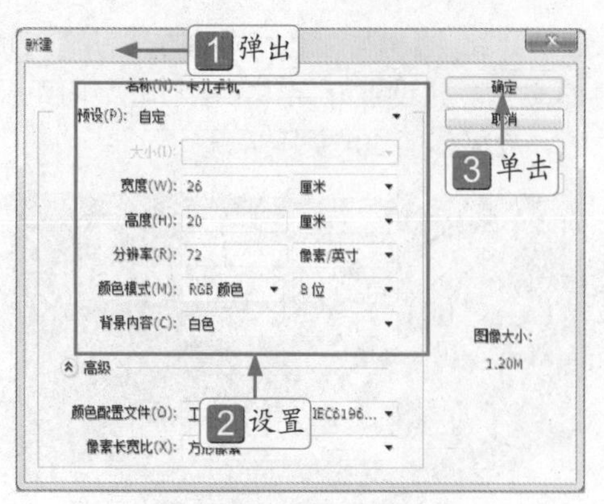

图 20-41 设置各选项

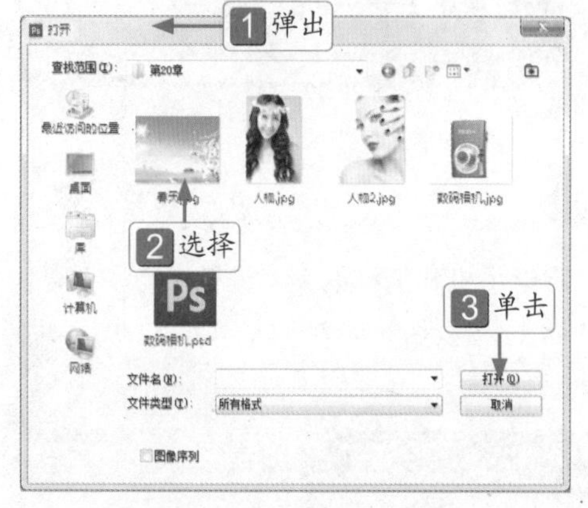

图 20-42 选择需要打开的素材文件

Step 03 将素材拖曳至“卡儿手机”图像编辑窗口中，如图 20-43 所示。

图 20-43 拖曳图像

Step 04 按【Ctrl + T】组合键，调出变换控制框，调整图像的大小和位置，按【Enter】键，确认操作，如图 20-44 所示。

图 20-44 调整图像的大小和位置

20.2.2 制作主体效果

Step 01 按【Ctrl + O】组合键，打开一幅素材图像，如图 20-45 所示。

图 20-45 素材图像

Step 02 将该素材拖曳至“卡儿手机”图像编辑窗口中，适当调整其大小和位置，如图 20-46 所示。

图 20-46 适当调整其大小和位置

Step 03 单击“编辑”|“变换”|“水平翻转”命令，水平翻转图像，如图 20-47 所示。

图 20-47 水平翻转图像

Step 04 在“图层”面板中，单击面板底部的“添加矢量蒙版“按钮，为“图层 2”图层添加图层蒙版，如图 20-48 所示。

图 20-48 添加图层蒙版

Step 05 在工具箱中选取画笔工具，设置前景色为黑色，在图像编辑窗口进行适当的涂抹，隐藏部分图像，如图 20-49 所示。

图 20-49 隐藏部分图像

Step 06 按【Ctrl + O】组合键，打开一幅素材图像，如图 20-50 所示。

图 20-50 素材图像

Step 07 将该素材拖曳至“卡儿手机”图像编辑窗口中，调整图像的大小和位置，如图 20-51 所示。

图 20-51 调整图像的大小和位置

Step 08 在“图层”面板中，选择“图层 1”、和“图层 2”图层，按【Ctrl + J】组合键，复制图层，如图 20-52 所示。

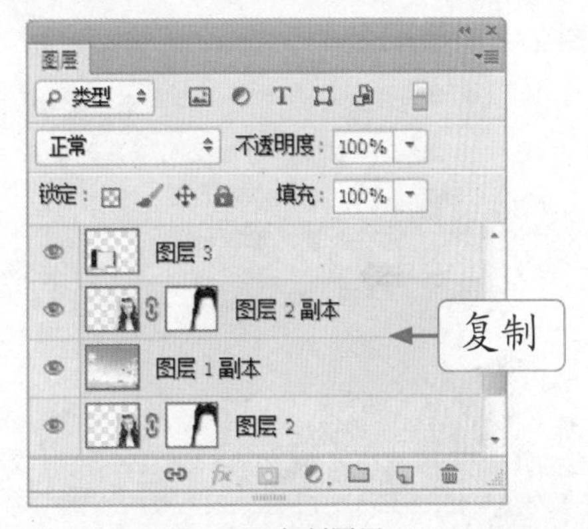

图 20-52 复制图层

Step 09 在选中所复制图层的情况下，按【Ctrl + E】组合键，合并图层，如图 20-53 所示。

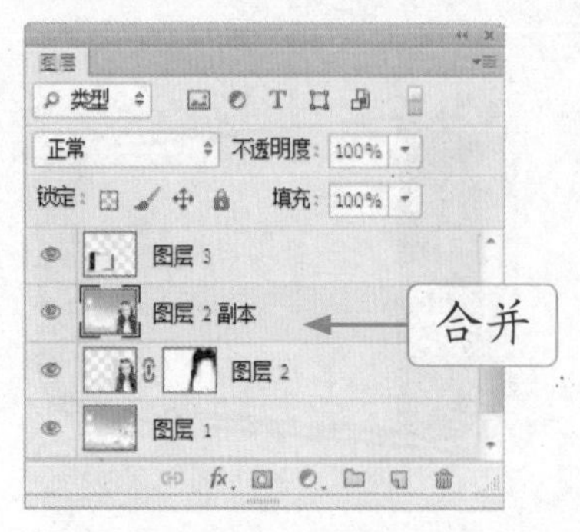

图 20-53 合并图层

Step 10 将“图层 2 副本”图层拖曳至“图层 3”图层的上方，按【Ctrl + T】组合键，调出变换控制框，按住【Ctrl】键的同时，拖曳控制柄，调整完成后，按【Enter】键，确认变换操作，如图 20-54 所示。

图 20-54 确认变换操作

Step 11 选择“图层 2 副本”和“图层 3”图层，按【Ctrl + Alt + E】组合键，合并图层，得到“图层 2 副本（合并）”图层，如图 20-55 所示。

图 20-55 合并图层

Step 12 按【Ctrl + T】组合键，单击鼠标右键，在快捷菜单中，选择“垂直翻转“命令，垂直翻转图像，并调整图像至合适位置，如图 20-56 所示。

图 20-56 调整图像至合适位置

Step 13 单击“图层”面板底部的“添加矢量蒙版”按钮，添加图层蒙版，运用黑色画笔工具对图像进行适当涂抹，隐藏部分图像，如图 20-57 所示。

图 20-57 隐藏部分图像

Step 14 在“图层”面板中，设置“图层 2 副本（合并）”图层的“不透明度”为 70%，效果如图 20-58 所示。

图 20-58 设置“不透明度”为 70%

20.2.3 制作文字效果

Step 01 选取横排文字工具，在图像编辑窗口适当位置单击鼠标左键，确认文字的插入点，在工具属性栏中单击“切换字符和段落面板”按钮，**1** 展开“字符”面板，**2** 设置各选项，如图 20-59 所示。

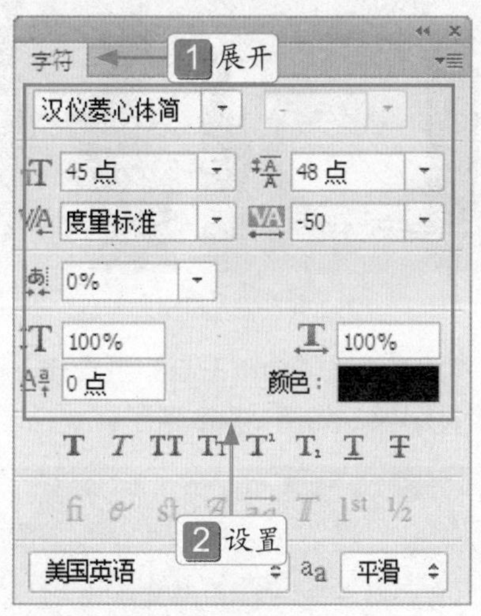

图 20-59 设置各选项

Step 02 在图像编辑窗口中，输入相应的文字，按【Ctrl + Enter】组合键确认文字的输入，如图 20-60 所示。

图 20-60 输入相应的文字

Step 03 在文字层上单击鼠标右键，在 **1** 弹出的快捷菜单中选择“混合选项”选项，弹出“图层样式”对话框，**2** 选中“描边”复选框，切换至“描边”选项卡，**3** 设置各选项，如图 20-61 所示。

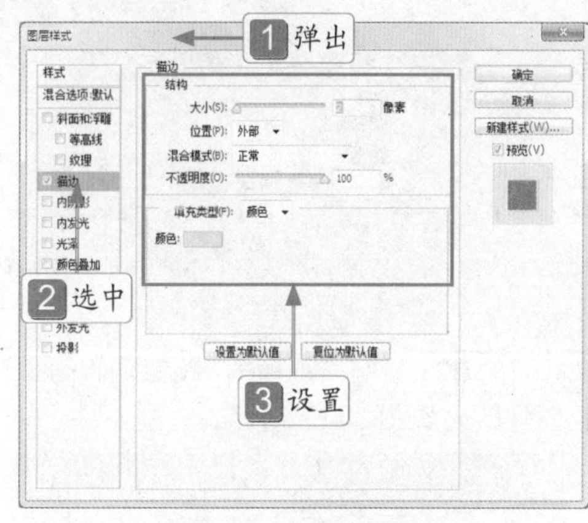

图 20-61 设置各选项

Step 04 在“图层样式”对话框的左侧，**1** 选中“投影”复选框，切换至“投影”选项卡，**2** 设置相应参数，如图 20-62 所示，**3** 单击“确定”按钮。

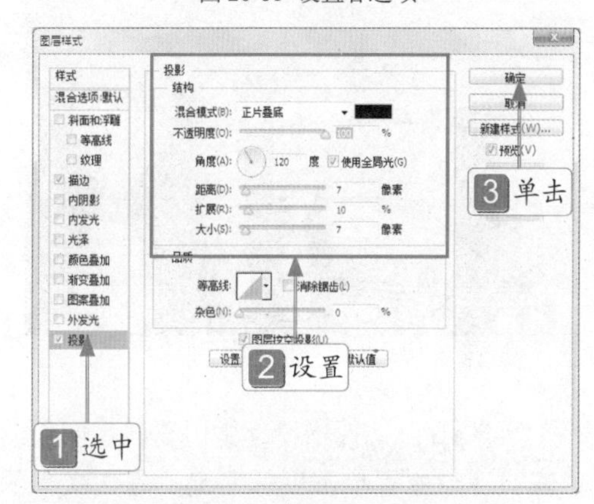

图 20-62 设置相应参数

Step 05 执行操作后，即可为图层添加图层样式，此时图像编辑窗口中的效果如图 20-63 所示。

图 20-63 图像效果

Step 06 在“图层”面板中，选择文字图层，设置文字图层的“填充”为0%，如图20-64所示。

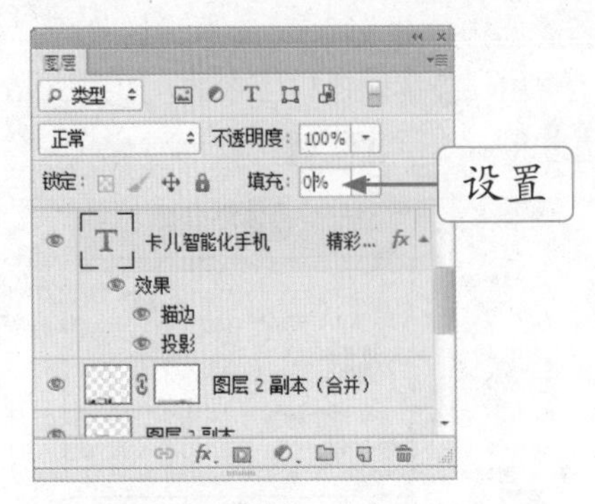

图20-64 设置“填充”为0%

Step 07 执行操作后，图像编辑窗口中的图像效果如图20-65所示。

图20-65 图像效果

Step 08 选取横排文字工具，在图像编辑窗口适当位置单击鼠标左键，确认文字的插入点，在工具属性栏中单击“切换字符和段落面板”按钮，展开“字符”面板，设置各选项，如图20-66所示。

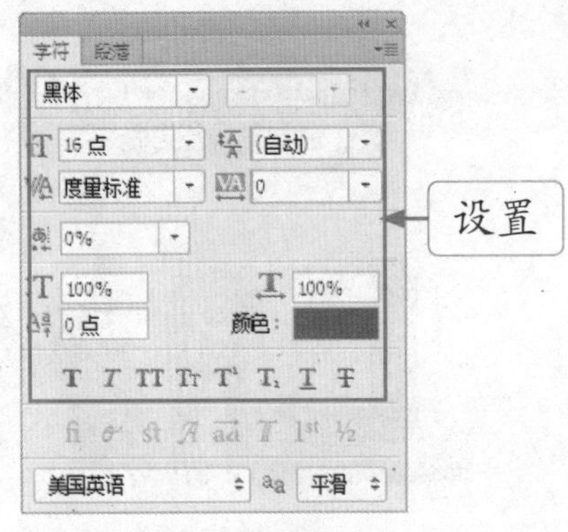

图20-66 设置各选项

Step 09 在图像编辑窗口中，输入相应文字，按【Ctrl + Enter】组合键确认文字的输入，如图20-67所示。

图20-67 输入相应文字

Step 10 按【Ctrl + O】组合键，打开一幅素材图像，如图20-68所示。

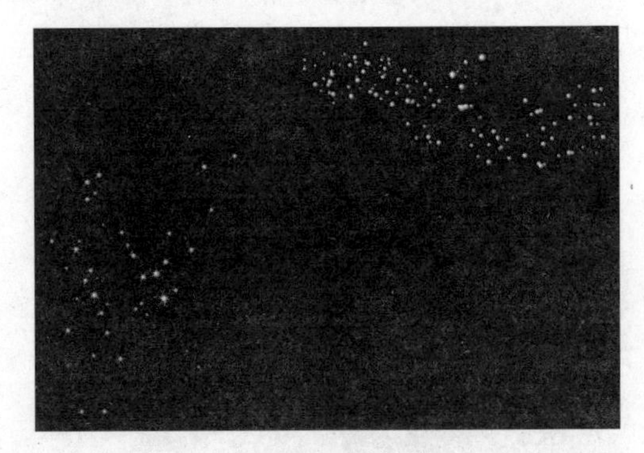

图20-68 素材图像

Step 11 将其拖曳至“卡儿手机”图像编辑窗口中，适当调整其位置，设置该图层的混合模式为“颜色减淡”，最终效果如图20-69所示。

图20-69 设置混合模式为“颜色减淡”

第21章 POP海报案例实战

学前提示

POP广告是一种比较直接、灵活的广告宣传形式，它具有传播信息及时、成本低、制作简便的优点。其特点是信息传播面广、有利于视觉的形象传达，且具有审美作用。它也是产品销售活动中的一个重要环节，能在商品销售的现场营造出良好的商业气氛，直接刺激消费者的视觉、触觉、听觉和味觉，引起消费者的冲动，产生购买欲望和行为。

本章知识重点

- 促销POP——百货折扣
- 展板POP——舒安床垫

学完本章后应该掌握的内容

- 掌握促销POP的制作方法
- 掌握展板POP的制作方法

21.1 促销 POP——百货折扣

POP（Point of Purchase）意为“店面广告”或“市场购买”，它是在零售商店、百货公司和超级市场等场所制作的一切广告的统称，POP 广告是在一般广告形式的基础上发展提高，所形成的一种新型的商业广告，传播影响非常大。

本实例效果如图 21-1 所示。

图 21-1 促销 POP——百货折扣

	实例文件	光盘 \ 实例 \ 第 21 章 \ 欧氏时尚百货 .psd
	所用素材	光盘 \ 素材 \ 第 21 章 \ 背景 .jpg、2012.psd、飘带 .psd、花纹 .psd

21.1.1 制作背景效果

Step 01 单击“文件”|“新建”命令，**1** 弹出“新建”对话框，**2** 设置各选项，如图 21-2 所示，**3** 单击“确定”按钮，即可新建一个空白文档。

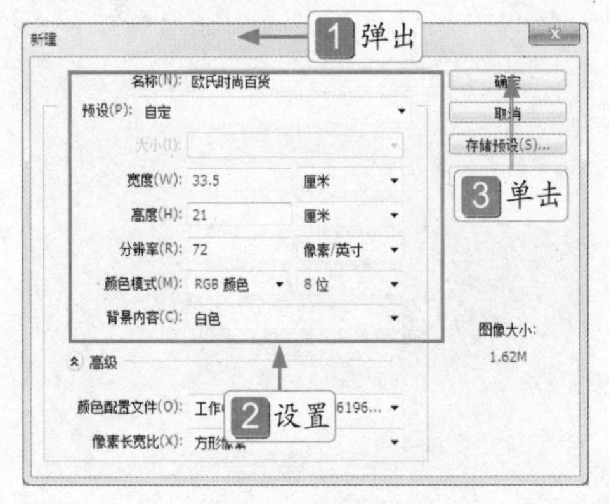

图 21-2 设置各选项

Step 02 按【Ctrl + O】组合键，**1** 弹出“打开”对话框，**2** 选择需要打开的素材文件，如图 21-3 所示，**3** 单击“打开”按钮。

图 21-3 选择需要打开的素材文件

Step 03 将打开的素材拖曳至“欧氏时尚百货”图像编辑窗口中，调整图像至合适的位置，如图 21-4 所示。

Step 04 按【Ctrl + O】组合键，打开一幅素材图像，如图 21-5 所示。

图21-4 调整图像至合适的位置

图21-5 素材图像

Step 05 将“飘带”素材拖曳至“欧氏时尚百货”图像编辑窗口中，调整图像至的合适位置，如图21-6所示。

图21-6 调整图像至的合适位置

Step 06 在“图层”面板中，选择“图层2”图层，**1** 设置混合模式为“滤色”，**2** 设置“不透明度”为50%，如图21-7所示。

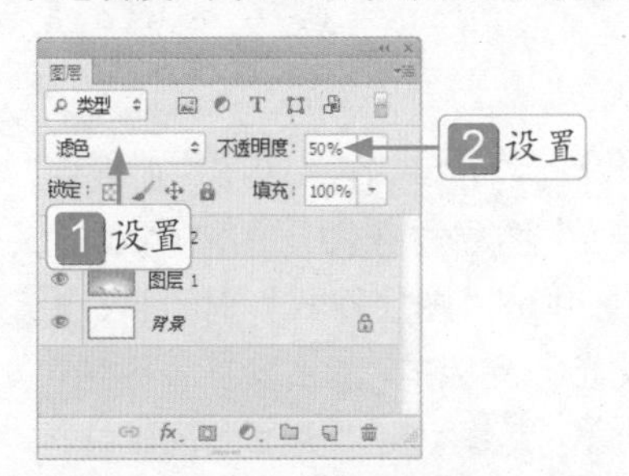

图21-7 设置“不透明度”

Step 07 执行操作后，图像编辑窗口中的效果如图21-8所示。

图21-8 图像效果

Step 08 按【Ctrl＋O】组合键，打开一幅素材图像，如图21-9所示。

图21-9 素材图像

Step 09 将该素材拖曳至“欧氏时尚百货”图像编辑窗口中，调整图像的大小和位置，如图21-10所示。

图21-10 调整图像的大小和位置

Step 10 按【Ctrl + O】组合键，打开一幅素材图像，如图 21-11 所示。

图 21-11 素材图像

Step 11 将“星光”素材拖曳至“欧氏时尚百货”图像编辑窗口中，调整图像的大小和位置，如图 21-12 所示。

图 21-12 调整图像的大小和位置

Step 12 复制星光图像两次，并调整图像的大小、角度和位置，如图 21-13 所示。

Step 13 在“图层”面板中，选择“图层 4 副本 2”图层，设置“不透明度”为 80%，如图 21-14 所示。

图 21-13 调整图像的大小、角度和位置

图 21-14 设置“不透明度”为 80%

Step 14 执行操作后，图像编辑窗口中的图像效果如图 21-15 所示。

图 21-15 图像效果

21.1.2 制作主体效果

Step 01 按【Ctrl + O】组合键，打开一幅素材图像，如图 21-16 所示。

Step 02 将该素材拖曳至“欧氏时尚百货”图像编辑窗口中，调整图像的大小和位置，如图 21-17 所示。

Step 03 在“图层”面板中，选择“图层 5”图层，在图层的右侧双击鼠标左键，1 弹出“图层样式”对话框，2 选择“内发光”复选框，3 设置各选项，如图 21-18 所示，4 单击“确定”按钮。

图 21-16 素材图像

图 21-17 调整图的大小和位置

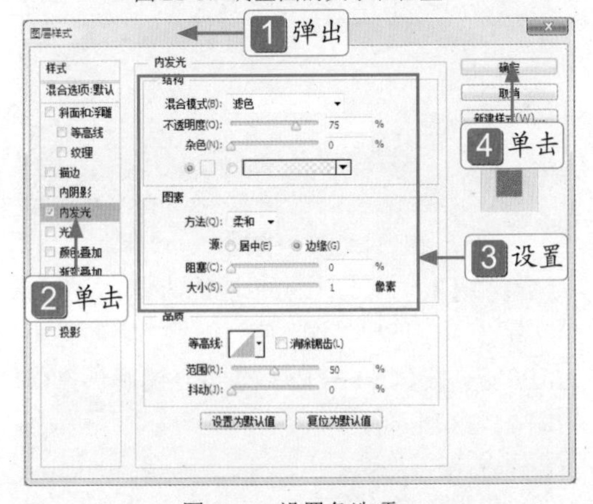

图 21-18 设置各选项

Step 04 执行操作后，图像编辑窗口中的图像效果如图 21-19 所示。

图 21-19 图像效果

Step 05 按【Ctrl + O】组合键，打开一幅素材图像，将“图标”素材拖曳至“欧氏时尚百货”图像编辑窗口中，并调整图像的位置，如图 21-20 所示。

图 21-20 调整图像的位置

Step 06 在“图层”面板中，选择“图层 6”图层，按【Ctrl + J】组合键，复制图层，对图像进行垂直翻转，再将图像调整至合适位置，如图 21-21 所示。

图 21-21 将图像调整至合适位置

Step 07 在“图层”面板中选择“图层 6 副本”图层，单击面板底部的“添加矢量蒙版”按钮，添加图层蒙版，如图 21-22 所示。

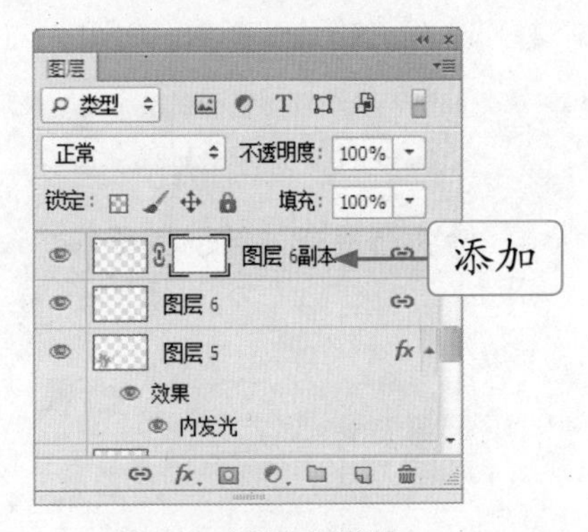

图 21-22 添加图层蒙版

Step 08 在工具箱中，选取渐变工具，从下至上填充黑白渐变色，隐藏部分图像，如图 21-23 所示。

图 21-23 隐藏部分图像

Step 09 选取横排文字工具，在工具属性栏中，单击“切换字符和段落面板”按钮，展开“字符”面板，设置各选项，如图 21-24 所示。

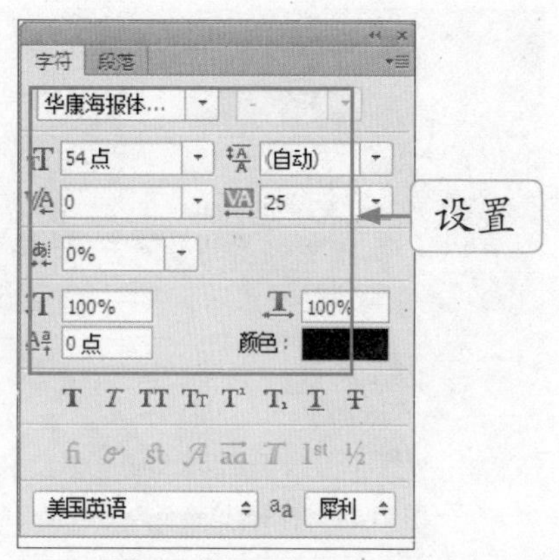

图 21-24 设置各选项

Step 10 在图像编辑窗口中，单击鼠标左键，确认文字的输入点，输入文字，按【Ctrl + Enter】组合键确认操作，如图 21-25 所示。

图 21-25 输入文字

Step 11 运用横排文字工具，选中“欧氏”两个字符，如图 21-26 所示。

图 21-26 选中“欧氏”两个字符

Step 12 在工具属性栏上，设置“字体大小”为 100 点，按【Ctrl + Enter】组合键确认操作，如图 21-27 所示。

图 21-27 设置“字体大小”

Step 13 用与上述相同的方法，运用横排文字工具，选中“送”字，设置“字体大小”为 100 点，按【Ctrl + Enter】组合键确认操作，如图 21-28 所示。

图 21-28 设置“字体大小”

Step 14 在“图层”面板中，选择文字图层，在文字图层的右侧双击鼠标左键，弹出“图层样式”对话框，选中“渐变叠加”复选框，单击“渐变”右侧的色块，**1** 弹出“渐变编辑器”对话框，2 设置两个色块均为紫色（RGB参数值分别为134、5、188），如图21-29所示，3 单击“确定”按钮。

图21-29 设置两个色块均为紫色

Step 15 执行操作后，返回“图层样式”对话框，设置“混合模式”为“正常”、“不透明度”为100%、“样式”为“线性”、“角度”为90、“缩放”为150，如图21-30所示。

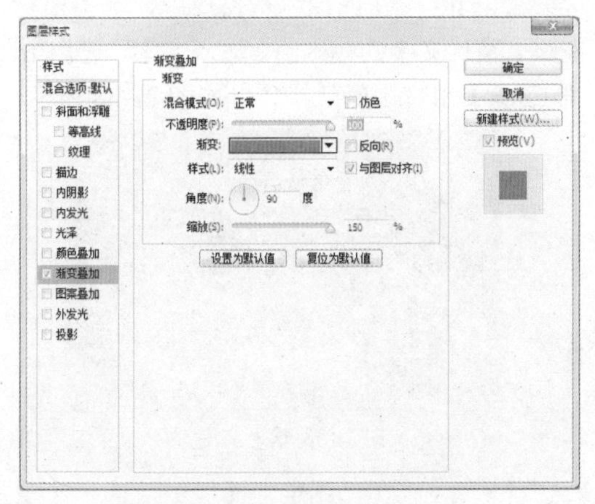

图21-30 设置“渐变叠加”参数

Step 16 选中“描边”复选框，单击“颜色”右侧的色块，1 弹出“拾色器（描边颜色）”对话框，2 设置RGB参数值分别为255、255、255，如图21-31所示，3 单击“确定”按钮。

Step 17 执行操作后，返回“图层样式”对话框，设置“大小”为5、“位置”为“外部”、“混合模式”为“正常”、“不透明度”为100%、“填充类型”为“颜色”，如图21-32所示。

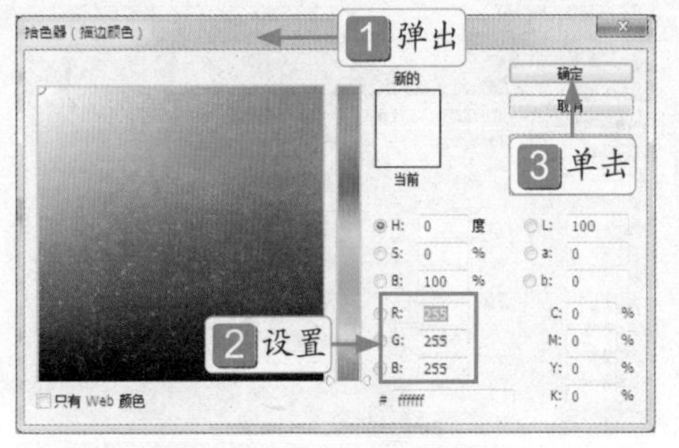

图21-31 设置RGB参数值

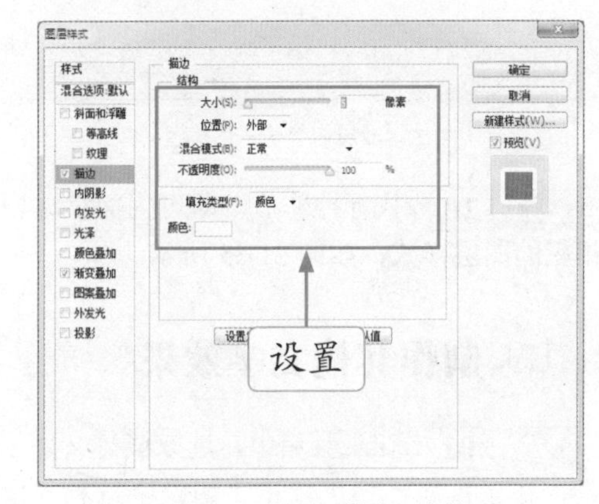

图21-32 设置“描边”参数

Step 18 选中“投影”复选框，单击“颜色”右侧的色块，1 弹出“拾色器（投影颜色）”对话框，2 设置“颜色”为深紫色（RGB参数值分别为61、8、78），如图21-33所示，3 单击“确定”按钮。

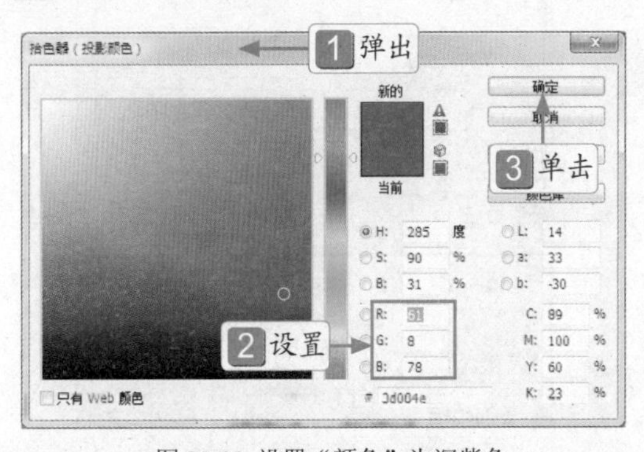

图21-33 设置“颜色”为深紫色

Step 19 执行操作后，返回"图层样式"对话框，1 设置"混合模式"为"正片叠底"、"不透明度"为100%、"角度"为126、"距离"为12、"扩展"为34、"大小"为5，如图21-34所示，2 单击"确定"按钮。

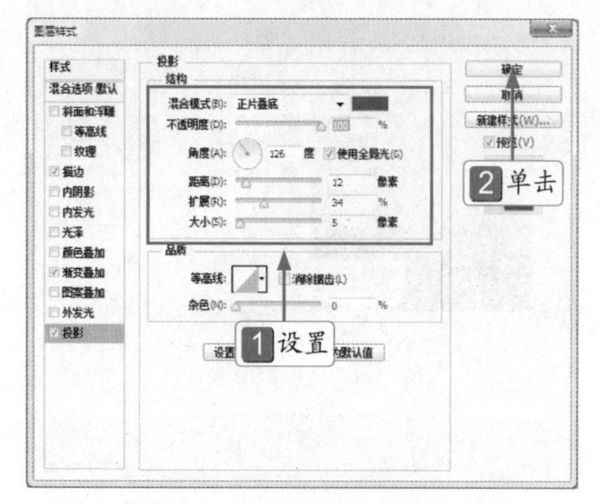

图21-34 设置"大小"为5

Step 20 执行操作后，即可为文字添加相应的图层样式，如图21-35所示。

Step 21 按【Ctrl + T】组合键，调出变换控制框，旋转文字的角度，按【Enter】键确认，如图21-36所示。

图21-35 为文字添加相应的图层样式

图21-36 旋转文字的角度

21.1.3 制作其他文字效果

Step 01 在工具箱中，选取横排文字工具，在工具属性栏上单击"切换字符和段落面板"按钮，展开"字符"面板，设置各选项，如图21-37所示。

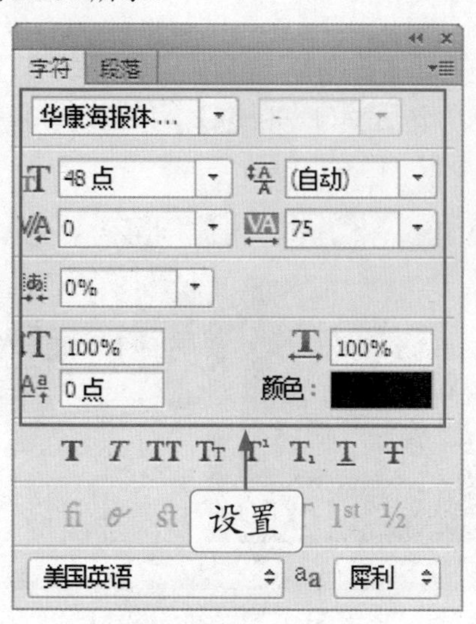

图21-37 设置各选项

Step 02 在图像编辑窗口中，单击鼠标左键，确认文字的输入点，输入文字，按【Ctrl + Enter】组合键确认操作，如图21-38所示。

图21-38 输入文字

Step 03 在"图层"面板中，选择"欧氏百货行"文字图层，单击鼠标右键，在弹出的快捷菜单中选择"拷贝图层样式"选项，如图21-39所示。

Step 04 选择"全场低价"文字图层，单击"图层"|"图层样式"|"粘贴图层样式"命令，粘贴图层样式，如图21-40所示。

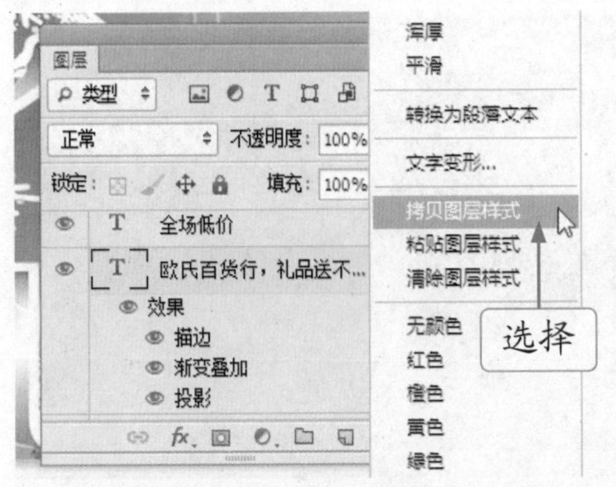

图 21-39 选择“拷贝图层样式”选项

图 21-40 粘贴图层样式

Step 05 在“全场低价”文字图层上的“描边”图层效果名称上双击鼠标左键，**1** 弹出“图层样式”对话框，**2** 设置“大小”为 4，如图 21-41 所示，**3** 单击“确定”按钮。

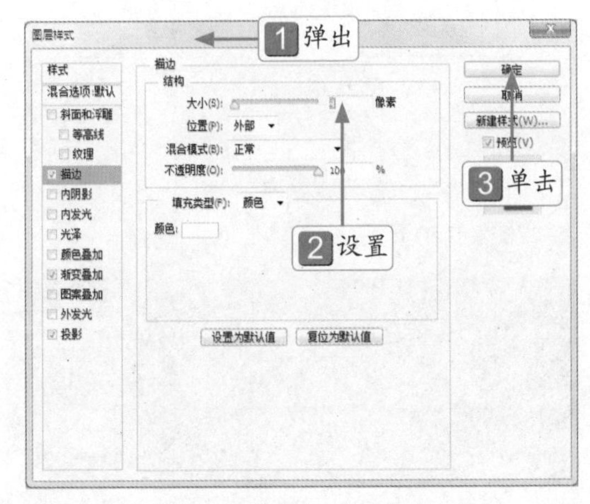

图 21-41 设置“大小”为 4

Step 06 执行操作后，改变“描边”图层样式，图像编辑窗口中的图像效果如图 21-42 所示。

图 21-42 改变“描边”图层样式

Step 07 按【Ctrl + T】组合键，调出变换控制框，旋转文字至合适的角度，按【Enter】键确认，如图 21-43 所示。

图 21-43 旋转文字至合适的角度

Step 08 选取横排文字工具，在图像编辑窗口中单击鼠标左键确认文字的输入点，输入相应的文字，设置相应的文字属性，如图 21-44 所示。

图 21-44 设置相应的文字属性

Step 09 复制“全场低价”文字图层上的图层样式，将其粘贴于“满 500 送 200”的文字图层上，如图 21-45 所示。

Step 10 按【Ctrl + T】组合键，调出变换控制框，旋转文字至合适的角度，如图 21-46 所示。

图 21-45 粘贴图层样式

图 21-46 旋转文字至合适的角度

Step 11 选取横排文字工具，在工具属性栏上单击“切换字符和段落面板”按钮，展开“字符”面板，设置各选项，如图 21-47 所示。

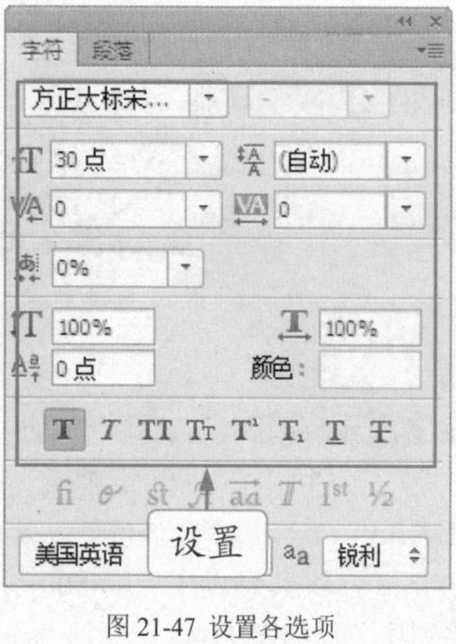

图 21-47 设置各选项

Step 12 在图像编辑窗口中单击鼠标左键确认文字的输入点，输入相应的文字，如图 21-48 所示。

图 21-48 输入相应的文字

Step 13 选取横排文字工具，在工具属性栏上单击“切换字符和段落面板”按钮，展开“字符”面板，设置各选项，如图 21-49 所示。

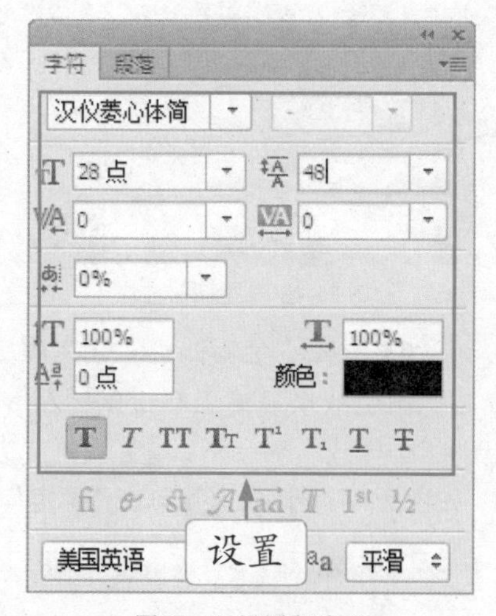

图 21-49 设置各选项

Step 14 在图像编辑窗口中单击鼠标左键确认文字的输入点，输入相应的文字，效果如图 21-50 所示。

图 21-50 输入相应的文字

21.2 展板 POP——舒安家纺

人们对家居的要求早已不只是物理空间，更为关注的是一个安全、方便、舒适的居家环境。甜蜜温馨的居住环境、个性化的居室用品，是现代生活人士所追求的高尚品质。本节主要介绍制作以床上用品为主题的展板 POP 的操作方法。

本实例效果如图 21-51 所示。

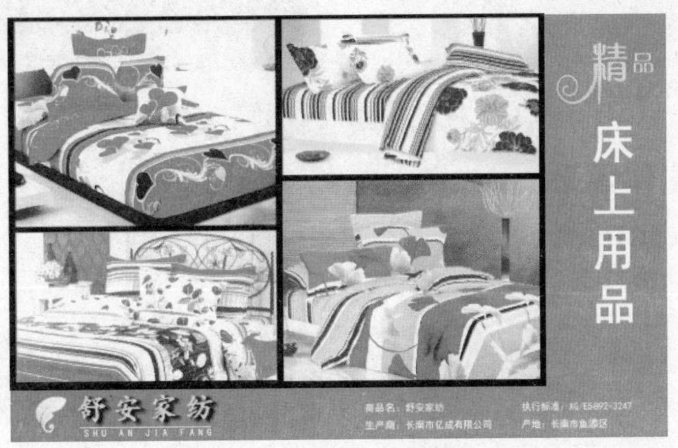

图 21-51 展板 POP——舒安家纺

	实例文件	光盘 \ 实例 \ 第 21 章 \ 舒安家纺 .psd
	所用素材	光盘 \ 素材 \ 第 21 章 \ 床 1.jpg、床 2.jpg、床 3.jpg、床 4.jpg

21.2.1 制作背景效果

Step 01 单击“文件”|“新建”命令，**1** 弹出“新建”对话框，**2** 设置各选项，如图 21-52 所示，**3** 单击“确定”按钮，即可新建一个空白的文档。

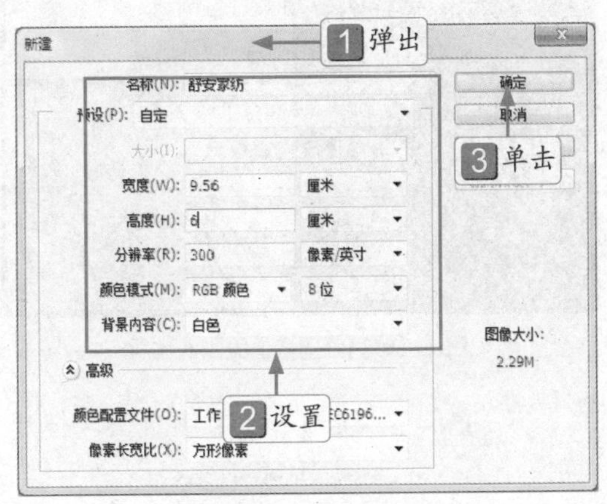

图 21-52 设置各选项

Step 02 新建“图层 1”图层，设置前景色为红色（RGB 参数值分别为 238、33、33），按【Alt + Delete】组合键，填充前景色，如图 21-53 所示。

图 21-53 填充前景色

Step 03 新建“图层 2”图层，选取矩形选框工具，在图像编辑窗口中创建选区，如图 21-54 所示。

Step 04 设置前景色为黑色，按【Alt + Delete】组合键，填充前景色，按【Ctrl + D】组合键，取消选区，如图 21-55 所示。

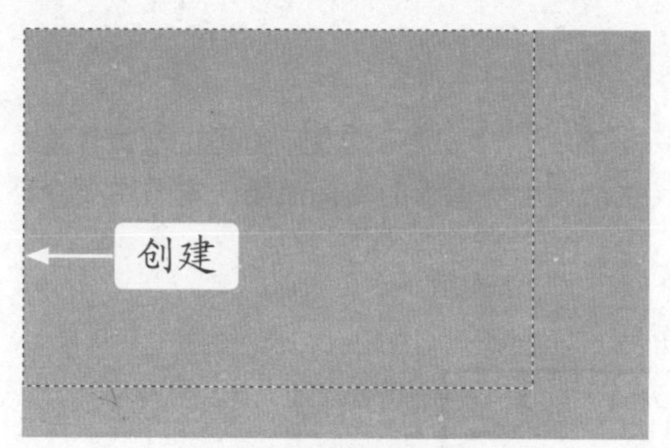

图 21-54 创建选区

图 21-55 填充前景色

21.2.2 制作主体效果

Step 01 按【Ctrl + O】组合键，打开一幅素材图像，如图 21-56 所示。

图 21-56 素材图像

Step 02 将该素材拖曳至“舒安家纺”图像编辑窗口中，调整图像的大小和位置，如图 21-57 所示。

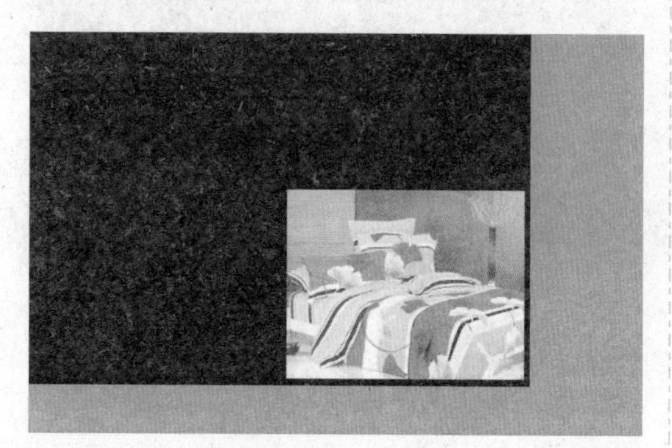

图 21-57 调整图像的大小和位置

Step 03 按【Ctrl + O】组合键，打开一幅素材图像，如图 21-58 所示。

图 21-58 素材图像

Step 04 将该素材拖曳至“舒安家纺”图像编辑窗口中，调整图像的大小和位置，如图 21-59 所示。

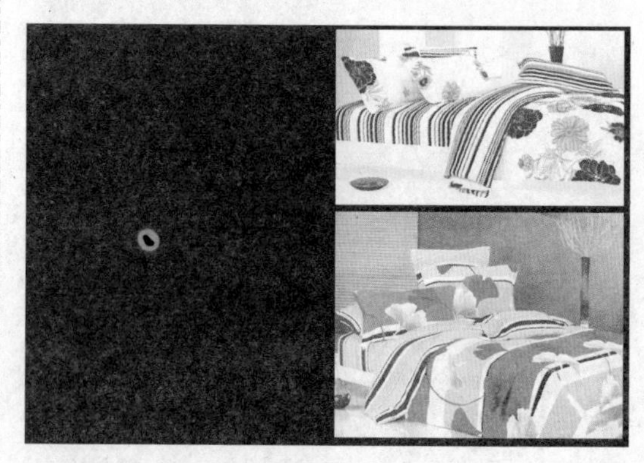

图 21-59 调整图像的大小和位置

Step 05 按【Ctrl + O】组合键，打开一幅素材图像，如图 21-60 所示。

Step 06 将该素材拖曳至“舒安家纺”图像编辑窗口中，调整图像的大小和位置，如图 21-61 所示。

图 21-60 素材图像

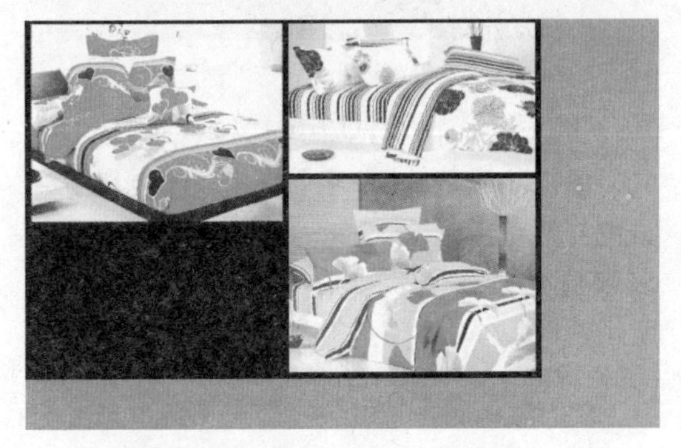

图 21-61 调整图像的大小和位置

Step 07 按【Ctrl + O】组合键，打开一幅素材图像，如图 21-62 所示。

图 21-62 素材图像

Step 08 将该素材拖曳至“舒安家纺”图像编辑窗口中，调整图像的大小和位置，如图 21-63 所示。

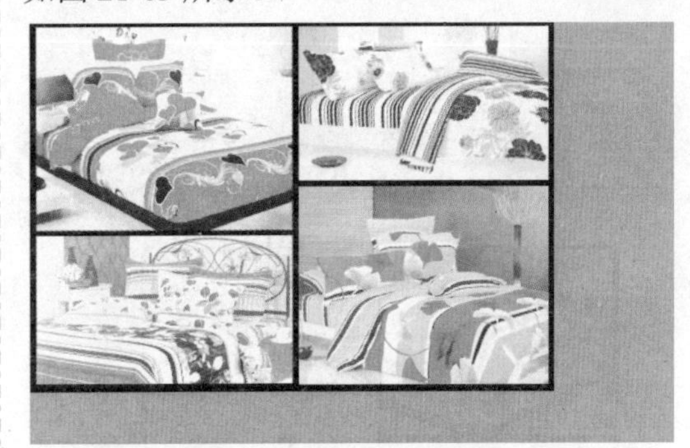

图 21-63 调整图像的大小和位置

21.2.3 制作文字效果

Step 01 按【Ctrl + O】组合键，打开一幅素材图像，如图 21-64 所示。

图 21-64 素材图像

Step 02 将该素材拖曳至“舒安家纺”图像编辑窗口中，调整图像的大小和位置，如图 21-65 所示。

图 21-65 调整图像的大小和位置

Step 03 在工具箱中，选取横排文字工具，在工具属性栏上，单击“切换字符和段落面板”按钮，展开“字符”面板，设置各选项，如图 21-66 所示。

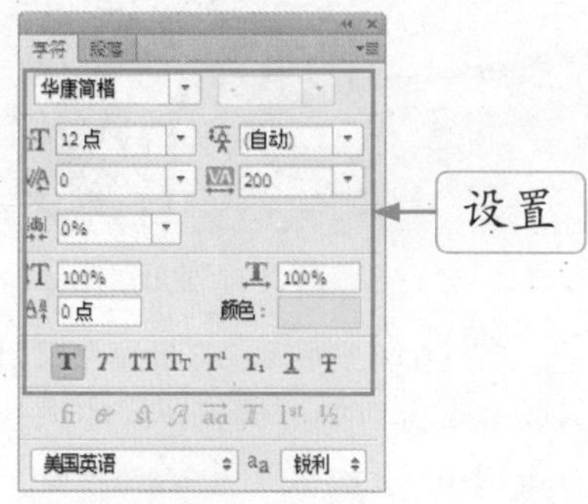

图 21-66 设置各选项

Step 04 在图像编辑窗口中，单击鼠标左键，确认文字的输入点，输入文字，按【Ctrl + Enter】组合键确认操作，如图 21-67 所示。

图 21-67 输入文字

Step 05 在“图层”面板中，选择文字图层，在图层的右侧双击鼠标左键，1 弹出“图层样式“对话框，2 选中”投影“复选框，3 设置各选项，如图 21-68 所示，4 单击“确定”按钮。

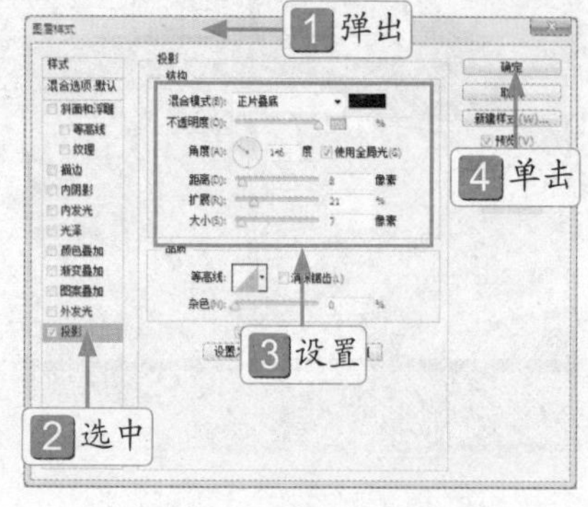

图 21-68 设置各选项

Step 06 执行操作后，即可添加“投影”样式，如图 21-69 所示。

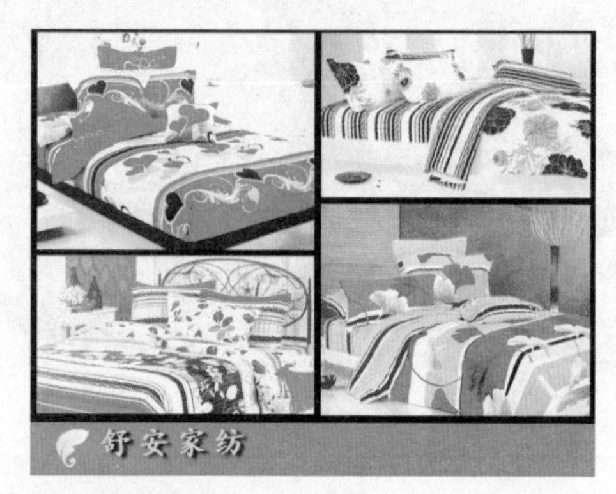

图 21-69 添加“投影”样式

Step 07 在工具箱中，选取横排文字工具，单击前景色色块，1 弹出“拾色器（前景色）”对话框，2 设置颜色为黄色（RGB 参数值分别为 238、255、40），如图 21-70 所示，3 单击“确定”按钮。

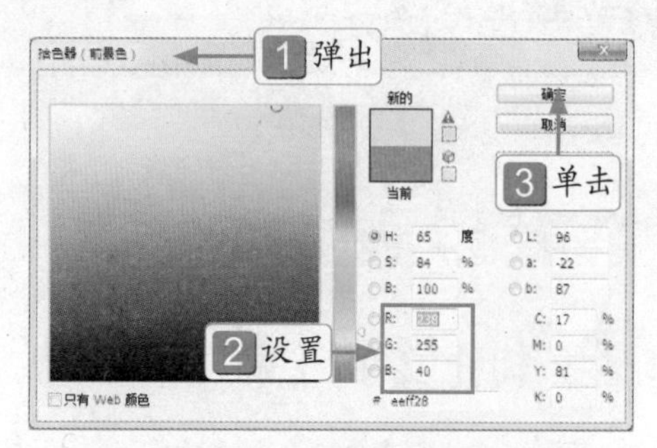

图 21-70 设置颜色为黄色

Step 08 在工具属性栏上，设置“字体”为“方正中倩简体”、“大小”为 9 点，在图像编辑窗口中输入文字，按【Ctrl + Enter】组合键，确认文字的输入，如图 21-71 所示。

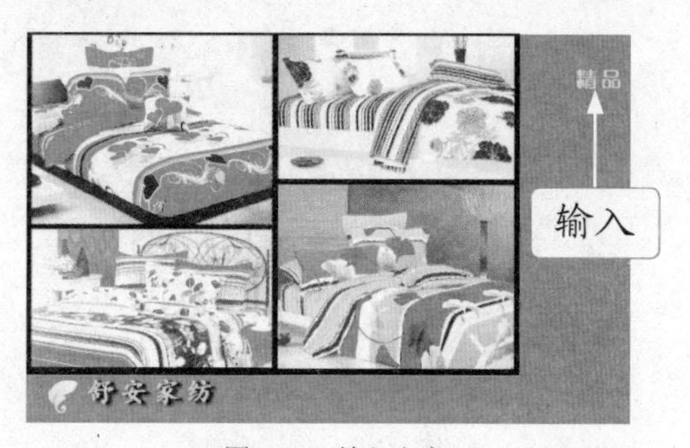

图 21-71 输入文字

Step 09 在"图层"面板中，选择"精品"文字图层，单击鼠标右键，在弹出的快捷菜单中，选择"栅格化文字"选项，如图 21-72 所示。

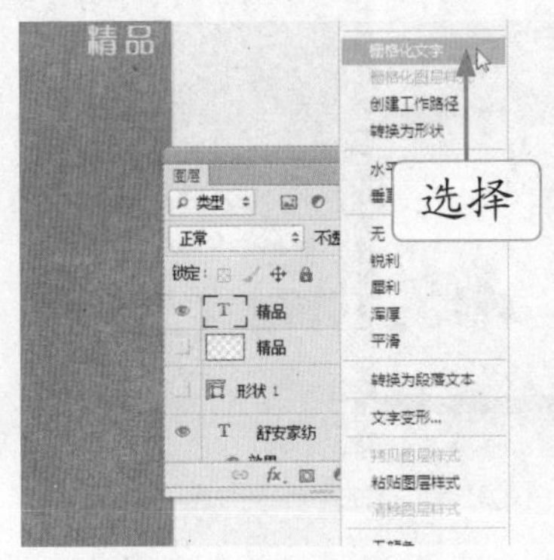

图 21-72 选择"栅格化文字"选项

Step 10 执行操作后，选取矩形选框工具，框选"精"图像，按【Ctrl + T】组合键，调出变换控制框，如图 21-73 所示。

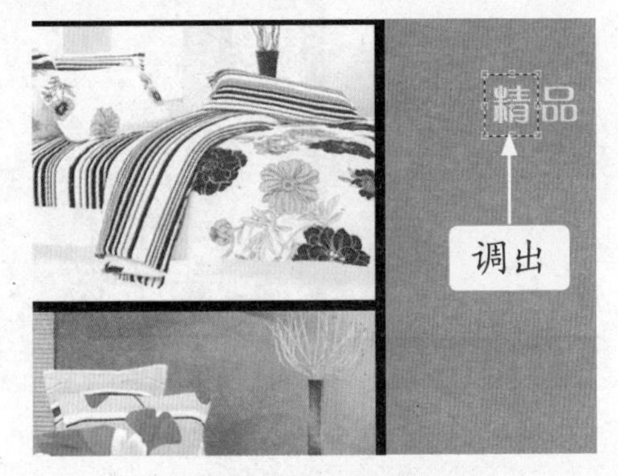

图 21-73 调出变换控制框

Step 11 缩放选区内的图像，按【Enter】键确认操作，按【Ctrl + D】组合键，取消选区，如图 21-74 所示。

图 21-74 缩放选区内的图像

Step 12 选取矩形选框工具，在图像中框选图像，并按【Delete】键，删除选区内图像，取消选区，如图 21-75 所示。

图 21-75 删除选区内图像

Step 13 选取钢笔工具，在图像编辑窗口中创建一条闭合路径路径，如图 21-76 所示。

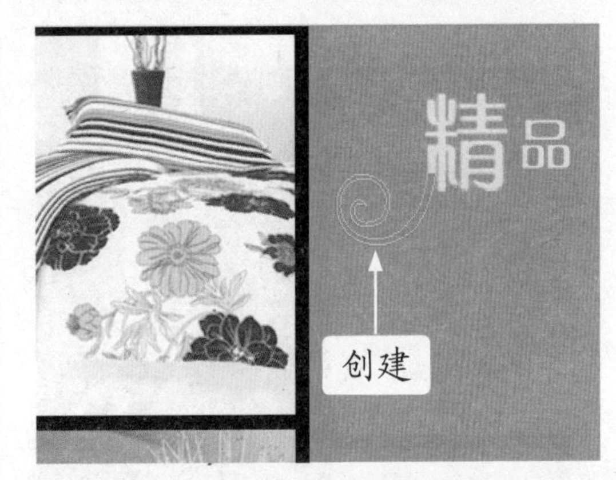

图 21-76 创建一条闭合路径路径

Step 14 按【Ctrl + Enter】组合键，将路径转换为选区，如图 21-77 所示。

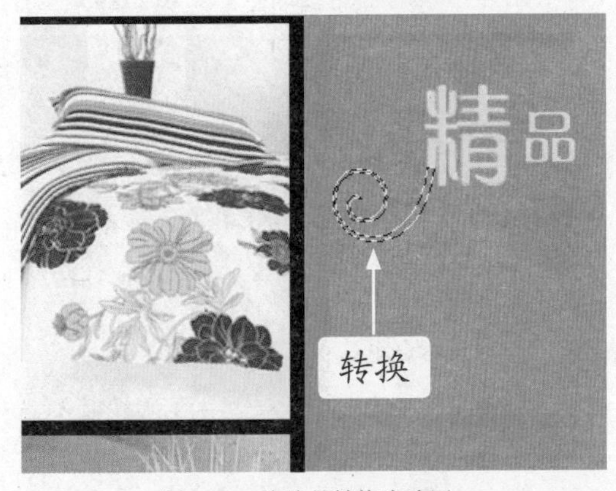

图 21-77 将路径转换为选区

Step 15 在工具箱中，单击前景色色块，**1** 弹出“拾色器（前景色）”对话框，**2** 设置颜色为黄色（RGB 参数值分别为 232、252、13），如图 21-78 所示，**3** 单击“确定”按钮。

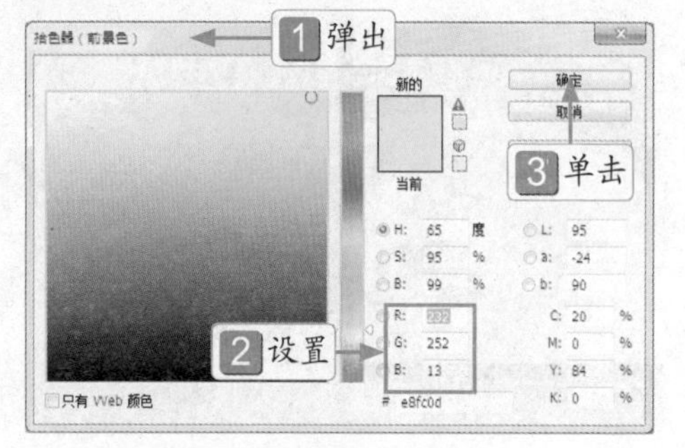

图 21-78 设置颜色为黄色

Step 16 按【Alt + Delete】组合键，为选区填充前景色，取消选区，如图 21-79 所示。

图 21-79 填充前景色

Step 17 选取钢笔工具，在图像编辑窗口中创建一条闭合路径路径，如图 21-80 所示。

图 21-80 创建一条闭合路径路径

Step 18 按【Ctrl + Enter】组合键，将路径转换为选区，如图 21-81 所示。

图 21-81 将路径转换为选区

Step 19 按【Alt+Delete】组合键，为选区填充前景色，取消选区，如图 21-82 所示。

图 21-82 填充前景色

Step 20 选取直排文字工具，在工具属性栏上，单击“切换字符和段落面板”按钮，展开“字符”面板，在其中设置各选项，如图 21-83 所示。

图 21-83 设置各选项

Step 21 在工具箱中，单击前景色色块，1 弹出“拾色器（前景色）”对话框，2 设置颜色为白色，如图 21-84 所示，3 单击“确定”按钮。

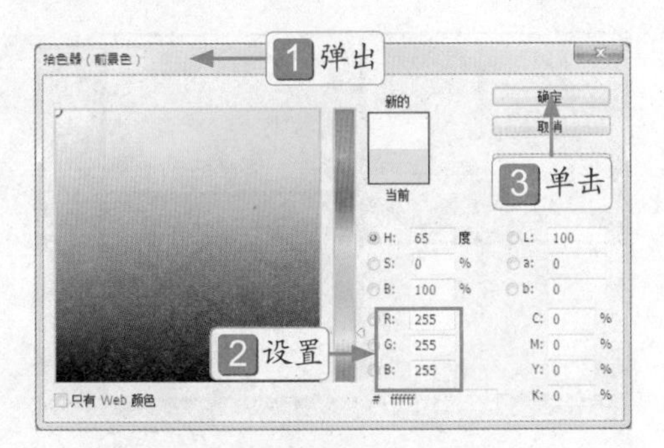

图 21-84 设置颜色为白色

Step 22 在图像编辑窗口中，单击鼠标左键确认文字的输入点，输入文字，如图 21-85 所示。

图 21-85 输入文字

Step 23 按【Ctrl ＋ Enter】组合键，确认操作，如图 21-86 所示。

图 21-86 确认操作

Step 24 选取横排文字工具，设置“字体”为“黑体”、“大小”为 4、“颜色”为白色，如图 21-87 所示。

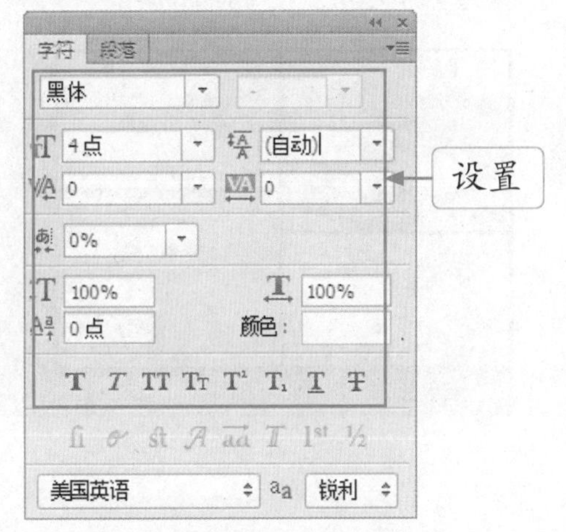

图 21-87 设置“颜色”为白色

Step 25 在图像编辑窗口中，单击鼠标左键确认文字的输入点，输入文字，按【Ctrl ＋ Enter】组合键确认操作，如图 21-88 所示。

图 21-88 输入文字

Step 26 用与上述相同的方法，在编辑窗口中，输入相应的文字，如图 21-89 所示。

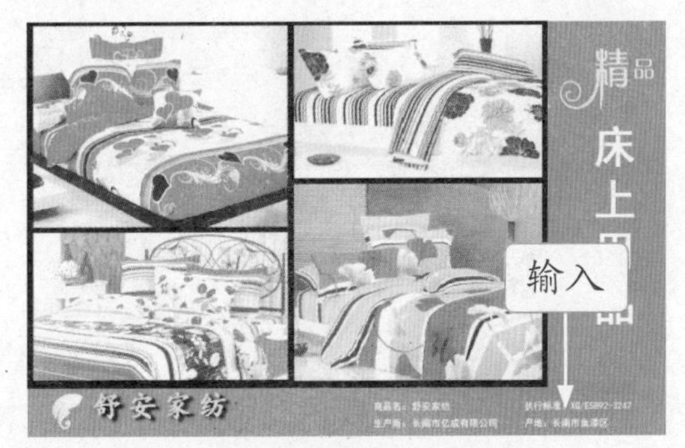

图 21-89 输入相应的文字

Step 27 在工具箱中选取矩形工具，在工具属性栏上，单击“形状”按钮，设置“前景色”为黄色，在图像编辑窗口的合适位置绘制一个矩形，如图 21-90 所示。

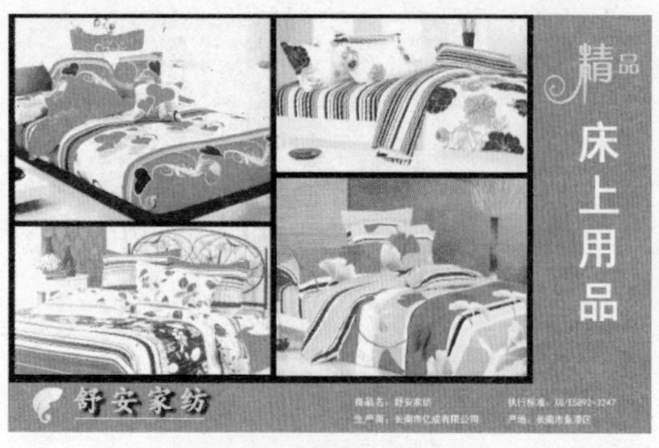

图 21-90 绘制一个矩形

Step 28 选取横排文字工具，设置“字体”为“黑体”、“大小”为 4、“颜色”为白色，在图像编辑窗口中，输入相应的文字，最终效果如图 21-91 所示。

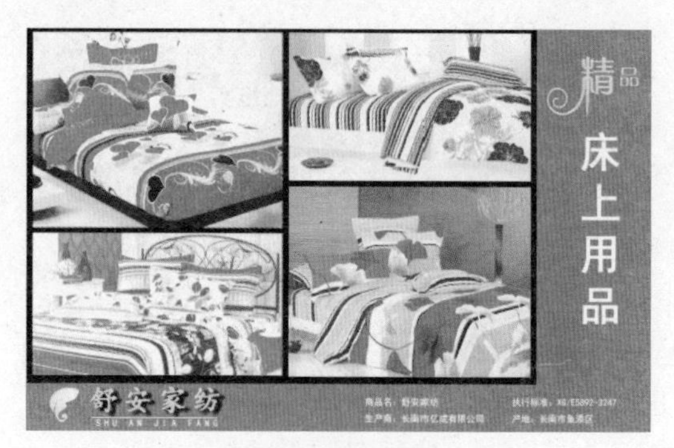

图 21-91 输入相应的文字

第22章 平面包装案例实战

学前提示

包装是产品的延伸，是顾客消费的重要组成部分，是一种市场营销活动。商品的包装和广告一样，是沟通企业与消费者之间的直接桥梁，是一个极为重要的宣传媒介。平面包装设计也是平面设计不可或缺的一部分，它是根据产品的内容进行内外包装的总体设计工作，是一项具有艺术性和商业性的设计。

本章知识重点

- 饮料包装——儿童牛奶
- 手提袋——前线潮人

学完本章后应该掌握的内容

- 掌握饮料包装的制作方法
- 掌握手提袋的制作方法

视频演示

22.1 饮料包装——儿童牛奶

本实例作品采用纯洁清新的色彩，表现该牛奶的天然无公害特性，在视觉上给人清新浪漫的感觉，传达一种健康温馨的心理感受。

本实例效果如图 22-1 所示。

图 22-1 饮料包装——儿童牛奶

	实例文件	光盘 \ 实例 \ 第 22 章 \ 儿童牛奶 .psd
	所用素材	光盘 \ 素材 \ 第 22 章 \ 白云 .psd、牛奶 1.psd、牛奶 2.psd、小书童 .jpg

22.1.1 制作立体效果

Step 01 单击“文件”|“新建”命令，**1** 弹出“新建”对话框，**2** 设置各选项，如图 22-2 所示，**3** 单击“确定”按钮，即可新建一个空白文档。

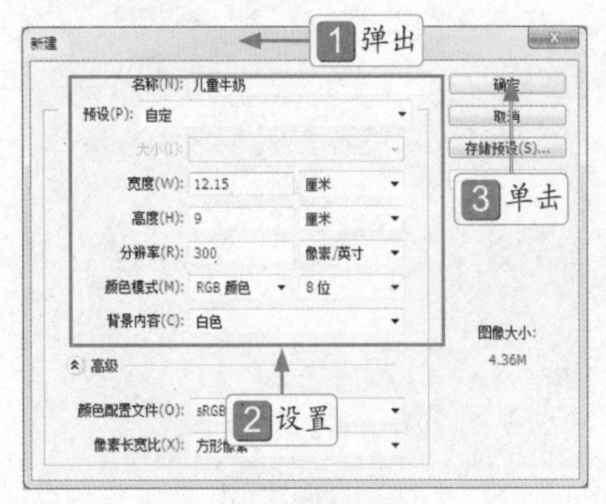

图 22-2 设置各选项

Step 02 新建“图层 1”图层，选取渐变工具，在图像内填充蓝色（RGB 参数值分别为 28、115、212）到白色的线性渐变，如图 22-3 所示。

图 22-3 选择需要打开的素材文件

Step 03 按【Ctrl + O】组合键，打开一幅素材图像，如图 22-4 所示。

Step 04 将该素材拖曳至“儿童牛奶”图像编辑窗口中，调整图的大小和位置，如图 22-5 所示。

Step 05 新建“图层 2”图层，显示标尺，创建参考线，选取钢笔工具，在图像编辑窗口中创建一条闭合路径，如图 22-6 所示。

图 22-4 素材图像

图 22-5 调整图的大小和位置

图 22-6 创建一条闭合路径

Step 06 按【Ctrl + Enter】组合键，将路径转换为选区，如图 22-7 所示。

Step 07 在工具箱中，选取渐变工具，在工具属性栏上单击“点按可编辑渐变”按钮，**1** 弹出“渐变编辑器”对话框，**2** 设置由粉红色（RGB 参数值分别为 247、95、176）到白色再到粉红色的渐变色，如图 22-8 所示，**3** 单击“确定”按钮。

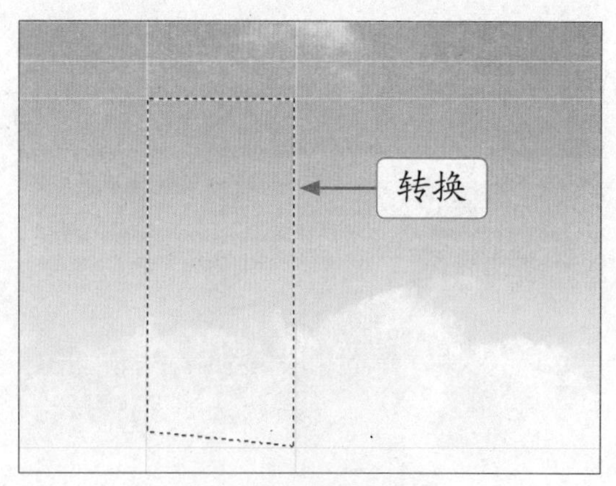

图 22-7 将路径转换为选区

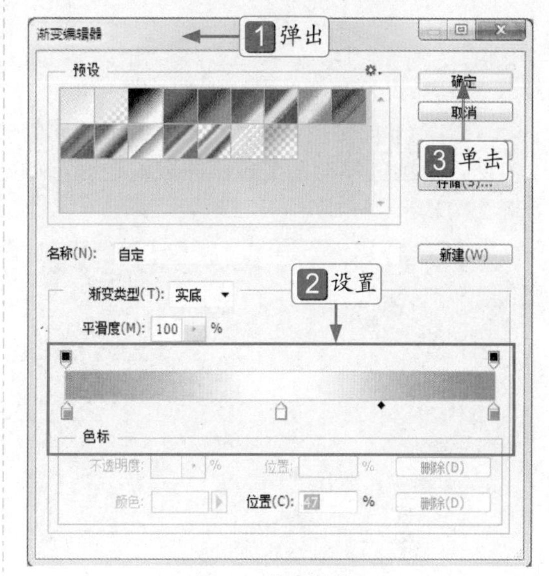

图 22-8 设置渐变色

Step 08 移动鼠标指针至选区上方，按住鼠标左键并向下拖曳，释放鼠标左键，即可填充渐变色，取消选区，如图 22-9 所示。

图 22-9 填充渐变色

Step 09 新建“图层 3”图层，选取钢笔工具，在图像中创建路径，并将路径转换为选区，如图 22-10 所示。

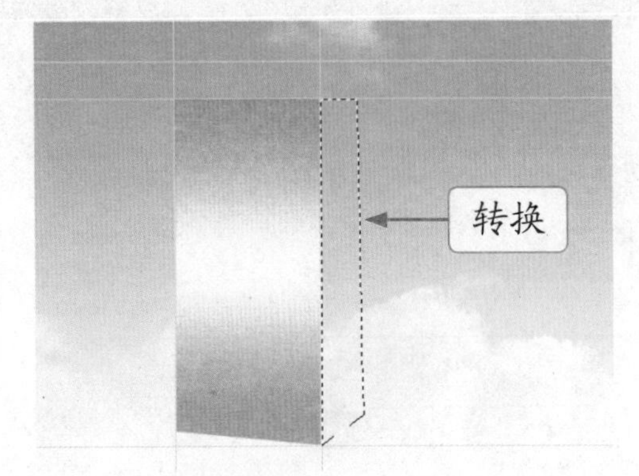

图 22-10 将路径转换为选区

Step 10 运用与步骤 7 和步骤 8 相同的方法，为选区填充渐变色，并取消选区，如图 22-11 所示。

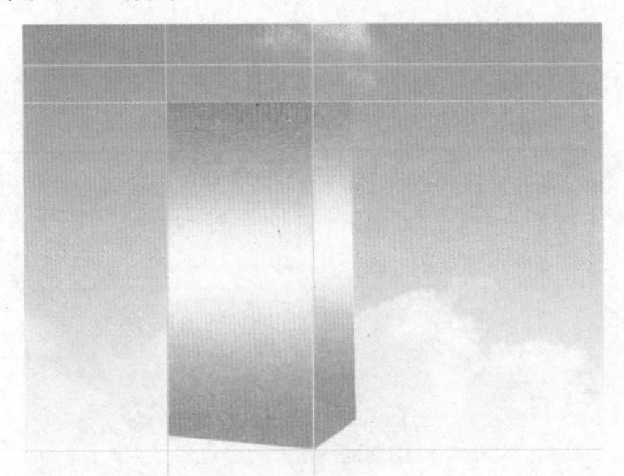

图 22-11 填充渐变色

Step 11 新建“图层 4”图层，选取钢笔工具，在图像中创建路径，并将路径转换为选区，如图 22-12 所示。

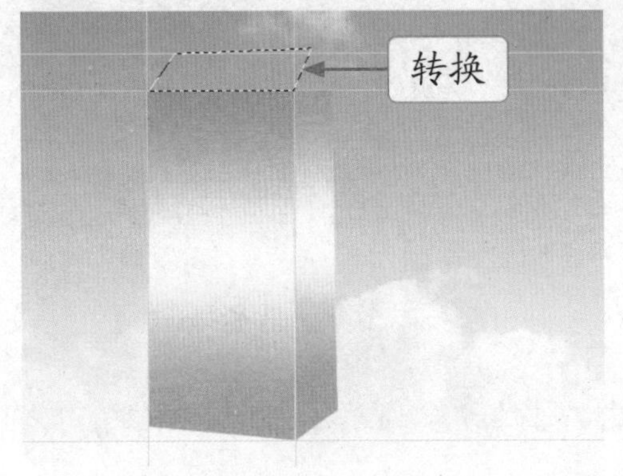

图 22-12 将路径转换为选区

Step 12 运用与步骤 7 和步骤 8 相同的方法，为选区填充渐变色，并取消选区，如图 22-13 所示。

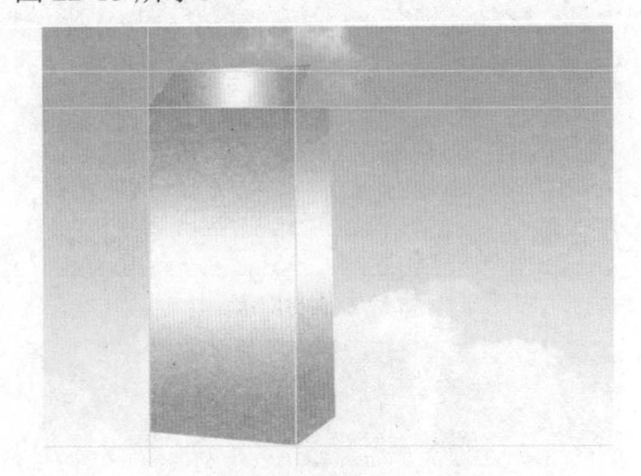

图 22-13 填充渐变色

Step 13 新建“图层 5”图层，单击前景色色块，1 弹出“拾色器（前景色）”对话框，2 设置颜色为洋红色（RGB 参数值分别为 235、5、115），如图 22-14 所示，3 单击“确定”按钮。

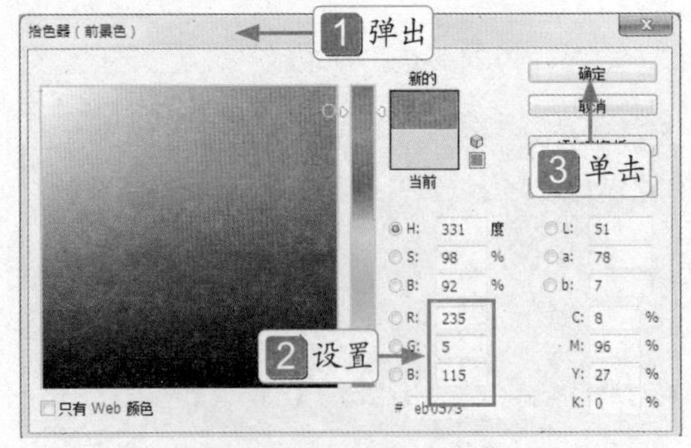

图 22-14 设置颜色为红色

Step 14 选取钢笔工具，在图像中创建路径，将路径转换为选区，如图 22-15 所示。

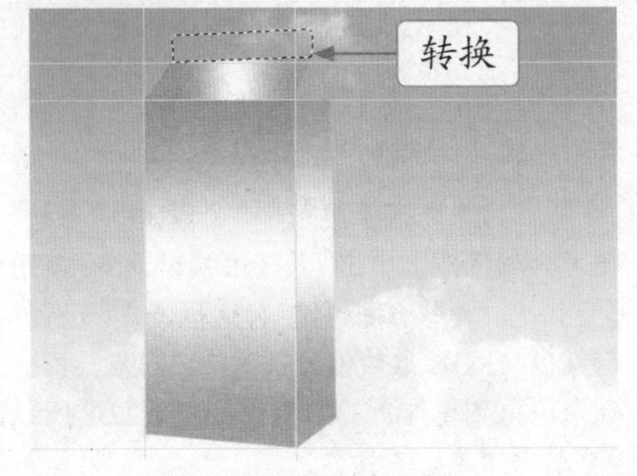

图 22-15 将路径转换为选区

Step 15 按【Alt + Delete】组合键，为选区填充前景色，取消选区，如图 22-16 所示。

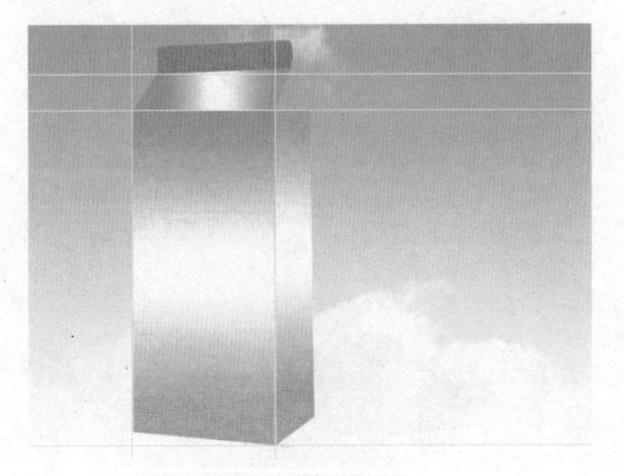

图 22-16 填充前景色

Step 16 新建“图层 6”图层，选取钢笔工具，在图像中创建路径，并将路径转换为选区，如图 22-17 所示。

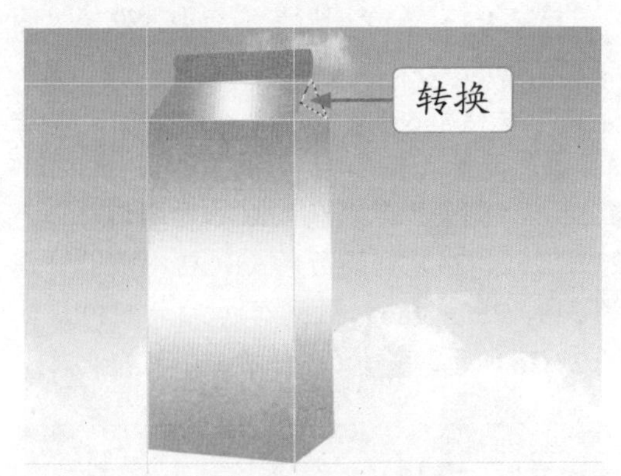

图 22-17 将路径转换为选区

Step 17 按【Alt + Delete】组合键，为选区填充前景色，取消选区，如图 22-18 所示。

图 22-18 填充前景色

Step 18 新建“图层 7”图层，设置前景色为白色，选取钢笔工具，在图像中创建路径，再将路径转换为选区，如图 22-19 所示。

图 22-19 将路径转换为选区

Step 19 设置前景色为白色，按【Alt + Delete】组合键，为选区填充前景色，取消选区，如图 22-20 所示。

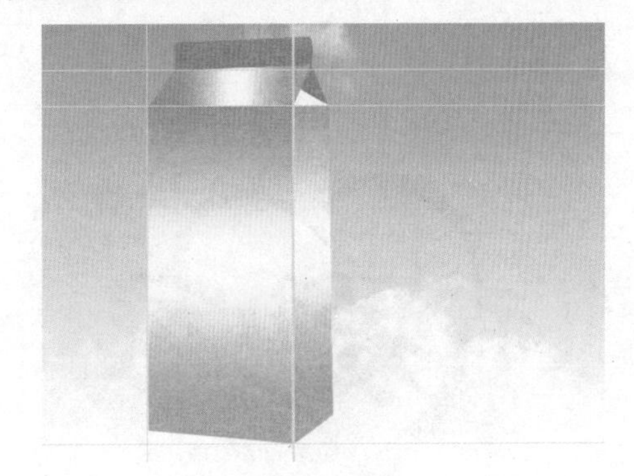

图 22-20 填充前景色

Step 20 设置前景色为灰色（RGB 参数值分别为 150、147、147），**1** 选取渐变工具，调出“渐变编辑器”对话框，**2** 设置“预设”为“前景色到透明渐变”的渐变色，如图 22-21 所示，**3** 单击“确定”按钮。

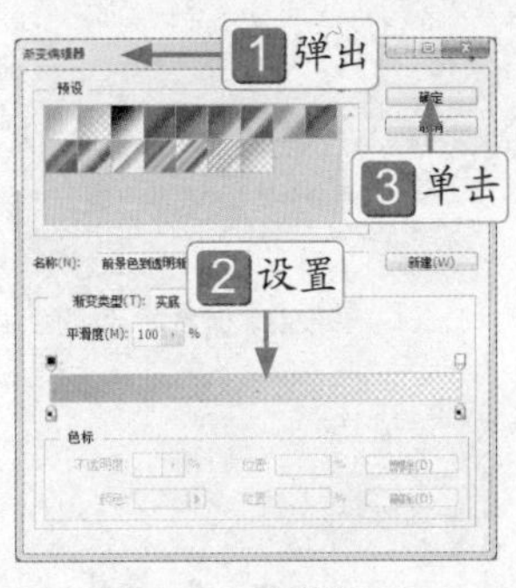

图 22-21 设置渐变色

Step 21 在“图层”面板中，单击“锁定透明像素”按钮，分别锁定“图层 3”图层和“图层 7”图层的透明像素，如图 22-22 所示。

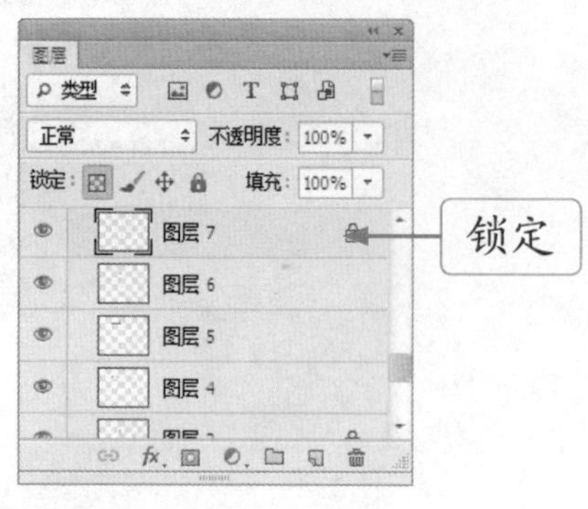

图 22-22 锁定图层的透明像素

Step 22 分别为“图层 3”图层和“图层 7”图层填充径向渐变，此时图像编辑窗口中的图像效果如图 22-23 所示。

图 22-23 填充径向渐变

22.1.2 制作文字效果

Step 01 按【Ctrl + O】组合键，打开一幅素材图像，如图 22-24 所示。

图 22-24 素材图像

Step 02 将该素材拖曳至“儿童牛奶”图像编辑窗口中，调整图的大小和位置，如图 22-25 所示。

图 22-25 调整图的大小和位置

Step 03 在“图层”面板中，选择“图层 8”图层，双击鼠标左键，**1** 弹出“图层样式”对话框，**2** 选中“渐变叠加”复选框，**3** 设置“不透明度”为 100%，“角度”为 90，“渐变”从黄色（RGB 参数值分别为 249、252、24）到浅黄色（RGB 参数值分别为 248、255、186）再到黄色的渐变色，如图 22-26 所示，**4** 单击“确定”按钮。

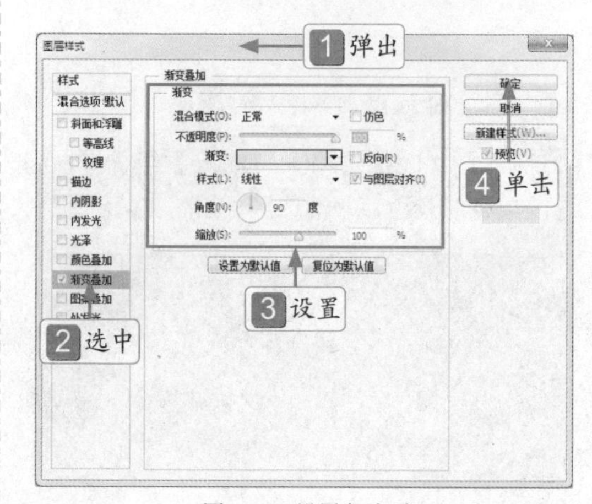

图 22-26 设置各选项

Step 04 执行操作后，即可为图像添加图层样式，图像编辑窗口中的图像效果如图 22-27 所示。

图 22-27 添加图层样式

Step 05 用与上述相同的方法，在“图层样式”对话框中，1 选中“投影”复选框，2 设置各选项，如图 22-28 所示，3 单击“确定”按钮。

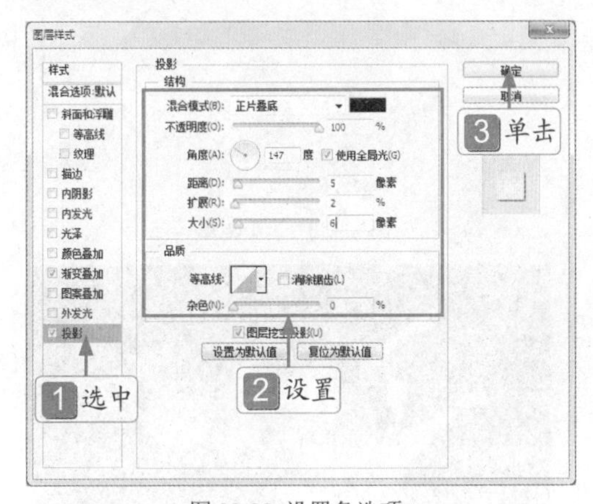

图 22-28 设置各选项

Step 06 执行操作后，即可为图像添加图层样式，图像编辑窗口中的图像效果，如图 22-29 所示。

图 22-29 添加图层样式

Step 07 在工具箱中，单击前景色色块，1 弹出“拾色器（前景色）”对话框，2 设置颜色为黄色，如图 22-30 所示，3 单击“确定”按钮。

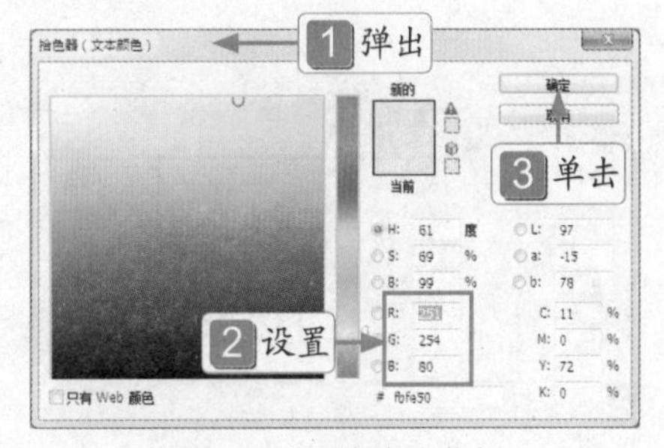

图 22-30 设置颜色为黄色

Step 08 在工具箱中，选取横排文字工具，在工具属性栏上，单击“切换字符和段落面板”按钮，展开“字符”面板，设置各选项，如图 22-31 所示。

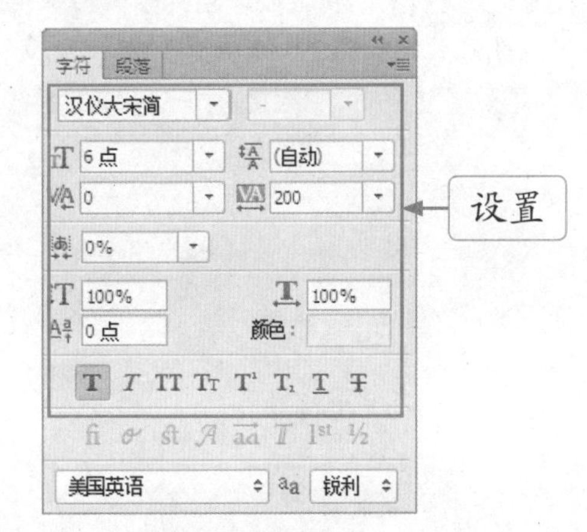

图 22-31 设置各选项

Step 09 在图像编辑窗口中，单击鼠标左键确认文字的插入点，输入相应的文字，按【Ctrl + Enter】组合键确认，如图 22-32 所示。

图 22-32 输入相应的文字

Step 10 在“图层”面板中，选择“牛奶水果味”文字图层，双击鼠标左键，**1** 弹出“图层样式”对话框，**2** 选中“描边”复选框，**3** 设置各选项，如图 22-33 所示，**4** 单击“确定”按钮。

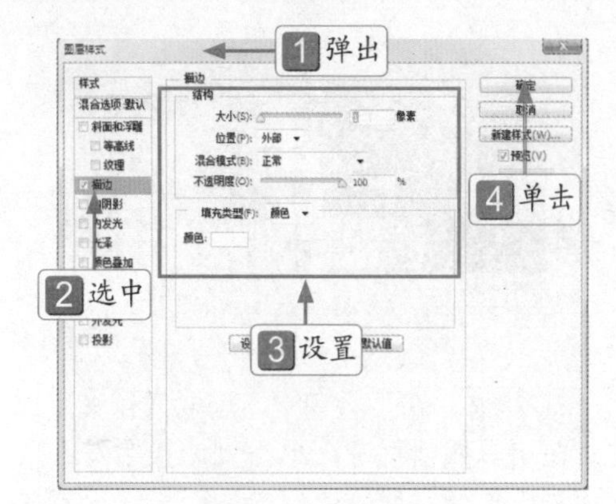

图 22-33 设置各选项

Step 11 执行操作后，图像编辑窗口中的图像效果如图 22-34 所示。

图 22-34 图像效果

Step 12 用与上述相同的方法，在“图层样式”对话框中，**1** 选中“投影”复选框，**2** 设置各选项，如图 22-35 所示，**3** 单击“确定”按钮。

Step 13 执行操作后，图像编辑窗口中的图像效果如图 22-36 所示。

Step 14 按【Ctrl + O】组合键，打开一幅素材图像，如图 22-37 所示。

Step 15 将该素材拖曳至“儿童牛奶”图像编辑窗口中，调整图的大小和位置，如图 22-38 所示。

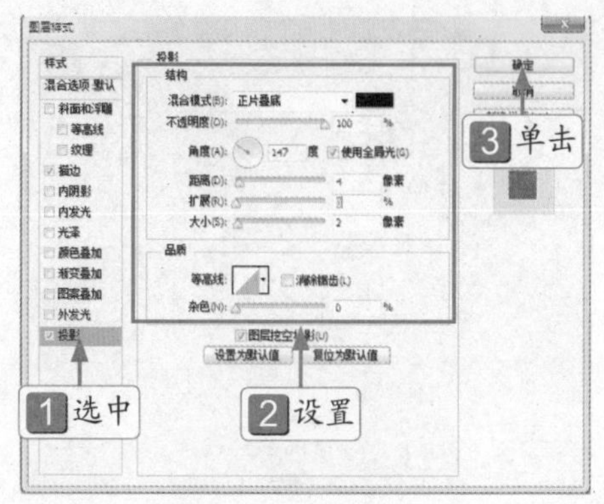

图 22-35 设置各选项

图 22-36 图像效果

图 22-37 素材图像

图 22-38 调整图像的大小和位置

Step 16 按【Ctrl + O】组合键，打开一幅素材图像，将该素材拖曳至“儿童牛奶”图像编辑窗口中，并调整图像的大小和位置，如图 22-39 所示。

图 22-39 调整图像的大小和位置

Step 17 复制 3 次“草莓”图层，并分别调整其图像大小、方向和位置，如图 22-40 所示。

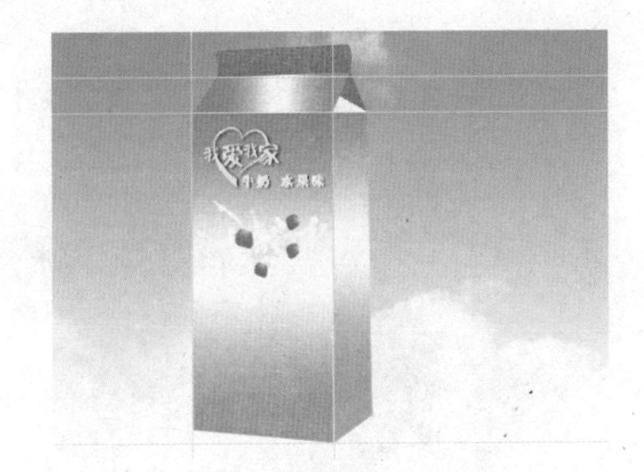

图 22-40 调整图像大小、方向和位置

Step 18 按【Ctrl + O】组合键，打开一幅素材图像，将该素材拖曳至“儿童牛奶”图像编辑窗口中，并调整图像的大小和位置，如图 22-41 所示。

图 22-41 调整图像的大小和位置

Step 19 按【Ctrl + O】组合键，打开一幅素材图像，将该素材拖曳至“儿童牛奶”图像编辑窗口中，并调整图像的大小和位置，如图 22-42 所示。

图 22-42 调整图像的大小和位置

Step 20 在“图层”面板中，选择“绿草”图层，单击面板底部的“添加矢量蒙版”按钮，为“绿草”图层添加图层蒙版，如图 22-43 所示。

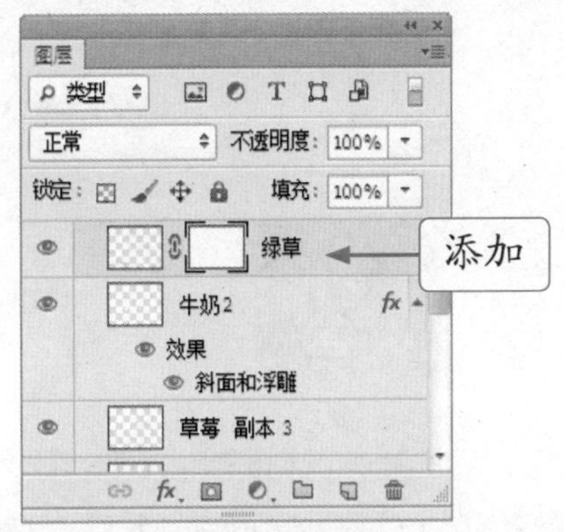

图 22-43 添加图层蒙版

Step 21 选取黑色的画笔工具，在图像中进行涂抹，隐藏部分图像，如图 22-44 所示。

图 22-44 隐藏部分图像

Step 22 按【Ctrl + O】组合键，打开一幅素材图像，如图 22-45 所示。

图 22-45 素材图像

Step 23 将该素材拖曳至“儿童牛奶”图像编辑窗口中，调整图像的大小和位置，如图 22-46 所示。

图 22-46 调整图像的大小和位置

Step 24 按【Ctrl + T】组合键，旋转图像至合适的角度，按【Enter】键，确认操作，如图 22-47 所示。

图 22-47 旋转图像至合适的角度

Step 25 在“图层”面板中，选择“图层 9”图层，单击面板底部的“添加矢量蒙版”按钮，添加蒙版，如图 22-48 所示。

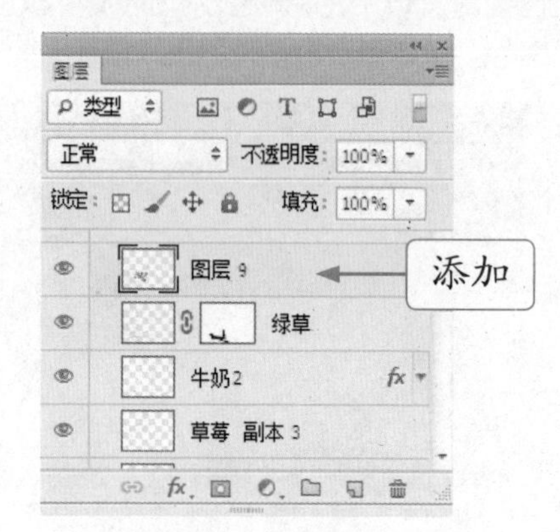

图 22-48 添加蒙版

Step 26 在工具箱中，选取画笔工具，设置前景色为黑色，在图像编辑窗口的适当位置进行涂抹，隐藏部分图像，如图 22-49 所示。

图 22-49 隐藏部分图像

Step 27 用与上述相同的方法，涂抹图像其他部分，隐藏图像，效果如图 22-50 所示。

图 22-50 隐藏图像

Step 28 在“图层“面板中，选择“图层8”图层，按【Ctrl＋J】组合键，复制图层，得到“图层8副本”图层，如图22-51所示。

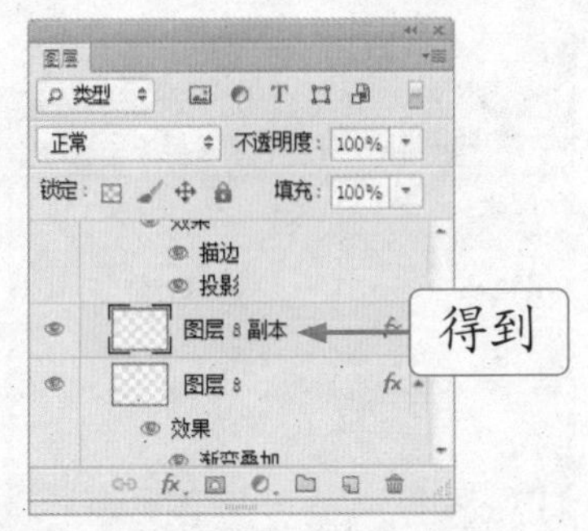

图22-51 得到“图层8副本”图层

Step 29 在图像编辑窗口中，将所复制的图像调整至合适的大小，并移至合适的位置，如图22-52所示。

图22-52 移动图像至合适的位置

Step 30 在工具箱中，单击前景色色块，**1** 弹出“拾色器（前景色）”对话框，**2** 设置颜色为黄色（RGB参数值分别为251、255、0），如图22-53所示，**3** 单击“确定”按钮。

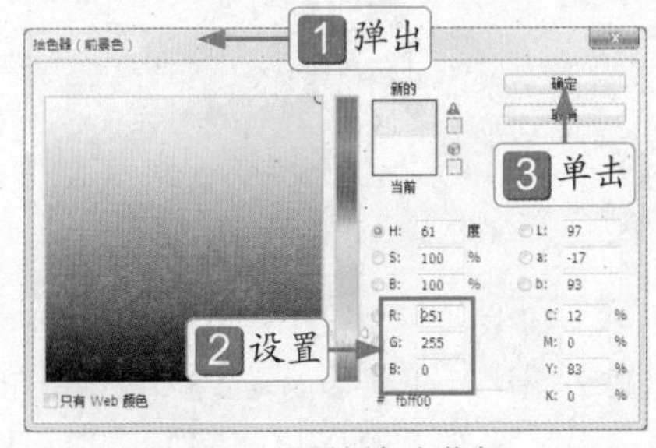

图22-53 设置颜色为黄色

Step 31 在工具箱中，选取横排文字工具，在工具属性栏上单击“切换字符和段落面板”按钮，展开“字符”面板，设置各选项，如图22-54所示。

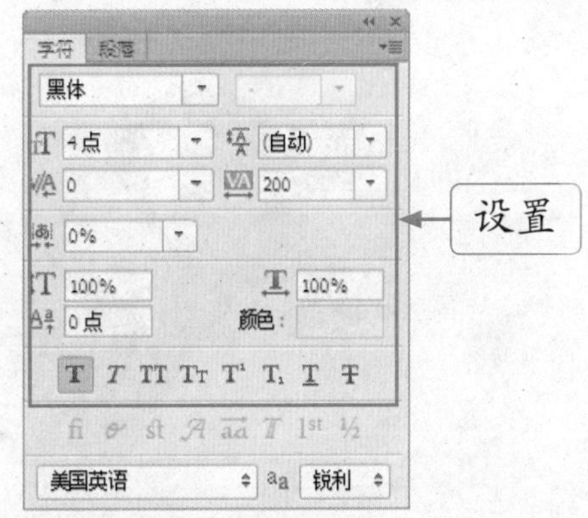

图22-54 设置各选项

Step 32 在图像编辑窗口中，单击鼠标左键确认文字的输入点，输入相应的文字，如图22-55所示。

图22-55 输入相应的文字

Step 33 单击“编辑”|“变换”|“斜切”命令，调出变换控制框，如图22-56所示。

图22-56 调出变换控制框

Step 34 对文字进行变换，按【Enter】键确认操作，如图22-57所示。

Step 35 按【Ctrl＋O】组合键，打开一幅素材图像，将该素材拖曳至“儿童牛奶”图像编辑窗口中，如图22-58所示。

图 22-57 对文字进行变换

图 22-58 将该素材拖曳至像编辑窗口中

Step 36 按【Ctrl + T】组合键，调出变换控制框，调整图像的大小和位置，按【Enter】键确认操作，如图 22-59 所示。

图 22-59 调整图像的大小和位置

Step 37 选取横排文字工具，在工具属性栏栏上，单击"切换字符和段落面板"按钮，展开"字符"面板，设置各选项，如图 22-60 所示。

图 22-60 设置各选项

Step 38 在图像编辑窗口中，输入相应的文字，按【Enter】键确认，如图 22-61 所示。

图 22-61 输入相应的文字

Step 39 在"图层"面板中，选择相应的文字图层，单击鼠标右键，在弹出的快捷菜单中，选择"栅格化文字"选项，如图 22-62 所示，即可栅格化文字。

Step 40 按【Ctrl + T】组合键，调出变换控制框，调整图像的大小和位置，如图 22-63 所示。

图 22-62 选择“栅格化文字”选项

图 22-63 调整图像的大小和位置

Step 41 在变换框中，单击鼠标右键，在弹出的快捷菜单中，选择“斜切”选项，如图 22-64 所示。

图 22-64 选择“斜切”选项

Step 42 执行操作后，斜切图像，按【Enter】键确认操作，效果如图 22-65 所示。

图 22-65 斜切图像

22.1.3 制作整体效果

Step 01 在“图层”面板中，单击“面板”底部的“创建新组”按钮，创建“组 1”组，将“背景”图层、“图层 1”图层和“白云”图层以外的所有图层拖曳至“组 1”组中，如图 22-66 所示。

Step 02 在“图层”面板中，选择“组 1”组，复制“组 1”组，即可得到“组 1 副本”组，在图像编辑窗口中，移动“组 1 副本”组至合适的位置，如图 22-67 所示。

图 22-66 拖曳至“组 1”组中

图 22-67 移动“组 1 副本”组至合适的位置

Step 03 按【Ctrl + O】组合键，打开一幅素材图像，将该素材拖曳至“儿童牛奶”图像编辑窗口中，调整图像至合适位置，如图 22-68 所示。

图 22-68 调整图像至合适位置

Step 04 选择“图层 10”图层，将选中的图层拖曳至“白云”图层的上方，如图 22-69 所示。

图 22-69 拖曳至“白云”图层的上方

Step 05 按【Ctrl + O】组合键，打开一幅素材图像，如图 22-70 所示。

图 22-70 素材图像

Step 06 将该素材拖曳至“儿童牛奶”图像编辑窗口中，调整图像的大小和位置，如图 22-71 所示。

图 22-71 调整图像的大小和位置

Step 07 复制“树叶”图层，得到“树叶副本”图层，并调整图像的大小和方向至合适位置，隐藏参考线，如图 22-72 所示。

图 22-72 隐藏参考线

22.2 手提袋——前线潮人

本实例作设计的是一款前线潮人手提袋，采用以黄色为主色调，以不同的花纹样式为设计元素，以轻松活跃的排版紧扣主题，充分体现了该品牌的中心思想，带给消费者愉快的购物心情。

本实例效果如图 22-73 所示。

图 22-73 手提袋——前线潮人

<table>
<tr><td rowspan="2"></td><td>实例文件</td><td>光盘 \ 实例 \ 第 22 章 \ 前线潮人 .psd、前线潮人立体效果 .psd</td></tr>
<tr><td>所用素材</td><td>光盘 \ 素材 \ 第 22 章 \ 背景 .psd、带子 .psd、花藤 .psd、圆圈 .psd</td></tr>
</table>

22.2.1 制作手提袋主体效果

Step 01 单击“文件”|“新建”命令，1 弹出“新建”对话框，2 设置各选项，如图 22-74 所示，3 单击“确定”按钮，新建空白文档。

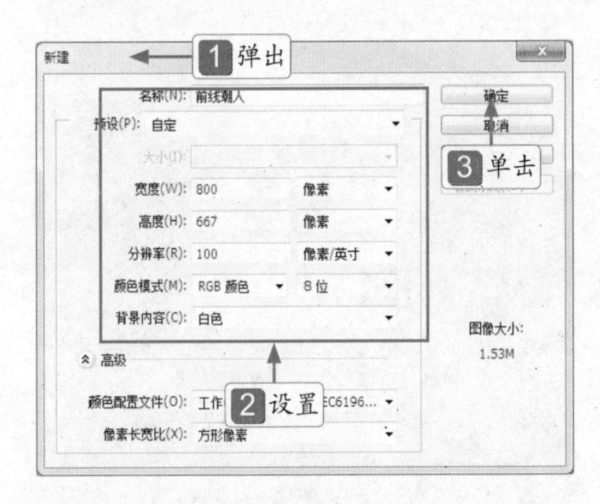

图 22-74 设置各选项

Step 02 选取渐变工具，单击“点按可编辑渐变”按钮，1 弹出“渐变编辑器”对话框，添加两个色标，2 设置黄色（RGB 参数值分别为 255、252、14）到白色的线性渐变，如图 22-75 所示，3 单击“确定”按钮。

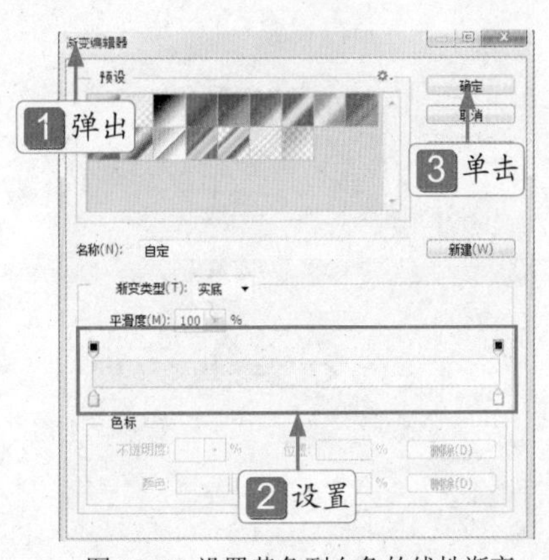

图 22-75 设置黄色到白色的线性渐变

Step 03 在“图层”面板中，单击面板底部的“创建新图层”按钮，新建“图层 1”图层，如图 22-76 所示。

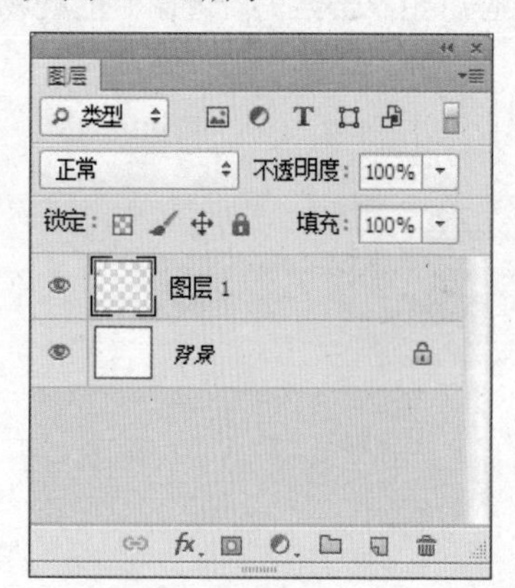

图 22-76 新建“图层 1”图层

Step 04 在图像编辑窗口中，填充线性渐变色，如图 22-77 所示。

图 22-77 填充线性渐变色

Step 05 按【Ctrl + O】组合键，打开一幅素材图像，如图 22-78 所示。

图 22-78 素材图像

Step 06 将该素材拖曳至图像编辑窗口中，调整图像的大小和位置，如图 22-79 所示。

图 22-79 调整图像的大小和位置

Step 07 按【Ctrl + O】组合键，打开一幅素材图像，如图 22-80 所示。

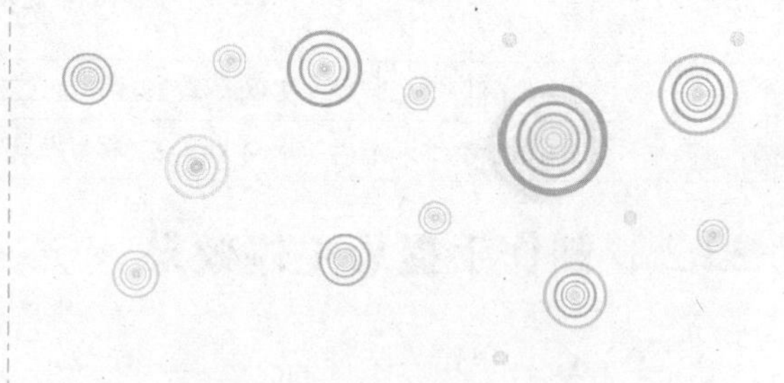

图 22-80 素材图像

Step 08 将该素材拖曳至图像编辑窗口中，调整图像至合适的位置，如图 22-81 所示。

图 22-81 调整图像至合适的位置

Step 09 选取画笔工具，单击“窗口”|“画笔”命令，1 展开“画笔”面板，选择“画笔笔尖形状”选项，2 在“画笔”预选框中选择“尖角25”画笔图标，3 设置“大小”为25像素、“硬度”为100%、“间距”为200%，如图22-82所示。

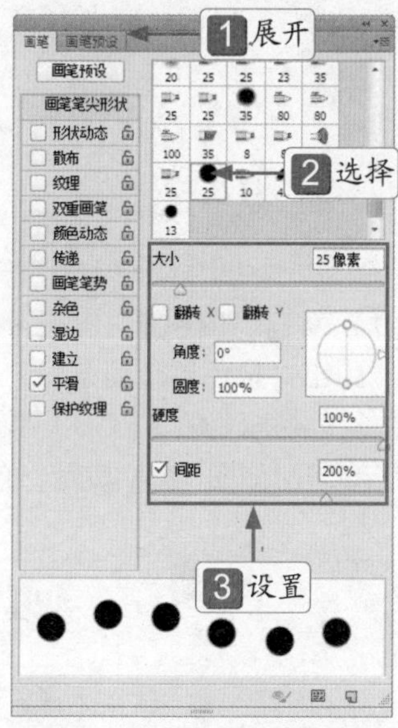

图22-82 设置“间距”为200%

Step 10 1 选中“形状动态”复选框，2 设置“大小抖动”为100%、“最小直径”为30%、“角度抖动”为0%、“圆度抖动”为0%，如图22-83所示。

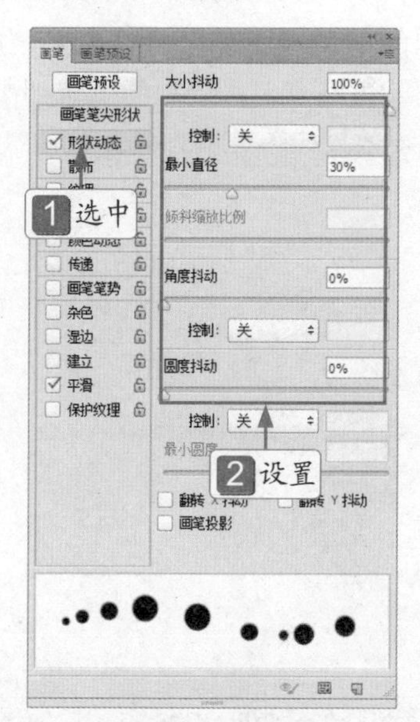

图22-83 设置“圆度抖动”为0%

Step 11 1 选中“散布”复选框，选中“两轴”复选框，2 设置“散布”为1000%、“数量”为2、“数量抖动”为20%，如图22-84所示。

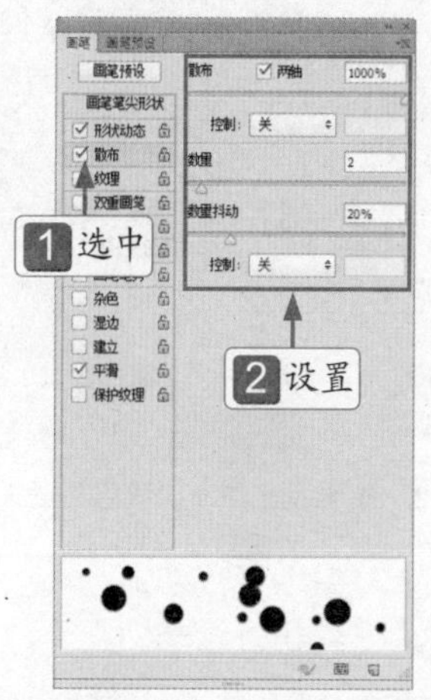

图22-84 设置“数量抖动”为20%

Step 12 新建“图层3”图层，单击前景色色块，1 弹出“拾色器（前景色）”对话框，2 设置前景色为紫色（RGB参数值分别为179、97、255），如图22-85所示，单击“确定”按钮。

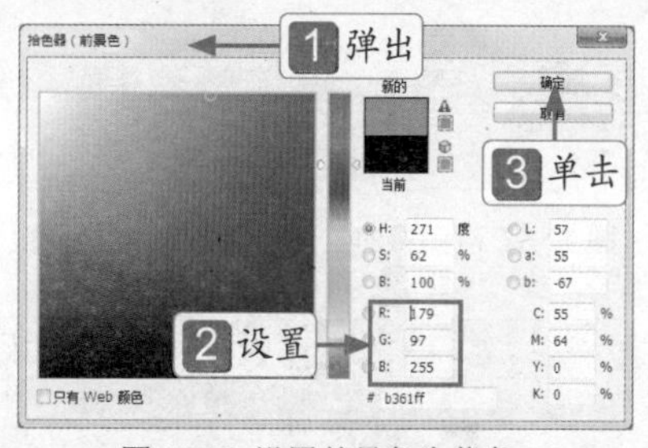

图22-85 设置前景色为紫色

Step 13 在图像编辑窗口中单击鼠标左键并拖曳，即可绘制出散布的紫色圆点，如图22-86所示。

Step 14 在工具箱中，选取移动工具，对图像的位置和角度进行适当地调整，如图22-87所示。

Step 15 新建“图层4”图层，单击前景色色块，1 弹出“拾色器（前景色）”对话框，2 设置前景色为蓝紫色（RGB参数值分别为150、180、255），如图22-88所示，单击“确定”按钮。

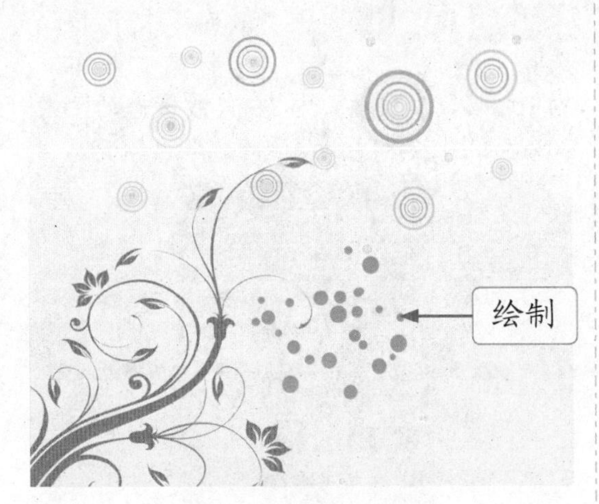

图 22-86 绘制出散布的紫色圆点

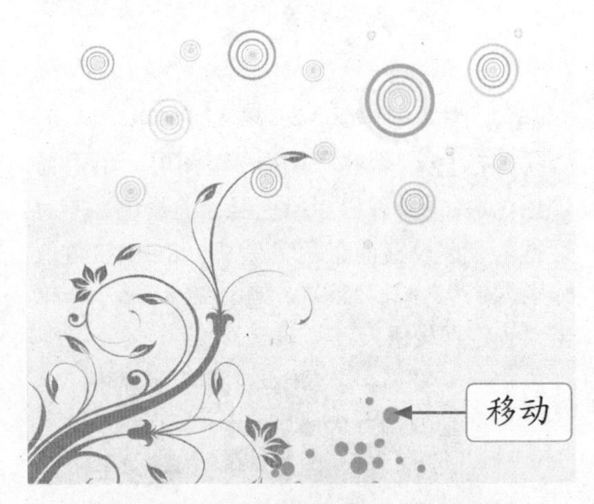

图 22-87 对图像的位置和角度适当地调整

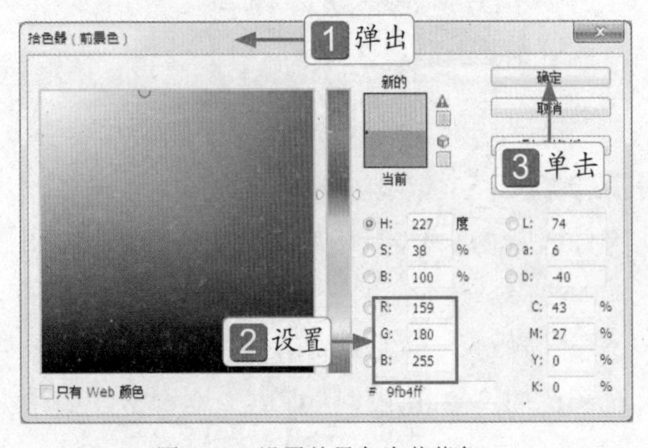

图 22-88 设置前景色为蓝紫色

Step 16 在图像编辑窗口中单击鼠标左键并拖曳，即可绘制出散布的蓝紫色圆点，选取移动工具，将绘制的图像调整至合适的位置，如图 22-89 所示。

图 22-89 将绘制的图像调整至合适的位置

Step 17 新建“图层 5”图层，单击前景色色块，弹出“拾色器（前景色）”对话框，设置前景色为湖蓝色（RGB 参数值分别为 97、250、255），如图 22-90 所示，单击“确定”按钮。

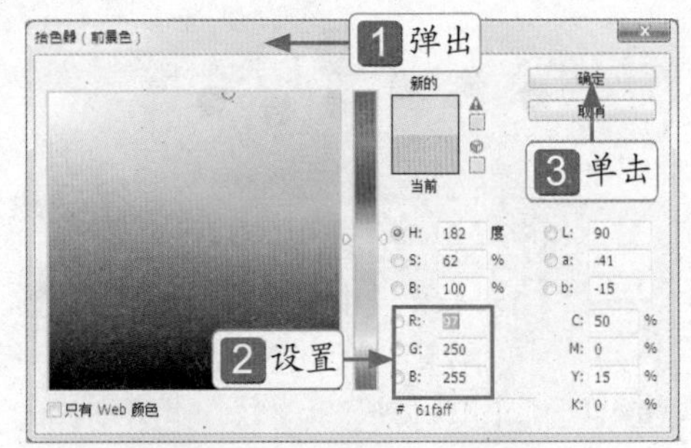

图 22-90 设置前景色为湖蓝色

Step 18 用与上述相同的方法，绘制出散布的湖蓝色圆点，将绘制的图像调整至合适的位置，效果如图 22-91 所示。

图 22-91 将绘制的图像调整至合适的位置

22.2.2 制作手提袋文字效果

Step 01 在工具箱中，单击前景色色块，**1**“弹出“拾色器（前景色）”对话框，**2** 设置前景色为红色（RGB 参数值分别为了 255、42、42），如图 22-92 所示，**3** 单击“确定”按钮。

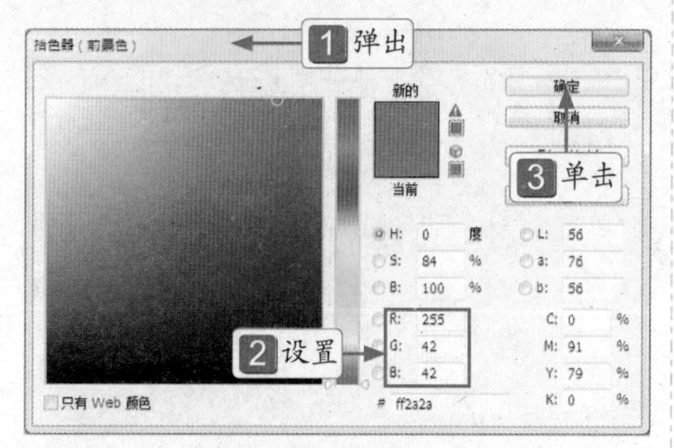

图 22-92 设置前景色为红色

Step 02 在工具箱中，选取横排文字工具，在工具属性栏上，单击“切换字符和段落面板”按钮，展开“字符”面板，设置各选项，如图 22-93 所示。

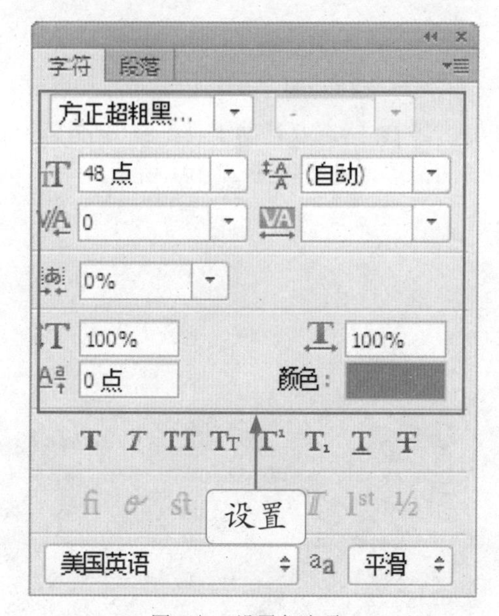

图 22-93 设置各选项

Step 03 在图像编辑窗口中，单击鼠标左键确认文字的输入点，输入相应的文字，按【Ctrl + Enter】组合键，确认输入的文字，如图 22-94 所示。

图 22-94 确认输入的文字

Step 04 单击“图层”|“图层样式”|“投影”命令，**1** 弹出“图层样式”对话框，**2** 设置各选项，如图 22-95 所示，**3** 单击“确定”按钮。

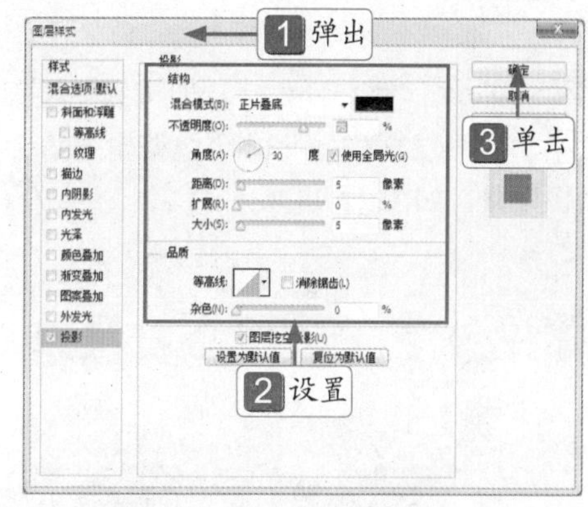

图 22-95 设置各选项

Step 05 执行操作后，图像编辑窗口中的图像效果如图 22-96 所示。

图 22-96 图像效果

Step 06 单击“图层”|“图层样式”|“描边”命令，**1** 即可弹出“图层样式”对话框，**2** 设置“大小”为3、“不透明度”为100%、“颜色”为浅蓝色（RGB参数值分别为196、247、255），如图22-97所示，**3** 单击“确定”按钮。

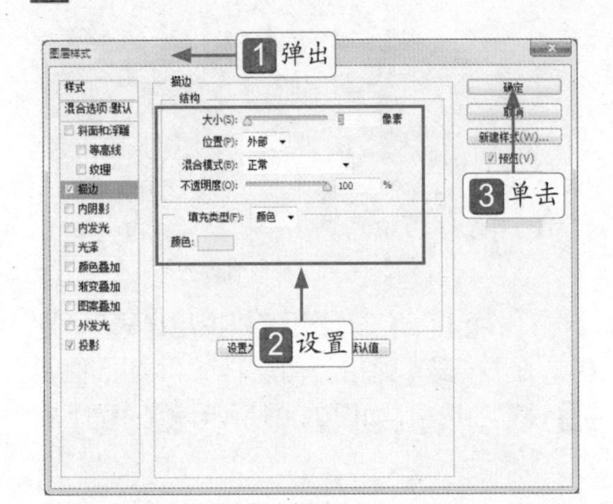

图 22-97 设置“颜色”为浅蓝色

Step 07 执行操作后，即可为图像添加“描边”图层样式，此时图像编辑窗口中的图像效果，如图22-98所示。

图 22-98 为图像添加“描边”图层样式

Step 08 在工具箱中，选取横排文字工具，按住鼠标左键并拖曳，选中“时尚套装”文字，如图22-99所示。

Step 09 在工具属性栏上，设置“字体大小”为18点，即可改变字体的大小，按【Ctrl＋Enter】组合键，确认操作，效果如图22-100所示。

图 22-99 选中“时尚套装”文字

图 22-100 改变字体的大小

Step 10 选取移动工具，将文字移动至合适的位置，效果如图22-101所示。

图 22-101 将文字移动至合适的位置

Step 11 选取钢笔工具，在图像编辑窗口中绘制一条开放的曲线路径，如图22-102所示。

图 22-102 绘制一条开放的曲线路径

Step 12 展开“字符”面板，设置字体的相关属性，如图 22-103 所示。

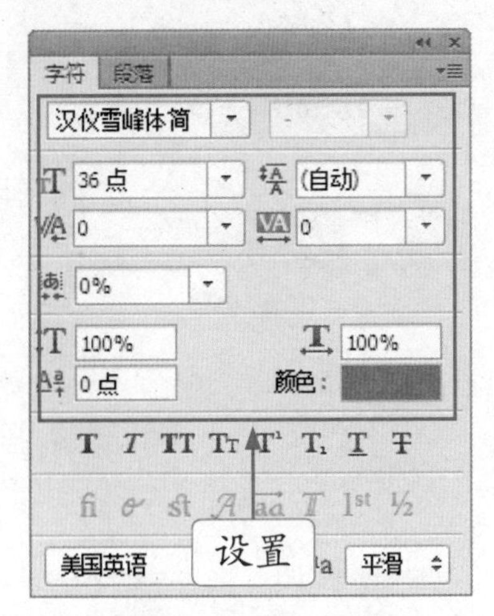

图 22-103 设置字体的相关属性

Step 13 选取横排文字工具，在路径上单击鼠标左键插入文本输入点，再输入文字，如图 22-104 所示。

图 22-104 输入文字

Step 14 按【Ctrl + Enter】组合键，确认文字的输入，并将路径隐藏，效果如图 22-105 所示。

图 22-105 将路径隐藏

22.2.3 制作手提袋立体效果

Step 01 按【Ctrl + O】组合键，打开一幅素材图像，如图 22-106 所示。

图 22-106 素材图像

Step 02 确认当前编辑窗口为“前线潮人”图像编辑窗口，按【Ctrl + Shift + Alt + E】组合键，盖印图层，如图 22-107 所示。

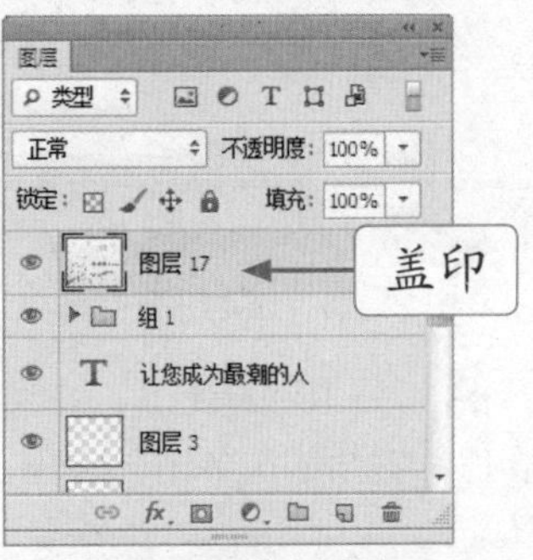

图 22-107 盖印图层

Step 03 将得到的图像拖曳至“背景”图像编辑窗口中，并调整图像大小，如图 22-108 所示。

图 22-108 调整图像大小

Step 04 按【Ctrl + T】组合键，调出变换控制框，根据需要对图像进行变形，调整好图像后，按【Enter】键确认操作，如图 22-109 所示。

图 22-109 对图像进行变形

Step 05 选取钢笔工具，在图像编辑窗口中的合适位置绘制一条闭合路径，如图 22-110 所示。

Step 06 选取渐变工具，利用“渐变编辑器”对话框，在渐变条上添加两个色标，1 再依次设置为灰色（RGB 参数值均为 163）和白色，如图 22-111 所示，2 单击“确定”按钮。

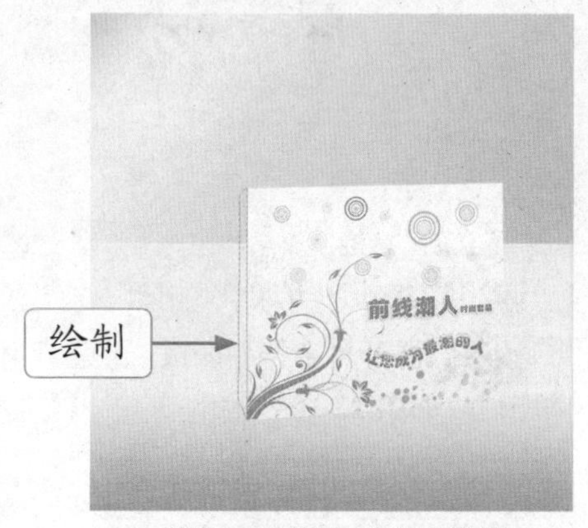

图 22-110 绘制一条闭合路径

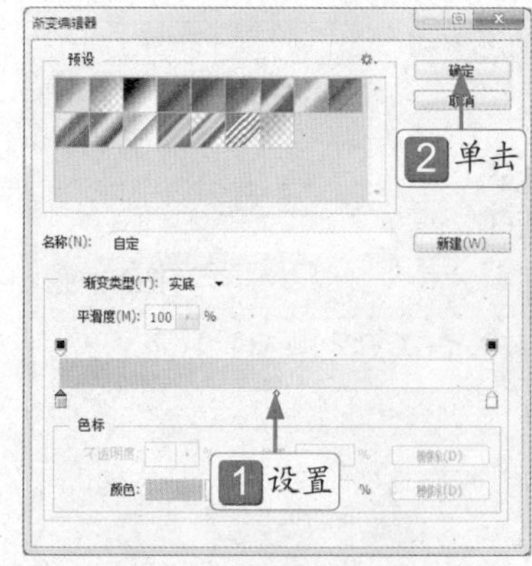

图 22-111 设置为灰色和白色

Step 07 新建“图层 2”图层，按【Ctrl + Enter】组合键，将路径转换为选区，如图 22-112 所示。

图 22-112 将路径转换为选区

Step 08 在图像编辑窗口中，从右至左填充线性渐变色，再取消选区，如图22-113所示。

图22-113 填充线性渐变色

Step 09 选取钢笔工具，在图像编辑窗口中的合适位置绘制一条闭合路径，如图22-114所示。

图22-114 绘制一条闭合路径

Step 10 新建“图层3”图层，按【Ctrl＋Enter】组合键，将路径转换为选区，如图22-115所示。

图22-115 路径转换为选区

Step 11 在图像编辑窗口中，从左至右填充线性渐变色，再取消选区，如图22-116所示。

图22-116 填充线性渐变色

Step 12 选取钢笔工具，在图像编辑窗口中的合适位置绘制一条闭合路径，如图22-117所示。

图22-117 绘制一条闭合路径

Step 13 新建“图层4”图层，按【Ctrl＋Enter】组合键，将路径转换为选区，如图22-118所示。

图22-118 将路径转换为选区

Step 14 在图像编辑窗口中，从左至右填充线性渐变色，再取消选区，如图 22-119 所示。

图 22-119 填充线性渐变色

Step 15 复制“图层 1”图层，得“图层 1 副本”图层，按【Ctrl + T】组合键，垂直翻转图像，如图 22-120 所示。

图 22-120 垂直翻转图像

Step 16 移动图像至合适的位置，此时图像编辑窗口中的图像效果如图 22-121 所示。

图 22-121 移动图像至合适的位置

Step 17 在变换控制框中，单击鼠标右键，在弹出的快捷菜单中，选择“斜切”选项，斜切图像，按【Enter】键确认操作，如图 22-122 所示。

图 22-122 斜切图像

Step 18 在“图层”面板中，选择“图层 1 副本”图层，单击面板底部的“添加矢量蒙版”按钮，添加图层蒙版，如图 22-123 所示。

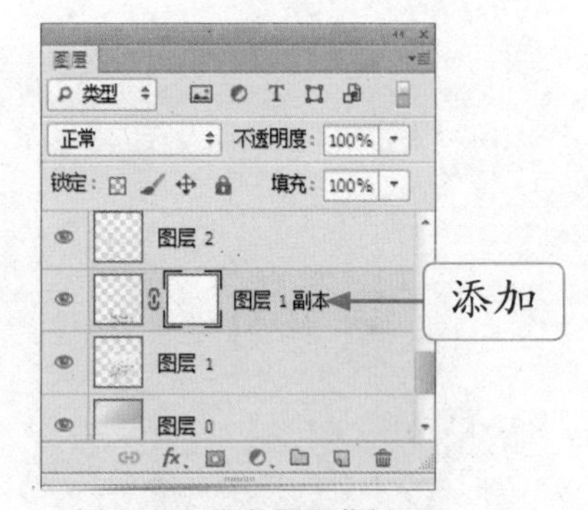

图 22-123 添加图层蒙版

Step 19 选取渐变工具，设置黑白渐变色，将鼠标指针移至图像编辑窗口中，从下至上填充线性渐变色，即可隐藏部分图像，制作出倒影效果，如图 22-124 所示。

图 22-124 隐藏部分图像

Step 20 选择“图层2”、“图层3“和“图层4”图层，复制所选图层并进行合并，将合并后的图层重命名为“图层5”图层，调至图层最顶层，如图22-125所示。

图22-125 调至图层最顶层

Step 21 按【Ctrl + T】组合键，调出变换控制框，将合并后的图像调整至合适位置，垂直翻转图像，如图22-126所示。

图22-126 垂直翻转图像

Step 22 在变换控制框中，单击鼠标右键，在弹出的快捷菜单中，选择“斜切”选项，斜切图像，按【Enter】键确认操作，如图22-127所示。

Step 23 在“图层”面板中，选择“图层5”图层，单击面板底部的“添加矢量蒙版”按钮，添加图层蒙版，如图22-128所示。

图22-127 斜切图像

图22-128 添加图层蒙版

Step 24 选取渐变工具，设置黑白渐变色，将鼠标指针移至图像编辑窗口中，从下至上填充线性渐变色，即可隐藏部分图像，制作出倒影效果，如图22-129所示。

图22-129 隐藏部分图像

Step 25 按【Ctrl + O】组合键，打开一幅素材图像，将图像拖曳至背景图像编辑窗口中的合适位置，并调整图层的顺序，如图 22-130 所示。

图 22-130 调整图层的顺序

Step 26 选择除“背景”和“图层 0”以外的所有图层，复制图层并进行编组，再将组调至“图层 0”的上方，如图 22-131 所示。

Step 27 运用移动工具将图像调整至合适位置，效果如图 22-132 所示。

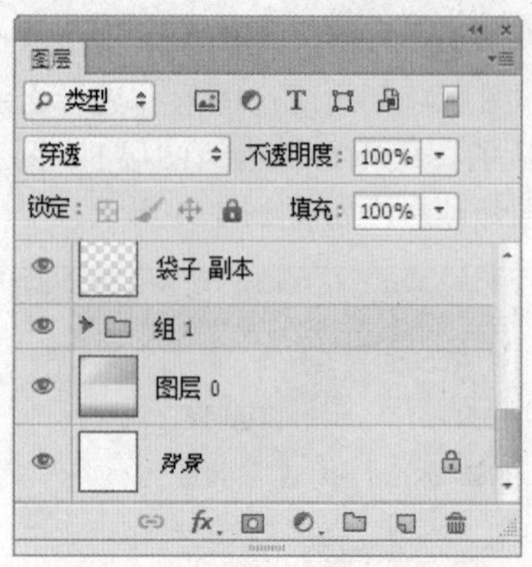

图 22-131 将组调至“图层 0”的上方

图 22-132 调整至合适位置